·国家自然科学基金重点项目（U1033004）研究成果·

# 广西红壤肥力与生态功能协同演变机制与调控综合报告

赵其国　黄国勤　等　著

科学出版社

北　京

# 内 容 简 介

本书系中国科学院南京土壤研究所赵其国院士于 2011 年 1 月至 2014 年 12 月主持完成的国家自然科学基金重点项目"广西红壤肥力与生态功能协同演变机制与调控"（U1033004）研究成果的浓缩和集中体现。全书共分八章。第一章，简要介绍了研究的目的与意义，研究内容、思路与技术路线等；第二章，调查、分析了广西生态功能退化状况及其与土壤肥力的关系等；第三章至第五章，通过盆栽试验和大田定位试验等，深入研究了广西红壤肥力的演变过程和机制、广西红壤肥力与生态功能的交互作用过程和反馈机制，以及广西退化红壤肥力与生态功能协同重建技术与优化模式等；第六章，系统研究了广西石灰土肥力与生态功能协同演变机制与调控；第七章，提出了广西红壤肥力与生态功能协同演变的对策及建议；第八章，全面总结了研究已取得的创新性成果。

本书适用于从事农学、土壤、肥料、资源、生态、环境等相关专业的科技人员阅读，也适用于从事农业、林业等方面实际工作者参考，还可作为相关专业的大学生、研究生（硕士生、博士生）的参考书。

**图书在版编目（CIP）数据**

广西红壤肥力与生态功能协同演变机制与调控综合报告/赵其国等著.
—北京：科学出版社，2015.11
ISBN 978-7-03-046333-3

Ⅰ．①广…　Ⅱ.①赵…　Ⅲ.①红壤–土壤肥力–土壤生态体系–研究报告–广西　Ⅳ.①S155.2

中国版本图书馆 CIP 数据核字（2015）第 270235 号

责任编辑：周　丹/责任校对：张怡君
责任印制：赵　博/封面设计：许　瑞

**科 学 出 版 社** 出版
北京东黄城根北街 16 号
邮政编码：100717
http://www.sciencep.com

**北京利丰雅高长城印刷有限公司** 印刷
科学出版社发行　各地新华书店经销

\*

2015 年 11 月第 一 版　开本：787×1092　1/16
2015 年 11 月第一次印刷　印张：18 1/2
字数：439 000

**定价：168.00 元**
（如有印装质量问题，我社负责调换）

# 《广西红壤肥力与生态功能协同演变机制与调控综合报告》
## 编委会名单

**主编**：赵其国（中国科学院南京土壤研究所）

黄国勤（江西农业大学）

**编委**：赵其国（中国科学院南京土壤研究所）

黄国勤（江西农业大学）

何园球（中国科学院南京土壤研究所）

谭宏伟（广西农业科学院）

李伏生（广西大学）

罗兴录（广西大学）

宋同清（中国科学院亚热带农业生态研究）

谢如林（广西农业科学院）

周柳强（广西农业科学院）

潘贤章（中国科学院南京土壤研究所）

刘永贤（广西农业科学院）

熊柳梅（广西农业科学院）

杨尚东（广西大学）

刘晓利（中国科学院南京土壤研究所）

王淑彬（江西农业大学）

# 前　言

为响应国家"西部大开发"战略号召，以实际行动推进西部地区经济社会发展和生态环境改善，维护国家和地区生态安全，中国科学院南京土壤研究所赵其国院士于2010年1月主持申报了由国家自然科学基金委员会和广东省人民政府联合资助的国家自然科学基金重点项目"广西红壤肥力与生态功能协同演变机制与调控"，并于2010年11月获得批准正式立项（国科金发计〔2010〕53号），项目批准号：U1033004，项目执行期限：2011年1月至2014年12月。

该项目紧紧围绕"广西红壤肥力与生态功能协同演变机制"及"研发集成红壤肥力与生态功能协同重建技术"两条主线，重点研究了以下5方面内容：①广西红壤肥力与生态功能退化现状及主要障碍因子；②广西红壤肥力的演变过程和机制；③广西红壤肥力与生态功能的交互作用过程和反馈机制；④广西退化红壤肥力与生态功能协同重建技术与优化模式；⑤广西石灰土肥力与生态功能协同演变机制与调控。项目研究采用定位动态示踪观测与模拟试验、时空信息分析与多学科模拟、模式试验与集成研究相结合等方法。项目经过近80名科技人员4年的调查分析和试验研究，取得了丰硕成果和预期成效。项目于2014年6月28日通过了由国家自然科学基金委员会主持的验收，2015年2月8日通过了由中国植物营养与肥料学会组织的成果鉴定，鉴定委员会认为：研究成果具有创新性，达到国际先进水平。

为了系统梳理和全面总结项目研究取得的创新性成果，为当地经济社会发展和生态环境建设服务，同时为进一步开展相关研究提供基础性资料和积累有益经验，项目组将近4年所作的研究工作进行整理、汇总，并以《广西红壤肥力与生态功能协同演变机制与调控综合报告》为书名正式出版。

全书共分8章。第1章，绪论，简要介绍了研究的目的与意义，研究内容、研究思路与技术路线等；第2章，广西红壤肥力与生态功能演变状况，分析了广西生态功能退化状况及其与土壤肥力的关系，以及广西森林土壤肥力空间异质性等；第3章，广西红壤肥力演变过程和机理，通过盆栽试验和大田定位试验，深入研究了广西红壤旱地多元素转化及交互作用过程与机理、广西红壤旱地水肥变化与土壤生物活性及作物生长间的关系，以及广西红壤酸化过程与抑制机理等；第4章，广西红壤肥力与生态功能的交互过程和反馈机制，重点研究了广西复合农林生态系统的土壤肥力演变过程与机理、土壤肥力与生态群落变化的相互影响与互馈、土壤肥力演变对土壤生物功能及作物生长的相互影响，以及土壤侵蚀过程与预测；第5章，广西退化红壤肥力与生态功能协同重建技术与优化模式，研发了广西贫瘠红壤库和微生物平衡协同重建技术、广西坡地红壤侵蚀治理与水肥生物功能协同利用集成技术、广西退化复合农林生态系统土壤肥力与生态功能协同重建模式；第6章，广西石灰土肥力与生态功能协同演变机制与调控，调查了广西石灰土肥力与生态功能退化现状，分析了广西石灰土土壤肥力演变机制与生态功能的耦合关系，明确了在广西石灰土地区种植牧草的人工调控措施及其效应,提出了广西石灰岩区典型复合农林生态系统小流域治理模式;第7章,广西红壤肥力与生态功能协同演变的对策及建议,针对广西红壤肥力与生态功能的现状及存在问题,提出了广西红壤肥力提升的对策和措施、维护广西生态安全的对策与建议,以及推进广西桉树林可持续发展的总体思路、总体原则与具体措施。第8章,小结与结论,比较全面地总结了研究取得的创新性成果,对未来研究与发展具有参考意义和启示作用。

总体来看,全书对广西红壤肥力与生态功能协同演变机制的研究有"深度"、有"宽度",具有较强的理论性、学术性、创新性;同时,对广西退化红壤肥力与生态功能协同重建技术与优化模式、广西石灰土地区土壤肥力与生态功能协同演变的调控技术与模式等的研究具有针对性、实用性,研究成果具有一定的区域性、实践性和可操作性。可以说,该成果的进一步推广应用,将为我国推进西部大开发战略、促进区域经济社会与生态环境协调发展发挥重要作用。

由于时间仓促,加上各种条件所限,本书还存在种种不足,有待在今后的研究工作中改进、完善。

赵其国　黄国勤

2015 年 6 月 25 日

# 目　　录

# 第1章 绪 论

## 1.1 研究的目的和意义

开展广西红壤肥力与生态功能协同演变机制与调控的研究,具有重大的理论与实践意义。具体来说,其目的和意义在于:

**1. 国家重大需求**

广西是我国西部地区重要省区之一。红壤资源丰富,增产潜力巨大。党中央、国务院对广西发展高度重视,国家实施"西部大开发"战略。开展"广西红壤肥力与生态功能协同演变机制与调控"研究,对于发挥广西红壤资源潜力,提高广西红壤地区粮食产量和生态服务功能,具体落实党中央和国务院"西部大开发"战略,确保广西乃至西部、全国粮食安全与生态安全均具有重要意义。

**2. 广西现实需要**

一是广西红壤面积虽大,但潜力未能发挥出来;二是广西红壤地区尚存在严重的生态环境问题,如红壤酸化严重、水土流失加剧、土壤肥力下降,整个红壤生态环境质量退化现象突出;红壤地区森林覆盖率较低,生态服务功能较差等;三是广西全区可持续发展能力尚显"薄弱",等等。广西存在的上述一系列问题亟待研究解决。

**3. 理论探索需要**

从土壤学,特别是红壤科学未来发展考虑,应加强以下问题的理论与实践研究:①红壤肥力与生态功能演变与协同机制,这是充分发挥红壤生产潜力的重大理论问题,目前研究远远不能满足现实需要;②研发集成红壤肥力与生态功能协同重建技术,这是缓解甚至消除红壤主要障碍因子、充分发挥红壤资源优势亟待解决的关键技术问题,应成为当前红壤研究的"热点""难点"之一。

## 1.2 研究目标、内容与总体设计

**1. 研究目标**

从广西区主要红壤类型(砖红壤、赤红壤和红壤)的自然-人为生态系统内元素的交互作用出发,一是揭示广西红壤区土壤肥力的演变特征和影响机制;二是阐明广西红壤肥力演变对生态功能的影响规律;三是建立广西不同类型退化红壤肥力及生态功能的协同恢复重建措施体系。在此基础上,充分发挥红壤地区优越的光、温、水、土、生物资源的优势与潜力,促进红壤地区资源-环境-生态-社会的全面、协调和可持续发展。

**2. 主要内容**

本书紧紧围绕"广西红壤",重点论述以下几方面的研究:

1）面上调查

为深入研究广西红壤肥力与生态功能协同演变机制与调控，必须对广西红壤肥力与生态功能退化现状及主要障碍因子的现状（如障碍因子种类、数量、强度、分布、危害等）进行调查分析，在此基础上，开展下一步的深入研究。

2）广西红壤肥力的演变过程和机制

重点研究广西红壤旱地多元素转化及交互作用过程与机理、广西红壤旱地水肥变化与土壤生物活性及作物生长间的关系、广西红壤酸化过程与抑制等3方面的研究。

3）广西红壤肥力与生态功能的交互作用过程和反馈机制

开展以下4方面研究：一是广西复合农林生态系统肥力演变过程与机理；二是广西复合农林生态系统肥力与生态群落变化的相互影响与互馈；三是广西复合农林生态系统肥力演变对土壤生物功能及作物生长的影响；四是广西复合农林生态系统土壤侵蚀过程与预测。

4）广西退化红壤肥力与生态功能协同重建技术与优化模式

一是广西贫瘠红壤养分库和微生物平衡协同重建技术；二是广西坡地红壤侵蚀治理与水肥生物功能协调利用集成技术；三是广西退化复合农林土壤肥力和生态功能协同重建模式。

5）广西石灰土肥力与生态功能协同演变机制与调控

广西除分布有大量红壤之外，尚在喀斯特地区分布着大面积的石灰土。针对广西这一实际，在研究广西红壤的同时，有必要将石灰土纳入研究范围，以便对广西红壤与石灰土进行相关的比较研究，从而更好地发挥广西红壤的优势与潜力。

## 3. 研究总体设计

研究的总体设想与思路（图1-1）：①探索红壤肥力与生态功能演变过程和协同机制，这是充分发挥红壤生产潜力的重大理论问题；②研发集成红壤肥力与生态功能协同重建技术，这是缓解/消除红壤主要障碍因子、充分发挥红壤资源优势亟待解决的关键技术问题。

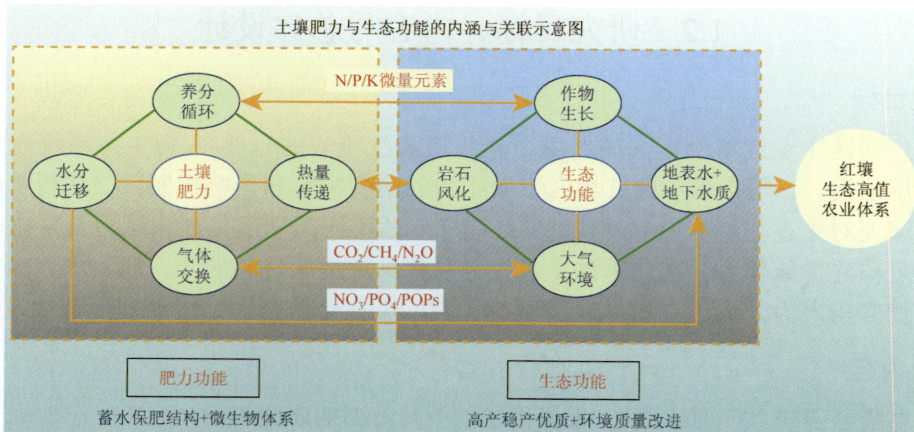

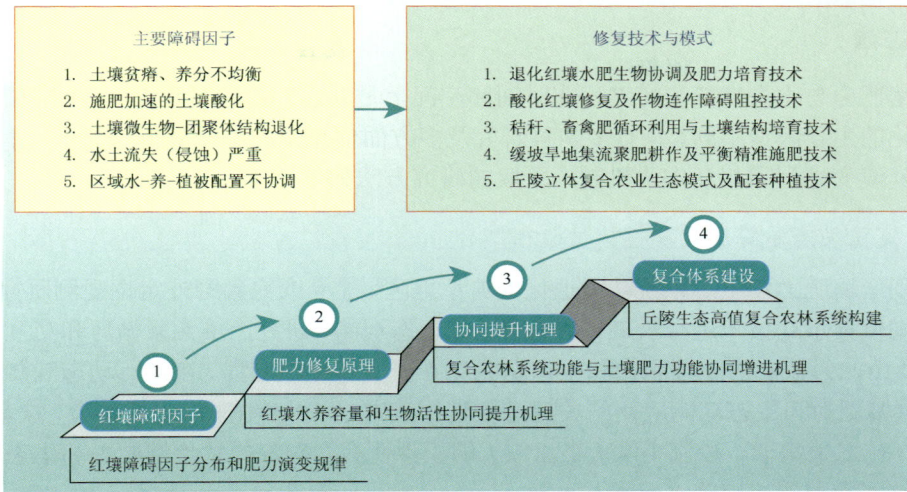

图 1-1　项目总体设计思路

# 1.3　技术路线与研究方法

**1. 技术路线**

主要按以下思路和技术路线开展研究工作（图 1-2）。

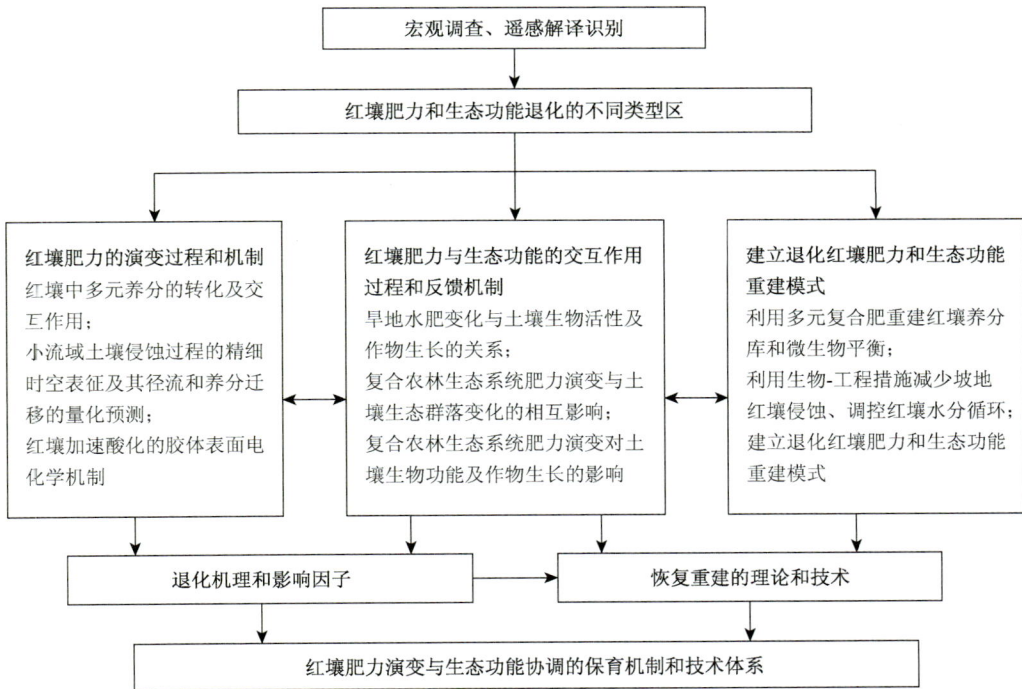

图 1-2　主要研究的技术路线

**2. 研究方法**

土壤肥力与生态功能演变过程在时间和空间上是动态的和相互反馈的,不同类型区导致其退化的主导因素不同。只有多学科研究及多方面信息源的综合分析与处理,才能揭示和评价其演变过程和相互作用机制。采取的研究方法如下:

1)定位动态示踪观测和模拟试验相结合

识别土壤肥力和生态系统功能退化的典型地区,建立或完善野外定位观测研究站,利用现代同位素示踪技术进行长期、系统的定位动态观测,研究土壤元素循环和交互作用过程,以及由此为核心的土壤肥力和生态功能交互演变和反馈过程。在定点动态观测的基础上,对土壤肥力和生态功能演变的关键过程进行室内(如平衡试验、土柱试验、盆栽试验)和田间(排水采集器、径流小区、小流域)的模拟研究,确定导致土壤肥力和生态功能退化的主导因素和调控措施。

2)时空信息分析与多学科模拟相结合

综合运用遥感和地理信息系统技术,结合土壤学、生态学、经济学分析方法,在区域调查和小流域观测的基础上综合研究土壤肥力和生态系统结构功能退化的精细时空(15天、5m×5m)分异与动态变化;建立土壤肥力演变和生态系统演替的动态监测体系;建立红壤退化评价指标体系和评价模型,针对恢复重建模式的生态、社会、经济效益进行系统分析。

3)模式试验与集成研究相结合

针对不同的红壤肥力和生态功能退化过程,建立土壤肥力和生态功能协同演变的退化生态系统恢复重建模式。在对不同模式进行长期试验研究的基础上,从化学、生物、工程三个方面集成恢复红壤肥力和生态功能退化的技术体系,并进行分区优化。

## 1.4　研究计划与进度

项目研究期限为 4 年。各年度研究计划与进度如下:

2011 年度,在目前已掌握"广西红壤现状"的基础上,进一步对广西红壤资源状况进行实地考察和调查,收集最新第一手资料;根据课题需要,设计工程和模拟实验区,并开始进行相关试验;设计课题田间试验研究方案,着手进行第一年度田间定位试验。

2012 年度,继续进行定位试验和模拟实验,获取各种试验参数;对第一年度调查与实验资料进行整理、分析,写出初步调查研究报告,发表相关论文 1～2 篇。

2013 年度,改进并完善课题实验研究方案,对课题进行中期考评;对前两年实验结果进行比较、分析,写出实验分析报告,发表论文 2～3 篇。

2014 年度,全面完成课题研究工作;系统整理课题研究资料,撰写、发表高水平论文 5～8 篇;根据课题已取得的成果,撰写咨询报告和建议 2～3 份;进行课题总结、验收和成果鉴定。

# 第 2 章　广西红壤肥力与生态功能演变状况

## 2.1　概　　述

广西红壤肥力与生态功能演变状况，主要从以下 5 个方面开展研究：①广西生态功能退化状况。重点调查广西壮族自治区生态功能退化总体状况，包括退化的主要类型、各种类型的面积，以及空间分布状况，并进行退化程度分级。②广西土壤肥力变化与生态退化耦合关系。通过土壤调查和采样分析，研究了土壤肥力变化与生态退化的耦合关系，研究不同退化类型区土壤肥力变化的特点和变化程度。③广西土壤肥力和生态功能恢复的主要障碍因子。调查、分析了广西不同生态退化区土壤肥力与生态功能恢复的主要障碍因子种类、数量及其分布状况。④广西森林土壤肥力空间异质性。参照《IPCC 优良做法指南》对系统随机抽样的建议，在广西区设置 115 个森林样点，共 345 块森林样地（图 2-1）。通过对广西区各森林片区土壤养分含量分析，利用经典统计学和地统计学方法，研究了广西区森林土壤养分空间变异状况及分布格局，探讨了各养分空间变异之间存在的关系，以期为广西区森林经营及其预防养分流失提供科学依据。⑤广西土壤（土地）利用发展布局图。在综合上述工作的基础上，绘制广西土壤图、广西土壤肥力演变图、广西生态功能演变图和广西土壤利用发展布局图。

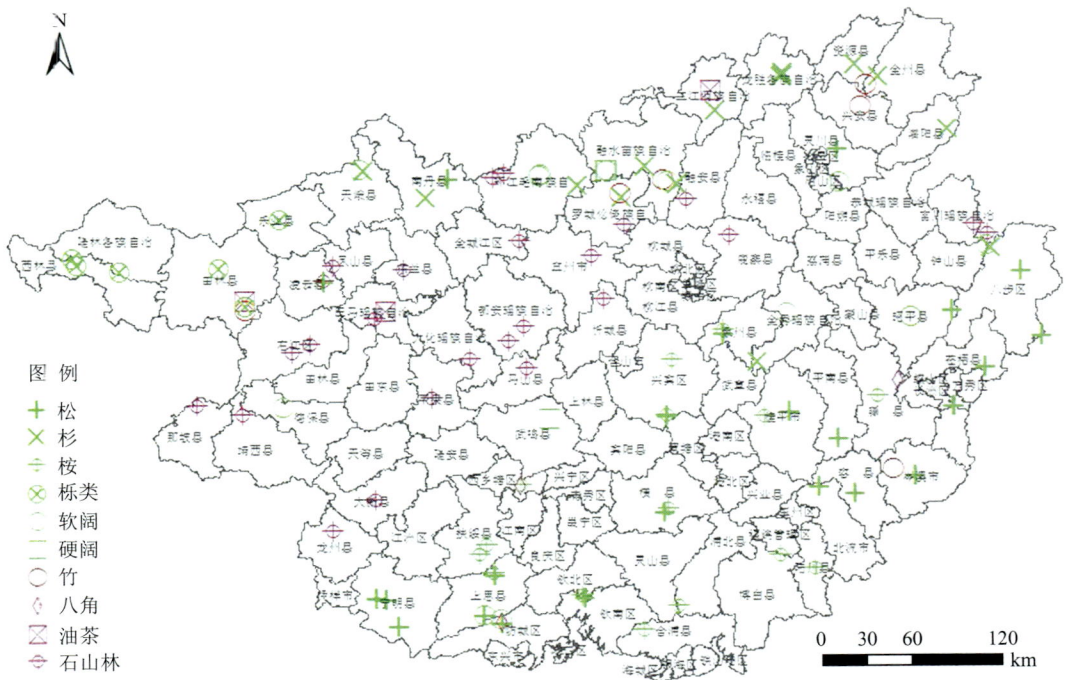

图 2-1　广西区森林土壤肥力调查样地分布图

## 2.2　广西土壤类型与分布

### 1. 广西土壤类型

　　根据广西 1 : 100 万土壤图（图 2-2）统计可知，广西大部分土壤类型为：普通赤红壤，约占 63.3%，基本分布在北回归线以南的桂东南的低山丘陵区；普通红壤一般分布在桂东北海拔 800～1300m 的中山，约占 12.1%；黄红壤基本分布在桂西北和桂东北方向的高山区域，约占 9.5%；普通黄壤分布规律与黄红壤基本相同，约占 5.7%；赤红壤、普通红壤、黄红壤、普通黄壤约占总面积的 90.6%。其他土壤类型面积分布相对较少，约占全区总面积的 9.4%，且大部分都零散分布在桂南地区。

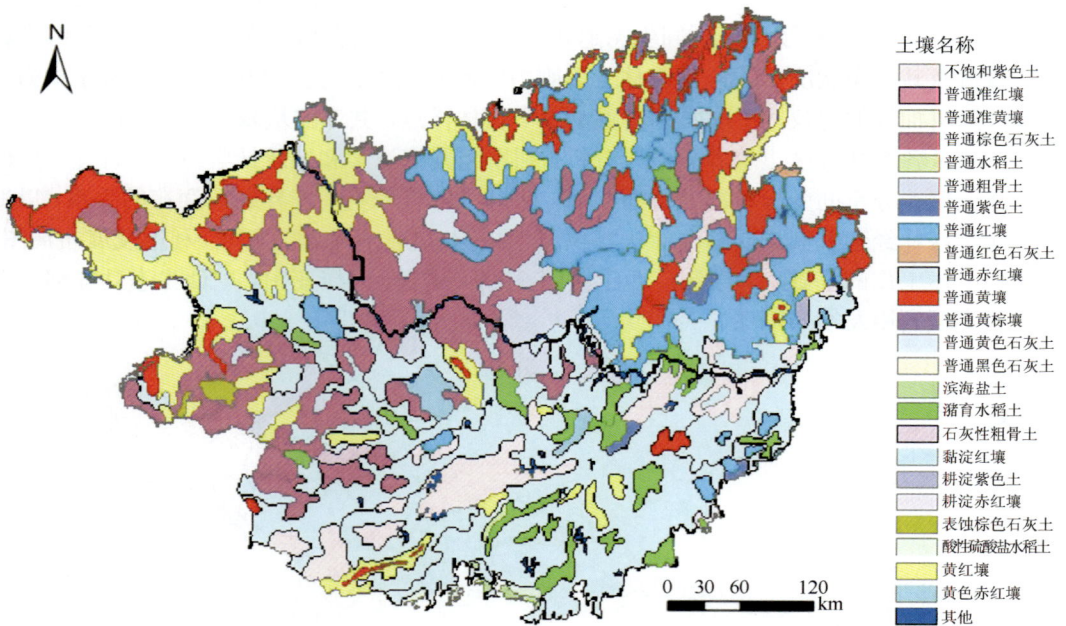

图 2-2　广西土壤类型分布图

### 2. 广西土壤分布（系统分类）

　　为了全面了解广西土壤分布（系统分类）状况，作者利用 1 : 50 万广西土壤分布（系统分类）图（图 2-3）进行类型参比然后进行类型转化。土壤发生分类向中国土壤系统分类转化工作主要基于中国土壤分区，然后分类型区分别进行转化。广西土壤分区处于富铝土区域的砖红壤带、赤红壤带、红壤及黄壤带，包含 7 个土壤区，分别是琼北雷州半岛砖红壤水稻土区、华南低山丘陵赤红壤水稻土区、文山德保石灰土赤红壤区、江南山地红壤黄壤水稻土区、桂中黔南石灰土红壤区、云南高原红壤水稻土区、四川盆地周边山区及贵州高原黄壤石灰土水稻土区。其中，桂中黔南石灰土红壤区占 44.1%，华南低山丘陵赤红壤水稻土区占 38.1%，文山德保石灰土赤红壤区占 7.4%，其他类型区分布面积较少。

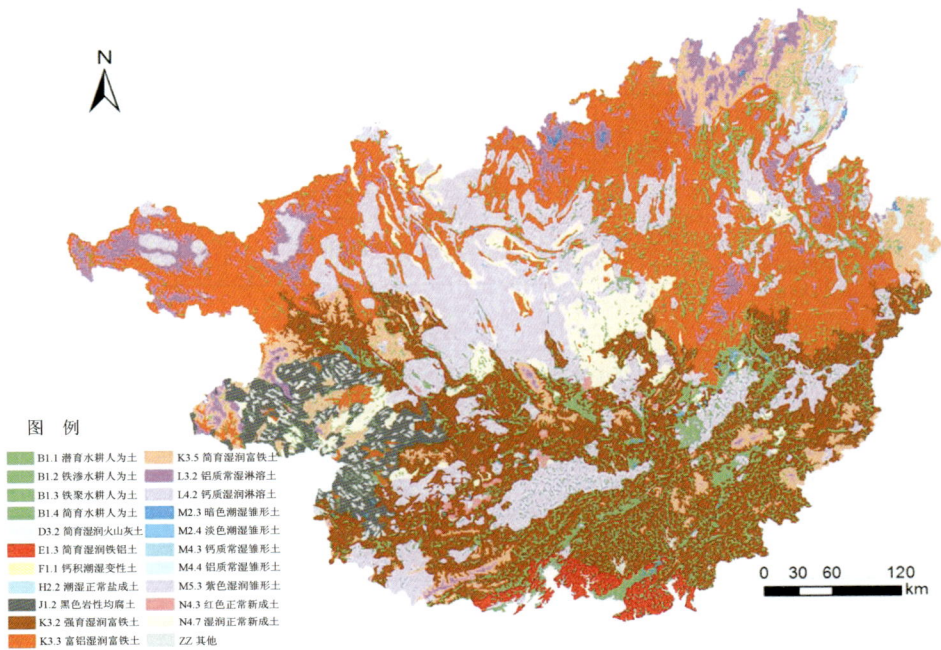

图 2-3　广西土壤分布（系统分类）图

图例

- B1.1 潜育水耕人为土
- B1.2 铁渗水耕人为土
- B1.3 铁聚水耕人为土
- B1.4 简育湿润火山灰土
- D3.2 简育湿润火山灰土
- E1.3 简育湿润铁铝土
- F1.1 钙积潮湿变性土
- H2.2 潮湿正常盐成土
- J1.2 黑色岩性均腐土
- K3.2 强育湿润富铁土
- K3.3 富铝湿润富铁土
- K3.5 简育湿润富铁土
- L3.2 铝质常湿淋溶土
- L4.2 钙质湿润淋溶土
- M2.3 暗色潮湿雏形土
- M2.4 淡色潮湿雏形土
- M4.4 钙质常湿雏形土
- M4.4 铝质常湿雏形土
- M5.3 紫色湿润雏形土
- N4.3 红色正常新成土
- N4.7 湿润正常新成土
- ZZ 其他

两种系统之间的转化方法是以《中国土壤》（1987 版）的中国土壤分区为基础，针对不同分区中发生分类主要的土类，参照文献（陈志诚等，2004）的对照表进行转化，成为系统分类的土类。由于亚类对应比较复杂，没有进行类型之间的参比。

由图 2-3 和表 2-1 可见，广西土壤面积占总面积 97%，而土壤中富铁土占广西一半以上的面积，淋溶土其次，占近 1/5，人为土则占 11%，居于第 3 位。

表 2-1　不同类型土壤面积统计表

| 编号 | 土纲 | 亚纲 | 土类名称 | 代码 | 总面积/% |
|---|---|---|---|---|---|
| 0 | | | 潜育水耕人为土 | B1.1 | 0.23 |
| 1 | 人为土<br>（11.35%） | 水耕人为土<br>（11.35%） | 铁渗水耕人为土 | B1.2 | 0.37 |
| 2 | | | 铁聚水耕人为土 | B1.3 | 10.14 |
| 3 | | | 简育水耕人为土 | B1.4 | 0.61 |
| 4 | 火山灰土<br>（0.01%） | 湿润火山灰土<br>（0.01%） | 简育湿润火山灰土 | D3.2 | 0.01 |
| 5 | 铁铝土<br>（1.38%） | 湿润铁铝土<br>（1.38%） | 简育湿润铁铝土 | E1.3 | 1.38 |
| 6 | 变性土<br>（0.01%） | 潮湿变性土<br>（0.01%） | 钙积潮湿变性土 | F1.1 | 0.01 |
| 7 | 盐成土<br>（0.06%） | 正常盐成土<br>（0.06%） | 潮湿正常盐成土 | H2.2 | 0.06 |
| 8 | 均腐土<br>（3.62%） | 岩性均腐土<br>（3.62%） | 黑色岩性均腐土 | J1.2 | 3.62 |

| 编号 | 土纲 | 亚纲 | 土类名称 | 代码 | 总面积/% |
|------|------|------|----------|------|----------|
| 9 | 富铁土<br>（52.12%） | 湿润富铁土<br>（52.12%） | 强育湿润富铁土 | K3.2 | 21.66 |
| 10 | | | 富铝湿润富铁土 | K3.3 | 24.12 |
| 11 | | | 简育湿润富铁土 | K3.5 | 6.33 |
| 12 | 淋溶土<br>（18.16%） | 常湿淋溶土<br>（5.59%） | 铝质常湿淋溶土 | L3.2 | 5.59 |
| 13 | | 湿润淋溶土<br>（12.57%） | 钙质湿润淋溶土 | L4.2 | 12.57 |
| 14 | 雏形土<br>（5.63%） | 潮湿雏形土<br>（0.22%） | 暗色潮湿雏形土 | M2.3 | 0.07 |
| 15 | | | 淡色潮湿雏形土 | M2.4 | 0.15 |
| 16 | | 常湿雏形土<br>（0.62%） | 钙质常湿雏形土 | M4.3 | 0.00 |
| 17 | | | 铝质常湿雏形土 | M4.4 | 0.62 |
| 18 | | 湿润雏形土<br>（4.79%） | 紫色湿润雏形土 | M5.3 | 4.79 |
| 19 | 新成土<br>（4.63%） | 正常新成土<br>（4.63%） | 红色正常新成土 | N4.3 | 0.31 |
| 20 | | | 湿润正常新成土 | N4.7 | 4.32 |
| 21 | | | 其他 | ZZ | 3.03 |

## 2.3　广西植被覆盖及生态功能演变

**1. 广西典型区植被覆盖及其变化特征**

以广西中南部柳州、南宁、钦州等为典型区进行研究。由 MODIS 250m NDVI 数据 12 年 NDVI 最大值的平均值分布图（图 2-4）可以看出，在柳州、南宁等城镇、南部沿海（钦州、合浦）地区 NDVI 最大值较小，NDVI 最大值小于 0.7；在城镇周边以及海拔较低的地区 NDVI 最大值一般在 0.7~0.85；在大明山、四方岭以及六万大山附近 NDVI 最大值较高，部分地区 NDVI 值为 0.9 以上，基本达到饱和。

对研究区 1981~2011 年 AVHRR 及 MODIS 最大 NDVI 的平均值进行统计分析。由图 2-5 可以看出，两种数据源的年 NDVI 最大值相差在 0.2 左右，这主要是由于传感器的不同所引起的。近 30 年来两种 NDVI 数据变化均呈现缓慢上升趋势，且两者变化趋势总体上一致。进一步说明了基于年最大 NDVI 值进行趋势分析的可靠性。

MODIS NDVI 和 AVHRR NDVI 变化趋势基本相同，再对 2000~2011 年的时间序列 NDVI 变化特征进行分析列举。从 NDVI 变化标准差（SD）分布图［图 2-6（a）］可以看出，南宁、合浦、邕宁以及钦州地区的 NDVI 变化标准差较大，说明该区域上随时间的变化其 NDVI 最大值变异程度较大；近 12 年来，在土地利用类型为建筑用地、耕地、河流湖泊的区域以及南部沿海地区的 NDVI 变化标准差较大（SD>0.05），约占研究区总面积的 35.78%（表 2-2）；土地利用类型为林草地的 NDVI 变化标准差相对来说较小（SD<=0.05），约占研究区总面积的 64.22%。

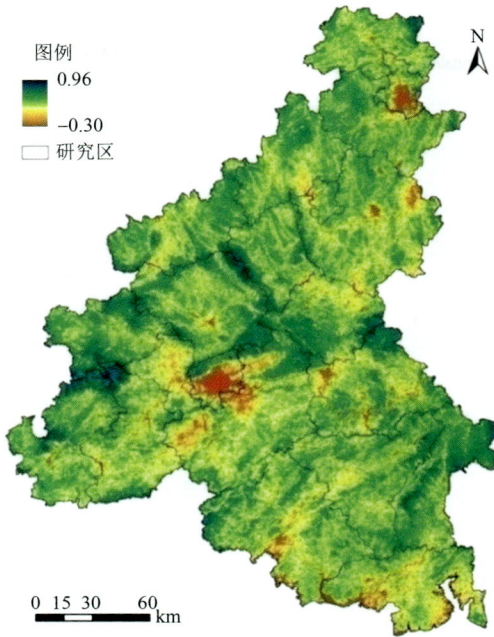

图 2-4　2000～2011 年 NDVI 最大值的平均值分布图

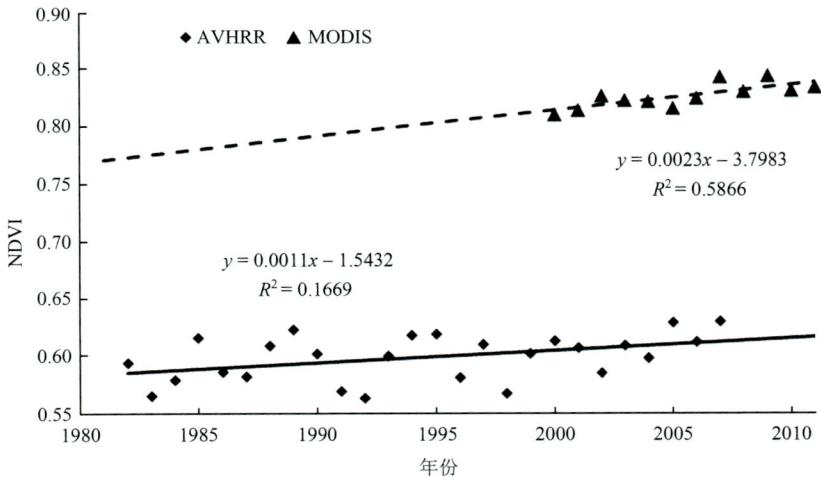

图 2-5　1981～2011 年研究区平均 NDVI 变化趋势

由 NDVI 变化趋势分布图［图 2-6（b）］可以看出，崇左、扶绥、邕宁、钦州、合浦、浦北以及灵山南部等地区大部分区域 NDVI 变化呈缓慢上升趋势，而在横县、柳州、柳城、柳江等地区部分区域 NDVI 变化呈现缓慢下降趋势。

对 NDVI 变化趋势进行分级。由 NDVI 变化趋势统计表（表 2-2）可以看出，研究区内较多县市呈现缓慢上升趋势（$\theta_{\text{trend\_NDVI}} \geq 0.01$），约占研究区面积的 28.04%；呈现缓慢下降趋势的比例较小（$\theta_{\text{trend\_NDVI}} \leq -0.01$），约占研究区面积的 5.39%；研究区大部分区域 NDVI 基本保持不变（−0.01～0.01），占全区总面积的 66.57%。

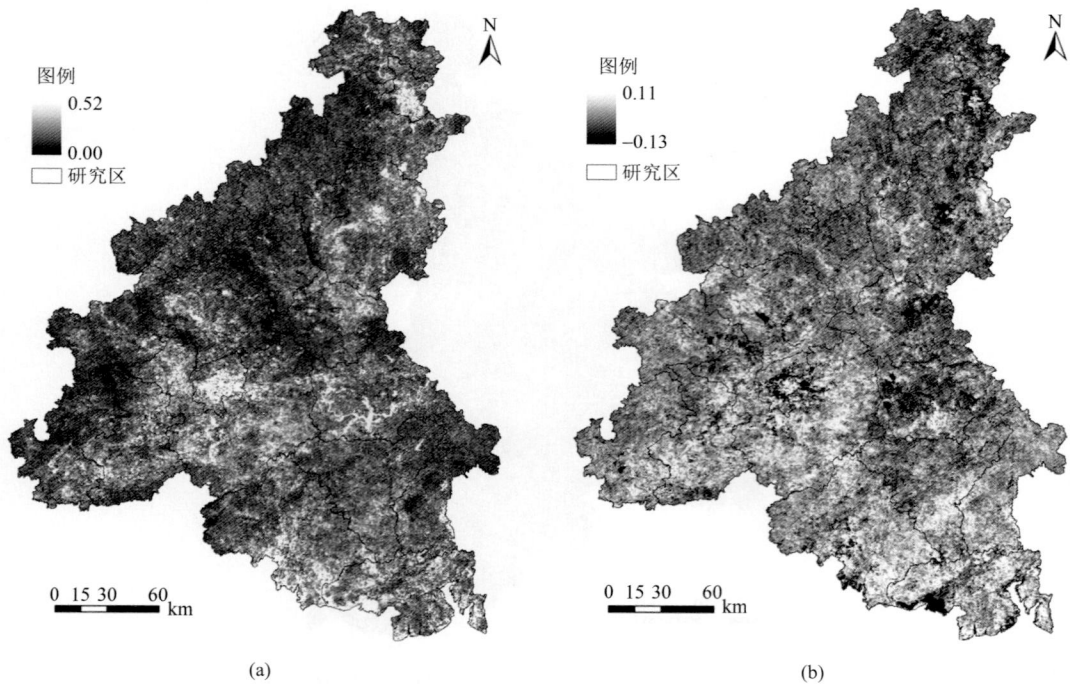

(a)                                    (b)

图 2-6　2000～2011 年 NDVI 变化标准差（a）、最大值变化趋势（b）分布图

表 2-2　2000～2011 年 NDVI 最大值变化趋势、变化标准差面积统计

|  | 分级 | 面积比例统计/% |
|---|---|---|
| 变化标准差（SD） | <=0.05 | 64.22 |
|  | >0.05 | 35.78 |
| 变化趋势 | <= −0.01 | 5.39 |
| （$\theta_{trend\_NDVI}$） | −0.01～0 | 23.44 |
|  | 0～0.01 | 43.13 |
|  | >=0.01 | 28.04 |

　　以 1981～2011 年月 NDVI 最大值为基础，采用像元二分模型法计算研究区的月植被覆盖度，然后提取研究区植被覆盖度的年最大值，如图 2-7 所示。由图中可以看出，南宁、合浦、钦州等地植被覆盖度相对其他区域来说较低；2000 年之前的植被覆盖度相对来说较低，尤其是 1990 年［图 2-7（a）］；2010 年的植被覆盖度较高［图 2-7（b）］。

　　由 2000～2011 年 MODIS 250m 植被覆盖度年最大值的平均值分级图（图 2-8）可以看出，城镇地区、河流、湖泊以及南部沿海地区植被覆盖度较低，一般在 0.6 以下，占总研究区的 0.73%；而在海拔较高的地区植被覆盖度较高，大部分在 0.95 以上，个别地区能达到 1，占研究区面积的 27.33%；大部分区域植被覆盖度在 0.8～0.95，其面积比例为68.98%。

由研究区 1981～2011 年全区植被覆盖度变化趋势图（图 2-9）可以看出，近 30 年来，研究区植被覆盖度变化起伏较大，但整体呈现缓慢上升趋势，上升趋势线斜率为 0.001；从 2000～2006 年，两种数据源计算出的植被覆盖度基本相同。因此选用 2000 年以前的 AVHRR 数据源计算出的植被覆盖度，以及 2000 年以后的 MODIS 数据计算出的植被覆盖度。

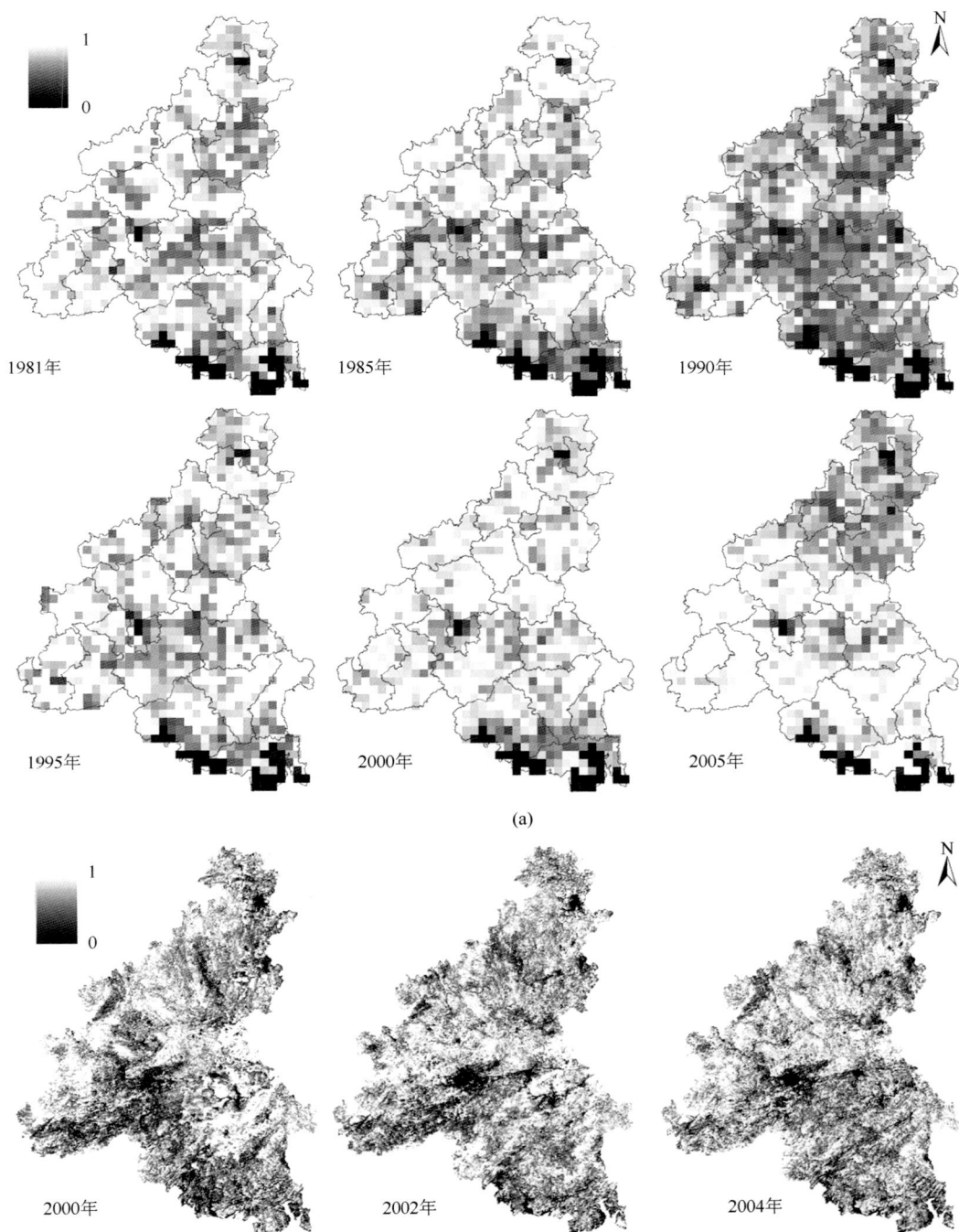

(a)

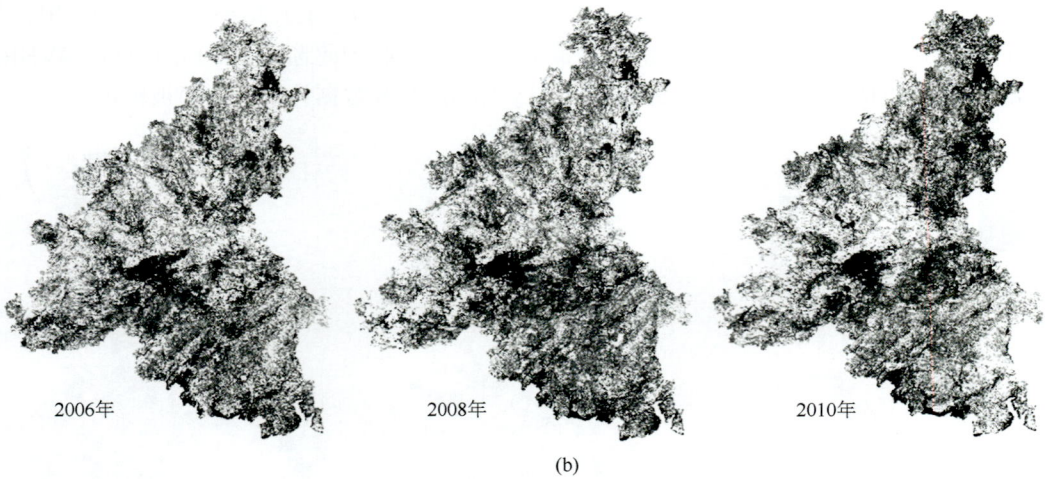

(b)

图 2-7 研究区 1981～2011 年最大植被覆盖度分布图

（a）基于 AVHRR NDVI 数据的年最大植被覆盖度；（b）基于 MODIS NDVI 数据的年最大植被覆盖度

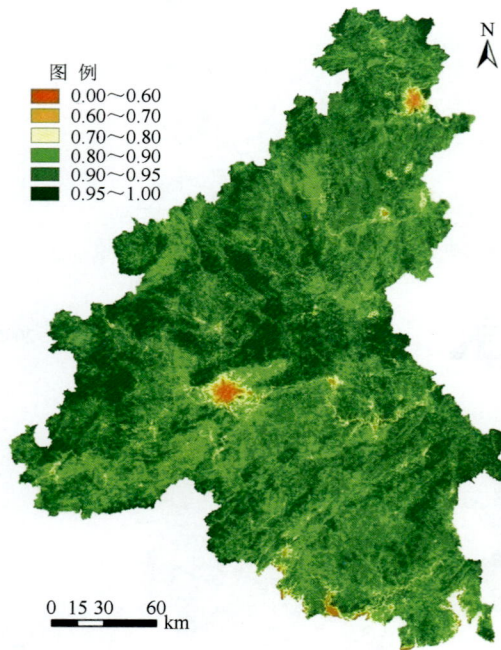

图 2-8 2000～2011 年最大植被覆盖度的平均值分布图

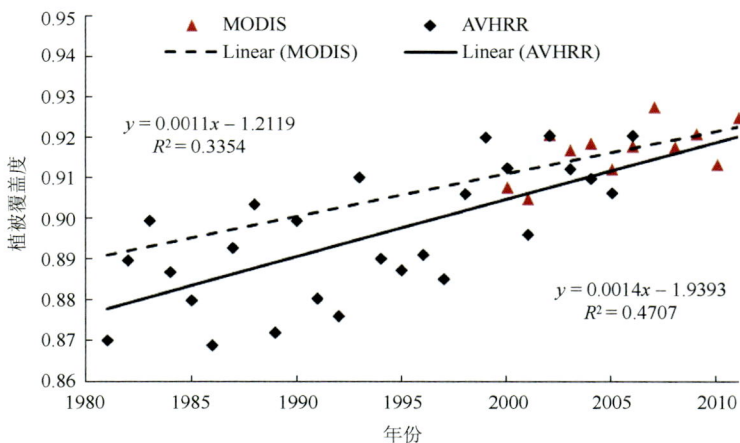

图 2-9　1981～2011 年研究区平均植被覆盖度变化趋势

参照文献对 NDVI 变化趋势进行分级，对 1981～2011 年的年最大植被覆盖度进行时间序列分析，结果如图 2-10 所示。由图中可以看出全区大部分区域呈上升趋势（$\theta_{trend\_veg}>0$），占全区总面积的 51.72%；部分区域呈下降趋势（$\theta_{trend\_veg}<=0$），占全区总面积的 48.28%，主要分布在研究区的西北部以及南部沿海地区，在城镇、河流湖泊等地也主要呈下降趋势。

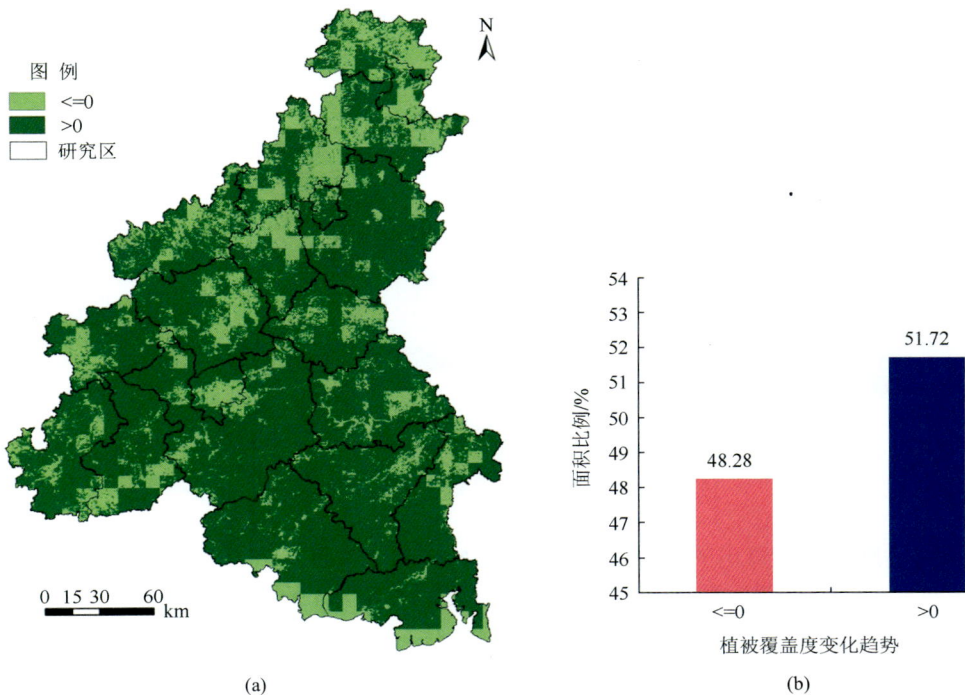

(a)　　　　　　　　　　　　　　　　　(b)

图 2-10　1981～2011 年植被覆盖度年最大值变化趋势分布图（a）及面积比例（b）

利用克里金插值方法对研究区 1981～2011 年月气象数据（温度、降雨量、太阳总辐射）进行插值，并对其进行区域裁剪、年平均值计算。图 2-11 为 1981 年、1990 年、2000 年以及 2010 年的年均温度、降雨量及年均总辐射分布图。由图中可以看出，研究区年均温一般在 19～20℃，年均降雨量在 100～200mm，年均总辐射在 320～440MJ/m$^2$。

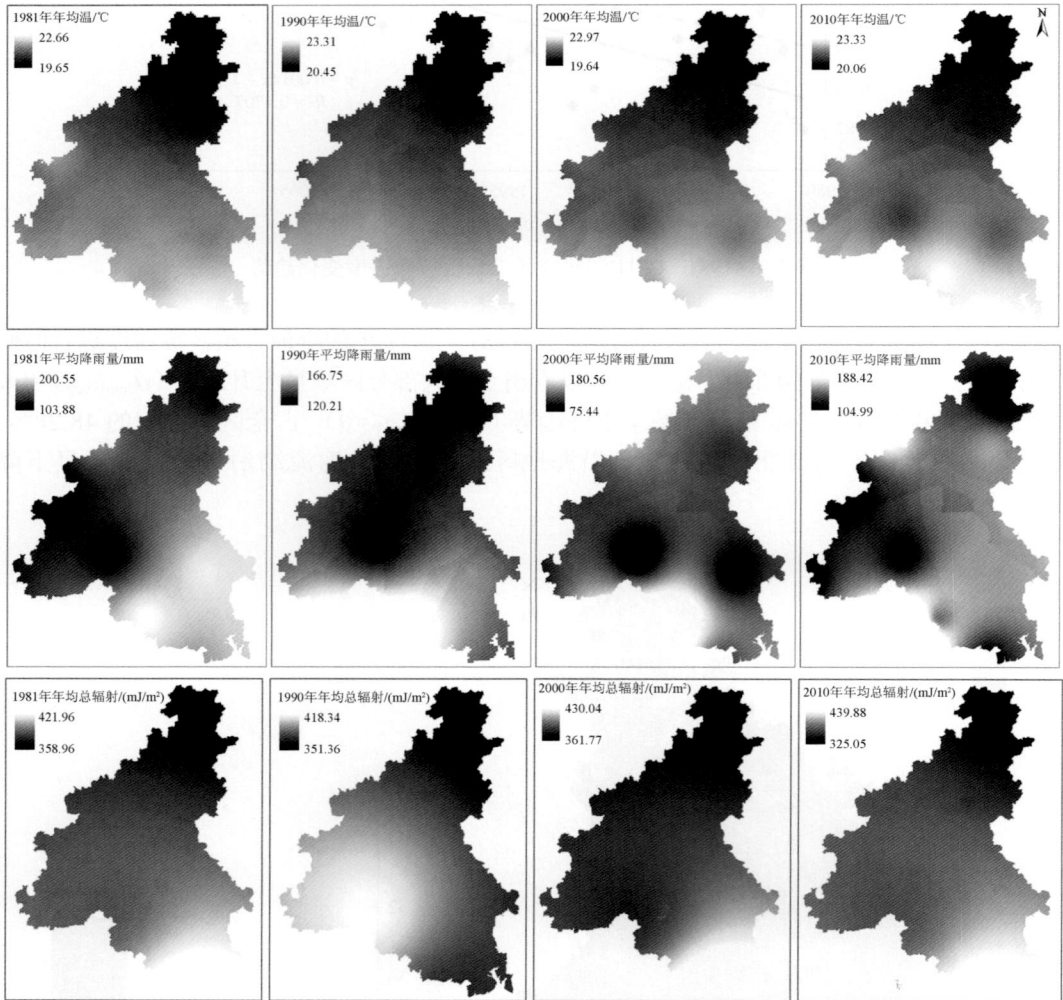

图 2-11　研究区气象数据克里金插值图

利用遥感数据估算出的 1982～2011 年的 NPP（图 2-12），图 2-12（a）为基于 AVHRR NDVI 数据的估算结果，图 2-12（b）为基于 MODIS NDVI 数据的估算结果。由于分辨率不同，图上视觉效果有所不同，但两种数据源估算 NPP 结果的范围、大小基本保持一致。由图中可以看出研究区的 NPP 范围一般为 0～1600g C/(m$^2$·a)，个别地点 NPP 达到 2000g C/(m$^2$·a)以上。

由基于 MODIS NDVI 数据估算出的 2000～2011 年年总 NPP 平均值的分级图（图 2-13）

可以看出，植被类型为针叶林、阔叶林地区 NPP 值较高，其范围为 850～1646g C/(m² •a)，占总研究区面积的 17.63%（表 2-3）；而在城镇及其周边地区 NPP 值相对来说较低，一般在 400g C/(m² •a)以下，占研究区面积的 6.29%；大部分区域 NPP 值为 400～850g C/(m² •a)，占总研究区的 76.08%。

对全区范围内年总 NPP 的平均值进行统计，结果如图 2-14 所示。从 1982～2011 年 NPP 值的变化可以看出，近 30 年来，NPP 变化整体呈缓慢上升趋势，期间出现 4～6 年的周期性波动；在 2000～2006 年，全区范围内基于两种数据源估算出的 NPP 值变化趋势一致。

对 1982～2011 年年总 NPP 进行趋势分析，全区 NPP 平均变化 $\theta_{trend\_NPP}$ 呈对零，$\theta_{trend\_NPP}$ 为 0.0125。由图 2-12 可以看出，NPP 值呈下降趋势（$\theta_{trend\_NPP}<0$）的区域占研究区面积的 42.43%，其中 $\theta_{trend\_NPP}<-0.02$ 的占 27.76%；上升趋势（$\theta_{trend\_NPP}>0$）的占研究区面积的 57.57%，其中 $\theta_{trend\_NPP}>0.05$ 的占 15.60%。

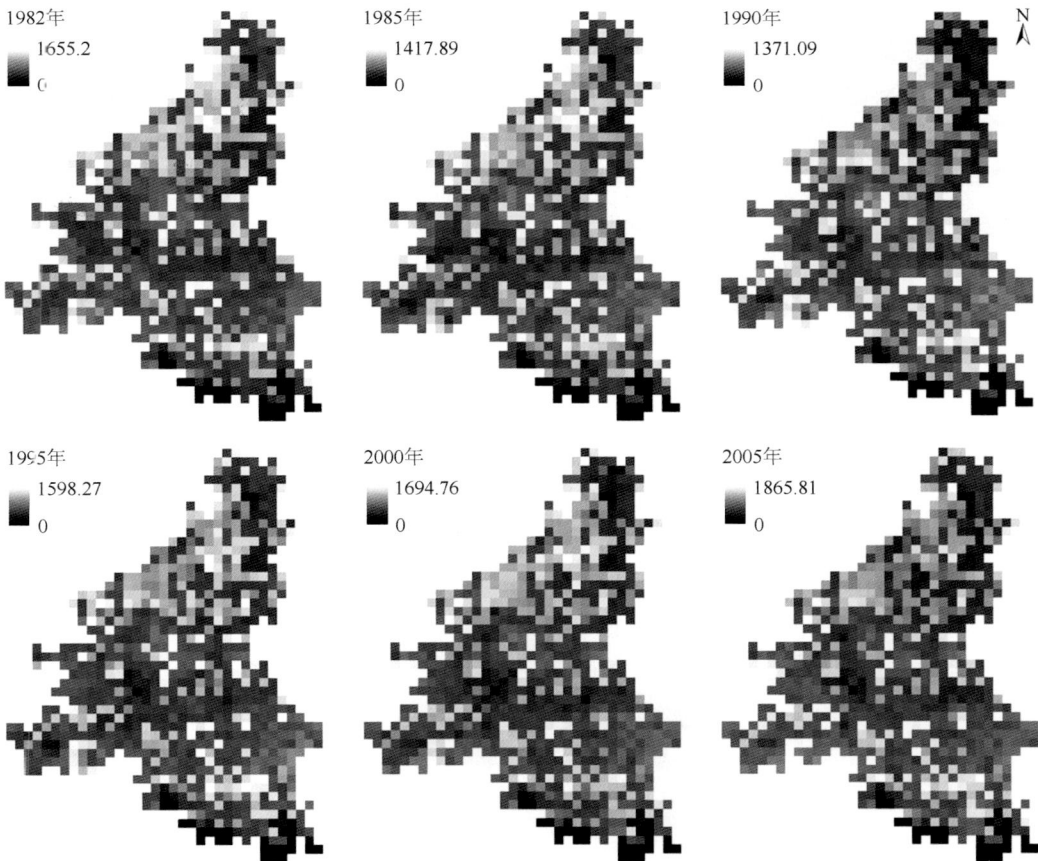

(a)

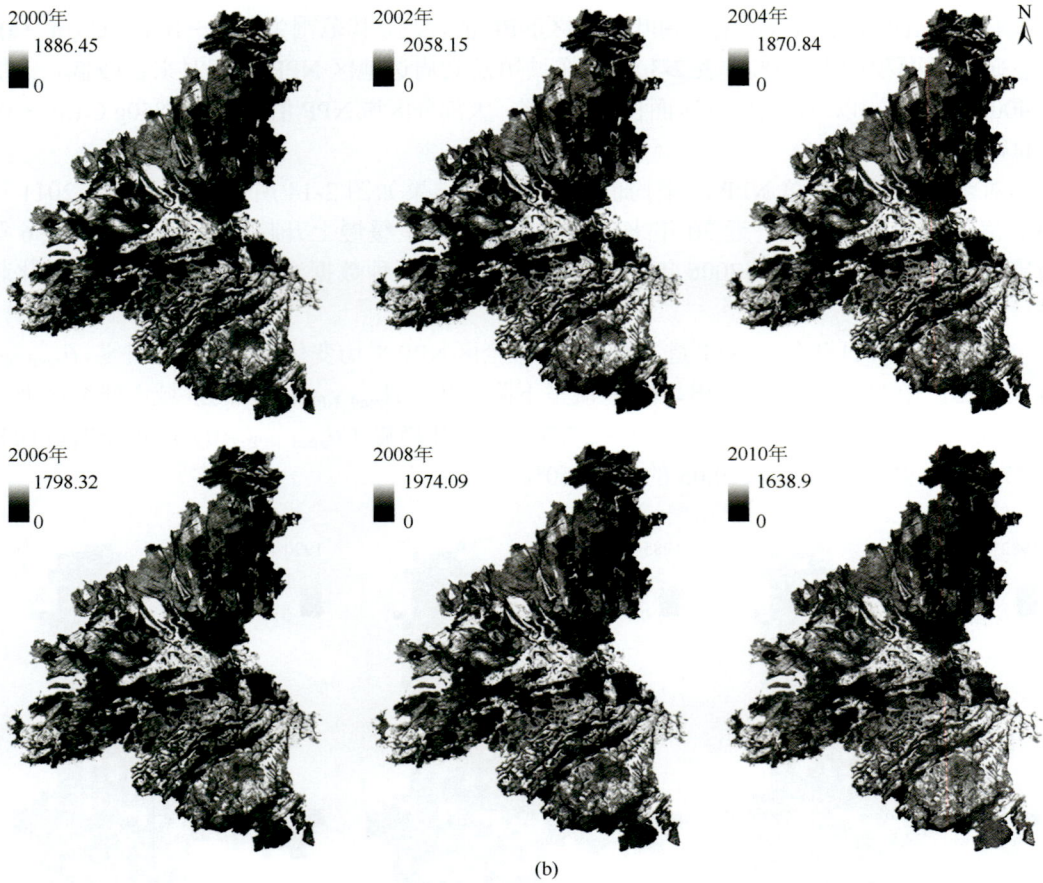

(b)

图 2-12　研究区 1982～2011 年的 NPP[g C/(m² · a)]分布图

（a）基于 AVHRR NDVI 数据的年总 NPP；（b）基于 MODIS NDVI 数据的年总 NPP

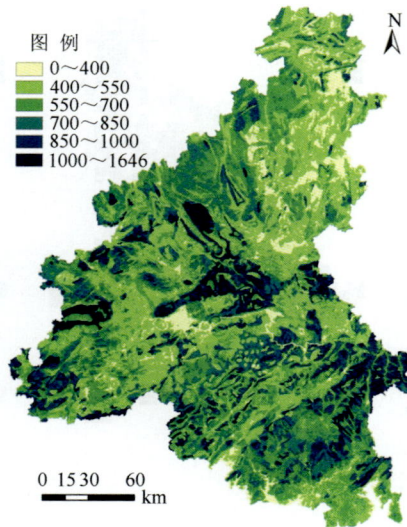

图 2-13　2000～2011 年年总 NPP[g C/(m² · a)]平均值空间分布图

表 2-3　研究区年总 NPP[g C/(m² · a)]平均值分级统计

| NPP/[g C/(m² · a)] | 0~400 | 400~550 | 550~700 | 700~850 | 850~1000 | 1000~1646 |
|---|---|---|---|---|---|---|
| 百分比/% | 6.29 | 32.23 | 28.14 | 15.71 | 10.11 | 7.52 |

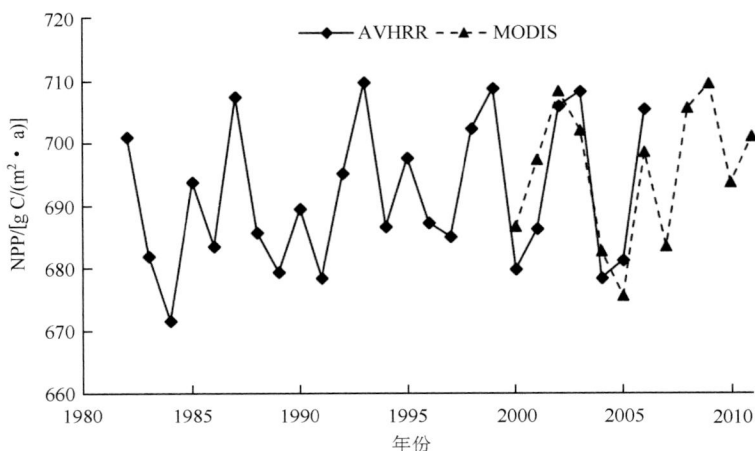

图 2-14　1982~2011 年研究区平均 NPP[g C/(m² · a)]变化

## 2. 广西植被覆盖变化特征

研究采用 AVHRR NDVI 和 MODIS NDVI 时间序列数据，其中，AVHRR NDVI 数据系列是每半月最大化合成的 NDVI 数据，MODIS NDVI 数据系列是每 16 天最大化合成的 NDVI 数据。NOAA 时序数据下载于中国西部环境与生态科学数据中心，时间范围为 1981~2006 年，空间分辨率为 8km×8km。MODIS NDVI 数据 2000~2009 年来源于中国科学院计算机网络信息中心国际科学数据服务平台，2010~2011 年的数据来自于美国地质调查局 USGS 网站，空间分辨率为 250m×250m。

运用 ENVI MRT、Band Math 等工具对 AVHRR 和 MODIS NDVI 进行影像拼接、重投影、裁剪等数据处理。采用年 NDVI 最大值（图 2-15、图 2-16），即在半月或 16 天合成最大值的基础上，进一步提取年 NDVI 最大值。然后提取 NDVI 时间序列变化标准差 SD，利用 ArcGIS 软件对 NDVI 与海拔、坡度图以及变化趋势图进行空间统计分析；并根据样点坐标，提取采样点所对应的 NDVI 值，并计算其平均值。

采用两种方式来表示 NDVI 的变化状况，一种是直线斜率法，另一种是差值法。采用一元线性回归分析方法分析 NDVI 的变化趋势，反映植被长期变化趋势（张月丛等，2008）。回归直线斜率（slope）采用最小二乘法求得。计算公式为

$$\theta_{\text{slope}} = \frac{n \times \sum_{j=1}^{n} j \times \text{NDVI}_j - \sum_{j=1}^{n} j \sum_{j=1}^{n} \text{NDVI}_j}{n \times \sum_{j=1}^{n} j^2 - \left(\sum_{j=1}^{n} j\right)^2} \tag{2-1}$$

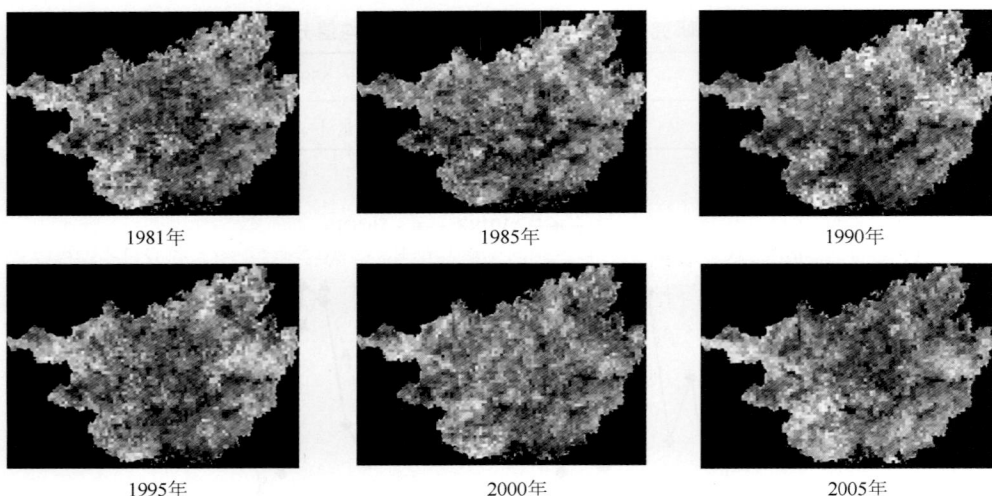

图 2-15　AVHRR NDVI 最大值

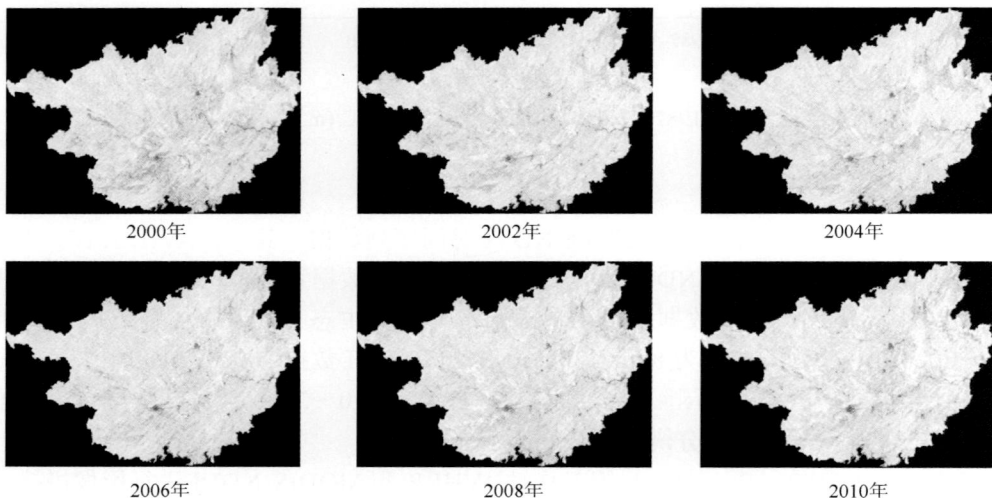

图 2-16　MODIS NDVI 最大值

式中，变量 $j$ 为1~26或1~12的年序号，计算 AVHRR 数据时变量 $n$ 为26，计算 MODIS 数据时变量 $n$ 为12。$NDVI_j$ 表示第 $j$ 年的最大 NDVI 值。$\theta_{slope}$ 表示 NDVI 变化趋势线的斜率。$\theta_{slope} > 0$ 说明 NDVI 值在近26年间的变化趋势是增加的，反之则是减少。

　　考虑到年 NDVI 最大值可能会受气候环境等因素的影响，为了尽可能准确的分析 NDVI 变化与土壤肥力变化的关系，本书也采用与求土壤肥力变化相同的差值法计算 NDVI 的变化。为了减少年 NDVI 最大值数据的偶然性，计算 NDVI 差值时用最后两年 NDVI 的平均值减去开始两年的 NDVI 的平均值。AVHRR NDVI 差值的计算公式为

$$\theta_{chg} = \frac{\left(NDVI_{2005} + NDVI_{2006}\right) - \left(NDVI_{1981} + NDVI_{1982}\right)}{2} \qquad (2\text{-}2)$$

式中，$NDVI_{1981}$、$NDVI_{1982}$、$NDVI_{2005}$ 和 $NDVI_{2006}$ 分别表示 1981、1982、2005、2006 年的年 NDVI 最大值。$\theta_{chg}$ 表示 NDVI 的变化量，$\theta_{chg} > 0$ 说明该时间段内 NDVI 升高；反之则减少。

由 MODIS 250m NDVI 数据 12 年 NDVI 最大值的平均值分级图（图 2-17）可以看出，在桂中南以及桂东北的桂林等地区 NDVI 最大值较低，一般为 0.7~0.85；在桂东、桂北以及桂西的省界边缘地区 NDVI 最大值较高，且部分地区 NDVI 值达到饱和；在城市以及河流湖泊地区 NDVI 最大值较小。

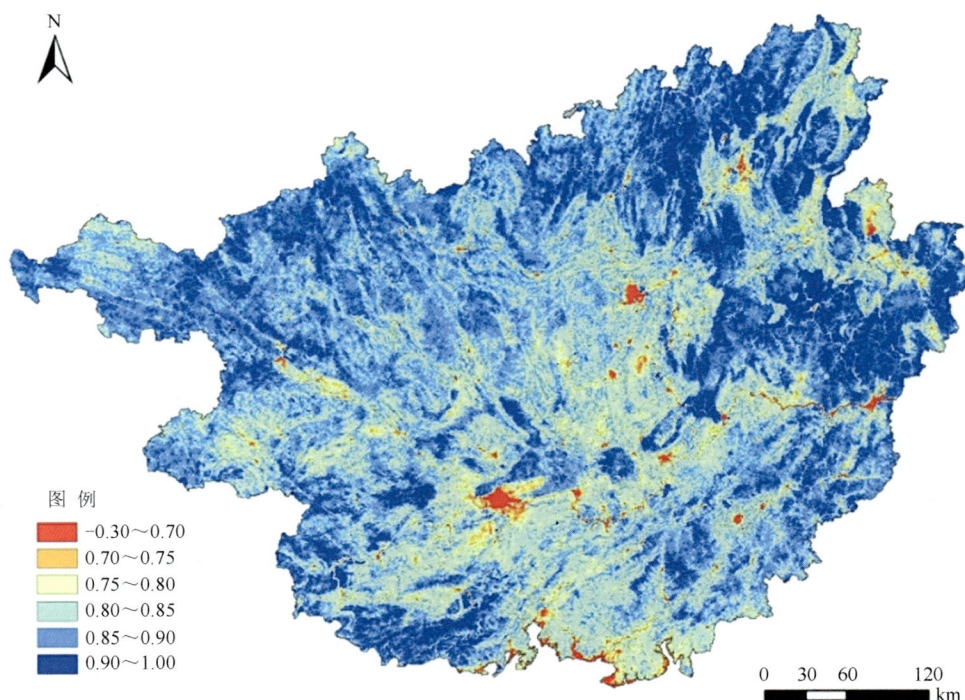

图 2-17　12 年 NDVI 最大值的平均值分布图

从 NDVI 变化标准差（SD）统计图 [图 2-18（a）] 可以看出，12 年来，在南宁、来宾、柳州、桂林以及南部沿海等地区 NDVI 变化较大（SD > 0.05），占全区总面积的 19.84%；大部分地区 NDVI 变化较小，约占全区总面积的 80.16%（表 2-5）。说明 12 年来广西植被状况总体变化较小，但是约 20% 的区域植被变化较大。

由图 2-18（b）可以看出百色、崇左、南宁、梧州、全州以及南部沿海地区 NDVI 大部分成明显上升趋势（$\theta_{slope} >= 0.01$），而在贵港、来宾、柳州等地呈明显下降趋势（$\theta_{slope} <= -0.01$）；由统计表 2-4 可以看出全区较多地区呈现缓慢上升趋势（$\theta_{slope} >= 0.005$），约占全区面积的

41.64%，缓慢下降趋势的面积较小，约占 11.81%，基本保持不变的占全区总面积的 46.55%。说明全区植被状况总体有变好的趋势，但是部分地区仍有下降趋势。

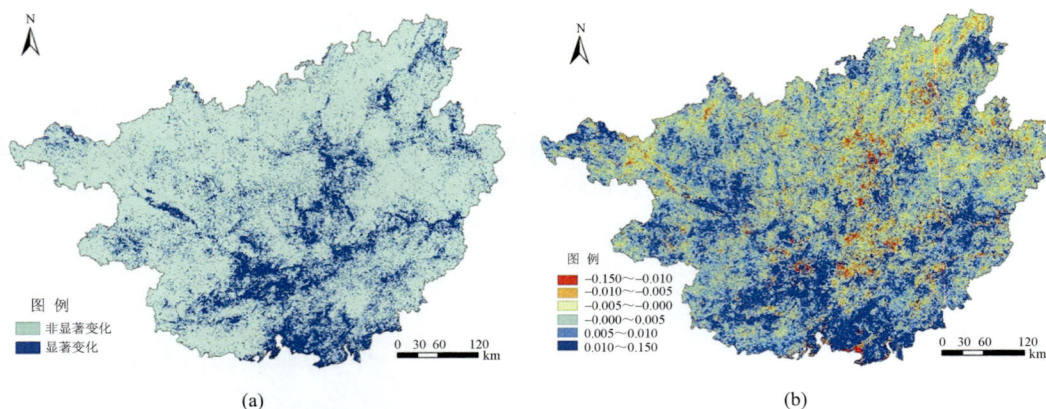

图 2-18 12 年 NDVI 变化标准差（a）、最大值变化趋势（b）分布图

表 2-4 NDVI 最大值变化趋势、变化标准差面积统计

| 变化标准差 | 面积统计/km² |
| --- | --- |
| <=0.05 | 190 215（80.16%） |
| >0.05 | 47 075（19.84%） |
| $\theta_{slope}$ | 面积统计/km² |
| <=−0.005 | 28 015（11.81%） |
| −0.005～0.005 | 110 484（46.55%） |
| >=0.005 | 98 791（41.64%） |

对全区范围内 AVHRR 以及 MODIS 最大 NDVI 的平均值进行统计分析，由图 2-19 可以看出，1981～2011 年两种 NDVI 数据变化趋势均呈现缓慢上升趋势，且两者变化趋势总体上一致。进一步说明了基于年最大 NDVI 值进行趋势分析的可靠性。

在全区范围内对最大 NDVI 平均值与地形因子进行相关性分析。由表 2-5 可以看出，全区范围内 NDVI 与地形因子的相关性较高，其中 NDVI 平均值与海拔、坡度均呈现极显著正相关，相关系数分别为 0.378、0.444，即 NDVI 均值随海拔、坡度的升高而增大；NDVI 变化标准差与海拔呈极显著负相关，相关系数为−0.318，即 NDVI 变异程度随海拔的升高而减小，其与坡度在全区范围内没有达到显著相关水平；NDVI $\theta_{slope}$ 在全区范围内与海拔、坡度都没有达到显著相关水平。

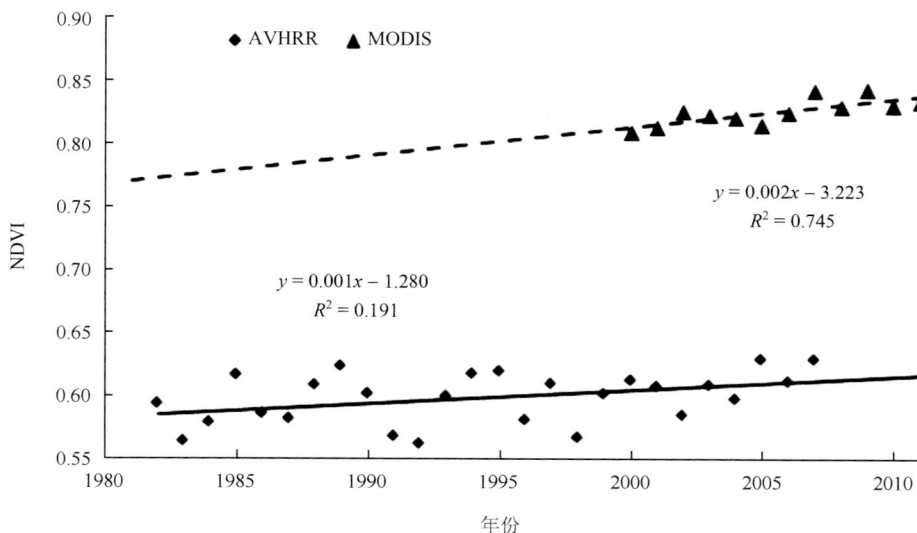

图 2-19　1981～2011 年全区 NDVI 变化趋势

**表 2-5　全区范围内 NDVI 与地形因子相关系数的平均值**

| 地形因子 | 海拔 | 坡度 |
| --- | --- | --- |
| NDVI 平均值 | 0.378[**] | 0.444[**] |
| NDVI 变化标准差 | −0.318[**] | 0.003 |
| NDVI $\theta_{slope}$ | −0.079 | −0.079 |

**p<0.01。下同。

由图 2-20 可以看出，NDVI 与海拔、坡度分级均具有很高的相关性，且相互关系用三次曲线拟合效果很好。如图 2-20（a）所示，NDVI 平均值、变化标准差以及变化趋势在海拔 500m 以下变化较大。其中 NDVI 平均值在海拔为 0～500m 以及 1800m 以上随海拔的升高而增大，且在海拔为 2000m 左右 NDVI 值基本达到饱和，在海拔 500～1800m 时 NDVI 最大值趋于稳定，基本保持在 0.87 左右；NDVI 变化标准差、变化趋势在海拔为 0～500m 时随海拔的升高而呈现明显降低趋势，且均在 500～1600m 趋于稳定，NDVI 变化趋势在海拔大于 1600m 时几乎为 0，即在这一区域 NDVI 最大值在 12 年内基本保持不变。

如图 2-20（b）所示，NDVI 平均值、变化标准差以及变化趋势均在坡度小于 15°时变化较大，在大于 15°时趋于稳定。NDVI 平均值随坡度的升高而增大，且在坡度为 15°以后基本稳定在 0.87 左右；NDVI 变化标准差、变化趋势均随坡度的增大而减小，其中 NDVI 标准差在坡度为 15°以后基本稳定在 0.03 左右，即这一区域 NDVI 最大值年际变化程度较小；而 NDVI 变化趋势在坡度大于 15°以后均小于 0.003，趋近于零，即这一区域内 NDVI 基本没发生变化。

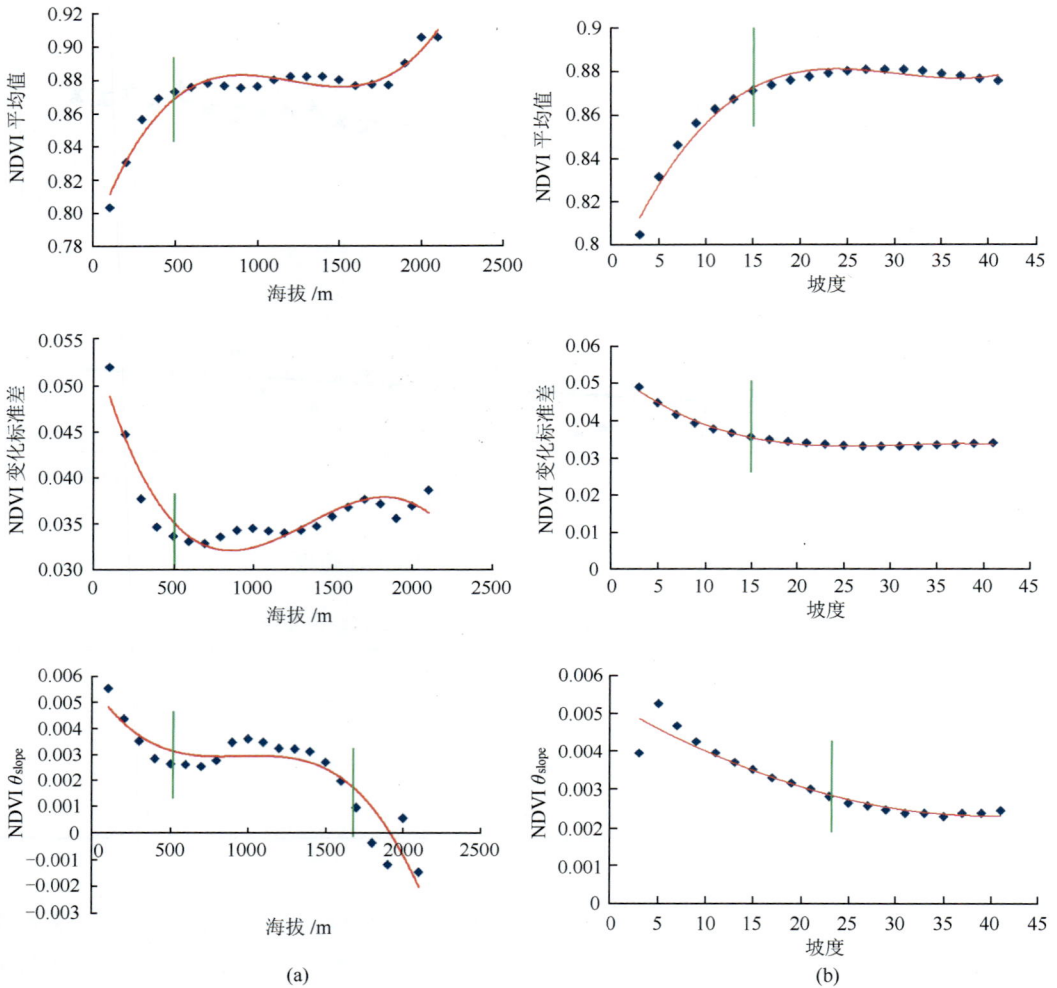

(a)

(b)

图 2-20　NDVI 与海拔、坡度的关系

### 3. 广西植被生态服务功能变化

植被净初级生产力是指植被在单位时间、单位面积上所积累的有机物的数量，它是植物自身与外界环境因子（气温、降雨、太阳辐射等）相互作用的结果。因此，植物净初级生产力大小可以直接反映土壤的生态服务功能的好坏。

本书研究以广西 2001～2011 年植物净初级生产力（NPP）的变化趋势来表征土壤生态服务功能的变化状况。整体来看，大部分地区 NPP 呈减少趋势，其中显著降低的地区占全区总面积的 36.7%，主要分布在广西中部和北部地区；增加的地区占总面积的 10.5%，主要分布在广西南部、西北部以及东北部等地区。出现这种现象的原因可能是受气候环境因素的影响，2010 年和 2011 年的年总 NPP 值较低，致使 11 年来 NPP 变化呈下降趋势（图 2-21，表 2-6）。

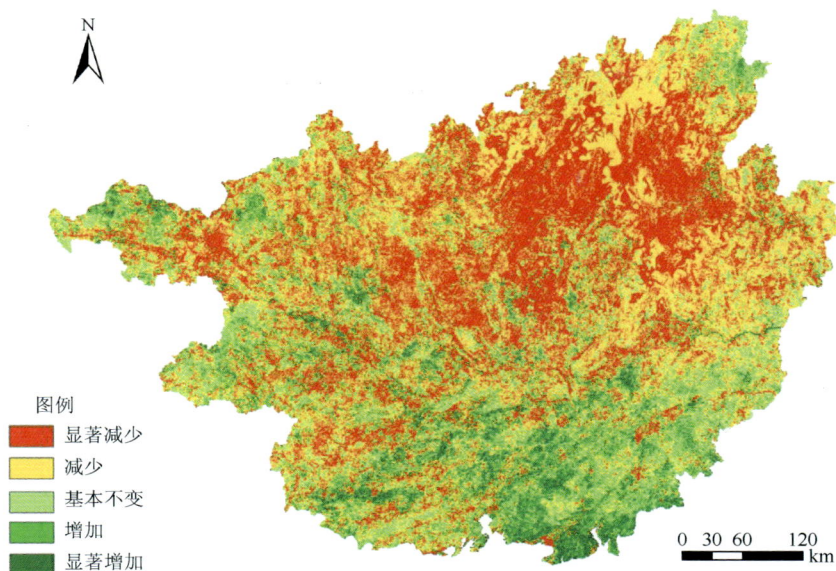

图 2-21　广西生态服务功能变化图（2001～2011 年）

**表 2-6　不同变化面积统计表**

| 编号 | 等级 | 总面积/% |
|------|------|---------|
| 1 | 显著减少 | 36.7 |
| 2 | 减少 | 28.3 |
| 3 | 基本不变 | 24.5 |
| 4 | 增加 | 4.9 |
| 5 | 显著增加 | 5.6 |

# 2.4　广西土壤肥力演变

**1. 土壤肥力因子的变化特征**

　　运用 SPSS 统计分析软件对 1981 年和 2011 年两期土壤肥力数据进行对比分析。从表 2-7 中可以看出，两期的土壤 pH 存在极显著差异，pH 均值从 1981 年的 6.11 下降到 2011 年的 5.50，下降了 9.98%。其中上升的样点占总样点的 24.50%，下降的样点占总样点的 75.50%。

　　土壤有机质、全氮含量略有上升，分别增加了 16.98% 和 12.20%，含量上升的样点占总样点的 63.09%、60.47%。土壤全磷含量增加较多，从 1981 年的 0.56g/kg 增加到 2011 年的 0.83g/kg，增加了 48.21%。其中上升的样点占总样点的 83.65%，下降的点占总样点的 16.35%。土壤速效磷、速效钾含量上升幅度较大，分别升高了 20.89mg/kg 和 56.51mg/kg，且含量升高的样点比例较大，分别达到 84.84% 和 83.12%。

表 2-7　土壤肥力统计特征以及差异性检验

| 年份 | 统计量 | pH | 有机质 /(g/kg) | 全氮 /(g/kg) | 全磷 /(g/kg) | 全钾 /(g/kg) | 速效磷 /(mg/kg) | 速效钾 /(mg/kg) |
|---|---|---|---|---|---|---|---|---|
| 1981 | 最大值 | 8.80 | 82.20 | 4.70 | 3.71 | 26.80 | 36.00 | 143.00 |
|  | 最小值 | 4.13 | 5.66 | 0.33 | 0.06 | 0.39 | 0.40 | 1.00 |
|  | 均值 | 6.11 | 23.14 | 1.23 | 0.56 | 6.89 | 3.58 | 44.23 |
|  | 标准差 | 0.98 | 10.96 | 0.65 | 0.53 | 6.18 | 4.18 | 32.18 |
|  | 变异系数/% | 16.04 | 47.36 | 52.85 | 94.64 | 89.65 | 116.76 | 72.76 |
| 2011 | 最大值 | 8.20 | 86.10 | 4.69 | 2.16 | 37.70 | 162.00 | 920.00 |
|  | 最小值 | 3.98 | 5.98 | 0.38 | 0.20 | 0.32 | 1.07 | 8.06 |
|  | 均值 | 5.50 | 27.07 | 1.38 | 0.83 | 7.34 | 24.47 | 100.74 |
|  | 标准差 | 0.91 | 12.55 | 0.62 | 0.43 | 6.01 | 29.58 | 88.36 |
|  | 变异系数/% | 16.55 | 46.36 | 44.93 | 51.81 | 81.91 | 120.88 | 87.71 |
|  | 均值变化量 | −0.61 | 3.93 | 0.15 | 0.27 | 0.45 | 20.89 | 56.51 |
|  | 均值变化百分比/% | −9.98 | 16.98 | 12.20 | 48.21 | 6.47 | 583.52 | 127.76 |
|  | 上升样点比例/% | 24.50 | 63.09 | 60.47 | 83.65 | 48.54 | 84.81 | 83.12 |
|  | 下降样点比例/% | 75.50 | 36.91 | 39.53 | 16.35 | 51.46 | 15.19 | 16.88 |
|  | $t$ 检验（$p$） | 0.000** | 0.000** | 0.005** | 0.000** | 0.405 | 0.000** | 0.000** |

** $p < 0.01$。下同。

两个时期土壤数据差异性比较结果显示，除全钾没有统计意义上的差异（$p > 0.05$）外，其他土壤养分含量均呈现显著性增加趋势。从空间变异角度来看，总样点除速效磷、速效钾以外其他土壤肥力因子都属于中等程度变异；两时期的土壤肥力因子变异系数不大，其中有机质、pH 变异系数基本保持不变，全氮、全磷、全钾的变异系数有所减小，而其他肥力因子的变异系数有小幅增加。

采样点中，两个时期相对应的样点共 151 个。其中，土地利用类型不变的（长期耕作）共有 117 个样点，林草地转变成耕地的样点有 34 个，其土壤肥力统计特征及其差异性检验如表 2-8、表 2-9 所示。从两个表中可以看出，两种土地利用变化方式下，土壤 pH 均呈现下降趋势，且两种变化下两期数据均呈现显著性差异。长期耕作下土壤 pH 下降较多，下降了 0.67，而林地转化为耕地 pH 下降了 0.48。

不同土地利用变化方式下，土壤有机质变化趋势不同，长期耕作（耕地—耕地）的土壤有机质呈极显著上升趋势，从 1981 年到 2011 年样品均值上升了 5.43g/kg，上升的土壤样品占样品总数的 72.12%（表 2-9）；而由林地转变成耕地（林地—耕地）的情况下，土壤有机质呈现小幅下降趋势，从 1981 年到 2011 年下降了 0.39g/kg，上升的土壤样品只占样品总数的 40%（表 2-10）。土壤全氮含量在长期耕作的情况下增加较多，增加了 0.21g/kg，且两期数据达到了极显著差异；在林地—耕地的情况下全氮含量也成增加趋势，但变化较小，两期数据差异性达到了显著性水平。两种变化方式下，土壤全磷、全钾以及速效磷含量变化量差别不大，且两个时期的全磷、速效磷含量存在显著性差异。林地—耕地的情况下，土壤速效磷增幅明显高于长期耕作的土地，不同时期速效磷含量的差异性都达到了显著性水平。

表 2-8　长期耕作土壤肥力统计特征以及差异性检验

| 年份 | 统计量 | pH | 有机质/(g/kg) | 全氮/(g/kg) | 全磷/(g/kg) | 全钾/(g/kg) | 速效磷/(mg/kg) | 速效钾/(mg/kg) |
|---|---|---|---|---|---|---|---|---|
| 1981 | 最大值 | 8.80 | 82.20 | 4.70 | 2.06 | 26.80 | 36.00 | 140.00 |
| | 最小值 | 4.13 | 5.66 | 0.33 | 0.06 | 0.39 | 0.70 | 1.00 |
| | 均值 | 6.25 | 23.11 | 1.26 | 0.52 | 7.48 | 3.71 | 43.14 |
| | 标准差 | 0.87 | 11.49 | 0.69 | 0.40 | 6.44 | 4.53 | 29.56 |
| | 变异系数/% | 13.99 | 49.70 | 54.60 | 76.83 | 86.10 | 122.01 | 68.52 |
| 2011 | 最大值 | 8.05 | 86.10 | 4.69 | 2.15 | 37.70 | 162.00 | 603.00 |
| | 最小值 | 3.98 | 5.98 | 0.38 | 0.20 | 0.32 | 1.07 | 10.50 |
| | 均值 | 5.58 | 28.55 | 1.47 | 0.83 | 7.73 | 24.54 | 92.97 |
| | 标准差 | 0.92 | 13.25 | 0.71 | 0.42 | 6.87 | 28.78 | 79.15 |
| | 变异系数/% | 16.56 | 46.42 | 48.13 | 50.79 | 88.90 | 117.24 | 85.14 |
| | 均值变化量 | −0.67 | 5.43 | 0.21 | 0.32 | 0.25 | 20.84 | 49.83 |
| | 均值变化百分比/% | −10.76 | 23.51 | 16.66 | 61.52 | 3.39 | 561.75 | 115.51 |
| | 上升样点比例/% | 23.81 | 72.12 | 64.77 | 80.00 | 44.59 | 85.25 | 88.14 |
| | 下降样点比例/% | 76.19 | 27.88 | 35.23 | 20.00 | 55.41 | 14.75 | 11.86 |
| | $t$ 检验（$p$） | 0.000[**] | 0.000[**] | 0.006[**] | 0.000[**] | 0.660 | 0.000[**] | 0.000[**] |

** $p < 0.01$。

表 2-9　林草地转变成耕地下土壤肥力统计特征以及差异性检验

| 年份 | 统计量 | pH | 有机质/(g/kg) | 全氮/(g/kg) | 全磷/(g/kg) | 全钾/(g/kg) | 速效磷/(mg/kg) | 速效钾/(mg/kg) |
|---|---|---|---|---|---|---|---|---|
| 1981 | 最大值 | 7.99 | 38.00 | 2.13 | 1.67 | 20.48 | 7.90 | 143.00 |
| | 最小值 | 4.13 | 7.01 | 0.33 | 0.11 | 0.92 | 0.40 | 5.00 |
| | 均值 | 5.64 | 23.25 | 1.09 | 0.47 | 4.47 | 3.01 | 49.14 |
| | 标准差 | 1.18 | 8.90 | 0.47 | 0.44 | 4.30 | 2.21 | 43.09 |
| | 变异系数/% | 20.98 | 38.30 | 43.13 | 92.03 | 96.23 | 73.41 | 87.68 |
| 2011 | 最大值 | 7.38 | 72.40 | 4.05 | 1.89 | 22.90 | 151.00 | 428.00 |
| | 最小值 | 4.06 | 10.20 | 0.43 | 0.24 | 0.44 | 2.81 | 8.06 |
| | 均值 | 5.16 | 22.86 | 1.16 | 0.72 | 5.62 | 25.49 | 153.41 |
| | 标准差 | 0.81 | 12.67 | 0.72 | 0.35 | 6.04 | 30.35 | 81.08 |
| | 变异系数/% | 15.71 | 55.42 | 62.56 | 48.09 | 107.57 | 119.10 | 52.85 |
| | 均值变化量 | −0.48 | −0.39 | 0.07 | 0.24 | 0.45 | 22.48 | 104.26 |
| | 均值变化百分比/% | −8.51 | −1.68 | 5.95 | 51.25 | 9.97 | 747.66 | 212.17 |
| | 上升样点比例/% | 30.00 | 40.00 | 48.15 | 84.21 | 57.89 | 92.31 | 76.92 |
| | 下降样点比例/% | 70.00 | 60.00 | 51.85 | 15.79 | 42.11 | 7.69 | 23.08 |
| | $t$ 检验（$p$） | 0.008[**] | 0.203 | 0.049[*] | 0.010[*] | 0.199 | 0.038[*] | 0.005[**] |

* $p < 0.05$；** $p < 0.01$。

从两种土地利用变化方式下的土壤肥力因子差异性检验结果（表 2-10）可以看出，不同变化方式之间的土壤 pH、有机质以及全氮含量变化存在显著性差异，其中有机质变化达到了极显著性差异，其他土壤肥力因子含量变化差异性不是很明显。

**表 2-10　不同土地利用变化下的土壤肥力因子差异性检验**

| 土壤肥力因子 | pH | 有机质 | 全氮 | 全磷 | 全钾 | 速效磷 | 速效钾 |
|---|---|---|---|---|---|---|---|
| $t$ 检验（$p$） | 0.044* | 0.000** | 0.042* | 0.886 | 0.508 | 0.101 | 0.282 |

*$p < 0.05$；**$p < 0.01$。

## 2. 土壤肥力因子与遥感因子及其变化的耦合关系

用 ArcGIS 软件提取采样点对应的遥感因子值，为尽可能地分析 NDVI 与土壤肥力因子的相关性，采用相邻 2 年的遥感因子的平均值与土壤肥力因子进行相关性分析。分别对 1981 年和 2011 年的土壤肥力因子和遥感因子进行相关性分析，由分析结果可以看出（表 2-11），土壤有机质、全氮与各遥感因子最大相关系数都达到显著水平。

**表 2-11　土壤肥力因子与遥感因子的相关关系**

| 项目（$n$=151） | pH | 有机质 | 全氮 | 全磷 | 全钾 | 速效磷 | 速效钾 |
|---|---|---|---|---|---|---|---|
| NDVI—1981 | 0.143+ | 0.123 | 0.27** | 0.106 | 0.097 | 0.231* | 0.133 |
| NDVI—2011 | 0.056 | 0.146* | 0.145+ | 0.108 | 0.094 | −0.007 | 0.018 |
| Veg—1981 | 0.025 | 0.125 | 0.113 | 0.237** | 0.188* | 0.057 | −0.111 |
| Veg—2011 | −0.133 | 0.139+ | 0.104 | 0.012 | 0.056 | −0.019 | −0.039 |
| NPP—1981 | 0.199* | 0.109 | 0.168* | 0.048 | −0.090 | 0.058 | 0.039 |
| NPP—2011 | −0.044 | 0.178* | 0.146* | −0.004 | 0.105 | −0.092 | −0.015 |

注：NDVI—1981：1981、1982 年的 AVHRR NDVI 平均值与 1981 年土壤肥力的相关性；NDVI—2011：2010、2011 年的 MODIS NDVI 平均值与 2011 年土壤肥力的相关性。

*$p < 0.05$；**$p < 0.01$；+$p < 0.1$；全书同。

由于 AVHRR 数据时间跨度较长，且与土壤样品数据在时间上基本一致，故选择 AVHRR NDVI 数据来研究 NDVI 与土壤肥力因子动态变化的耦合关系。由于遥感数据源分辨率以及样点数据的限制，本书对 101 个样点（由于 AVHRR 数据像元分辨率较小，因此将落在同一像元内的采样点合并，取其平均值）进行 NDVI 与土壤肥力因子动态变化的耦合关系分析，其中耕地—耕地 82 个样点，林地—耕地 19 个样点。

分别对土壤肥力各因子的变化与 AVHRR NDVI 的 $\theta_{\text{trend}}$ 和 $\theta_{\text{chg}}$ 进行相关性分析。结果表明（表 2-12），$\theta_{\text{trend\_NDVI}}$ 和 $\theta_{\text{chg\_NDVI}}$ 与土壤肥力因子变化的相关性结果一致，均与土壤有机质和全氮具有极显著相关性，其最大相关系数分别为 0.372、0.383；$\theta_{\text{trend\_NDVI}}$ 与土壤全钾在 0.01 水平上达到显著相关性，与其他土壤肥力因子的相关性不明显。不同的土地利用变化下，NDVI 变化与土壤肥力变化的相关性不同。耕地持续耕作的情况下 NDVI 变化与土壤有机质、全氮、全钾存在显著正相关，最大相关系数分别为 0.404、0.423 和 0.287。由林地转化为耕地的情况下，NDVI 变化与土壤肥力因子变化的相关性不是很明显，NDVI 变化与有机质、全氮的相关性只在 0.05 上达到显著；NDVI 变化与其他土壤肥力因子变化的相关性不显著。结合表 2-11 和表 2-12 可以看出，土壤肥力因子与 NDVI 的变化相关性明显好于两者的静态相关性。

表 2-12 土壤肥力因子变化与 NDVI 变化的相关性

| 处理 | NDVI | pH 变化 | 有机质变化 | 全氮变化 | 全磷变化 | 全钾变化 | 速磷变化 | 速钾变化 |
|---|---|---|---|---|---|---|---|---|
| 总样点 | $\theta_{\text{trend\_NDVI}}$ | −0.020 | 0.372** | 0.364** | 0.103 | 0.256** | 0.119 | 0.061 |
| | $\theta_{\text{chg\_NDVI}}$ | −0.045 | 0.383** | 0.350** | 0.121 | 0.089 | −0.074 | 0.186+ |
| 耕地—耕地 | $\theta_{\text{trend\_NDVI}}$ | −0.008 | 0.404** | 0.423** | 0.118 | 0.287* | 0.171 | 0.049 |
| | $\theta_{\text{chg\_NDVI}}$ | −0.022 | 0.356* | 0.298* | 0.100 | 0.087 | −0.038 | 0.127 |
| 林地—耕地 | $\theta_{\text{trend\_NDVI}}$ | −0.036 | 0.229 | 0.186 | 0.051 | 0.042 | 0.035 | 0.155 |
| | $\theta_{\text{chg\_NDVI}}$ | −0.104 | 0.469* | 0.473* | 0.288 | 0.146 | −0.228 | 0.292 |

*$p<0.05$；**$p<0.01$；+$p<0.1$。

NDVI 变化与土壤有机质变化、全氮变化相关性较好，说明通过 NDVI 变化可以部分反映土壤有机质和土壤全氮的变化。同时，在耕地持续耕作的情况下，NDVI 变化与土壤肥力变化的相关性明显好于由林地转化为耕地的相关性。这为以后利用遥感影像数据间接监测长期耕地土壤肥力变化提供了依据，同时也表明利用低分辨率的 NDVI 遥感影像数据监测土壤肥力变化具有一定的可行性。

分别对土壤肥力各因子的变化与植被覆盖度的 $\theta_{\text{trend}}$ 和 $\theta_{\text{chg}}$ 进行相关性分析。分析结果（表 2-13）表明，$\theta_{\text{trend\_veg}}$ 和 $\theta_{\text{chg\_veg}}$ 与土壤肥力因子变化的相关性结果一致，均与土壤有机质和全氮的变化存在显著性正相关，其最大相关系数分别为 0.166 和 0.144；$\theta_{\text{trend\_veg}}$ 与土壤全钾变化呈显著正相关，相关系数为 0.183，与其他土壤肥力因子变化相关性不显著。

不同的土地利用变化下，植被覆盖度变化与土壤肥力因子变化的相关性不同。由表 2-13 可以看出，耕地持续耕作的情况下，$\theta_{\text{trend\_veg}}$ 与土壤有机质、全氮、全钾变化存在显著正相关，最大相关系数分别为 0.313、0.221 和 0.233，这与前人研究结果较一致（Numata et al.，2003）。土壤肥力直接影响植被生长状况，而植被也反过来会影响土壤肥力的积累（刘满强等，2003；Sparling et al.，2006）。林地转化为耕地的情况下植被覆盖度变化与土壤肥力因子变化的相关性不明显，都未达到显著性水平。由表 2-13 可以看出，土壤肥力因子与植被覆盖度的动态相关性明显好于两者的静态相关性，这一结果与土壤肥力因子与 NDVI 的相关性情况基本一致，这也为利用年最大植被覆盖度间接监测土壤肥力变化提供了依据。

表 2-13 土壤肥力因子变化与植被覆盖度变化的相关性

| 处理 | 覆盖度 | pH 变化 | 有机质变化 | 全氮变化 | 全磷变化 | 全钾变化 | 速磷变化 | 速钾变化 |
|---|---|---|---|---|---|---|---|---|
| 总样点 | $\theta_{\text{trend\_veg}}$ | −0.084 | 0.166* | 0.144+ | −0.049 | 0.183* | 0.094 | 0.005 |
| | $\theta_{\text{chg\_veg}}$ | −0.078 | 0.101 | 0.139+ | 0.049 | 0.101 | 0.028 | −0.09 |
| 耕地—耕地 | $\theta_{\text{trend\_veg}}$ | −0.057 | 0.313** | 0.221* | −0.064 | 0.233* | 0.129 | 0.112 |
| | $\theta_{\text{chg\_veg}}$ | −0.103 | 0.042 | 0.142 | 0.047 | 0.058 | 0.052 | −0.093 |
| 林地—耕地 | $\theta_{\text{trend\_veg}}$ | −0.206 | 0.084 | −0.075 | 0.066 | 0.145 | −0.014 | 0.122 |
| | $\theta_{\text{chg\_veg}}$ | 0.021 | 0.134 | 0.238 | −0.21 | −0.092 | 0.048 | −0.059 |

*$p<0.05$；**$p<0.01$；+$p<0.1$。

分别对 2011 年、1981 年的土壤肥力因子与 1982～2011 年的年总 NPP 进行相关性分析。研究发现，土壤有机质、全氮含量与 NPP 具有显著相关性（表 2-14），其他土壤肥力因子与 NPP 的相关性不明显。但是，2011 年土壤有机质、全氮并不与当年的年总 NPP 相关性最高，而是与之前几年的相关性最好。其中，2011 年土壤有机质、全氮与 2002～2004 年连续三年 NPP 值相关性最好。这可能与土壤碳、氮年累积量以及土壤矿化速率有关，这也为后面研究土壤有机质、全氮含量的变化及其更新提供新的思路。

表 2-14　NPP 与土壤有机质和全氮的相关性

| 时间 | 有机质—2011 | 全氮—2011 | 有机质—1981 | 全氮—1981 |
|---|---|---|---|---|
| NPP—2011 | 0.178* | 0.146+ | 0.020 | 0.053 |
| NPP—2010 | 0.178* | 0.160* | 0.149+ | 0.126 |
| NPP—2009 | 0.178* | 0.136+ | 0.107 | 0.085 |
| NPP—2008 | 0.196* | 0.180* | 0.125 | 0.105 |
| NPP—2007 | 0.188* | 0.186* | 0.157+ | 0.145+ |
| NPP—2006 | 0.195* | 0.182* | 0.104 | 0.171* |
| NPP—2005 | 0.161* | 0.147+ | 0.119 | 0.154+ |
| NPP—2004 | 0.245** | 0.242** | 0.107 | 0.161* |
| NPP—2003 | 0.237** | 0.236** | 0.123 | 0.184* |
| NPP—2002 | 0.211** | 0.220** | 0.103 | 0.163* |
| NPP—2001 | 0.199* | 0.200* | 0.081 | 0.136+ |
| NPP—2000 | 0.246** | 0.247** | 0.112 | 0.174* |
| NPP—1999 | 0.166* | 0.141+ | 0.113 | 0.189* |
| NPP—1998 | 0.144+ | 0.033 | 0.087 | 0.153+ |
| NPP—1997 | 0.131 | 0.009 | 0.097 | 0.165* |
| NPP—1996 | 0.132 | 0.011 | 0.096 | 0.162* |
| NPP—1995 | 0.140+ | 0.005 | 0.135+ | 0.215** |
| NPP—1994 | 0.155+ | 0.052 | 0.061 | 0.122 |
| NPP—1993 | 0.141+ | 0.019 | 0.082 | 0.148+ |
| NPP—1992 | 0.175* | 0.059 | 0.090 | 0.160* |
| NPP—1991 | 0.117 | 0.005 | 0.135+ | 0.208** |
| NPP—1990 | 0.109 | 0.008 | 0.126 | 0.202* |
| NPP—1989 | 0.057 | 0.072 | 0.137+ | 0.222** |
| NPP—1988 | 0.082 | 0.066 | 0.169* | 0.239** |
| NPP—1987 | 0.157+ | 0.033 | 0.163* | 0.225** |
| NPP—1986 | 0.116 | 0.031 | 0.076 | 0.155+ |
| NPP—1985 | 0.115 | 0.033 | 0.158+ | 0.224** |
| NPP—1984 | 0.116 | 0.028 | 0.153+ | 0.214** |
| NPP—1983 | 0.132 | 0.008 | 0.103 | 0.178* |
| NPP—1982 | 0.147+ | 0.022 | 0.109 | 0.168* |

＊$p < 0.05$；＊＊$p < 0.01$；＋$p < 0.1$。

　　分别对土壤有机质、全氮含量变化与 NPP 的 $\theta_{trend}$ 和 $\theta_{chg}$ 进行相关性分析（表 2-15）。分析结果表明，有机质、全氮的变化与 $\theta_{trend\_NPP}$ 相关性不明显，与 $\theta_{chg\_NPP}$ 的相关性在 0.01 水平上达到显著。这表明 NPP 变化趋势可能并不能反映出土壤有机质、全氮的变化。

**表 2-15　NPP 变化与土壤肥力因子变化的相关性**

| 处理 | 变量 | pH 变化 | 有机质变化 | 全氮变化 | 全磷变化 | 全钾变化 | 速磷变化 | 速钾变化 |
|------|------|---------|-----------|----------|----------|----------|----------|----------|
| NPP | $\theta_{trend}$ | −0.004 | 0.043 | 0.114 | 0.069 | −0.012 | 0.004 | −0.015 |
| （$n$=151） | $\theta_{chg}$ | 0.029 | 0.222[**] | 0.210[**] | −0.056 | −0.160 | 0.007 | −0.003 |

\*\* $p < 0.01$。

### 3. 土壤肥力因子变化与地形因子的相关性

利用 90m DEM 数据推算研究区其他地形因子（坡度、坡向、平面曲率、剖面曲率）的分布状况，并通过 ArcGIS9.3 软件提取采样点的地形数据。全部样点地形因子特征描述如表 2-16 所示，样点海拔都在 400m 以下，其平均坡度也相对较小；地形因子的变异系数除坡度（122.97%）和剖面曲率（137.03%）较高以外，其他地形因子均属于中等水平。

**表 2-16　地形因子描述统计分析**

| 统计量 | 海拔 $H$/m | 坡度 $G$/(°) | 坡向 $A$/(°) | 平面曲率 $K_h$/m | 剖面曲率 $K_v$/m |
|--------|-----------|-------------|-------------|----------------|----------------|
| 最大值 | 378.00 | 30.54 | 355.60 | 58.57 | 6.75 |
| 最小值 | 13.00 | 1.02 | −1 | 2.62 | 0.01 |
| 均值 | 139.09 | 3.02 | 164.71 | 29.51 | 0.87 |
| 标准差 | 57.20 | 3.71 | 96.02 | 15.74 | 1.19 |
| 变异系数/% | 41.12 | 122.97 | 58.30 | 53.35 | 137.03 |

对所有样点地形因子与土壤肥力因子进行相关性分析（表 2-17）。结果表明，1981 年土壤全氮与海拔呈极显著正相关关系，与坡向、剖面曲率的相关性在 0.1 水平上达到显著；1981 年土壤有机质与海拔呈现一定的正相关关系，相关系数为 0.141，与其他地形因子相关性不明显；2011 年土壤有机质、全氮与地形因子相关性不明显，没有达到显著水平。

**表 2-17　土壤肥力因子与地形因子的相关性**

| 指标 | 海拔 $H$/m | 坡度 $G$/(°) | 坡向 $A$/(°) | 平面曲率 $K_h$/m | 剖面曲率 $K_v$/m |
|------|-----------|-------------|-------------|----------------|----------------|
| pH—1981 | 0.032 | −0.059 | 0.023 | 0.124 | 0.041 |
| 有机质—1981 | 0.141[+] | 0.005 | −0.118 | 0.034 | 0.106 |
| 全氮—1981 | 0.224[**] | −0.003 | −0.151[+] | 0.035 | 0.143[+] |
| 全磷—1981 | 0.013 | −0.037 | 0.013 | 0.001 | 0.073 |
| 全钾—1981 | 0.036 | −0.003 | −0.093 | −0.151[+] | −0.012 |
| 速效磷—1981 | 0.006 | −0.114 | −0.147[+] | 0.092 | −0.003 |
| 速效钾—1981 | 0.126 | 0.153[+] | 0.132 | 0.008 | 0.300[**] |
| pH—2011 | 0.048 | −0.011 | −0.031 | 0.054 | 0.005 |
| 有机质—2011 | 0.050 | −0.019 | −0.093 | −0.029 | 0.037 |

续表

| 指标 | 海拔 | 坡度 | 坡向 | 平面曲率 | 剖面曲率 |
|------|------|------|------|---------|---------|
| | $H$/m | $G$/(°) | $A$/(°) | $K_h$/m | $K_v$/m |
| 全氮—2011 | 0.117 | −0.023 | −0.071 | 0.009 | 0.057 |
| 全磷—2011 | −0.030 | −0.035 | 0.040 | 0.076 | 0.129 |
| 全钾—2011 | 0.029 | 0.016 | 0.057 | −0.081 | 0.046 |
| 速效磷—2011 | −0.054 | −0.051 | 0.041 | 0.180* | −0.015 |
| 速效钾—2011 | −0.100 | −0.078 | 0.032 | −0.056 | −0.032 |

$*p<0.05$。

对土壤肥力因子变化与地形因子进行相关性分析，结果表明除土壤有机质、全氮变化与地形因子显著相关（表 2-18）以外，与其他土壤肥力因子变化的相关性不明显（表 2-18 未列出）。有机质变化、全氮变化均与坡度呈显著负相关，相关系数分别为−0.179、−0.171，即随着坡度的升高有机质和全氮的变化量减小。本书中，坡度较小的地方因适合耕种而受到的人为干扰较强，土地利用类型多为耕地或人工种植林，因而对土壤有机质、全氮变化影响较大。

**表 2-18　土壤肥力有机质、全氮变化与地形因子的相关矩阵**

| 指标 | 海拔 | 坡度 | 坡向 | 平面曲率 | 剖面曲率 |
|------|------|------|------|---------|---------|
| | $H$/m | $G$/(°) | $A$/(°) | $K_h$/m | $K_v$/m |
| 有机质变化 | −0.063 | −0.179* | 0.137+ | −0.085 | −0.039 |
| 全氮变化 | −0.064 | −0.171* | 0.075 | −0.103 | −0.106 |

$*p<0.05$。

**4. 基于植被指数和生物量的土壤肥力因子变化遥感检测模型**

结合以上研究结果可知，研究区土壤肥力因子变化与遥感因子、地形因子存在一定的相关关系，且两者都与土壤有机质、全氮变化的相关性最好。因此，对两个时期土地利用类型为耕地（117 个样点）的点进行建模，利用多元线性逐步回归模型模拟土壤有机质、全氮的变化。对样本按照有机质变化大小进行排序，由小到大每隔两个点选择一个作为验证点，共选择 39 个验证点作为验证数据集，剩余 78 个样点组成建模集，其建模样本描述统计见表 2-19 所示。

**表 2-19　建模样本描述统计分析**

| 指标 | 最小值 | 最大值 | 均值 | 标准差 | 变异系数/% |
|------|--------|--------|------|--------|-----------|
| $\theta_{chg\_NDVI}$ | −0.137 | 0.141 | 0.035 | 0.047 | 135.279 |
| $\theta_{trend\_NDVI}$ | −0.005 | 0.004 | 0.001 | 0.002 | 145.409 |
| $\theta_{chg\_NPP}$ | −77.591 | 610.957 | 35.508 | 227.064 | 639.480 |
| $\theta_{trend\_veg}$ | −75.756 | 95.393 | 20.591 | 36.824 | 178.832 |
| 有机质变化 | −12.500 | 40.492 | 5.316 | 10.511 | 197.714 |

| 指标 | 最小值 | 最大值 | 均值 | 标准差 | 变异系数/% |
|---|---|---|---|---|---|
| 全 N 变化 | −0.763 | 2.186 | 0.281 | 0.517 | 183.841 |
| 每拔 | 13.000 | 378.000 | 140.873 | 59.275 | 42.0773 |
| 坡度 | 0.000 | 30.540 | 3.012 | 3.965 | 131.646 |
| 坡向 | −1.000 | 355.600 | 170.270 | 96.543 | 56.700 |
| 平面曲率 | 2.830 | 58.570 | 29.725 | 15.094 | 50.780 |
| 剖面曲率 | 0.010 | 6.750 | 0.882 | 1.251 | 141.790 |

将逐步线性回归分析中因子入选和淘汰出模型的显著性水平设置为 0.1，逐步线性回归因子入选结果见表 2-20，其公式如下。

$$\Delta_{有机质}=0.096 \cdot \theta_{trend\_veg}+2.202（R^2=0.169）\quad（2\text{-}3）$$

$$\Delta_{全氮}=82.524 \cdot \theta_{chg\_NDVI}+2.6 \cdot \theta_{trend\_NDVI}+0.0004 \cdot \theta_{chg\_NPP}+0.340（R^2=0.203）\quad（2\text{-}4）$$

表 2-20　土壤肥力变化遥感监测线性回归模型

| 项目（$n$=78） | 有机质变化/(g/kg) | 全氮变化/(g/kg) |
|---|---|---|
| $\theta_{chg\_NDVI}$ | — | 82.524** |
| $\theta_{trend\_NDVI}$ | — | 2.6+ |
| $\theta_{chg\_NPP}$ | — | 0.0004+ |
| $\theta_{trend\_veg}$ | 0.096** | — |
| 海拔 | — | — |
| 坡度 | — | — |
| 坡向 | — | — |
| 平面曲率 | — | — |
| 剖面曲率 | — | — |
| 入选样本个数 | 76 | 75 |
| 常数 | 2.202 | 0.340 |
| $R^2$ | 0.169** | 0.203** |

注：—表示变量未进入模型。

** $p<0.01$；+ $p<0.1$。

预测有机质变化的线性回归模型中只有 $\theta_{trend\_veg}$ 进入模型，预测全氮变化有 $\theta_{chg\_NDVI}$、$\theta_{trend\_NDVI}$ 及 $\theta_{chg\_NPP}$ 三个变量进入模型。回归模型中的 $R^2$ 值表明，利用这些因子分别能够解释土壤有机质、全氮变化的 16.9%和 20.3%。

将表 2-20 中的回归模型应用于研究区土地利用该类型为耕地的区域，预测生成对应的土壤有机质、全氮变化图（图 2-22）。对研究区耕地类型的有机质、全氮变化值进行统计，可知耕地类型中土壤有机质平均变化 6.65g/kg，全氮平均变化为 0.306g/kg。从图中提取出验证点的土壤有机质、全氮属性值，并与实测值比较，从而评价制图的准确性。

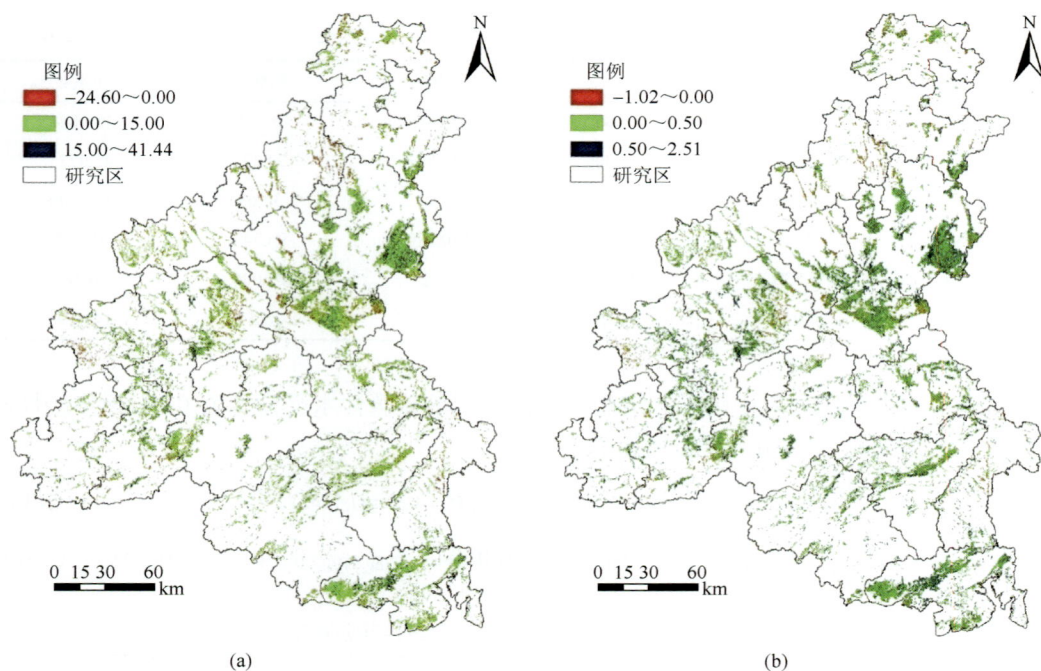

图 2-22　研究区耕地土壤有机质变化（a）、全氮变化（b）分布图

　　从 39 个点的验证结果（表 2-21）可以看出，线性模型预测的有机质变化的平均误差（ME）和均方根误差（RMSE）分别为 0.710、3.445，本研究区域制图精度较高。影响本研究估算结果精度的因素很多。首先，研究采用两种遥感数据源（AVHRR NDVI 数据和 MODIS NDVI 数据），尽管估算出的遥感因子值（植被覆盖度、NPP）基本相同，但不用分辨率的差异仍然对估算结果会造成一定的影响；其次，本研究区域较大，土壤属性及地形、遥感因子的空间变异也比较大，建模样点有限，在一定程度会造成估算精度的降低；此外，土壤肥力因子变化受多种因素的影响，本次选择的环境因子可能不能完全反映土壤肥力变化状况。因此，后续研究应当从多方面考虑影响土壤肥力变化的因素，如区域差异、土壤厚度、空间分辨率、时间分辨率，以及气候等。

表 2-21　土壤肥力变化遥感监测模型预测结果评价

| 项目（n=39） | 有机质变化/(g/kg) | 全氮变化/(g/kg) |
| --- | --- | --- |
| ME/(g/kg) | 0.710 | 0.094 |
| RMSE/(g/kg) | 3.445 | 0.345 |

### 5. 广西土壤肥力变化的空间特征

　　有机质是土壤肥力的综合反映（Sparling et al.，2006），因此，本研究采用土壤有机质变化表征土壤肥力的演变。土壤有机质演变图的制作基于遥感资料和土壤采样数据，通过比较 2010～2011 年采集土壤的土壤有机质与 20 世纪第二次全国土壤普查数据，可以得到不同采样点的土壤有机质变化情况，在此基础上，建立遥感参数与土壤有机质变化之间的模型，然后推广到整个广西区。在此基础上，进行土壤有机质演变等级划分，最后形成土壤有机质演变等级图（图 2-22）。同时对各类型进行面积统计，如表 2-22 所示。

表 2-22　不同等级有机质面积统计表

| 编号 | 有机质/(g/kg) | 总面积/% |
| --- | --- | --- |
| 1 | <=−10 | 2.9 |
| 2 | −10~−5 | 5.9 |
| 3 | −5~0 | 20.3 |
| 4 | 0~5 | 38.1 |
| 5 | 5~10 | 29.7 |
| 6 | 10~15 | 2.8 |
| 7 | >15 | 0.4 |

由表 2-22、图 2-23 可知，广西土壤有机质从 20 世纪 80 年代以来，总体上呈现上升趋势，只是在部分地区下降，下降区面积占广西面积 28.8%，主要分布在东部和北部，少部分位于西北和西南，其他区域以土壤有机质增加为主。

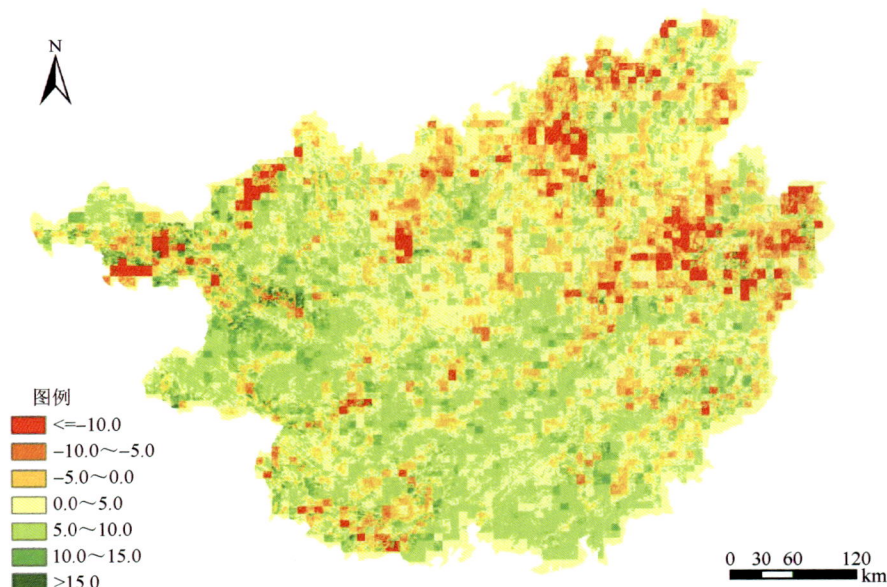

图 2-23　广西土壤有机质变化图

## 2.5　广西森林土壤肥力空间异质性

**1. 广西壮族自治区森林土壤养分描述性特征**

广西森林土壤不同养分含量不同，全氮、全磷、全钾分别是：0.27~6.85g/kg、0.1~1.46g/kg、0.41~30.75g/kg。速效氮、速效磷、速效钾分别是：34.67~561.19mg/kg、0.93~

78.76mg/kg、7.23～417mg/kg。pH 变化范围为 3.1～8.28，均值是 4.988，这说明广西区森林土壤酸碱性总体呈酸性（表 2-23）。各养分的变异系数为 23.33%～78.90%，属中等程度变异，且土壤全量养分变异小于速效养分变异，这可能与养分元素在土壤中的化学行为及肥料施用状况、林间管理措施等有关。速效成分受随机因素影响较大，所以变异程度较大，土壤全量变异系数较小说明在土壤中含量较稳定。土壤各养分的偏态数（Skewness）均大于零，可知各养分样本数据均呈正偏态分布。其中全钾的偏度最小，速效磷的偏度最大。与标准正态分布相比，峰值系数（Kurtosis）大于 3 时样本数据为高狭峰，低于 3 时为低阔峰。除速效磷为高狭峰外，其他养分的样本数据均为低阔峰，总磷的峰度系数最接近正态分布。

表 2-23　广西区森林土壤养分描述性统计特征

| 土壤性质 | 样本数 | 均值 | 标准差 | 变异系数/% | 最小值 | 最大值 | Skewness | Kurtosis |
|---|---|---|---|---|---|---|---|---|
| 全氮/(g/kg) | 345 | 2.474 | 1.378 02 | 55.69 | 0.27 | 6.85 | 0.886 | 0.444 |
| 全磷/(g/kg) | 345 | 0.506 | 0.298 10 | 58.91 | 0.1 | 1.46 | 1.341 | 1.645 |
| 全钾/(g/kg) | 345 | 10.830 | 6.304 46 | 58.21 | 0.41 | 30.75 | 0.867 | 0.889 |
| 速效氮/(mg/kg) | 345 | 208.476 | 113.257 63 | 54.21 | 34.67 | 561.19 | 1.014 | 0.707 |
| 速效磷/(mg/kg) | 345 | 12.038 | 9.497 78 | 78.90 | 0.93 | 78.76 | 2.426 | 9.482 |
| 速效钾/(mg/kg) | 345 | 131.807 | 82.891 30 | 62.75 | 7.23 | 417.00 | 1.453 | 2.589 |
| pH | 345 | 4.988 | 1.163 84 | 23.33 | 3.1 | 8.28 | 1.096 | 0.220 |

## 2. 广西壮族自治区森林土壤养分空间变异特征

广西森林土壤养分各变量拟合度除总钾外都比较高，说明各变量拟合模型很理想，其中速效氮、pH 用球状模型拟合效果较好，拟合度分别达到 0.920、0.941，速效氮的变程较大，为 5.667°，pH 变程为 1.271°。其他变量为指数模型效果较好，其中速效钾的变程最大为 21.027°，总氮和速效氮变程相近，速效磷为 1.596°，总钾值的变程最小，为 0.186°。其中总氮、总磷、速效磷的块金值/基台值较大，位于 25%～75%范围内，表现为中等程度的空间自相关（表 2-24）。这说明在当前观测尺度上，随机因素对这些养分影响较大，可能与林间管理施肥、砍伐及实验误差有关。总钾、速效氮、速效钾和 pH 的块金值/基台值相对较小，均小于 25%，表现为强烈的空间自相关性。这说明随机扰动对这些养分的影响相对较小，地形、土壤母质、土壤类型对这几种土壤养分起主要影响。各土壤养分的变异系数与块金值/基台值并不对应，速效氮变异程度虽然很大，但是却具有较小的块金值/基台值，说明人类的随机干扰对速效氮空间变异的贡献较小，土壤氮素的空间异质性主要来源于结构因素，同时说明了随机因素对土壤的酸碱度产生的影响并不显著，土壤酸碱度也主要受土壤类型、母质控制。除速效氮、速效钾外各土壤养分的半变异函数曲线在超过一定滞后距后不在增加，而是围绕基台值呈周期性上下波动的特征，均表现出一定的孔穴效应，这种现象的产生主要是由区域化变量周期性的变化引起的，说明研究区土壤养分空间异质性具有周期性变化的特征。

表 2-24　土壤养分全向半变异函数理论模型及其结构参数

| 土壤养分 | 模型类型 | $C_0$ | $C_0+C$ | $C_0/(C_0+C)$ | 变程（度） | $R^2$ | $RSS$ |
|---|---|---|---|---|---|---|---|
| 全氮 | 指数模型 | 0.1370 | 0.4890 | 0.280 | 5.304 | 0.882 | 0.0145 |
| 全磷 | 指数模型 | 0.1263 | 0.3586 | 0.352 | 2.862 | 0.941 | 0.0034 |
| 全钾 | 指数模型 | 4.0000 | 38.300 | 0.104 | 0.186 | 0.352 | 146 |
| 速效氮 | 球状模型 | 0.1170 | 0.494 | 0.237 | 5.667 | 0.920 | 0.0104 |
| 速效磷 | 指数模型 | 0.3460 | 0.693 | 0.499 | 1.596 | 0.720 | 0.0373 |
| 速效钾 | 指数模型 | 0.2520 | 1.156 | 0.218 | 2.103 | 0.653 | 0.0851 |
| pH | 球状模型 | 0.003 71 | 0.018 82 | 0.197 | 1.271 | 0.941 | 0.000 02 |

## 3. 广西壮族自治区森林土壤养分空间格局

广西森林土壤养分和 pH 的空间变异特征都是结构性因素与随机性因素综合作用的结果，各指标空间变异特征都具有自己的主导性因素，根据全国第二次土壤普查养分分级标准，土壤总氮的含量最低位于 5 级含量水平范围内，1 级含量水平大于 2g/kg 的区域所占面积比例达 55.2%，土壤速效氮 1 级水平含量在 150mg/kg 的区域面积高达 70.4%，最低含量水平为全国第二次土壤普查分级标准的 4 级水平，充分表明广西区氮素含量比较丰富（图 2-24）。

总磷的空间空间变异由两个含量最高点桂柳地区与河池地区向周围逐渐降低，总的分布特征为北高南低（图 2-25）。研究区面积 75% 的土壤总磷含量水平集中于 3、4、5 级水平，而速效磷的空间变异比较复杂，整个研究区速效磷含量水平最高在全国第二次土壤普查标准的 2 级水平范围内，3、4 级含量水平区域面积比例达到 90% 以上。总磷、速效磷的含量水平都不高，这说明广西区森林土壤磷库含量小，在农业生产过程中怎样提高速效磷的含量成为需要考虑的重要问题。

通过空间变异图可知总钾和速效钾的空间变异差异较大（图 2-26），总体看总钾在广西东南部含量较高，根据全国第二次土壤普查养分分级标准，分为 6 个含量等级，4、5 级含量水平占整个研究区的 82.6%，1、2 级含量水平所占比例很小，不到 4%，这说明广西区总钾整体含量比较低。而速效钾的空间变异特征比较有规律，含量表现出北高南低的特征，含量在 1 级含量水平的都分布在北部，面积占总面积的 3.4%；2、3 级含量水平所占比例最高，分别为 29.5%、40.2%，分布在广西北部；4、5 级含量水平所占面积比例分别为 21.1% 和 5.6%，主要分布在南部。6 级含量水平仅占面积比例仅为 0.2%。通过含量水平等级分布及各等级含量水平面积所占比例，可推断广西区总体的速效钾含量水平要比总钾要高。

广西森林土壤 pH 空间变异格局很具有规律性，横贯广西的一条地带主要覆盖地区为百色、河池和桂柳地区的 pH 较高，土壤酸碱度为 6.5～7.5，属中性范围，面积比例为 12.9%，pH 由这条地带向南北方向降低，pH 大于 7.5 的碱性范围面积仅占 0.2%，土壤 pH 呈微酸性、酸性和强酸性的范围所占总面积比例分别为 14.6%、40.5% 和 31.8%，这三种不同程度的酸性面积比例之和达 87%。无论从 pH 还是各等级所占比例来看，广西土壤 pH 酸性占绝对优势，影响土壤酸碱性因素很多，广西 pH 空间变异特征主要受结构性因素影响，气候、地形、母质、植被等都是影响土壤的主要因素（李燕丽等，2013）。

通过克里金插值总体上看，广西森林土壤养分和 pH 都存在高度的空间异质性（图 2-27），这与不同条件下的土壤的物理、化学、生物过程有着密切关系。空间插值经分级后所得的空间变异图能够反映出研究区范围内各种土壤养分的空间分布格局、变化趋势以及土壤养分含量的丰缺状况。同时，可以在根据各区域的丰缺状况为下一步进行土壤养分的分区管理提供科学指导和依据。

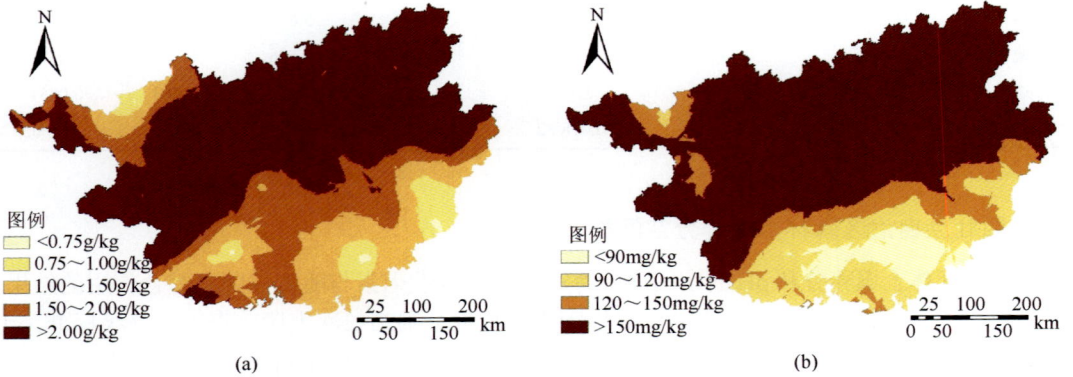

图 2-24　总氮（a）和速效氮（b）空间格局图

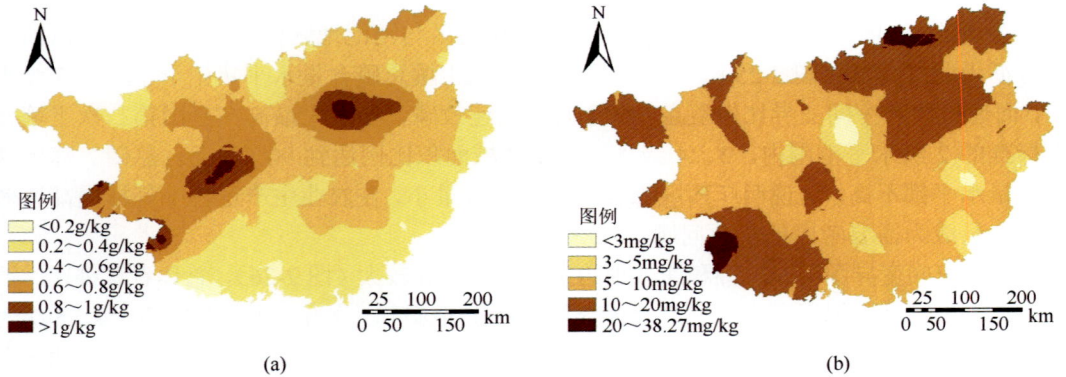

图 2-25　总磷（a）和速效磷（b）空间格局图

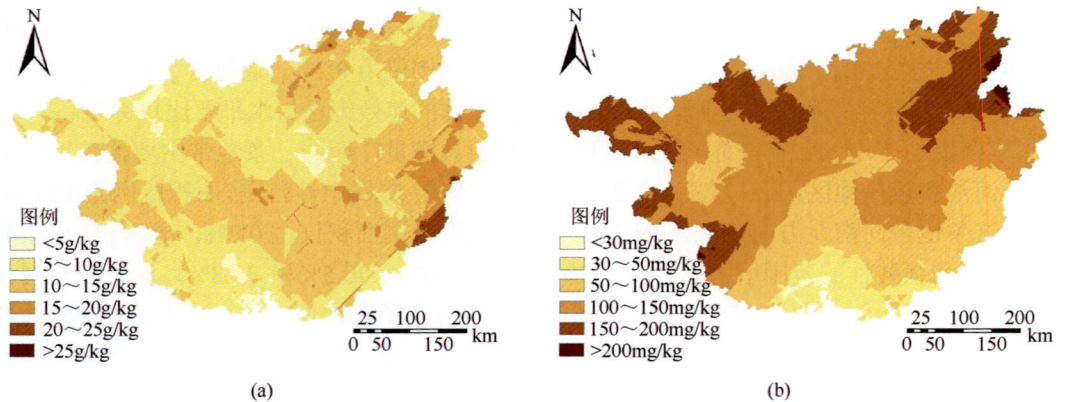

图 2-26　总钾（a）和速效钾（b）空间格局图

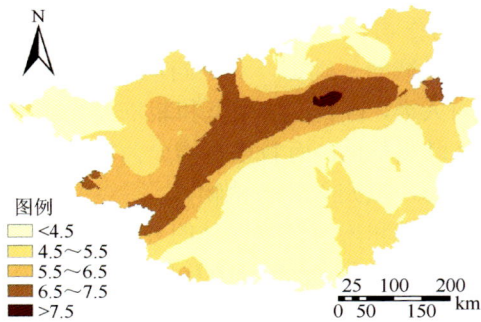

图 2-27　pH 空间格局图

## 2.6　广西土壤利用布局规划

**1. 广西土壤利用**

不同植被类型具有不同的生长周期和物候节律，并可通过光谱差异反映出来。根据这种差异性，利用 2010/2011 年的 MOD13Q1 植被指数数据进行非监督分类，共分为耕地、林地和草地、水域、城镇以及未利用土地五种土地利用类型。

由广西土壤利用类型图 [图 2-28（a）] 可以看出，林草地分布最为广泛，广西耕地面积较少，且分布较为集中，大部分分布在桂中、桂东北以及桂东南地区，并以城市周边分布最多。

由统计图 [图 2-28（b）] 可知，2010 年广西总耕地面积为 253.02 万公顷，林地和草地面积共为 2016.00 万公顷，水域为 41.05 万公顷，城镇用地面积为 65.1 万公顷，未利用土地为 0.41 万公顷。可知，广西林草地所占比例最大，达到 84.9%，而耕地面积约 10.7%，其他用地之和则小于 5%。

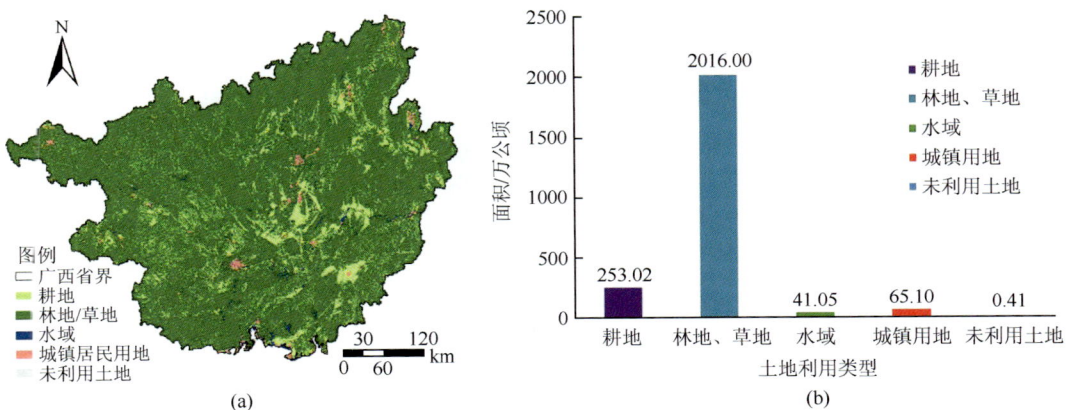

(a)

(b)

图 2-28　广西土壤利用类型以及面积统计图

**2. 广西土壤利用布局**

根据广西植被类型、土壤类型、地形地貌因素，考虑不同植物的气候和土壤适宜性等问题，分别对粮食作物、糖料作物、水果植物以及桉树等栽培作物进行气候和土壤适应性分析，在确定各种作物适合区域的基础上，对不同地区的土壤进行适宜性评价。

首先将土壤利用分为两大类，自然植物类型和栽培植物类型，其中自然植物又分为水源涵养林地、岩溶区水保林以及草地；而栽培植物分为粮食、糖料、水果植物。由于桉树等速生林的生长多是人工参与，也归入栽培植物。

土壤利用类型为水源涵养林和岩溶区水保林的分布较广，主要分布在桂西北、桂东北等地区，占全区总面积的35.0%。适合粮食作物及其他栽培作物生长的土壤面积占全区总面积的42.8%，其中单纯适合种植粮食的占9.9%，主要分布在广西中部、南部以及西北部等零散地区。全区适合桉树等速生林生长的区域约占总面积11.9%，主要分布在桂南地区。水果适宜区包括各种热带水果适宜区和柑橘等适宜区，分布较为广泛，全区除了山区，基本上中南区域以及东北区域都能适宜。糖料作物也主要分布在中南地区，与粮食、水果等都有重叠。

从粮食种植区来看（图2-29，表2-25），主要分布在广西东部漓江—贺江谷地、广西中部柳江—红水河下游区域、桂东南郁江—浔江河谷周边地区、邕江及右江区域和广西南部南流水系区。这些区域母质系河流冲积物，土层深厚，具有长期耕作历史，土壤肥力较高，非常适合发展粮食作物的种植。由于广西南部区域水热条件更好，地势较低，土壤适宜性更高，这些区域往往适合多种利用方式。

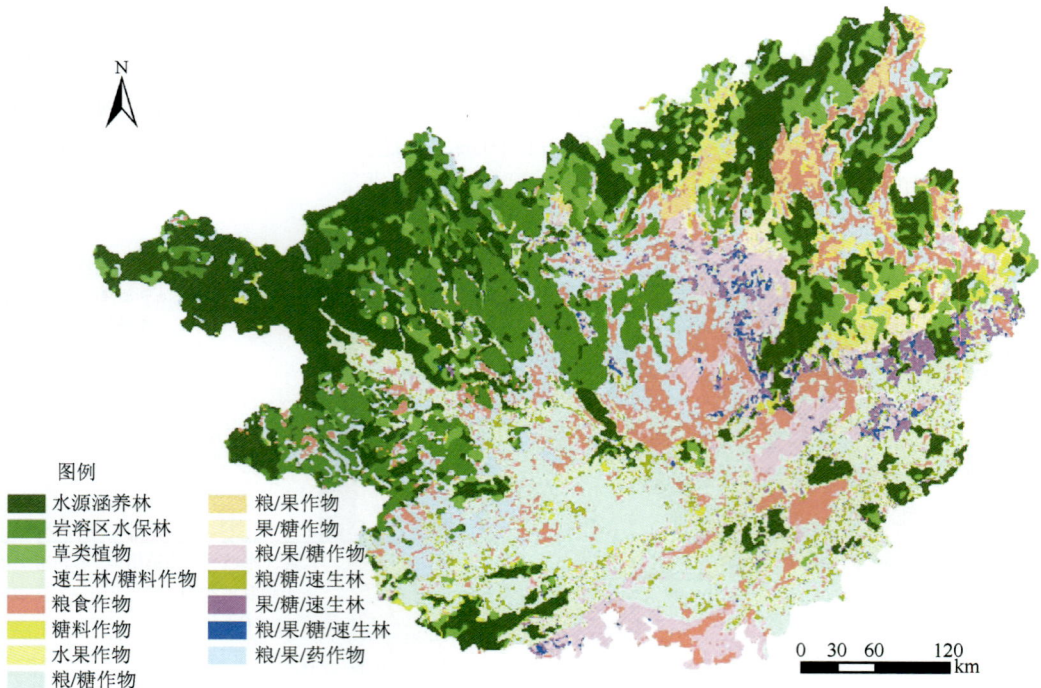

图例

| | |
|---|---|
| 水源涵养林 | 粮/果作物 |
| 岩溶区水保林 | 果/糖作物 |
| 草类植物 | 粮/果/糖作物 |
| 速生林/糖料作物 | 粮/糖/速生林 |
| 粮食作物 | 果/糖/速生林 |
| 糖料作物 | 粮/果/糖/速生林 |
| 水果作物 | 粮/果/药作物 |
| 粮/糖作物 | |

0　30　60　　　　120
km

图2-29　广西土壤利用布局图

表 2-25　不同利用方式的面积统计表

| 编号 | 类型 | 总面积/% |
|------|------|----------|
| 1 | 水源涵养林 | 24.4 |
| 2 | 岩溶区水保林 | 10.6 |
| 3 | 草地 | 8.0 |
| 4 | 速生林/糖料作物 | 7.1 |
| 5 | 粮食作物 | 9.9 |
| 6 | 糖料作物 | 1.9 |
| 7 | 水果作物 | 1.6 |
| 8 | 粮/糖作物 | 11.8 |
| 9 | 粮/果作物 | 1.5 |
| 10 | 果/糖作物 | 1.6 |
| 11 | 粮/果/糖作物 | 6.9 |
| 12 | 粮/糖/速生林 | 2.0 |
| 13 | 果/糖/速生林 | 2.0 |
| 14 | 粮/果/糖/速生林 | 0.8 |
| 15 | 粮/果/药作物 | 9.9 |

# 参 考 文 献

陈志诚，龚子同，张甘霖，等. 2004. 不同尺度的中国土壤系统分类参比. 土壤，36（6）：584-595

李燕丽，潘贤章，周睿，等. 2013. 长期土壤肥力因子变化及其与植被指数耦合关系. 32（3）：536-541

刘满强，胡锋，何园球，等. 2003. 退化红壤不同植被恢复下土壤微生物生物量季节动态及其指示意义. 土壤学报，40（6）：937-944

熊毅. 1987. 中国土壤. 北京：科学出版社

张月丛，赵志强，李双成，等. 2008. 基于 SPOT NDVI 的华北北部地表植被覆盖变化趋势. 地理研究，27（4）：75-754

Numata I，Soares J V，Roberts D A，et al. 2003. Relationships among soil fertility dynamics and remotely sensed measures across pasture chronosequences in Rondonia，Brazil. Remote Sensing of Environment，87：446-455

Sparling G P，Wheeler D，Vesely E T，et al. 2006. What is soil organic matter worth? Journal of Environmental Quality，35（2）：548-557

# 第 3 章　广西红壤肥力演变过程和机理

## 3.1　概　　述

本章主要从以下 3 方面对广西红壤肥力演变过程和机理进行了研究：①广西红壤旱地多元素转化及交互作用过程与机理。通过盆栽和小区试验，重点研究了广西壮族自治区红壤旱地氮磷钾及碳元素转化动态，并通过文献调研和试验数据相结合的方式研究了长期施肥对农田有机碳的影响。②广西红壤旱地水肥变化与土壤生物活性及作物生长间的关系。通过室内盆栽及小区试验，研究了分根区交替灌溉对土壤微生物生物量 C、N 和酶活性的影响，根区局部灌溉水肥一体化对糯玉米生长和水分养分利用的影响，沟灌方式和施肥对甜糯玉米生理及产量、土壤酶活性和土壤有机碳组分的影响。③广西红壤酸化过程与抑制研究。主要通过近年来土壤 pH 与 2006 年全国土壤普查数据进行对比，以及在来宾 10 年的定位观测研究，对广西耕地酸化现状、酸化的驱动因子及作用进行了深入分析，并对广西区主要农作物甘蔗和水稻种植地土壤养分进行了分级。

## 3.2　广西红壤旱地多元素转化及交互作用过程与机理

### 3.2.1　旱地红壤多元素转化盆栽试验

以广西典型旱地耕层红壤为供试土壤进行盆栽试验。设置六个处理，每个处理设 4 个重复，每钵 2kg 土，共 24 钵，随机排列。供试作物为玉米，于 7 月上旬播种，出苗后定苗 4 株，40 天后（苗期）采集土壤样品。施肥水平为氮（100mg/kg 土），磷（50mg/kg 土）和钾（100mg/kg 土）。

**1. 不同化肥处理对氮磷钾形态转化的影响**

由表 3-1 中可以看出，与对照相比，各处理土壤全氮含量高出 30%～88%。氮磷钾肥处理全氮含量最高；其后依次为施氮磷钾钙肥处理、施氮磷肥处理、施磷钾肥处理；所有处理中氮钾处理的氮素水平最差。

**表 3-1　不同化肥处理对氮磷钾形态转化的影响**

| 处理 | 全氮/(g/kg) | 全磷/(mg/kg) | 有效磷/(mg/kg) | 全钾/(g/kg) | 交换钾/(mg/kg) |
|---|---|---|---|---|---|
| 对照 | 0.40 | 600.00 | 3.70 | 10.30 | 69.00 |
| NP | 0.67b | 681.38a | 46.09a | 9.28ab | 68.71d |
| NK | 0.52c | 331.82b | 4.00d | 9.25ab | 155.20c |
| PK | 0.66b | 626.46a | 25.88bc | 9.56a | 335.39a |
| NPKCa | 0.67b | 647.41a | 19.46c | 9.10b | 290.83b |
| NPK | 0.75a | 590.78a | 35.58ab | 9.17b | 248.90b |

注：同列中相同的字母代表方差分析未达显著水平，全书余表同此。（$p < 0.05$，Duncon's）。

氮钾处理的土壤全磷和有效磷含量与其他施磷处理的均存在极显著差异，全磷降低到331.82mg/kg。磷肥在土壤中经过一系列的化学、物理化学或生物化学过程形成难溶性的磷酸盐并迅速为土壤矿物吸附固定或为微生物固持，有效性降低，本试验中氮钾处理有效磷最低为 4.00mg/kg，氮磷钾钙肥处理有效磷水平也很低，仅为 19.46mg/kg，与其他施磷处理比较均达到显著性差异。可能是因为土壤中钙对磷的固定，降低了土壤磷的有效性。参照土壤磷素临界值：当有效磷（Bray I 法）低于 8～20mg/kg 作物出现缺磷现象，本试验中氮钾处理由于有效磷水平低下影响植株的生长，氮磷钾钙肥处理作物有可能缺磷。而磷钾、氮磷钾和氮磷处理土壤中磷素充足，有效磷分别达到 25.88mg/kg、35.58mg/kg 和46.09mg/kg。

与对照比较，各处理土壤全钾含量为 9.10～9.56g/kg，各处理全钾含量均较小，结合试验中对照生物量较小的情形，说明植株生长需要消耗大量的钾而单靠施用化学钾肥来提高土壤钾素水平效果不明显。氮磷钾肥处理、氮磷钾钙肥处理全钾的含量小于不施钾肥的氮磷处理，这与两个处理植株生物量高于氮磷处理，带走的钾量也大于氮磷处理有关。各处理中磷钾处理交换性钾含量最高，说明磷肥与钾肥配施降低了土壤中钾的固定，且比氮钾处理效果好，之前的研究也有类似的结果（姜灿烂等，2009）。

## 2. 不同化肥处理下土壤无机磷总量特征及吸附特性

土壤中以不同方式吸附在有机质和矿质黏粒表面的无机磷，大体上可分为矿物态、吸附态和水溶态三种形态，一般占土壤全磷的 50%～80%。从表 3-2 可知，与平衡施肥（NPK）相比，在平衡施肥基础上增施钙肥土壤中的无机磷总量上升，不施磷肥土壤中仍有部分无机磷存在，且占全磷含量的 65%～96%。

表 3-2 长期施用有机肥红壤团聚体内无机磷总含量 （单位：mg/kg）

| 处理 | 氮钾 | 氮磷钾 | 氮磷钾钙 |
| --- | --- | --- | --- |
| 无机磷总含量 | 277.92 | 434.91 | 537.49 |

表 3-3 是无机磷在不同处理中的分布情况。可以看出，各种无机磷含量，数值上分布均为：氮磷钾钙＞氮磷钾＞氮钾。增施钙肥处理的土壤中 Ca-P 含量均比不施钙肥处理 Ca-P含量高，这说明钙肥施入土壤后能增加磷的固持作用。

表 3-3 不同施肥处理下土壤无机磷 （单位：mg/kg）

| 无机磷 | 处理 | 含量 |
| --- | --- | --- |
| Al-P | 氮钾 | 4.74 |
| | 氮磷钾 | 31.31 |
| | 氮磷钾钙 | 39.12 |
| Fe-P | 氮钾 | 49.88 |
| | 氮磷钾 | 150.53 |
| | 氮磷钾钙 | 199.00 |

续表

| 无机磷 | 处理 | 含量 |
|---|---|---|
| O-P | 氮钾 | 170.08 |
| | 氮磷钾 | 223.60 |
| | 氮磷钾钙 | 245.99 |
| Ca-P | 氮钾 | 19.89 |
| | 氮磷钾 | 29.47 |
| | 氮磷钾钙 | 53.38 |

酸性土壤中 Fe-P 所占比重较大，且分化程度越高，Fe-P 含量越高，氮磷钾、氮磷钾钙处理中各无机磷分布均为：O-P＞Fe-P＞Al-P＞Ca-P，与前人对旱地红壤研究结果一致。氮钾处理由于土壤中酸性较强，有机无机胶结物质含量均较少，分泌的有机酸和土壤微生物含量亦较少，O-P 显著增多，占其处理土壤中无机磷总量的大部分。这说明缺施磷肥，土壤无机磷总量较低且大部分为难以被植株利用的形态。氮钾处理 Al-P 含量非常低，这是由于 Al-P 作为旱地作物有效磷形态，易被作物吸收带走，而 Ca-P 中 $Ca_{10}$-P 对植物有效性比较弱，类似于 O-P，且占 Ca-P 总量的 70%左右。氮钾、氮磷钾、氮磷钾钙处理 Al-P 含量显著低于 Fe-P，这是因为在富铁环境中，Al-P 可以向 Fe-P 转化，说明在红壤旱地更有利于 Fe-P 的形成。有研究也表明红壤旱地 Fe-P 显著高于红壤稻田（黄庆海等，2006）。

最大吸附量（$Q_m$）是土壤磷库大小的一种标志，$Q_m$ 越小表明土壤积累的磷越多。土壤肥力水平越高，对磷的吸附量越小；不同施磷处理的土壤对磷的吸附能力与不施磷肥（NK）的土壤比较均发生了一定的变化。其最大吸附量（$Q_m$）值均有不同程度的降低，其中以在增施钙肥处理降低最多，降低量达 523.81mg/kg。

吸附能常数 k 值（与吸附结合能有关的常数）是反映吸附能力大小的重要参数，k越大，土壤对磷的吸附能力较强，而供磷能力较弱。不同施磷处理下的 k 值与不施磷肥的土壤比较则均有不同程度的降低，这种结果意味着：不同处理下，土壤对磷的吸附能力相应降低，且吸附的速度也相应变慢，以增施钙肥处理的下降幅度最大，这说明在该处理下，相应的吸附能力要比其他处理弱，吸附速度也比其他处理慢，但被吸附的磷具有更大的有效性。这种结果反映在土壤对磷素营养的保持方面，就是其保持量大，但保持能力较弱。

不同施肥对土壤最大缓冲能力的影响。Q 和 k 的乘积代表土壤最大缓冲能力（MBC），是土壤供磷能力的指标，是土壤保持土壤溶液中磷浓度能力的大小。MBC 大的土壤，要维持相同供磷强度所需的磷肥量或土壤有效磷储量也相应大些；当土壤间吸附磷量相近，MBC 值大时，其吸附磷所处能态较低，吸附的磷较难被作物吸收利用。从表 3-4 中可以看出，不同处理间，氮磷钾处理的 MBC 值最小，氮钾处理的 MBC 最大，即氮磷钾处理对外源磷的缓冲能力最小，而氮钾处理最大。当继续向红壤施入磷肥时，肥料磷在固相和液相之间的分配比例也不同，缓冲能力大的土壤磷肥进入固相的比例更多，所以，土壤磷的缓冲能力也代表施入的肥料磷向固相转移倾向的大小。在施入同量磷肥的情况下，缓冲能力大的土壤，溶液磷浓度的提高较小。

表 3-4　不同处理土壤吸附磷的 Langmuir 方程相关参数

| 参数 | 氮钾 | 氮磷钾 | 氮磷钾钙 |
|---|---|---|---|
| $Q_m$ | 1000.00 | 666.67 | 588.24 |
| K | 3.33 | 0.63 | 0.81 |
| $R^2$ | 1.00 | 0.99 | 0.98 |
| MBC | 3333.33 | 416.67 | 476.19 |

## 3.2.2　不同施肥处理甘蔗大田种植试验

试验地点位于广西中南部南宁市武鸣县罗圩镇，地处南宁市西北方向的武鸣盆地西部，地势平坦宽阔，坡地为 1/50。土壤类型属于沙页岩发育的赤红壤。基础土壤的理化性状为：pH5.52，铵态氮 16.8mg/kg，硝态氮 6.9mg/kg，速效磷 12.5mg/kg，速效钾 57.0mg/kg。试验设如下 6 个处理，具体见表 3-5。

表 3-5　各处理肥料施用量　　　　（单位：kg/667m<sup>2</sup>）

| | 氮 | 磷 | 钾 |
|---|---|---|---|
| 空白 | 0 | 0 | 0 |
| 常规施肥 | 42.0 | 9.0 | 10.0 |
| 优化施肥 | 27.0 | 9.0 | 17.2 |
| 增量施氮 | 42.0 | 9.0 | 17.2 |
| 增量施磷 | 27.0 | 13.5 | 17.2 |
| 蔗叶覆盖 | 27.0 | 9.0 | 17.2 |

试验使用的肥料为尿素、钙镁磷肥和氯化钾。氮肥和钾肥分两次施用，苗肥和伸长肥各占 30% 和 70%。磷肥作苗肥一次性施用。各处理均设 3 次重复，试验共计有 18 个小区。小区规格为 3m×8m，小区按随机区组呈一字行排列。种植规格：行距 1m，株距 0.08m。甘蔗品种为贵糖 26 号。于作物苗期，生长旺季（6～9 月）以及收获季采集三次耕层土壤样品，进行不同形态氮磷钾的测定，以及有机、无机磷的分级等。

**1. 不同形态氮磷钾的转化**

表 3-6 中是不同处理下不同形态氮、磷、钾以及有机质的含量情况。与上年度（2012年）相比，处理间各数据的变化趋势基本一致，这对于长期定位实验非常重要，说明实验的布置与管理十分到位。当然由于气候，作物长势等因素的影响，年际之间部分指标的变化是必然存在的。在各处理对不同形态氮影响方面，从表 3-6 中可以看出，全氮含量仍然蔗叶覆盖处理下土壤氮素养分显著高于其他所有处理，而其他各处理，包括空白对照处理全氮含量差异不显著，值得注意的是不施肥处理的氮素含量并没有明显下降。速效态氮方面，由于降雨等引起蔗田土壤水分状况变化，硝态氮与铵态氮较上年度（2012 年）明显变化，不施肥导致速效氮养分显著降低，碱解氮含量仍是蔗叶覆盖含量最高，这与全氮含

量是一致的，但与其他四个施肥处理相比差异不显著。

表 3-6　不同形态氮、磷、钾的变化

| 指标 | 不施肥 | 常规施肥 | 优化施肥 | 增量施氮 | 增量施磷 | 蔗叶覆盖 |
|---|---|---|---|---|---|---|
| 铵态氮/(mg/kg) | 1.80d | 4.87c | 4.52c | 6.65a | 5.54b | 1.82d |
| 硝态氮/(mg/kg) | 14.86d | 21.63a | 16.62c | 19.98b | 19.54b | 17.36c |
| 碱解氮/(mg/kg) | 60.69a | 62.48a | 61.88a | 64.26a | 63.07a | 65.45a |
| 全氮/(g/kg) | 0.82b | 0.79b | 0.82b | 0.84b | 0.80b | 0.94a |
| 速效磷/(mg/kg) | 8.10d | 60.00b | 60.16b | 52.23c | 87.81a | 57.44bc |
| 全磷/(g/kg) | 0.42d | 0.55c | 0.58bc | 0.62b | 0.81a | 0.60b |
| 速效钾/(mg/kg) | 121.25c | 125.83c | 250.00b | 254.17b | 262.50a | 237.50b |
| 缓效钾/(mg/kg) | 76.67a | 86.67a | 79.17a | 62.50b | 80.00a | 66.67b |
| 全钾/(g/kg) | 1.81d | 2.06c | 2.33b | 2.32b | 2.57a | 2.51ab |
| 有机质/(g/kg) | 15.24ab | 14.43b | 16.00a | 14.05b | 15.14b | 16.19a |

与上年度不同，增施磷肥处理的全磷和速效磷含量均显著高于其他各处理；增施氮肥能一定程度上促进作物磷素吸收，该处理下速效磷含量也相应较低；与氮素含量不同，在不施肥的空白试验下，全磷下降极显著，速效磷更是降到 8.10mg/kg，基本达到植物维持生长的极限，可以预见，随着试验的继续，不施肥处理作物生长将不能维持。

各处理土壤钾素含量结果表明，全钾和速效钾含量均为不施肥和常规施肥最低，这和上年度结果一致，速效钾含量仅为其他施肥处理的 1/2 左右，客观上是由于钾肥施用量少引起的，但缓效钾含量则是增施氮肥处理和覆盖处理为最低，表明部分缓效钾转化为速效态养分以供作物吸收。连续几年的数据表明，本书中四种施肥手段均能提升土壤供钾能力。

## 2. 有机、无机磷的分级

弄清土壤中有机磷的形态、数量及其剖面分布对农业生产和评价土壤供磷能力将有重大的意义（Hope and Syers，2006）。邱凤琼等（1983）研究表明，荒地黑土有机磷含量可达到 61.2%。Ivanoff 等（1998）研究认为，有机磷可达到全磷的 74%。有机磷分级测定结果（表 3-7）表明，在供试土壤的所有处理中，有机磷含量为中等活性有机磷＞中稳性有机磷＞高稳性有机磷＞活性有机磷，活性有机磷占总量的 65% 以上。各施肥处理不同形态有机磷总量差异明显，活性和中等活性有机磷等易被吸收的有机磷总含量大小排序为：优化施肥＞增量施磷＞增量施氮＞常规施肥＞蔗叶覆盖＞不施肥。

表 3-7　不同处理有机磷分级　　　　　　　　（单位：mg/kg）

| 等级 | 不施肥 | 常规施肥 | 优化施肥 | 增量施氮 | 增量施磷 | 蔗叶覆盖 |
|---|---|---|---|---|---|---|
| 活性有机磷 | 6.01b | 3.50d | 4.82c | 3.56d | 13.27a | 2.30e |
| 中等活性有机磷 | 80.77e | 96.97d | 239.03a | 156.72c | 214.50b | 87.80de |
| 中稳性有机磷 | 33.93a | 32.53a | 32.23a | 30.03ab | 27.26b | 35.00a |
| 高稳性有机磷 | 11.51b | 12.55b | 8.65c | 11.74b | 17.24a | 9.39c |

从供试农田土壤不同形态无机磷分布特征可以看出,所有处理中无机磷组分含量由高到低为:O-P＞Fe-P＞Ca-P＞Al-P,与其他酸性土壤相似,Fe-P 所占的比重较大,且 Fe-P 随风化程度加深含量越高。与之前结论一样,Al-P 占无机磷的比例相当低,在富铁环境中,Al-P 可持续向 Fe-P 转化。不同施肥处理和管理方式对各形态无机磷的分布均有不同程度影响。从表 3-8 可以看出,不施肥处理总无机磷量最小,其中 Al-P 和 Fe-P 含量也显著小于其他施肥处理。其他施肥处理中,优化施肥下 Al-P 最低,这可能是合理化的施肥方式促进了磷素的吸收利用,使可利用的 Al-P 进一步减少;蔗叶覆盖处理 Fe-P 相对减少,可能是覆盖措施大大改善了表土水分状况,增加了土壤湿度;作为最稳定的闭蓄态磷,各处理对其含量影响较小,增施磷肥增加了被土壤固持的磷量;Ca-P 含量仅高于 Al-P,优化施肥和增施磷肥其含量较高。

表 3-8　不同处理无机磷分级　　　　　　　　（单位：mg/kg）

| 磷种类 | 不施肥 | 常规施肥 | 优化施肥 | 增量施氮 | 增量施磷 | 蔗叶覆盖 |
|---|---|---|---|---|---|---|
| Al-P | 1.12e | 2.00d | 4.30c | 5.04b | 6.78a | 4.61bc |
| Fe-P | 10.44e | 56.97c | 86.47a | 65.14b | 93.11a | 40.29d |
| O-P | 73.59c | 135.74b | 144.38b | 146.84b | 164.45a | 131.32b |
| Ca-P | 9.91d | 13.18b | 14.28b | 12.96bc | 15.67a | 12.03c |

由表 3-9 可以看出,土壤速效磷含量均与无机磷组分含量间达到了极显著相关关系($p<0.01$),并且,Al-P、Fe-P、Ca-P 和 O-P 之间也均达到了显著正相关关系($p<0.05$)。说明不同形态磷组分之间保持着相对稳定的比例,并且对于任何一种浸提剂提取出的可溶性磷,只能说基本上是某一形态结合的磷,不同组分间可以互相转化,不同程度地影响土壤速效磷含量。

表 3-9　土壤无机磷各组分与速效磷间相关性

| 磷种类 | Al-P | Fe-P | Ca-P | O-P |
|---|---|---|---|---|
| Al-P | — | 0.876[**] | 0.756[**] | 0.713[**] |
| Fe-P | — | — | 0.792[**] | 0.883[**] |
| Ca-P | — | — | — | 0.699[**] |
| O-P | — | — | — | 1.000 |
| 速效磷 | 0.965[**] | 0.894[**] | 0.772[**] | 0.741[**] |

＊＊$p<0.01$。

### 3.2.3　长期施肥对农田有机碳转化的影响

本书搜集查阅了截至 2012 年 11 月我国南方农田长期实验研究报道。选择标准如下:①由于长期试验研究更能反映不同处理的效果,因此选择 10 年以上长期定位试验的研究报道;②对于相同长期试验不同年份结果的数据,原则上优先选择最后年份的数据用于本书,但如果靠后年份数据不完整(如缺少标准差数据),则优先选用数据完整的其他年份的数据；③表土采样深度为 15cm 或 20cm。共获得 26 个长期实验研究。

## 1. 施肥对农田有机碳含量的影响

从图 3-1 来看，26 个长期试验的有机碳含量均值差幅度为–2.03～3.50g/kg，其中 15 个试验平衡施肥处理的土壤有机碳含量显著高于不施肥处理，2 个实验（实验点 1 与 10）平衡施肥有机碳含量显著低于不施肥处理，这可能是系统误差造成，其余差异不显著。26 个试验的 meta 分析显示，施用化肥较不施肥处理高(1.00±0.23)g/kg，达到极显著水平（$p<0.01$）。

分析不同施肥措施下土壤有机碳含量效应比可知（图 3-2），效应比自然对数值幅度为 –0.12～0.18，26 个独立研究的 meta 分析结果为 0.06±0.01，即独立研究的效应比介于 0.89～ 1.19，整合效应比为 1.06±1.01。因此，施用化肥有机碳含量是不施肥处理的（1.06±1.01）倍（$p<0.01$）。

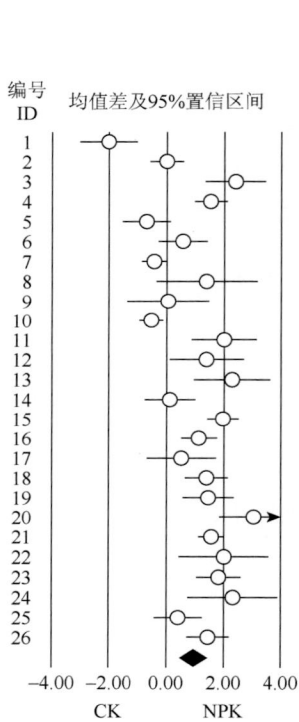

图 3-1　不同处理的土壤有机碳含量均值差

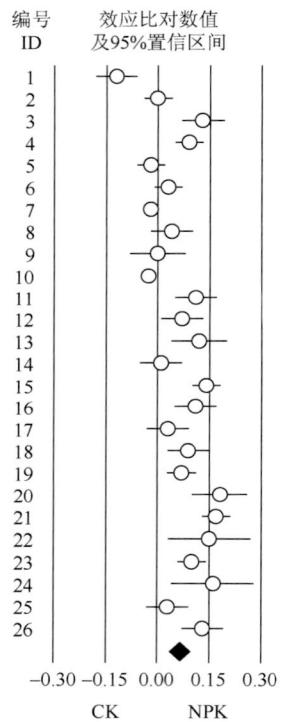

图 3-2　有机碳含量效应比的自然对数值

森林图反映每组独立研究的均值差、置信区间、权重及 meta 分析结果。每组横线没有跨越 0.00g/kg 无效线表示差异显著，跨越则不显著。圆大小反映权重大小：效应值标准误差越大，权重越小，则圆越小。末行菱形表示整合结果，菱形没有跨越无效线，表示处理间差异显著；菱形宽度反映整合结果及其置信区间

## 2. 不同轮作制度下土壤有机碳含量对施肥响应的差异

26 个长期实验研究的轮作制度中，9 个稻—稻—旱轮作制，8 个稻—旱轮作，9 个为

稻—稻轮作。分别对三种轮作制度下有机碳含量对施肥的响应的 meta 分析可知，在稻—稻—旱轮作体系下，两种施肥处理的有机碳含量没有显著差异，而稻—旱轮作与稻—稻轮作体系下，施用化肥均能分别显著提高有机碳含量(1.08±0.46)g/kg 与(1.55±0.20)g/kg，是不施肥的（1.07±1.03）倍与（1.12±1.02）倍（表 3-10）。

表 3-10　有机碳含量对施肥的响应差异

| 轮作制度 | 均值差 MD/(g/kg) | SE | $p$ | 轮作制度 | 效应比 RR | SE | $p$ |
|---|---|---|---|---|---|---|---|
| 稻—稻—旱 | 0.27 | 0.40 | 0.50 | 稻—稻—旱 | 1.01 | 1.04 | 0.46 |
| 稻—旱 | 1.08 | 0.46 | 0.02 | 稻—旱 | 1.07 | 1.03 | 0.02 |
| 稻—稻 | 1.55 | 0.20 | <0.01 | 稻—稻 | 1.12 | 1.02 | <0.01 |

**3. 不同轮作制度下土壤有机碳含量差异**

由于不是成对试验，因此分析三种不同轮作制度下有机碳含量差异时没有用 meta 分析。利用 LSD 方差分析研究相同施肥处理下不同轮作制度土壤有机碳含量差异可知，在施用化肥条件下，稻—稻—旱轮作体系下土壤有机碳含量与稻—旱轮作有机碳含量没有显著差异，但显著高于稻—稻轮作有机碳含量，而稻—稻轮作与稻—旱轮作下有机碳含量没有显著差异；在不施肥条件下，稻—稻—旱轮作下有机碳含量显著高于稻—旱轮作与稻—稻轮作制度的含量，而该两种轮作制度下有机碳含量没有显著差异（图 3-3）。

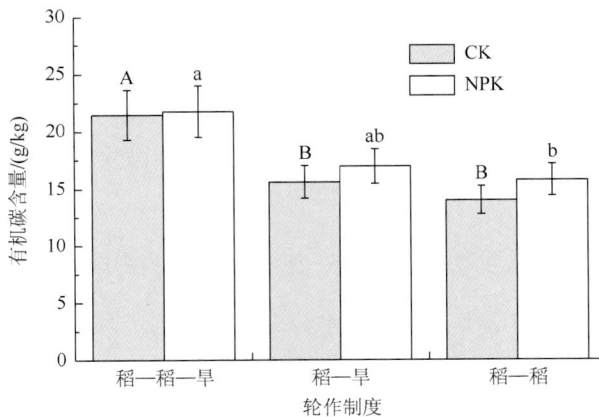

图 3-3　不同轮作制度下土壤有机碳含量差异

不同大写字母表示不施肥处理下三种不同轮作制度有机碳含量 $p<0.05$ 水平差异显著；不同小写字母表示化肥处理下三种不同轮作制度有机碳含量在 $p<0.05$ 水平差异显著

## 3.2.4　红壤缓坡旱地甘蔗优化平衡施肥技术

针对项目区甘蔗生产中农民施肥习惯未根本转变，滥施、偏施肥料现象仍较普遍，增加生产成本的同时还造成严重的环境污染等问题。通过研究施肥处理对蔗田土壤养分形态转化的影响，蔗田土壤有机、无机磷的分布特征，蔗田土壤磷素的吸附及解吸特征以及蔗田土壤不同形态养分时间尺度上的变异性等。在多点肥料试验的基础上，结合长期肥料定位试验的结果，形成了缓坡旱地甘蔗优化平衡施肥技术。其特点是根据作物的需肥规律、土壤的供肥特性与肥料效应，合理地利用农业资源。技术内容为：①在蔗叶覆盖基础上，总施 N 量为 405kg/hm$^2$，化肥氮、磷、钾最佳配比为 3：1：2；②全部磷肥和氮肥、钾肥各 20%作基肥，在下种前施于植沟内并回适量土混匀；氮肥 40%、钾肥 30%作苗蘖肥于甘蔗 4 叶时施下，结合除草小培土；氮肥 40%、钾肥 50%作攻茎肥，在拔节伸长初期施下，并结合中耕大培土。研究表明：①优化平衡施肥较常规施肥增加了土壤氮素供应，显著提升了土壤供磷能力，土壤速效钾平均增加 65%以上；②对磷素形态的分析结果显示，优化平衡施肥有效地促进了土壤中矿物态 Al-P、Fe-P 的活化，显著提高了可被植物利用的有机磷（活性和中等活性）含量。优化平衡施肥极大地改善了甘蔗的生境，促进甘蔗生长发育，改善经济性状，提高产量、糖分含量及经济效益，降低生产成本，为指导农民合理施肥提供了科学依据。

## 3.3　红壤旱地水肥变化与土壤生物活性及作物生长间的关系

通过盆栽与田间试验研究，南方季节性干旱地区在甜糯玉米生长季节需要补充灌溉时，提出了根区局部灌溉下甜糯玉米水肥一体化技术和模式以及甜糯玉米水肥高效利用模式，如交替滴灌或分根区交替灌溉和 80%水肥一体化施肥组合是一个比较适宜的水肥供应模式；中氮磷水平（氮 180kg/hm$^2$，磷 90kg/hm$^2$）与交替沟灌或固定沟灌结合是较理想的水肥供应模式，可以节约灌水量和施肥量；60%无机氮+40%有机氮（施氮量 180kg/hm$^2$）与交替沟灌或固定沟灌是有利于提高甜糯玉米鲜穗产量和土壤质量的水肥供应模式，并探明了根区局部灌溉下土壤养分和微生物活性变化规律，如在轻度缺水和有机无机氮配施条件下，拔节期—抽雄期进行分根区交替灌溉可以提高土壤微生物生物量碳、可溶性碳及脲酶和转化酶活性。

**1. 分根区交替灌溉对土壤微生物生物量碳、氮和酶活性的影响**

分根区交替灌溉由于创造了一个土壤水分分布不均匀的环境，从而影响土壤中微生物活性，作物水分和养分利用。为探明这种影响，本书通过玉米盆栽试验，研究了不同水氮条件下分根区交替灌溉对土壤微生物生物量碳、氮、土壤酶活性、土壤呼吸及作物水分养分利用效率的影响。主要研究结果（图 3-4、表 3-11、图 3-5）如下：

（1）拔节期—抽雄期分根区交替灌溉（AI）提高土壤微生物生物量碳（MBC）和总有机碳含量，但是降低土壤诱导呼吸 $CO_2$ 释放量。与单施无机氮相比，有机无机氮配施提高拔节期和抽雄期土壤可溶性有机碳含量（DOC），在某些水分条件下（$W_1CI$、$W_1AI_1$ 和 $W_1AI_2$）还提高灌浆初期土壤基础呼吸和诱导呼吸 $CO_2$ 释放量。

（2）与 CI 相比，AI 有利于提高抽雄期和灌浆初期土壤脲酶和转化酶活性。轻度缺水不同程度上提高灌浆初期土壤脲酶和转化酶活性及不同时期过氧化氢酶活性，有机无机氮配施提高 $AI_3$ 灌浆初期土壤脲酶和转化酶活性。

（3）与 CI 相比，AI 增加根系氮含量。$F_2$ 时 $AI_2$ 增加地上部氮含量，$W_2$ 时 $AI_2$ 和 $AI_3$ 显著增加玉米地上部和总氮吸收量，但 $AI_1$ 玉米植株钾含量比其他灌溉方式处理都低。有机无机氮配施显著提高 $AI_2$ 处理地上部和总氮吸收量，但是显著降低土壤速效氮和钾含量。

（4）轻度缺水时，拔节期—抽雄期分根区交替灌溉总干物质质量增加 23.2%～27.4%，水分利用效率提高 23.3%～26.7%。有机无机氮配施可增加玉米干物质质量。

因此，在轻度缺水和有机无机氮配施条件下，拔节期—抽雄期进行分根区交替灌溉可以提高玉米总干物质质量、水分利用效率、微生物生物量碳、可溶性碳及脲酶和转化酶活性。

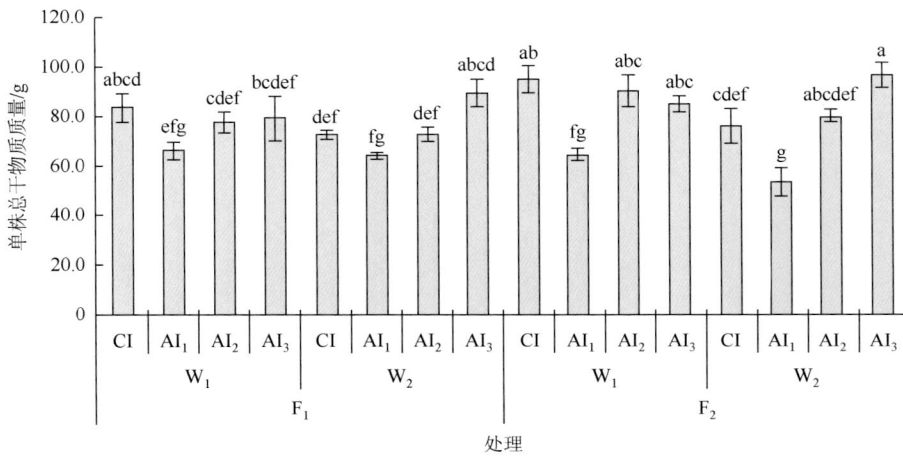

图 3-4　不同生育期分根区交替灌溉对玉米总干物质质量的影响

$F_1$ 为 100%无机氮；$F_2$ 为 70%无机氮+30%有机氮；$W_1$ 为正常灌水（70%～80%$\theta_f$）和 $W_2$ 为轻度缺水（60%～70%$\theta_f$），$\theta_f$ 为田间持水量；CI 是常规灌溉；AI 是交替灌溉；$AI_1$、$AI_2$、$AI_3$ 分别是在苗期—灌浆初期、苗期—拔节期和拔节期—抽雄期进行交替灌溉。各处理之间不同小写字母表示差异显著（$p<0.05$），相同小写字母表示差异不显著。下同

表 3-11　不同生育期分根区交替灌溉对种植玉米土壤微生物生物量碳和可溶性碳的影响

| 有机无机氮比例 | 灌水水平 | 灌溉方式 | 微生物生物量碳/（mg/kg） | | | 可溶性碳/（mg/kg） | | |
|---|---|---|---|---|---|---|---|---|
| | | | 拔节期 | 抽雄期 | 灌浆初期 | 拔节期 | 抽雄期 | 灌浆初期 |
| $F_1$ | $W_1$ | CI | 156.3±6.3a | 116.5±3.7bc | 124.8±12.6ab | 120.3±3.7ab | 132.3±17.4cd | 137.3±17.3gh |
| | | $AI_1$ | 151.5±5.8a | 104.3±13.1bc | 107.1±11.6b | 125.0±5.9ab | 149.8±7.5abcd | 178.4±5.5abcd |
| | | $AI_2$ | | 129.2±9.4b | 131.7±14.5ab | | 126.1±11.4d | 175.7±7.7abcde |
| | | $AI_3$ | | 172.6±10.1a | 147.3±15.5ab | | 151.4±14.6abcd | 186.5±5.2abc |
| | $W_2$ | CI | 111.9±10.1b | 130.6±6.5b | 136.0±12.8ab | 130.4±11.0ab | 135.0±8.8bcd | 144.6±8.8efgh |
| | | $AI_1$ | 143.0±19.9a | 75.6±9.1c | 106.2±8.4b | 104.5±12.5b | 153.4±14.3abcd | 202.6±1.5a |
| | | $AI_2$ | | 95.9±4.6c | 123.2±9.8ab | | 170.5±6.3a | 169.4±5.3bcdef |
| | | $AI_3$ | | 160.3±14.6a | 139.4±19.5ab | | 136.0±11.7abc | 155.3±12.0cdefgh |

续表

| 有机无机氮比例 | 灌水水平 | 灌溉方式 | 微生物生物量碳/（mg/kg） | | | 可溶性碳/（mg/kg） | | |
|---|---|---|---|---|---|---|---|---|
| | | | 拔节期 | 抽雄期 | 灌浆初期 | 拔节期 | 抽雄期 | 灌浆初期 |
| F₂ | W₁ | CI | 150.0±5.5a | 118.8±2.5bc | 131.3±15.0ab | 137.1±5.6a | 164.8±2.7abc | 124.2±11.0h |
| | | AI₁ | 166.0±10.5a | 114.8±2.3bc | 112.8±11.2ab | 120.0±7.3ab | 150.3±6.3abcd | 164.0±18.9cdefg |
| | | AI₂ | | 100.1±12.1c | 136.1±10.7ab | | 154.3±13.8abcd | 140.9±3.2fgh |
| | | AI₃ | | 159.0±3.5a | 141.5±5.9ab | | 152.1±7.9abc | 198.6±9.6ab |
| | W₂ | CI | 106.9±9.1b | 117.9±8.1bc | 152.5±19.3a | 131.8±7.1ab | 168.4±5.5ab | 138.3±1.2fgh |
| | | AI₁ | 155.7±9.4a | 111.7±6.6bc | 126.1±2.2ab | 110.0±10.5ab | 167.0±3.3ab | 160.5±2.1cdefg |
| | | AI₂ | 105.0±4.8bc | 145.0±2.5ab | | | 164.0±12.0abc | 152.3±12.1defgh |
| | | AI₃ | | 131.2±8.1b | 156.6±17.8a | | 128.1±3.3d | 162.4±6.1cdefg |

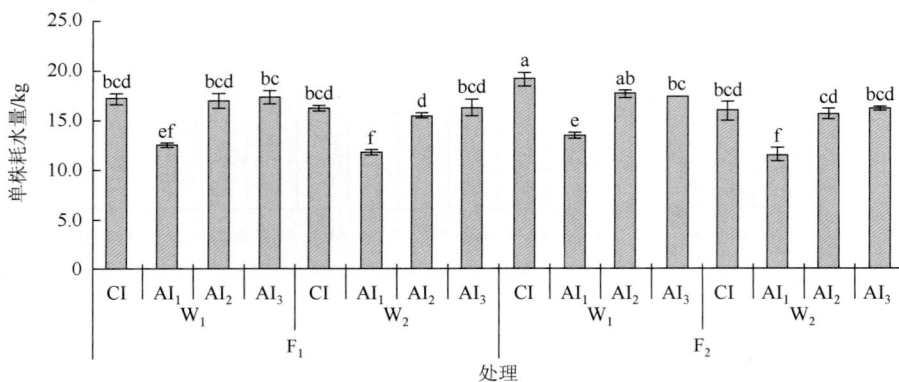

(a) 耗水量

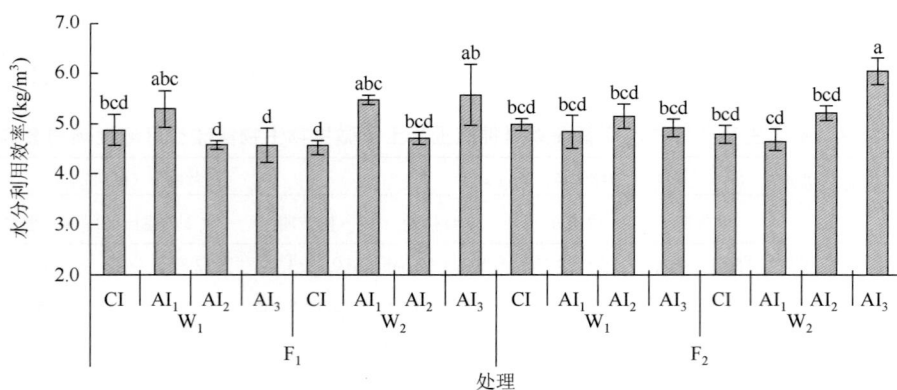

(b) 水分利用效率

图 3-5　不同生育期分根区交替灌溉对玉米耗水量和水分利用效率的影响

## 2. 根区局部灌溉水肥一体化对糯玉米生长和水分养分利用的影响

为寻找糯玉米分根区交替灌溉水肥一体化适宜的水肥供应模式，本书通过大田和盆栽试验，研究根区局部灌溉水肥一体化对糯玉米生长、生理、产量、品质和水分养分利用的影响。主要研究结果（图 3-6、表 3-12、表 3-13）如下：

（1）与常规滴灌（CDI）处理相比，80%水肥一体化时交替滴灌（ADI）处理增加糯玉米鲜苞产量 15.8%和子粒还原糖含量，但是降低地上部和总干质量。此外，ADI 处理不明显影响糯玉米株高、茎粗、叶面积和氮磷钾吸收量。与常规施肥相比，ADI 时 80%水肥一体化处理提高叶面积、子粒品质和氮、磷、钾吸收量，鲜苞产量提高 17.3%，但是不明显提高玉米干物质积累。

（2）与常规灌溉（CI）相比，交替灌溉（AI）处理降低玉米总干质量、耗水量、蒸腾速率和气孔导度。由于耗水量显著减少，80%水肥一体化施肥时 AI 处理提高以干物质为基础的水分利用效率（$WUE_t$）和子粒水分利用效率（$WUE_s$）。AI 处理还有利于提高玉米地上部氮、磷吸收、子粒品质，湿润区土壤转化酶、脲酶和过氧化氢酶活性。与 100%常规施肥相比，AI 时 80%水肥一体化施肥增加玉米总干质量和干子粒产量，因而 $WUE_s$ 和单位肥料 WUE 提高。因此，交替滴灌或分根区交替灌溉和 80%水肥一体化施肥组合是一个比较适宜的水肥供应模式（Liang et al.，2013；农梦玲等，2014）。

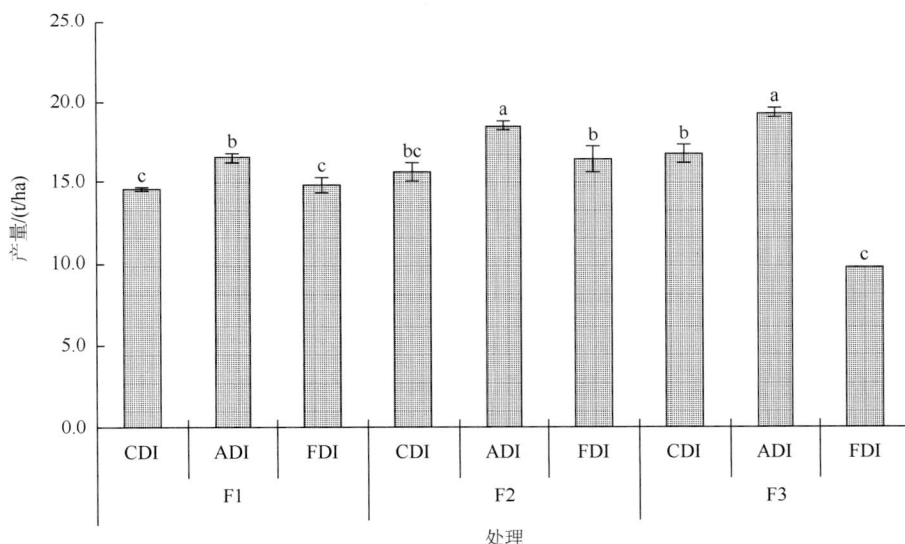

图 3-6　交替滴灌水肥一体化对糯玉米鲜苞产量的影响

CDI 为常规滴灌；ADI 为交替滴灌；FDI 为固定滴灌；F1 为 100%常规施肥；F2 为 100%水肥一体化施肥；F3 为 80%水肥一体化施肥；不同字母表示处理间差异达 5%显著水平。以下表相同

表 3-12　交替滴灌水肥一体化对糯玉米子粒品质指标的影响

| 施肥 | 灌水方式 | 粗蛋白含量/% | 淀粉含量/% | 还原糖含量/% | 可溶性糖含量/% |
|---|---|---|---|---|---|
| | CDI | 4.7±0.1d | 13.9±0.9e | 1.4±0.2c | 8.8±0.8d |
| F1 | ADI | 5.4±0.1bcd | 9.3±1.8f | 1.7±0.1c | 6.2±0.9e |
| | FDI | 4.3±0.4d | 14.4±0.3e | 1.3±0.2c | 8.7±0.2d |

续表

| 施肥 | 灌水方式 | 粗蛋白含量/% | 淀粉含量/% | 还原糖含量/% | 可溶性糖含量/% |
|---|---|---|---|---|---|
| F2 | CDI | 6.2±0.6b | 24.2±2.2bc | 3.4±0.2a | 13.6±1.1ab |
|  | ADI | 7.5±0.5a | 32.7±1.3a | 4.1±0.2a | 15.9±0.5a |
|  | FDI | 5.9±0.2bc | 26.6±1.7b | 3.5±0.5a | 14.8±0.9a |
| F3 | CDI | 5.2±0.5bcd | 20.9±1.5cd | 1.6±0.2c | 11.9±0.8bc |
|  | ADI | 6.1±0.4b | 21.1±1.2cd | 1.8±0.1bc | 12.1±0.6bc |
|  | FDI | 4.9±0.1cd | 16.7±1.1de | 2.4±0.1b | 9.9±0.6cd |

**表 3-13　分根区交替灌溉水肥一体化对糯玉米以干物质**

**为基础的水分利用效率的影响**　　　　（单位：kg/m³）

| 施肥 | 灌水方式 | 播后 32d | 播后 48d | 播后 76d |
|---|---|---|---|---|
| F1 | CI | 3.47±0.07a | 4.30±0.18a | 1.90±0.03e |
|  | AI | 3.82±0.06a | 4.09±0.25a | 2.48±0.05abc |
|  | FI | 3.61±0.35a | 4.21±0.33a | 2.63±0.24ab |
| F2 | CI | 3.82±0.13a | 4.43±0.07a | 2.15±0.00cde |
|  | AI | 3.83±0.07a | 4.18±0.19a | 2.36±0.10bcd |
|  | FI | 3.69±0.15a | 4.27±0.22a | 2.74±0.08a |
| F3 | CI | 3.66±0.26a | 4.16±0.11a | 2.04±0.06de |
|  | AI | 3.90±0.08a | 4.43±0.26a | 2.81±0.06a |
|  | FI | 3.49±0.04a | 4.07±0.13a | 2.34±0.13bcd |

注：同一列不同小写字母，差异显著（$p<0.05$），相同小写字母，差异不显著（$p>0.05$）。F₁ 为 100%常规施肥；F₂ 为 100%水肥一体化施肥；F₃ 为 80%水肥一体化施肥；CI 为常规灌溉；AI 为分根区交替灌溉；FI 为固定部分根区灌溉。

### 3. 沟灌方式和施肥对甜糯玉米生理及产量和土壤酶活性的影响

通过大田试验，研究了不同沟灌方式和施肥对甜糯玉米鲜产量、生理生长、土壤速效养分和酶活性的影响，以获得提高甜糯玉米水肥利用效率和保持土壤质量的节水节肥模式。其主要结果（图 3-7、表 3-14）如下：

（1）与 CFI 相比，AFI 和 FFI 降低甜糯玉米蒸腾速率和气孔导度，从而提高叶片水分利用效率。AFI 提高鲜穗产量和子粒中可溶性糖含量，以及开花期和成熟期土壤转化酶和脲酶活性、成熟期土壤酸性磷酸酶和过氧化氢酶活性。FFI 提高子粒中可溶性糖和淀粉含量，拔节期和抽雄期脲酶和过氧化氢酶活性，抽雄期转化酶活性以及拔节期酸性磷酸酶活性。

（2）与较低肥相比，中肥增加玉米鲜穗产量，子粒中可溶性糖含量、还原糖和淀粉含量，以及土壤转化酶、过氧化氢酶、脲酶和酸性磷酸酶活性。

（3）中肥条件下，与 70%氮钾肥作基肥和 30%氮钾肥作追肥处理相比，30%氮钾肥作基肥和 70%氮钾肥作追肥处理（B1）增加玉米鲜穗产量，子粒中还原糖和淀粉含量，抽雄期土壤转化酶和脲酶活性，拔节期过氧化氢酶活性，而 50%氮钾肥作基肥和 50%氮钾肥作追肥处理不显著增加玉米鲜穗产量，可见，B1 是较理想的施肥方式。

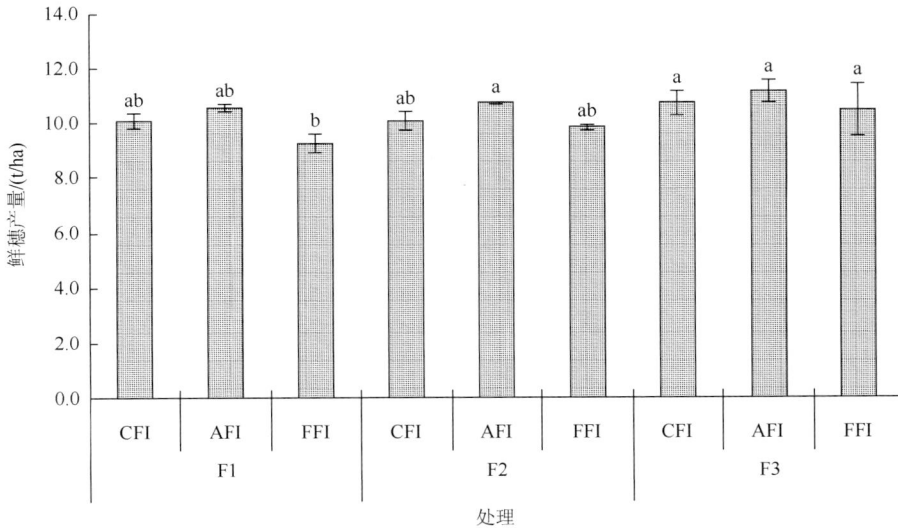

图 3-7　沟灌方式和施肥水平对甜糯玉米鲜穗产量的影响

CFI 为常规沟灌；AFI 为交替沟灌；FFI 为固定沟灌；F1 为低肥；F2 为中肥；F3 为高肥；不同字母表示
处理间差异达 5%显著水平。以下表相同

表 3-14　沟灌方式和施肥水平对土壤酶活性的影响

| 施肥水平 | 沟灌方式 | 转化酶 /[mg/(g·d)] | | 脲酶 /[NH₃-N mg/(kg·d)] | | 过氧化氢酶 /[0.002mol/L KMnO₄ml/(g·h)] | |
|---|---|---|---|---|---|---|---|
| | | 开花期 | 成熟期 | 开花期 | 成熟期 | 开花期 | 成熟期 |
| F1 | CFI | 7.3±0.6bc | 8.7±0.7b | 377.5±9.9b | 220.3±33.7d | 0.82±0.01c | 0.88±0.01cd |
| | AFI | 9.2±0.2abc | 9.5±1.2ab | 406.0±24.4b | 322.7±36.7ab | 0.86±0.02bc | 0.88±0.02cd |
| | FFI | 10.4±0.3abc | 9.0±0.7b | 354.7±21.1b | 241.6±9.1bcd | 0.94±0.01b | 0.85±0.02d |
| F2 | CFI | 6.8±0.5c | 9.7±0.7ab | 394.8±20.2b | 231.5±14.1cd | 0.91±0.01b | 0.90±0.01abc |
| | AFI | 10.0±1.2abc | 10.5±0.1ab | 423.5±10.1ab | 311.5±34.1abc | 1.10±0.05a | 0.94±0.00bc |
| | FFI | 10.5±1.3abc | 10.2±0.4ab | 392.5±13.5b | 226.1±6.0d | 1.10±0.02a | 0.94±0.01bc |
| F3 | CFI | 9.8±1.2abc | 11.0±0.6ab | 393.6±33.1b | 252.3±20.5bcd | 0.94±0.01b | 0.95±0.04b |
| | AFI | 10.9±0.9ab | 10.8±0.8ab | 468.3±23.0a | 361.6±39.0a | 1.08±0.05a | 1.09±0.02a |
| | FFI | 12.5±2.4a | 11.6±0.9a | 426.1±26.1ab | 220.8±4.2d | 0.93±0.02b | 1.06±0.02a |

因此，在甜糯玉米生长季节需要补充灌溉时，中肥水平与交替沟灌或固定沟灌结合是较理想的水肥供应模式，而在降雨较多且分布较均匀季节，建议中肥条件下以 30%氮钾肥作基肥，70%氮钾肥作追肥施入（张潇潇等，2014）。

**4. 沟灌方式和有机无机氮肥配施对甜糯玉米产量和土壤有机碳组分的影响**

为探讨有利于提高玉米产量和土壤质量的水肥供应模式，通过大田试验，研究不同沟灌方式、有机肥种类以及有机无机氮比例对甜糯玉米鲜穗产量、植株养分、土壤速效养分、土壤有机碳组分以及土壤酶活性的影响。主要结果（图 3-8、表 3-15、表 3-16）如下。

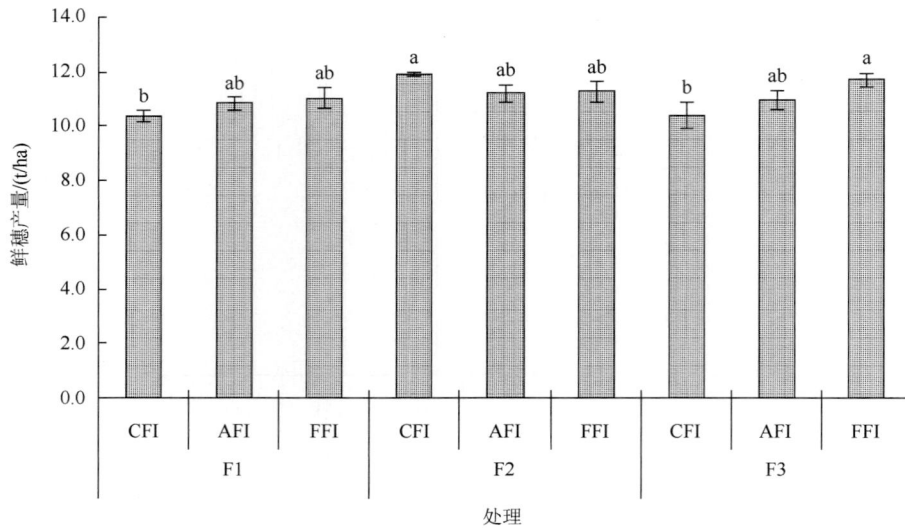

图 3-8　沟灌方式和有机无机氮比例对甜糯玉米鲜穗产量的影响

表 3-15　沟灌方式和有机无机氮比例对土壤酶活性的影响

| 有机无机氮比例 | 沟灌方式 | 过氧化氢酶（U1） | | 脲酶（U2） | | 转化酶（U3） | | 酸性磷酸酶（U4） | |
|---|---|---|---|---|---|---|---|---|---|
| | | 抽雄期 | 成熟期 | 抽雄期 | 成熟期 | 抽雄期 | 成熟期 | 抽雄期 | 成熟期 |
| F1 | CFI | 1.01±0.01ab | 1.68±0.01bc | 0.84±0.10 | 0.79±0.06 | 27.37±0.29abc | 7.15±0.77d | 1.89±0.05 | 1.94±0.01abcd |
| | AFI | 0.97±0.01c | 1.70±0.02b | 0.87±0.11 | 0.83±0.05 | 22.56±0.7c | 12.62±0.48bc | 2.08±0.10 | 2.05±0.03a |
| | FFI | 0.99±0.003b | 1.78+±0.01a | 0.90±0.13 | 0.79±0.04 | 30.44±0.51abc | 17.66±0.77ab | 1.90±0.05 | 2.01±0.05ab |
| F2 | CFI | 0.99±0.01bc | 1.66±0.01c | 0.94±0.05 | 0.76±0.03 | 24.4±0.31bc | 15.55±0.82abc | 1.90±0.06 | 1.88±0.03cd |
| | AFI | 0.96±0.01c | 1.69±0.03bc | 0.91±0.10 | 0.78±0.06 | 23.94±0.47bc | 11.01±0.48cd | 1.92±0.08 | 1.83±0.03cd |
| | FFI | 1.00±0.01ab | 1.76±0.00a | 0.99±0.01 | 0.85±0.02 | 33.86±0.3ab | 13.43±1.02bc | 2.00±0.06 | 1.94±0.04abcd |
| F3 | CFI | 1.00±0.00ab | 1.72±0.01b | 0.85±0.06 | 0.81±0.04 | 23.12±0.33bc | 15.27±0.76abc | 2.02±0.03 | 1.94±0.08abcd |
| | AFI | 0.96±0.01c | 1.70±0.01b | 0.83±0.09 | 0.77±0.03 | 21.97±0.47c | 11.72±0.83cd | 1.96±0.10 | 1.82±0.02d |
| | FFI | 1.02±0.01a | 1.71±0.00b | 0.98±0.08 | 0.83±0.04 | 35.68±0.81a | 19.53±1.19a | 1.90±0.09 | 1.96±0.04abc |

注：CFI 为常规沟灌；AFI 为交替隔沟灌；FFI 为固定隔沟灌；$F_1$ 为 100%无机氮；$F_2$ 为 70%无机氮+30%有机氮；$F_3$ 为 60%无机氮+40%有机氮；U1 为 0.002mol/L $KMnO_4$ ml/g；U2 为 $NH_3$-N mg/(g·24h)；U3 为 Glu. mg/(g·24h)；U4 为 Phenol mg/(g·12h)；下同。

表 3-16　沟灌方式和有机无机氮比例对土壤有机碳及活性炭组分的影响

| 有机无机氮比例 | 沟灌方式 | 有机碳/(g/kg) | | 易氧化碳/(g/kg) | | 可溶性碳/(mg/kg) | | 微生物生物量碳/(mg/kg) | |
|---|---|---|---|---|---|---|---|---|---|
| | | 抽雄期 | 成熟期 | 抽雄期 | 成熟期 | 抽雄期 | 成熟期 | 抽雄期 | 成熟期 |
| F1 | CFI | 10.73±0.99 | 10.98±0.61 | 0.27±0.33d | 0.35±0.09d | 41.24±4.30c | 47.37±3.56bc | 200.1±12.6abc | 134.8±22.4cd |
| | AFI | 10.79±1.00 | 10.41±0.75 | 0.32±0.31cd | 0.51±0.08bc | 32.80±1.72c | 34.33±2.17d | 219.1±18.3ab | 231.8±17.3a |
| | FFI | 10.09±1.14 | 10.68±0.78 | 0.52±0.39bc | 0.33±0.20d | 21.11±2.13d | 40.85±4.35bcd | 243.1±19.4a | 142.2±20.3cd |

| 有机无机氮比例 | 沟灌方式 | 有机碳/(g/kg) | | 易氧化碳/(g/kg) | | 可溶性碳/(mg/kg) | | 微生物生物量碳/(mg/kg) | |
|---|---|---|---|---|---|---|---|---|---|
| | | 抽雄期 | 成熟期 | 抽雄期 | 成熟期 | 抽雄期 | 成熟期 | 抽雄期 | 成熟期 |
| F2 | CFI | 10.92±0.80 | 10.86±0.50 | 0.52±0.39bc | 0.38±0.72d | 23.06±1.42d | 19.12±2.17e | 215.7±15.8ab | 186.4±15.0abc |
| | AFI | 11.84±0.76 | 10.57±0.65 | 0.62±0.06ab | 0.59±0.06ab | 34.10±2.81c | 51.71±4.35b | 185.1±16.7bc | 201.3±14.0ab |
| | FFI | 10.59±0.32 | 11.13±0.50 | 0.40±0.18bcd | 0.43±0.29cd | 40.91±2.03c | 38.68±4.35cd | 159.8±12.3cd | 161.8±10.2bcd |
| F3 | CFI | 11.00±0.76 | 10.66±0.86 | 0.57±0.35ab | 0.40±0.26d | 50.98±3.62b | 29.99±3.76de | 87.5±12.9e | 152.7±14.6bcd |
| | AFI | 11.51±1.06 | 11.30±0.91 | 0.55±0.37ab | 0.57±0.11b | 35.07±2.98c | 40.85±2.17bcd | 126.4±18.9de | 174.2±14.8bc |
| | FFI | 10.36±1.13 | 11.08±0.87 | 0.76±0.65a | 0.66±0.21a | 62.02±3.44a | 69.10±3.76a | 93.2±10.7e | 122.0±6.0d |

不同沟灌方式和有机无机氮比例下：①与 CFI 相比，F3 时，AFI 和 FFI 在不同程度上提高甜糯玉米鲜穗产量，土壤过氧化氢酶和转化酶活性，易氧化碳（ROC）、可溶性碳（DOC）和微生物生物量碳（MBC）含量。②与 F1 相比，FFI 时 F3 在不同程度上提高甜糯玉米鲜穗产量，土壤过氧化氢酶、转化酶和脲酶活性，ROC 和 DOC 含量，碳库活度和碳库管理指数。③甜糯玉米鲜穗产量与土壤有机碳、活性有机碳以及碳库管理指数之间呈极显著正相关。

不同沟灌方式、有机无机氮比例和有机肥下：①FFI 时，与 FB 相比，FC 和 FP 显著提高甜糯玉米鲜穗产量，且 FC 处理提高土壤 ROC 和 MBC，FP 处理提高土壤 DOC。②各沟灌方式下，与 FC1 相比，FC2 在不同程度上提高甜糯玉米鲜穗产量，土壤过氧化氢酶、脲酶和转化酶活性、有机碳、ROC、DOC 和 MBC。③与 CFI 相比，FC1 时，AFI 和 FFI 抽雄期土壤 ROC、AFI 灌浆期和 FFI 成熟期土壤 DOC 显著提高；FC2 时，FFI 抽雄期土壤有机碳，AFI 和 FFI 抽雄期和灌浆期土壤 ROC 以及 FFI 灌浆期和成熟期土壤 DOC 显著提高，且 FFI 时 FC2 土壤 MBC 达到最大值。

因此，60%无机氮+40%有机氮和交替沟灌或固定沟灌结合是有利于提高甜糯玉米鲜穗产量和土壤质量的水肥供应模式。

# 3.4　广西红壤酸化过程与抑制

## 3.4.1　广西耕地酸化趋势

通过整理全国第二次土壤普查资料和收集自 2006 年的土壤测试结果，广西耕地土壤朝酸化及碱化两个方向发展，微酸及中性土壤比例降低（表 3-17）。

通过 2006～2010 年在广西全区采集的 3047 个土壤样本分析结果对比表明，土壤的 pH 范围在 3.80～8.32；pH<5.5 的土壤样本占 35.35%，比全国第二次土壤普查升高 3.97 个百分点；pH 在 5.5～6.5 的弱酸性土壤样本占 31.28%，比全国第二次土壤普查降低 6.69 个百分点，>6.5 中性以上样本数占 33.38%，比全国第二次土壤普查的提高 2.72 个百分点，说明广西耕地土壤朝酸化及碱化两个方向发展，微酸及中性土壤比例降低（表 3-17）。碱化的土地基本出现在溶岩地区排水不良地区，生产力水平低，农民疏于经营，施肥投入不合理，而且由于溶岩水的钙累计增加，导致土壤活性钙含量增加，pH 提高。

表 3-17 广西土壤 pH 样点数统计

| pH | 全国第二次土壤普查 | | | 2006～2011 年 | | | 比全国第二次土壤普查增量/% |
|---|---|---|---|---|---|---|---|
| | 土壤样品个数 | 范围 | 比例/% | 土壤样品个数 | 范围 | 比例/% | |
| <5.5 | | | 31.38 | | | 35.35 | 3.97 |
| 5.5～6.5 | 5826 | 3.5～9.0 | 37.97 | 3047 | 3.80～8.32 | 31.28 | −6.69 |
| >6.5 | | | 30.66 | | | 33.38 | 2.72 |

2006～2010 年在广西扶绥县采集的 105 个土壤样本分析结果表明，土壤的 pH 范围在 4.18～8.20；pH<5.5 的酸性土壤样本占 65.71%，比全国第二次土壤普查升高 41.55 个百分点；pH 在 5.5～6.5 的弱酸性土壤样本占 21.90%，比全国第二次土壤普查降低 35.60 个百分点，>6.5 中性以上样本数占 18.33%，比全国第二次土壤普查降低了 5.95 个百分点，说明广西扶绥县耕地土壤整体朝酸化发展。有研究报道崇左市天等县土壤 pH 较全国第二次土壤普查下降了 0.73 个单位（凌庆伟等，2014）。

2006～2010 年在广西兴宾区采集的 62 个土壤样本分析结果表明，土壤的 pH 范围在 4.06～7.76；pH<5.5 的酸性土壤样本占 37.10%，比全国第二次土壤普查升高 21.99%；pH 在 5.5～6.5 的弱酸性土壤样本占 46.77%，比全国第二次土壤普查提高 10.08%，>6.5 中性以上样本数占 16.13%，比全国第二次土壤普查降低了 32.07%，说明广西兴宾区中性和碱性土壤明显降低，耕地土壤也是整体朝酸化发展。

此外，同样年份，在广西扶绥县采集的 105 个土壤样本分析结果表明，该县耕地土壤整体朝酸化发展（表 3-18）；在广西兴宾区采集的 62 个土壤样本分析结果表明，该区中性和碱性土壤明显降低，耕地土壤也是整体朝酸化发展（表 3-19）。如以广西从南到北的典型土壤剖面 pH 数据，与全国第二次土壤普查结果相比，结果表明，30 年后广西典型土壤剖面的 pH 下降了 0.5～1.44 个单位，有机质提高了 1.75～7.86g/kg，全 N 提高 0.01～1.44g/kg，全磷提高 0.02～0.37g/kg，全钾含量有提高也由降低的（表 3-20）。这说明土壤酸化与土壤氮、磷、钾元素间的关系。

表 3-18 广西扶绥县土壤 pH 样点数统计

| 扶绥 pH | 全国第二次土壤普查 | | | | 2006～2011 年 | | | | 比全国第二次土壤普查增量/% |
|---|---|---|---|---|---|---|---|---|---|
| | 土壤样品个数 | 范围 | 平均值 | 比例/% | 土壤样品个数 | 范围 | 平均值 | 比例/% | |
| <5.5 | | | | 24.17 | | | | 65.71 | 41.55 |
| 5.5～6.5 | 120 | 4.15～8.00 | 6.12 | 57.50 | 105 | 4.18～8.20 | 5.35 | 21.90 | −35.60 |
| >6.5 | | | | 18.33 | | | | 12.38 | −5.95 |

**表 3-19　广西兴宾区土壤 pH 样点数统计**

| 兴宾区 pH | 全国第二次土壤普查 | | | | 2006 年起至今 | | | | 比第二次土壤普查增量/% |
| --- | --- | --- | --- | --- | --- | --- | --- | --- | --- |
| | 土壤样品个数 | 范围 | 平均值 | 比例/% | 土壤样品个数 | 范围 | 平均值 | 比例/% | |
| <5.5 | | | | 15.11 | | | | 37.10 | 21.99 |
| 5.5~6.5 | 139 | 4.50~9.00 | 6.67 | 36.69 | 62 | 4.06~7.76 | 5.79 | 46.77 | 10.08 |
| >6.5 | | | | 48.20 | | | | 16.13 | −32.07 |

**表 3-20　广西典型红壤地块剖面不同时期土壤养分状况**

| 地点 | 土壤类型 | 取样年份 | pH | OM | 全 N | 全 P | 全 K | 有效 N | 有效 P | 有效 K | CEC /(c mol/kg) |
| --- | --- | --- | --- | --- | --- | --- | --- | --- | --- | --- | --- |
| | | | | /(g/kg) | | | | /(mg/kg) | | | |
| 防城港市防城区 | 赤沙土 | 2006 | 4.84 | 13.71 | 0.59 | 0.65 | 10.39 | 94 | 84 | 278 | 7.90 |
| | | 1982 | 5.50 | 9.8 | 0.54 | 0.48 | 8.8 | — | — | — | — |
| 钦州市钦北区 | 薄层砂岩赤红壤 | 2006 | 4.34 | 17.44 | 1.29 | 0.21 | 14.34 | 115 | 4 | 47 | 19.31 |
| | | 1982 | 5.50 | 15 | 0.68 | 0.12 | 2 | — | — | — | — |
| 崇左市扶绥县 | 含沙棕泥土 | 2008 | 5.93 | 23.86 | — | — | — | 70 | 15 | 47 | — |
| | | 1982 | 6.5 | 16 | — | — | — | — | 5 | 50 | — |
| 南宁市武鸣县 | 棕泥土 | 2007 | 5.22 | 42.24 | 1.73 | 1.28 | 3.44 | 138 | 16 | 521 | — |
| | | 1982 | 7.00 | 40.49 | 2.06 | 0.91 | 6.13 | — | — | — | — |
| 来宾市兴宾区 | 酸性潮泥土 | 2006 | 5.38 | 22.31 | 1.44 | 0.51 | 10.89 | 110 | 4.5 | 122 | — |
| | | 1982 | 6.00 | 19 | — | — | — | — | 1.25 | 28.0 | — |
| 河池市罗城县 | 红泥土 | 2006 | 6.25 | 16.34 | — | — | — | 77 | 2.4 | 50 | — |
| | | 1982 | 6.80 | 13.4 | 0.88 | 0.25 | 7.2 | — | — | — | — |
| 贵港市平南县 | 铁子底土 | 2007 | 5.50 | 20.42 | 1.1 | 0.67 | 2.07 | 89 | 31 | 89 | 10.46 |
| | | 1982 | 6.00 | 22.87 | 1.09 | 0.35 | 13.5 | — | — | — | — |
| 梧州市藤县 | 赤红沙土 | 2007 | 6.46 | 16.36 | 0.87 | 0.63 | 3.24 | 77 | 19 | 52 | 9.42 |
| | | 1982 | 7.00 | 19.3 | 0.69 | 0.61 | 3.3 | — | — | — | — |
| 贺州市昭平县 | 砾质壤土 | 2007 | 5.56 | 30.02 | — | — | — | — | 33 | 67 | — |
| | | 1982 | 7.00 | 5.6 | — | — | — | — | 4 | 35 | — |

## 3.4.2　广西红壤酸化驱动因子

据 2001~2010 年在来宾县水田与旱地定点研究（图 3-9），发现土壤有机质含量、交换性酸、有效铜、铁含量及 Ca/Mg 比、Mg/K 对土壤酸化过程均有一定的影响。水田的 pH 与土壤有机质有正相关，旱地的 pH 与土壤有机质是负相关；水田的 pH 与土壤有效铜含量是负相关，旱地的 pH 与有效铜含量是正相关；而交换性钙、交换性镁、Ca/Mg 比、Mg/K 与土壤 pH 均是正相关（表 3-21）。

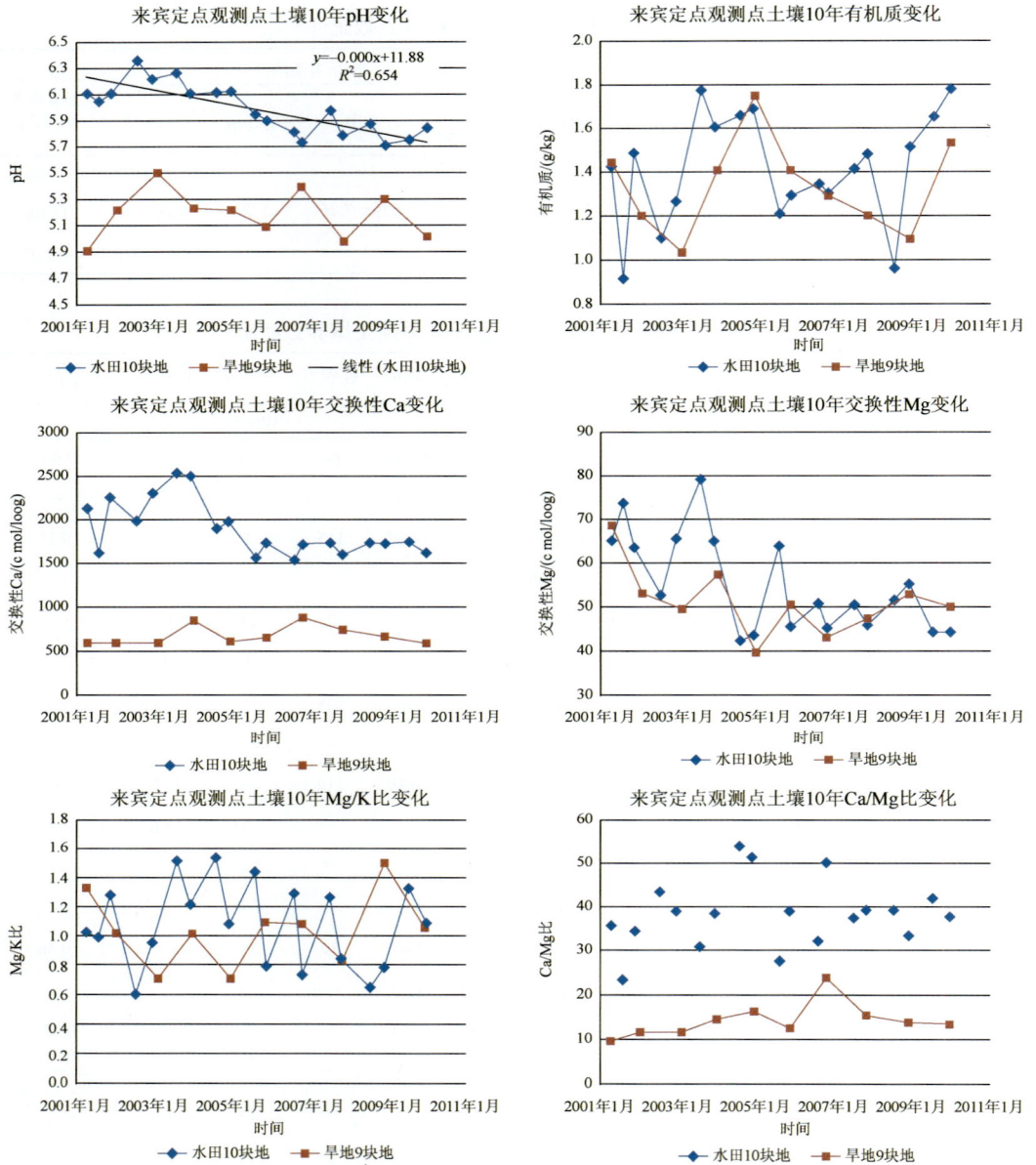

图 3-9　来宾定点监测数据（2001～2010 年）

**表 3-21　定点观测土壤测试值的相关系数表**

| | 水田 | | 旱地 | |
|---|---|---|---|---|
| | pH | OM | pH | OM |
| pH | 1 | | 1 | |
| OM（有机质） | 0.2522 | 1 | −0.2719 | 1 |
| AA（交换性酸） | −0.5081 | 0.1262 | −0.473 | 0.2958 |
| Ca（交换性钙） | 0.7306 | 0.5389 | 0.5936 | 0.0905 |

续表

| | 水田 | | 旱地 | |
| --- | --- | --- | --- | --- |
| | pH | OM | pH | OM |
| Mg（交换性镁） | 0.246 | 0.4281 | 0.2858 | 0.1444 |
| K（有效钾） | −0.4199 | −0.3673 | 0.043 | 0.1087 |
| N（有效氮） | −0.1324 | 0.0435 | −0.0205 | −0.0596 |
| P（有效磷） | −0.1877 | −0.0255 | −0.0281 | 0.209 |
| S（有效硫） | −0.2051 | −0.1697 | 0.0724 | −0.0769 |
| B（有效硼） | −0.0092 | 0.0234 | 0.1742 | 0.0674 |
| Cu（有效铜） | −0.3969 | −0.352 | 0.3107 | 0.0776 |
| Fe（有效铁） | −0.6904 | −0.376 | −0.3117 | 0.3556 |
| Mn（有效锰） | −0.1792 | −0.0642 | −0.0837 | −0.0809 |
| Zn（有效锌） | −0.4624 | −0.3202 | −0.1845 | 0.12 |
| Ca/Mg | 0.5663 | 0.1385 | 0.2735 | 0.0318 |
| Mg/K | 0.4932 | 0.612 | 0.2292 | −0.0144 |
| 水稻（甘蔗）单产/（kg/hm²） | 0.0613 | −0.1759 | 0.0426 | 0.0539 |
| 平均亩施化肥量 | −0.0819 | 0.0524 | 0.0213 | 0.1314 |
| 平均亩施有机肥量 | −0.1111 | 0.1555 | −0.0985 | 0.0003 |
| $r_{0.05}$ | 0.1975 | | 0.2072 | |
| $r_{0.01}$ | 0.2578 | | 0.2702 | |

注：$r_{0.05}$=0.3550，$r_{0.01}$=0.4565。

此外，全区化肥的施用也是土壤酸化的重要驱动因素，有机肥的施用有利于减缓土壤酸化（谭宏伟等，2014）。1980 年全区化肥施用量（折纯）39.7 万吨，其中氮肥占 63.2%、磷肥占 28.6%、钾肥占 7.1%，复合肥占 1.1%，平均每公顷播种面积施用化肥的总量为 81.4千克，化肥使用量以年均增幅 6.37%逐步提高，2010 年全区化肥施用量（折纯）达 237.2万吨，其中氮肥占 29.5%、磷肥占 12.2%、钾肥占 22.4%，复合肥占 35.9%，平均每公顷播和面积施用化肥的总量为 402.2 千克，钾肥所占比例提高到 22.4%，复合肥所占比例提高到 35.9%（图 3-10）。

但值得注意的是，经统计 1980～2010 年，广西的粮食总产量、包括甘蔗与木薯总产量及粮食、水稻、甘蔗、木薯的平均单产均与化肥施用总量密切相关。但作物增产的幅度与肥料施用量的幅度不相一致，粮食以年均 0.62%幅度缓慢增长，水稻总产的增长更为缓慢，年均 0.38%，而经济作物，特别是甘蔗总产量却以年均 55.7%大幅度增长，木薯以年均 8.7%增长列居其后；从肥料施用量看，化肥施用总量则从 1980年 39.72 万吨（折纯，下同）提高到 2010 年的 237.16 万吨，平均每公顷用量从 81.4千克提高到 402.2 千克，年均增长率为 13.1%，说明化肥的投入对广西经济作物总产量的增长起主要作用，同时这种情况也进一步说明，广西红壤酸化的驱动因素，确与经济作物，特别是甘蔗、木薯从土壤养分中所吸收的养分对土壤及环境酸化的影响有关（表 3-22）。

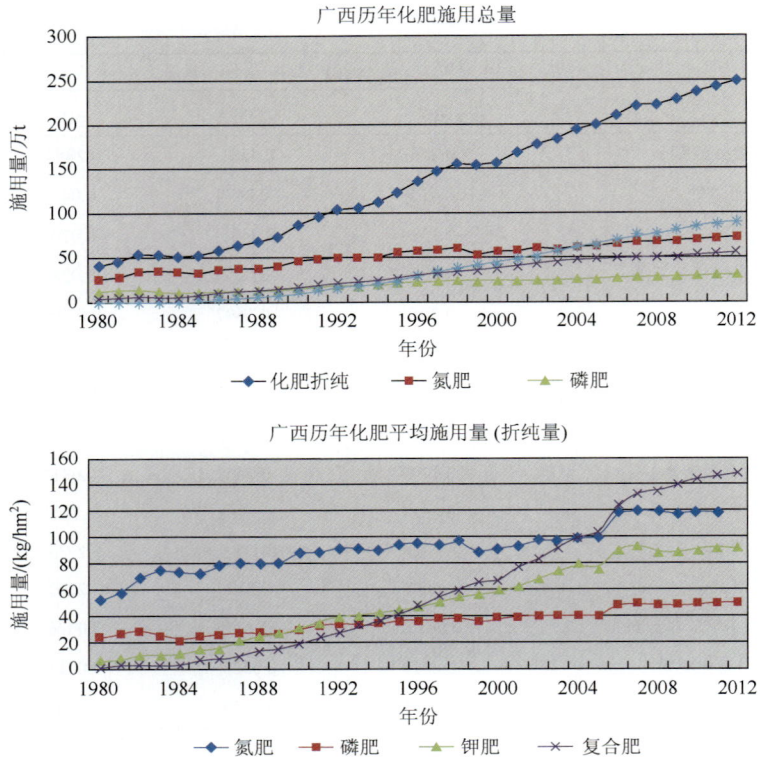

图 3-10　广西历年化肥及氮肥施用情况（1980～2012 年）

表 3-22　广西作物生产与化肥施用量的关系

| 项目 | 粮食作物 /(万吨) | 稻谷总产 /(万吨) | 甘蔗总产 /(万吨) | 木薯总产 /(万吨) | 粮食单产 /(kg/hm²) | 稻谷单产 /(kg/hm²) | 甘蔗单产 /(kg/hm²) | 木薯单产 /(kg/hm²) |
|---|---|---|---|---|---|---|---|---|
| 化肥施用量 (折纯)/ (kg/hm²) | 0.5174 | 0.2589 | 0.9799 | 0.9386 | 0.887 | 0.5386 | 0.7698 | 0.9833 |
| 氮肥施用量 /(kg/hm²) | 0.5003 | 0.3052 | 0.9144 | 0.8535 | 0.8668 | 0.4703 | 0.6836 | 0.9051 |
| 磷肥施用量 /(kg/hm²) | 0.5579 | 0.3162 | 0.9723 | 0.9337 | 0.892 | 0.5086 | 0.8004 | 0.9644 |
| 钾肥施用量 /(kg/hm²) | 0.5629 | 0.3074 | 0.9634 | 0.9537 | 0.9076 | 0.5609 | 0.7787 | 0.9774 |
| 复合肥 /(kg/hm²) | 0.4723 | 0.1948 | 0.9828 | 0.9305 | 0.8521 | 0.5374 | 0.7653 | 0.9862 |
| 化肥施用量 /(折纯万吨) | 0.5994 | 0.3405 | 0.9653 | 0.9683 | 0.9186 | 0.59 | 0.7933 | 0.9857 |
| 氮肥总量 /(万吨) | 0.6989 | 0.4877 | 0.917 | 0.9546 | 0.9593 | 0.5986 | 0.776 | 0.941 |
| 磷肥总量 /(万吨) | 0.6948 | 0.4568 | 0.9386 | 0.9771 | 0.9448 | 0.599 | 0.8249 | 0.9605 |
| 钾肥总量 /(万吨) | 0.6128 | 0.3553 | 0.9506 | 0.9696 | 0.9225 | 0.5966 | 0.792 | 0.9774 |
| 复合肥总量 /(万吨) | 0.5057 | 0.2263 | 0.975 | 0.9437 | 0.8644 | 0.5627 | 0.7723 | 0.9887 |

### 3.4.3　降雨对红壤酸化的影响

**1. 南宁监测点近 12 年来降雨带来的氮沉降的变化**

氮的循环受酸雨影响极其强烈，大气中的氮化合物（$NH_3$，$NO_x$）通过干、湿沉降进入土壤中，进入土壤中的氮化合物主要是通过 $NH_4^+$、$NO_3^-$。$NH_4^+$ 在土壤中的去向主要是：①被植物根系和土壤微生物吸收；②硝化作用。这些过程产生 $NO_3^-$ 和来自大气沉降的 $NO_3^-$ 在土体内移动性强，很容易进入地下水。$NO_3^-$ 在土壤中的去向有两个重要过程：①被植物根系和土壤微生物的吸收；②反硝化作用。这两个过程都会降低 $NO_3^-$ 的淋失。大气 N 化合物的输入引起土壤酸化的同时，其他元素的平衡也会受到影响。过量的 $NO_3^-$ 进入土壤可能导致 $K^+$、$Na^+$、$Ca^{2+}$、$Mg^{2+}$ 的淋失和磷的循环减缓，阳离子和磷的有效性降低可能会引起植物体内营养元素的不平衡。特别是磷、钾的亏缺会阻碍根系吸收氮素，增加 $NO_3^-$ 淋失至地下水中的数量。

南宁监测点 2001～2012 年的监测结果（图 3-11）表明，尽管降水量变化差异较大，但降水带来的 N 沉降却有逐渐提高的趋势。这是造成广西红壤酸化逐年加重的重要原因。

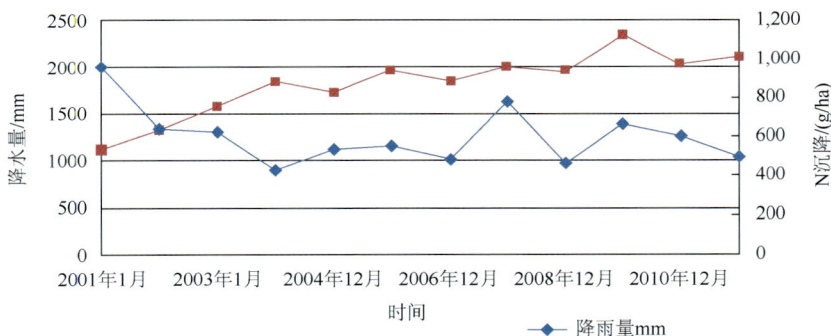

图 3-11　南宁年降雨量与氮沉降（2001～2010 年）

**2. 降雨的氮沉降的铵态氮、硝态氮与总氮比例的变化**

我国南方地带性红黄壤含有大量的铁铝氧化物，土壤不仅带有可变负电荷，而且还带有可变正电荷，吸附阳离子的同时，还吸附阴离子，对酸的输入敏感性明显不同于欧洲和北美温带地区的土壤，比其他土壤更为敏感；酸性沉降物的化学组成加速土壤进一步酸化。

从 2001 年，雨水中的平均硝态氮和铵态氮的含量基本一致，其他形态的氮所占比例均小于 17%，从 2005 年开始，硝态氮占总氮的比例有逐渐降低，而其他形态的氮占总氮的比例有逐渐提高的趋势。其他形态的氮一般认为是人类生产活动产生的活性有机氮化合物，工业污染对大气的氮沉降亦有明显的影响，从而间接影响土壤的酸化进程（图 3-12）。

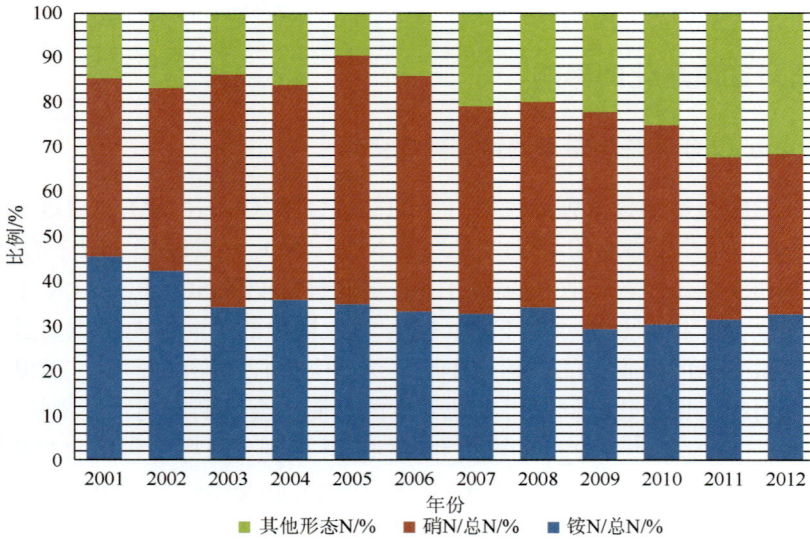

图 3-12 南宁监测点的降水中的硝氮、铵氮及其他形态氮占总氮的比例（%）的变化趋势

### 3. 雨水中的酸性年度变化情况

南宁监测点的雨水 pH 在 4.9～6.92，酸性较大的酸雨主要出现在夏季降雨频繁的季节，亦是作物生长较活跃，对氮需求较高的季节，雨水中的氮可以适当补充土壤氮供给不及时的问题，同时也导致土壤中的氮渗漏到土壤深层，加剧了土壤酸化的进程（图 3-13）。

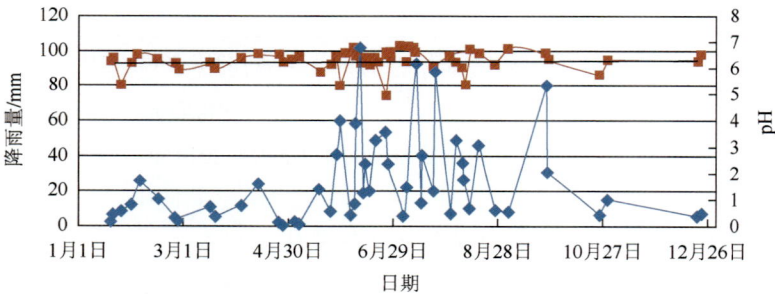

图 3-13 南宁年降雨量与 pH 变化

### 4. 广西甘蔗、水稻测土施肥的主要结果

1）甘蔗（表 3-23～表 3-25、图 3-14）

表 3-23 甘蔗土壤速效磷含量的丰缺指标

| 养分分级 | 丰富（高） | 缺乏（中） | 极缺（低） |
| --- | --- | --- | --- |
| 土壤速效磷/（mg/kg） | ＞20 | 5～20 | ＜5 |

### 表 3-24　甘蔗土壤速效钾含量的丰缺指标

| | | 土壤速效钾/（mg/kg） | 每 kg $K_2O$ 增产/kg | 增产/% |
|---|---|---|---|---|
| 砂土 | 低 | <46 | 113.0 | >18 |
| | 中 | 46～90 | 91.0 | 13.3 |
| | 高 | >90 | — | — |
| 壤土 | 低 | <52 | 109.2 | >15 |
| | 中 | 52～110 | 88 | 10 |
| | 高 | >110 | — | — |
| 黏土 | 低 | <60 | 139.7 | >10 |
| | 中 | 60～120 | 67.2 | 7.5 |
| | 高 | >120 | <8 | <5 |

### 表 3-25　广西甘蔗种植区土壤分级特征

| | 一级区 | | | 二级区 | | | 三级区 | | | 四级区 | | |
|---|---|---|---|---|---|---|---|---|---|---|---|---|
| | 最小 | 最大 | 平均 | 最小 | 最大 | 平均 | 最小 | 最大 | 平均 | 最小 | 最大 | 平均 |
| pH | 3.9 | 7.2 | 5.8 | 3.5 | 7.2 | 5.9 | 4.3 | 7.3 | 6.1 | 4.7 | 7.2 | 5.4 |
| 速效 N/(mg/kg) | 46 | 191 | 108 | 46 | 185 | 110 | 79 | 190 | 124 | 93 | 151 | 126 |
| 速效 K/(mg/kg) | 33 | 144 | 62 | 30 | 141 | 66 | 34 | 203 | 67 | 39 | 136 | 85 |
| 速效 P/(mg/kg) | 2.1 | 35.2 | 11.8 | 2.2 | 35.2 | 11.2 | 1.9 | 30.3 | 10.8 | 3.1 | 14.1 | 6.8 |
| 有机质/(g/kg) | 8.6 | 48.4 | 24.5 | 11.7 | 50.5 | 25.8 | 14.0 | 55.8 | 29.5 | 33.7 | 49.5 | 40.5 |
| 全 N/(g/kg) | 0.7 | 5.5 | 1.6 | 0.9 | 4.1 | 1.7 | 0.9 | 4.6 | 2.1 | 2.6 | 3.4 | 3.0 |
| 全 P/(g/kg) | 0.2 | 6.1 | 0.6 | 0.3 | 1.6 | 0.6 | 0.4 | 2.8 | 0.7 | 0.5 | 1.0 | 0.6 |
| 全 K/(g/kg) | 1.8 | 30.0 | 10.9 | 2.5 | 26.5 | 11.9 | 2.1 | 25.8 | 12.3 | 8.7 | 21.2 | 16.3 |
| 水稻种植面积占全区水稻种植面积/% | | 66.84 | | | 19.23 | | | 11.88 | | | 2.05 | |

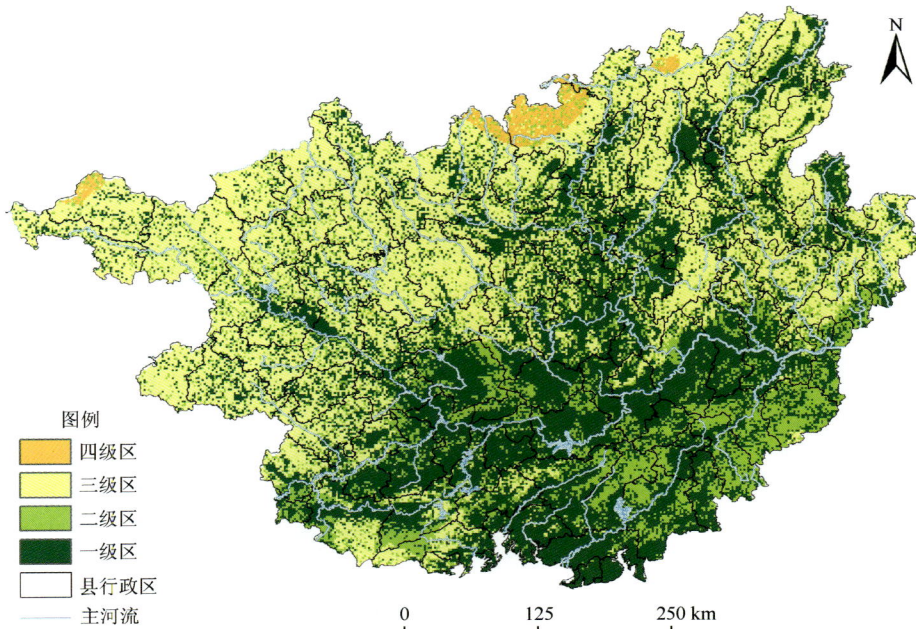

图 3-14　广西甘蔗生产有明显向土壤适宜区聚集的趋势

2）水稻（表 3-26～表 3-28、图 3-15）

**表 3-26　稻田土壤速效钾、增产效应与相对产量统计**

| 等级 | 相对产量/% | 土壤速效钾平均值/(mg/kg) | 每千克 $K_2O$ 钾增产稻谷/kg | 土壤速效钾拟定指标/(mg/kg) |
|---|---|---|---|---|
| <75% | 66.2～72.6 | 44 | >3.2 | <50 |
| 75%～95% | 77.1～93.6 | 89 | 1.2～2.0 | 50～100 |
| >95% | 95.7～100 | 103 | <1.0 | >100 |

**表 3-27　广西稻田土壤的磷钾丰缺指标**　（单位：mg/kg）

| | 极缺乏 | 缺乏 | 适中 | 丰富 |
|---|---|---|---|---|
| 速效 P 含量 | <2 | 2～5 | 5～10 | >10 |

**表 3-28　广西水稻种植区土壤分级特征**

| | 一级区 | | | 二级区 | | | 三级区 | | | 四级区 | | |
|---|---|---|---|---|---|---|---|---|---|---|---|---|
| | 最小 | 最大 | 平均 | 最小 | 最大 | 平均 | 最小 | 最大 | 平均 | 最小 | 最大 | 平均 |
| pH | 4.3 | 6.6 | 5.8 | 4.1 | 7.5 | 5.8 | 3.5 | 7.4 | 6.2 | 4.7 | 7.2 | 6.0 |
| 速效氮/(mg/kg) | 64.1 | 160.0 | 98.1 | 45.9 | 156.5 | 101.3 | 56.2 | 191.2 | 119.6 | 45.9 | 190.1 | 124.6 |
| 速效钾/(mg/kg) | 35.2 | 140.7 | 57.5 | 34.2 | 130.8 | 61.4 | 29.5 | 134.5 | 64.9 | 35.3 | 203.4 | 73.5 |
| 速效磷/(mg/kg) | 2.5 | 35.2 | 11.5 | 2.9 | 35.2 | 12.8 | 1.9 | 27.1 | 10.6 | 2.5 | 30.9 | 11.6 |
| 有机质/(g/kg) | 13.5 | 32.3 | 22.3 | 11.7 | 37.9 | 22.9 | 8.6 | 45.4 | 26.6 | 14.6 | 55.8 | 33.3 |
| 全氮/(g/kg) | 0.8 | 2.3 | 1.3 | 0.8 | 2.7 | 1.4 | 0.7 | 3.8 | 1.8 | 1.6 | 5.5 | 2.5 |
| 全磷/(g/kg) | 0.3 | 2.5 | 0.6 | 0.2 | 2.1 | 0.6 | 0.3 | 6.1 | 0.7 | 0.4 | 1.6 | 0.7 |
| 全钾/(g/kg) | 5.5 | 19.4 | 10.5 | 1.8 | 21.2 | 10.4 | 2.1 | 25.8 | 11.7 | 5.0 | 30.0 | 13.3 |
| 水稻种植面积占全区水稻种植面积/% | | 28.18 | | | 29.75 | | | 36.22 | | | 5.85 | |

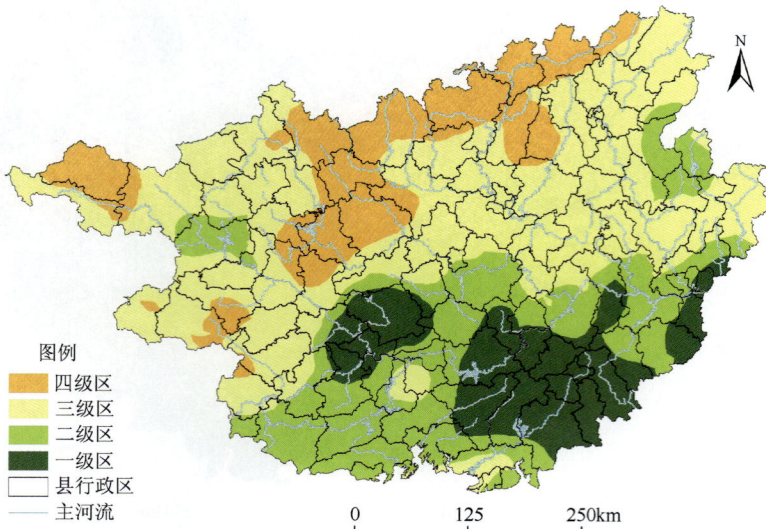

图 3-15　广西水稻土壤条件等级图

# 参 考 文 献

黄庆海，万自成，朱丽英，等. 2006. 不同利用方式红壤磷素积累与形态分异的研究. 江西农业学报，18（1）：6-10

姜灿烂，何园球，李辉信，等. 2009. 长期施用无机肥对红壤旱地养分和结构及花生产量的影响. 土壤学报，46（6）：1102-1109

凌庆伟，张美英，黄绍富. 2014. 天等县耕地土壤酸化情况与治理实践. 中国农技推广，30（8）：39-41

农梦玲，谢振兴，李伏生. 2014. 灌水方式和水平与施肥方式对糯玉米产量和水肥利用的影响.节水灌溉，4：22-26

邱凤琼，丁庆堂，党连超. 1983. 三种黑土中有机碳、氮、磷的形态分布与肥力的关系. 土壤学报，20（1）：23-29

谭宏伟，周柳强，谢如林，等. 2014. 红壤区不同施肥处理对蔗区土壤酸化及甘蔗产量的影响. 热带作物学报，35（7）：1290-1295

张潇潇，钱慧慧，吴祥颖，等. 2014. 沟灌方式和施肥水平对甜糯玉米产量、土壤养分和酶活性的影响. 节水灌溉，6：1-5

Hope G D，Syers J K. 2006. Effects of solution：soil ratio on phosphate sorption by soils. Journal of Soil Science，27（3）：301-306

Ivancff D B，Reddy K R，Robinson S. 1998. Chemical fractionation of organic phosphorus in selected histosols，Soil Science，163：
　　l，36

Liang H L，Li F S，Nong M L. 2013. Effects of alternate partial root-zone irrigation on yield and water use of sticky maize with fertigation. Agricultural Water Management，116（1）：242-247

# 第4章 广西红壤肥力与生态功能的交互过程和反馈机制

## 4.1 概 述

本章从以下4方面,对广西红壤肥力与生态功能的交互过程和反馈机制进行了试验研究:

(1)广西复合农林生态系统肥力演变过程与机理。通过长期定位观测,研究了石灰岩和红壤典型复合农林生态系统土壤肥力变化趋势,林木-农作物对主要矿质营养吸收规律,林木生长量和养分吸收量,复合农林生态区土壤的氮、磷、钾等养分的循环特征,氮、磷、钾等养分输入与输出的主要途径及平衡,土壤中氮、磷、钾等有效养分的释放强度及调控。

(2)广西复合农林生态系统肥力与生态群落变化的相互影响。通过高峰林场定位试验,研究了氮、磷、钾元素在桉树林生态系统中迁移转化的影响机制以及桉树林的最佳施肥量和方式。

(3)广西复合农林生态系统肥力演变对土壤生物功能及作物生长的相互影响。对不同林地(田林县)、桉树人工林(横县、南宁市七坡林场)、不同海拔(龙胜瑶族自治县)、人为干扰(炼山、果园等)等因素导致的肥力演变条件下各农林生态系统中土壤进行了采集,并对土壤样品进行了土壤理化、生化和微生物群落结构方面的全面归纳总结和分析。

(4)广西复合农林生态系统土壤侵蚀过程与预测。通过野外定位试验,针对不同植被、不同坡度和不同作物条件,对红壤地水土流失进行了定位监测研究。并测定了流失土壤的养分含量,计算养分流失量,分析土壤侵蚀状况。

## 4.2 广西复合农林生态系统肥力演变过程与机理

### 4.2.1 不同类型土壤理化性状差异

土壤为山地黄壤(百色田林)、赤红壤(南宁横县)、棕色石灰性土(河池七百弄)三种,测定分析了0~30cm土壤的理化性状。结果(表4-1)表明:三种土壤除土壤速效钾不存在显著差异外;其他8项指标均存在显著或极显著差异;从全量养分状况看,最好的是棕色石灰性土,其次为赤红壤,山地黄壤排在最后;但由于赤红壤的酸性强,土壤速效磷养分成为该类土壤上的养分限制因子之一。

表 4-1 不同类型土壤理化性状

| 项目 | 山地黄壤 | 赤红壤 | 棕色石灰性土 |
|---|---|---|---|
| pH | 5.1±0.2 | 4.4±0.1 | 6.1±0.4 |
| 有机质/% | 1.60±1.18 | 4.09±2.11 | 3.68±1.89 |
| 全氮/% | 0.10±0.05 | 0.13±0.05b | 0.25±0.12 |

续表

| 项目 | 山地黄壤 | 赤红壤 | 棕色石灰性土 |
| --- | --- | --- | --- |
| 全磷/% | 0.10±0.03 | 0.07±0.03 | 0.19±0.03 |
| 全钾/% | 1.31±0.39 | 1.41±0.14 | 0.78±0.22 |
| 碱解氮/(mg/kg) | 71±45b | 126±30 | 225±106 |
| 速效磷/(mg/kg) | 8±4a | 4±1 | 9±2 |
| 速效钾/(mg/kg) | 147±82 | 150±61 | 108±21 |
| CEC/(c mol/kg) | 10.70±1.25 | 14.48±3.45 | 21.20±5.67 |

注：不同小写和大写字母分别表示土壤容重存在显著（0.05）或极显著（0.01）差异。

## 4.2.2　不同林分土壤理化性状特征

针对不同类型土壤，由于在不同气候、不同母质条件下产生的土壤理化性状差异，探讨在相同条件下，同种类型土壤种植不同林木引起 0～30cm 的土壤理化性状的变化差异。山地黄壤：松木林、青冈木自然林、种植 8 年的成长西南桦林、新植的西南桦林 4 种不林地分；棕色石灰性土：枇杷林、竹林、任豆林、银合欢 4 种林地；赤红壤：马尾松针阔自然林和未炼山的连栽第 2 代的速生桉林（表 4-2、表 4-3）。结果如下：

（1）山地黄壤上 4 种林分土壤除全钾存在极显著差异外，其他 8 个理化指标均不存在显著差异，松木林与成年西南桦林全氮、全磷、速效磷及速效钾与自然林的相近，有机质含量是自然林的 2.5～3 倍，CEC 比自然林的稍低；新植西南桦林的 pH、全钾、速效钾及速效磷稍比自然林和成年西南桦林的高，也许是炼山或施肥造成。

（2）棕色石灰性土上的 4 种林地土壤理化性状相差比较大，其中枇杷林的 pH 明显比另外 3 种林分的低；任豆林的有机质、全氮、全磷、碱解氮、速效磷、速效钾和 CEC 均是最高的；对 4 种林分土壤的综合评价是任豆林=竹林＞枇杷林=银合欢。在 4 种林分中，枇杷林的生长是否对土壤 pH 影响比较大，有待进一步研究。

（3）赤红壤上的速生桉林除碱解氮明显比马尾松针阔自然林的低外，其他指标差异均不明显，且速生桉林的有机质、全氮、全钾、速效钾均高于自然林，因此，种植第 2 代速生桉的土壤理化性状并不比自然林的差。

（4）土壤孔隙是土壤中水分、空气重要通道和贮存场所，它决定土壤的保水、透水、通气的性能（Connavo et al.，2011）。在垂直剖面上，各植被类型土壤孔隙随土壤深度增加基本呈现减小的趋势。本试验区在相同的气候条件下，桉林、天然林和松林的土壤总孔隙随着土壤剖面深度的增加而降低，总体上是各层的土壤孔隙状况均存在显著差异，A 层显著的大于 B 层极显著的大于 C 层，B 层显著大于 C 层（表 4-3）。土壤孔隙状况受地形、植被特征的共同影响（康冰，2010），在相对海拔、坡向和坡位、植被胸径和乔木高度相对比较一致的条件下，灌木层盖度以及林下覆盖度对土壤孔隙状况的影响较大（王轶浩等，2012），还有林分枯落物返还土壤的程度也影响土壤孔隙状况（向志勇等，2010）。

该试验区的松林松针覆盖较好，可有效防止降雨对地表的冲击，使土壤能够保持良好的结构，土壤孔隙度最大；而桉林主要受人为的炼山和除草的影响，覆盖度相对较小，使

表 4-2　不同林分土壤理化性状

| 项目 | pH | 有机质/% | 全氮/% | 全磷/% | 全钾/% | 碱解氮/(mg/kg) | 速效磷/(mg/kg) | 速效钾/(mg/kg) | CEC/(c mol/kg) |
|---|---|---|---|---|---|---|---|---|---|
| 自然林 | 4.9±0.0 | 0.8±0.39 | 0.8±0.02 | 0.11±0.04 | 1.68±0.03 | 44±17 | 6±1 | 146±104 | 11.29±0.35 |
| 松林 | 5.3±0.0 | 2.04±1.02 | 0.10±0.08 | 0.11±0.01 | 1.09±0.11 | 83±62 | 10±2 | 99±59 | 10.91±1.19 |
| 成年西南桦林 | 5.1±0.1 | 2.53±2.07 | 0.12±0.09 | 0.10±0.03 | 0.85±0.29 | 101±78 | 6±4 | 150±145 | 9.36±2.02 |
| 新植西南桦林 | 5.2±0.3 | 1.02±0.46 | 0.8±0.02 | 0.07±0.02 | 1.60±0.00 | 56±12 | 11±6 | 192±57 | 11.24±0.35 |
| 枇杷林 | 5.6±0.1 | 4.11±0.18 | 0.28±0.71 | 0.14±0.00 | 0.68±0.01 | 324±2 | 10±3 | 86±1 | 21.95±0.74 |
| 竹林 | 6.5±0.1 | 4.10±0.05 | 0.30±0.01 | 0.17±0.02 | 0.66±0.02 | 210±46 | 7±0 | 94±1 | 24.05±0.79 |
| 任豆林 | 6.3±0.0 | 6.85±0.05 | 0.45±0.10 | 0.20±0.04 | 0.56±0.03 | 379±1 | 11±2 | 135±4 | 26.64±2.33 |
| 银合欢 | 6.3±0.0 | 3.43±0.14 | 0.19±0.04 | 0.20±0.04 | 0.74±0.01 | 195±0 | 7±0 | 128±4 | 26.07±4.06 |
| 自然林 | 4.0±0.0 | 3.55±2.47 | 012±0.08 | 0.08±0.05 | 1.32±0.14 | 141±2 | 4±0 | 106±49 | 13.08±4.29 |
| 桉林 | 3.9±0.1 | 3.70±1.93 | 0.14±0.04 | 0.05±0.01 | 1.50±0.07 | 109±42 | 4±2 | 194±35 | 15.88±3.09 |

表 4-3　不同林分土壤孔隙状况

| 林种 | 孔隙度/% | | | |
|---|---|---|---|---|
| | A | B | C | 均值 |
| 桉林 | 53.08 | 43.66 | 41.03 | 45.92+6.34bB |
| 天然林 | 49.81 | 39.85 | 34.64 | 41.43+7.71bB |
| 松林 | 60.98 | 57.59 | 47.33 | 55.30+7.11aA |
| 均值 | 54.62+5.75aA | 47.03+9.34bAB | 41.00+6.34cB | — |

注：不同小写和大写字母分别表示土壤容重存在显著（0.05）或极显著（0.01）差异。

表层土壤在每次降雨后被地表径流冲刷带走，故土壤孔隙度较大；天然林的土壤孔隙度较小，主要是各层土壤所含石砾较多的缘故。

综上所述，种植的林种不同，土壤的理化性状各有异同，因此选择合适的林种进行林地耕种，对于保护林坡地的土壤肥力是有利的。

## 4.2.3　不同种植年限速生桉林土壤化学特征

种植 10 年速生桉的土壤 pH 变化不是很大，虽然在 10 年期间有所下降，但至第 10 年又有所回升，恢复至种植前的酸碱度；碱解氮和速效钾的变化趋势基本相同，种植前比较高，至第 3 年开始有所下降，在第 4~8 年基本维持在比较稳定的状态，到第 10 年又有所回升，但还是稍低于种植前的数值，差异不是很大，不显著；速效磷的变化有些不同，在第 1~4 年基本保持不变，至第 7 年有所增加，但到第 10 年时，又有所下降（表 4-4）。总的来看，土壤速效氮磷钾养分变化总体趋势是随着种植时间的增加而减少。

表 4-4　不同种植年限桉林土壤化学性状

| 种植年限 | pH | 碱解氮 | 速效磷 | 速效钾 |
|---|---|---|---|---|
| 1～2 年 | 4.2±0.1 | 131±14 | 9±2 | 55±11 |
| 3～4 年 | 4.1±0.2 | 113±51 | 9±3 | 46±10 |
| 7～8 年 | 4.0±0.1 | 116±35 | 9±2 | 46±9 |
| 10 年 | 4.2±0.1 | 125±35 | 7±1 | 51±9 |

## 4.2.4　不同前作林分对速生桉林土壤化学性状的影响

不同林分轮作是探讨速生桉林地可持续发展的技术措施之一，本书按不同前作林分对后作的速生桉林地土壤化学性状的影响进行了研究（表 4-5）。结果显示，总体上，前作的 4 种林分对后作的速生桉林地 pH、碱解氮、速效磷和速效钾都有不同程度的影响，连栽 2 代速生桉林地的 pH 较高，除速效磷的含量稍低外，碱解氮和速效钾的养分含量均处于中上水平；以连栽 2 代速生桉林地为对照，相思树为前作是最好的，其次是速生桉和杉木为前作的，最不好的是马尾松为前作的，这也许是种植马尾松时，施肥相对较少造成的。连栽 2 代速生桉对土壤 pH、碱解氮、速效磷和速效钾的影响与前作为相思树和杉木的差异不大，除速效磷明显低于马尾松林，其他 3 项指标均高于马尾松林。

表 4-5　不同前作林分下桉林土壤化学性状

| 前作林分 | pH | 碱解氮 | 速效磷 | 速效钾 |
|---|---|---|---|---|
| 马尾松—速生桉 | 4.1±0.3 | 89±14 | 10±2a | 44±9 |
| 杉木—速生桉 | 4.1±0.1 | 135±40 | 7±1b | 48±9 |
| 相思树—速生桉 | 4.2±0.1 | 131±14 | 9±2ab | 55±11 |
| 速生桉—速生桉 | 4.2±0.1 | 125±35 | 7±1b | 51±9 |

注：不同字母表示上下两行存在 0.05 显著差异。

## 4.2.5　不同林分土壤理化性状垂直分布特征

探讨同种类型土壤下，不同林木土壤理化性状在垂直剖面上（A：表层，E：淋溶层，B：淀积层）的变化差异（表 4-6）。山地黄壤：松木林、青冈木自然林、成年西南桦林、新植西南桦林 4 种不林地分；棕色石灰性土：枇杷林、竹林、任豆林、银合欢 4 种林地；赤红壤：马尾松针阔自然林和未炼山的连栽第 2 代的速生桉林。

在山地黄壤上，把青冈木自然林改种为松木林和西南桦林后，各层土壤 pH、有机质和全氮含量都有所提高。各层 pH 最高的是松林的，均值为 5.3；松木林和西南桦林 A 层的有机质增加最大，是自然林的 3～4 倍；全钾含量均低于自然林的，但速效钾含量却是自然林的 2 倍，表明自然林改种松木林和西南桦林后有利于土壤有机质和全氮的累积，但是由于速效钾释放快，因而不利用钾的保留。不同林分系统中的理化性状存在明显的差异。

表 4-6 山地黄壤不同林分土壤理化性状垂直分布特性

| 林分 | 层次 | pH | 有机质/% | 全氮/% | 全磷/% | 全钾/% | 碱解氮/(mg/kg) | 速效磷/(mg/kg) | 速效钾/(mg/kg) | CEC/(c mol/kg) |
|---|---|---|---|---|---|---|---|---|---|---|
| 自然林 | A | 4.9 | 1.08 | 0.10 | 0.08 | 1.66 | 126 | 11 | 141 | 11.71 |
| | E | 4.9 | 0.53 | 0.07 | 0.14 | 1.70 | 39 | 9 | 57 | 10.87 |
| | B | 4.9 | 0.29 | 0.05 | 0.10 | 1.37 | 42 | 5 | 52 | 10.82 |
| 松林 | A | 5.4 | 2.77 | 0.16 | 0.12 | 1.01 | 56 | 7 | 219 | 11.75 |
| | E | 5.3 | 1.32 | 0.04 | 0.10 | 1.17 | 32 | 5 | 73 | 10.07 |
| | B | 5.2 | 0.76 | 0.04 | 0.08 | 1.05 | 22 | 4 | 47 | 9.21 |
| 成年西南桦林 | A | 5.0 | 3.99 | 0.18 | 0.08 | 0.65 | 156 | 9 | 252 | 10.78 |
| | E | 5.1 | 1.07 | 0.06 | 0.12 | 1.05 | 46 | 4 | 47 | 7.93 |
| | B | 5.1 | 0.76 | 0.06 | 0.12 | 1.05 | 32 | 6 | 40 | 7.03 |
| 新植西南桦林 | A | 5.5 | 1.34 | 0.10 | 0.09 | 1.60 | 64 | 15 | 269 | 11.49 |
| | E | 5.0 | 0.69 | 0.07 | 0.05 | 1.60 | 48 | 7 | 152 | 10.99 |
| | B | 5.1 | 0.67 | 0.06 | 0.06 | 1.65 | 24 | 6 | 71 | 9.50 |

## 4.2.6 不同林分土壤水分垂直差异

土壤水分由于受到植被根系分布、土壤特性、气候条件等因素影响，土壤含水量在垂直空间上表现为一定的动态特征，桉林与天然林的土壤水分随着剖面深度的增加逐层递减，松林的土壤水分则是随着剖面深度的增加先增加后减少。3 种林分的土壤水分含量在0～150cm 剖面上不存在显著差异。

### 1. 不同海拔土壤水分差异

土壤水分在海拔上的变化主要是因为表层更容易受到太阳辐射、地表蒸发等气候条件的影响，表现出不同的变化规律，桉林与自然林和松林的表层土壤水分含量随着海拔的增加而降低，但它们随海拔变化较小，水分绝对含量值相差小于 2.0%。在 200m、250m、300m 三个海拔各林分的土壤水分含量均不存在显著差异。

### 2. 土壤水分空间差异及影响土壤水分变化的因素

桉林、自然林和松林的水分含量面积＞15.0%的占各自林分总面积的 39.7%、90.9%和 100%，这种水分在空间上的分布差异主要由地表蒸发引起。

海拔、坡度、坡向、坡位、地貌类型、土地利用类型、土壤孔隙度等因素均影响着土壤水分的时空分布（田凤霞等，2010）。在垂直分布上，土壤孔隙状况对土壤水分的影响显著，坡位、坡向与海拔的影响次之，而地貌类型、坡度和土地利用类型的影响较小。本试验区不同林分的土壤水分含量在剖面上的分布主要受土壤孔隙状况的影响，土壤水分与土壤孔隙状况呈直线正相关，且相关性达极显著水平。根据林木正常生长所需的要求，土壤水分含量不低于 15%，土壤孔隙度大于 51.9%时，有利于林木的正常生长。

由于表层土壤水分具有异质性，研究的尺度不同，主控因子也不同，蒸散、降水、土地利用类型是区域尺度影响土壤水分变化的主控因素。林地土壤水分还受到枯落物覆盖、根系分布、草本植物状况等因素的影响。试验中 3 种林分土壤水分含量在数量上和空间格局上都发生了很大的变化，这种变化与林内的覆盖显著相关，覆盖可以减少由海拔、坡位等地形因子和石砾含量等结构因子引起的水分变化差异（表 4-7～表 4-9 和图 4-1）。

**表 4-7　不同林分土壤水分含量垂直特征**

| 层次 | 桉林/% | 自然林/% | 松林/% |
| --- | --- | --- | --- |
| A | 15.2±1.1 | 17.0±0.3 | 16.2±0.2 |
| B | 12.4±0.7 | 12.5±0.5 | 16.5±1.2 |
| C | 12.2±2.8 | 10.8±0.9 | 13.1±0.4 |

注：同种林分中不同字母表示土壤水分存在显著（小写字母）或极显著（大写字母）差异。

**表 4-8　不同海拔林分土壤水分含量**

| 植被类型 | 200m/% | 250m/% | 300m/% |
| --- | --- | --- | --- |
| 桉林 | 14.9 | 17.7 | 13.9 |
|  | 11.1 | 11.4 | 12.8 |
|  | 20.3 | 16.7 | 12.6 |
| 自然林 | 20.2 | 19.0 | 16.7 |
|  | 18.1 | 17.2 | 12.5 |
|  | 15.0 | 14.9 | 18.6 |
| 松林 | 19.2 | 19.4 | 15.9 |
|  | 20.1 | 20.8 | 22 |
|  | 18.2 | 15.7 | 18.1 |

**表 4-9　不同林分土壤水分与环境因子的相关系数**

| | 海拔 | 覆盖 | 坡位 | 坡向 | 石砾 | 水分 |
| --- | --- | --- | --- | --- | --- | --- |
| 桉林 | −0.342 | 0.695* | −0.332 | 0.083 | −0.602 | 1.000 |
| 自然林 | −0.407 | 0.862** | −0.330 | −0.236 | −0.771* | 1.000 |
| 松林 | 0.082 | 0.894** | 0.075 | −0.557 | −0.430 | 1.000 |
| 均值 | −0.244 | 0.753** | −0.234 | 0.122 | −0.291 | 1.000 |

*为在 0.05 水平（双侧）上显著相关；**为在 0.01 水平（双侧）上显著相关。

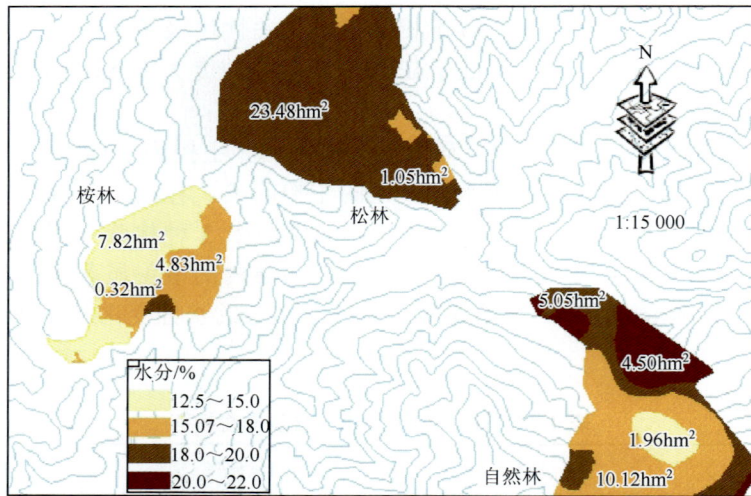

图 4-1　不同林分表层土壤水分空间分布图

## 4.2.7　赤红壤上速生桉林土壤化学性状空间差异

采集高峰林场和横县赤红壤上速生桉林地土壤,以横县马尾松针阔林为对照,分析探讨不同区域速生桉林土壤化学性状差异(表 4-10)。结果显示,两地土壤的理化性状存在明显差异,横县丘陵地土壤的有机质、全氮、全钾和速效钾含量均显著高于高峰林场的,相关分析表明,这些指标均与阳离子交换量呈显著或极显著的正相关。速生桉林的土壤化学性质在区域上存在显著差异,但在同一区域的速生桉林与马尾松针阔林的土壤理化性状差异不显著。因此,在种植速生桉时可以通过相应的措施来维持桉林土壤的可持续发展。

表 4-10　不同林地土壤化学性状空间差异表

| 地点 | pH | 有机质/% | 全氮/% | 全磷/% | 全钾/% | 碱解氮/(mg/kg) | 速效磷/(mg/kg) | 速效钾/(mg/kg) | CEC/(c mol/kg) |
|---|---|---|---|---|---|---|---|---|---|
| 高峰 | 4.1±0.1 | 2.21±0.40 | 0.08±0.02 | 0.08±0.03 | 0.94±0.20 | 100±30 | 5±1 | 75±19 | 10.90±1.79 |
| 横县 | 4.2±0.2 | 3.64±1.73* | 0.13±0.04* | 0.08±0.04 | 1.21±0.23* | 137±54 | 6±4 | 146±70* | 13.57±2.79 |
| 自然林 | 4.0±0.0 | 3.55±2.47 | 012±0.08 | 0.08±0.05 | 1.32±0.14 | 141±2 | 4±0 | 106±49 | 13.08±4.29 |

*表示上下两行存在 0.05 显著性差异。

## 4.2.8　不同管理方式的速生桉林土壤理化性状的空间分布特征

为研究速生桉砍伐后对林地土壤理化性状的影响,选择不同管理方式下桉林:未炼山、炼山 1 周、炼山 4 个月、炼山 2 年及马尾松针阔林(对照)。结果表明,炼山主要对 0～5cm 土层的土壤 pH、碱解氮、速效磷和速效钾影响比较大;随着距离炼山的时间加长,土壤 pH、速效氮、速效磷、速效钾养分有逐渐下降的趋势;土壤碱解和速效钾在不同层次上的差异极显著,0～5cm＞5～20cm＞20～60cm;土壤速效磷在 0～5cm 土层均有富集,5～60cm 的含量相对比较稳定。炼山前期对土壤速效养分有激发效应(表 4-11)。

表 4-11　不同管理方式林分土壤理化性状垂直分布特性

| | pH | | 碱解氮/（mg/kg） | | 速效磷/（mg/kg） | | 速效钾/（mg/kg） | |
| --- | --- | --- | --- | --- | --- | --- | --- | --- |
| | x±s | CV/% | x±s | CV/% | x±s | CV/% | x±s | CV/% |
| 0～5cm | | | | | | | | |
| 未炼山 | 3.9±0.0 | | 140±3 | | 5±0 | | 219±1 | |
| 炼山 1 周 | 4.8±0.5 | | 215±50 | | 12±2 | | 288±40 | |
| 炼山 4 个月 | 4.4±0.0 | | 165±6 | | 14±1 | | 177±2 | |
| 炼山 2 年 | 4.3±0.0 | | 171±9 | | 10±1 | | 197±5 | |
| （CK）马尾针阔林 | 4.1±0.1 | | 143±19 | | 5±0 | | 141±7 | |
| 均值 | 4.3±0.3 | 7.9 | 167±30 | 18.1 | 9±4 | 44 | 204±55 | 27 |
| 5～20cm | | | | | | | | |
| 未炼山 | 4.0±0.1 | | 80±15 | | 3±0 | | 170±2 | |
| 炼山 1 周 | 4.1±0.1 | | 134±40 | | 4±1 | | 138±31 | |
| 炼山 4 个月 | 4.1±0.0 | | 81±2 | | 3±0 | | 63±1 | |
| 炼山 2 年 | 4.0±0.1 | | 125±6 | | 5±0 | | 55±3 | |
| （CK）马尾针阔林 | 4.0±0.0 | | 140±4 | | 4±0 | | 72±1 | |
| 均值 | 4.0±0.1 | 1.4 | 112±29 | 26.1 | 4±1 | 22 | 100±51 | 51 |
| 20～60cm | | | | | | | | |
| 未炼山 | 4.0±0.0 | | 55±2 | | 3±0 | | 97±1 | |
| 炼山 1 周 | 4.0±0.1 | | 78±20 | | 2±1 | | 58±1 | |
| 炼山 4 个月 | 4.1±0.1 | | 43±3 | | 1±0 | | 58±8 | |
| 炼山 2 年 | 4.0±0.1 | | 86±2 | | 4±0 | | 44±2 | |
| （CK）马尾针阔林 | 4.1±0.0 | | 22±2 | | 4±0 | | 54±5 | |
| 均值 | 4.0±0.1 | 1.4 | 57±26 | 45.8 | 3±1 | 27 | 62±20 | 33 |

## 4.2.9　主要结论

通过上述对复合农林生态系统中的土壤理化特征及其变化的研究，可得出如下主要结论：

（1）通过对广西山地黄壤、棕色石灰性土、赤红壤 3 种类型土壤上不同林分林下 0～30cm 土层土壤的 pH，有机质，全量氮、全量磷、全量钾、速效氮、速效磷、速效钾及 CEC（阳离子交换量）等肥力因子的比较和综合评价，研究了不同类型土壤上不同林分土壤的肥力演变状况。结果表明，不同林分对土壤肥力状况影响不同，山地黄壤上松木林和成年西南桦林土壤有机质含量分别是自然林的 2.55 倍和 3.16 倍，而新植西南桦林土壤速效养分明显高于自然林；棕色石灰性土上任豆林的有机质、全氮、全磷、碱解氮、速效磷、速效钾和 CEC 含量均较高，而枇杷林的 pH 明显比另外 3 种林分的低；赤红壤上种植第 2 代速生桉林的碱解氮含量明显比马尾松针阔叶自然林低，而其有机质、全氮、全钾、速效钾均略高于自然林。不同类型土壤的综合评价结果表明，山地黄壤上自然林＞松林＞西南桦林；棕色石灰性土 4 种林分土壤的综合评价是任豆林=竹林＞枇杷林=银合欢；赤红壤上马尾松针阔叶自然林=第 2 代速生桉林。

三种类型土壤，在林耕前从全量养分状况看含量最丰富的是棕色石灰性土，其次为赤红壤，山地黄壤最差。分别种植不同林分后，赤红壤土壤肥力状况得到改善，其综合评价得分最高，棕色石灰性土次之，山地黄壤依然最差。研究结果还表明，在山地黄壤上种植松木林较西南桦林好；而在棕色石灰性土壤上种植任豆林和竹林相对强于银合欢及枇杷林；赤红壤上连栽桉林对林下土壤理化性质影响不大。本书研究说明种植不同林分对同类型土壤理化性质影响各异。因此建议在营造人工林或改造现存的人工林时，按照不同的土壤类型引入本土的适宜林种，以有效保持并改善林下土壤质量，实现土壤养分的良性循环，保证森林土壤资源的可持续利用。

（2）通过对广西山地黄壤、棕色石灰性土、赤红壤 3 种类型土壤上不同林分林下 0～30cm 土层土壤的 pH、有机质、全量氮、全量磷、全量钾、速效氮、速效磷、速效钾及 CEC（阳离子交换量）等肥力因子的比较和综合评价，研究了不同类型土壤上不同林分土壤的肥力演变状况。结果表明，不同林分对土壤肥力状况影响不同，山地黄壤上松木林和成年西南桦林土壤有机质含量分别是自然林的 2.55 倍和 3.16 倍，而新植西南桦林土壤速效养分明显高于自然林；棕色石灰性土上任豆林的有机质、全量氮、全量磷、碱解氮、速效磷、速效钾和 CEC 含量均为较高，而枇杷林的 pH 明显比另外 3 种林分的低；赤红壤上种植第 2 代的速生桉林碱解氮含量明显比马尾松针阔叶自然林低，而有机质、全量氮、全量钾、速效钾均略高于自然林。不同类型土壤的综合评价结果表明，山地黄壤上自然林＞松林＞西南桦林；棕色石灰性土 4 种林分土壤的综合评价是任豆林=竹林＞枇杷林=银合欢；赤红壤上马尾松针阔叶自然林=第 2 代速生桉林。

（3）对火烧迹地土壤肥力演变及生态环境进行了评价：炼山处理虽能短期内提高土壤矿质养分的含量，前期对土壤速效养分有激发效应，但是炼山后土层裸露，导致水土肥流失，从而从长期而言会导致土壤速效养分减少；同时炼山方式均不同程度地导致了桉树人工林表层土壤细菌多样性指数、丰度和均匀度指标的下降，说明炼山方式也不利于桉树人工林，尤其是表层土壤生态系统的持续稳定。

（4）通过对不同林分土壤肥力分析研究发现：与马尾松林相比，西南桦林各土层土壤的微生物生物量、碳氮指标均较优，是一种有利于提高红壤区土壤肥力和维持林地土壤生态质量的造林树种；种植桉树对林地土壤肥力及生态环境的影响效果逊于天然阔叶林树种。

## 4.3 广西复合农林生态系统肥力与生态群落变化的相互影响

### 4.3.1 不同林分土壤理化性状差异

探讨同种类型土壤下，不同林木土壤理化性状在垂直剖面上（$A_0$：腐殖质层、A：表层、B：淀积层）的变化差异（表 4-12）。在山地黄壤上，把自然青冈木林改种为松木林和西南桦林后，各层土壤 pH、有机质和全氮含量都有所提高。不同林分系统中的 $A_0$ 层有机质、全氮、碱解氮、速效磷和速效钾养分均显著高于 A 层和 B 层的相应含量，因此，$A_0$ 层的保存有利于土壤的培肥。频繁炼山对林业土壤的可持续发展不利。

**表 4-12　不同林分土壤理化特征**

| | | pH | 速效磷 /(mg/kg) | 碱解氮 /(mg/kg) | 速效钾 /(mg/kg) | 全氮 /(g/kg) | 全磷 /(g/kg) | 全钾 /(g/kg) | 有机质 /(g/kg) | 阳离子交换量 /(c mol/kg) |
|---|---|---|---|---|---|---|---|---|---|---|
| 松木林 | $A_0$ 层 | 5.35 | 11.34 | 126.13 | 140.50 | 1.618 | 1.262 | 11.18 | 28.129 | 11.75 |
| | A 层 | 5.29 | 8.82 | 38.90 | 57.50 | 0.427 | 1.046 | 13.72 | 13.355 | 10.07 |
| | B 层 | 5.24 | 5.20 | 41.77 | 52.50 | 0.453 | 0.838 | 11.58 | 7.711 | 9.21 |
| 自然林 | $A_0$ 层 | 4.91 | 7.01 | 55.69 | 219.00 | 0.968 | 0.804 | 19.06 | 10.861 | 11.71 |
| | A 层 | 4.93 | 4.94 | 32.35 | 72.50 | 0.703 | 1.401 | 21.06 | 5.387 | 10.87 |
| | B 层 | 4.89 | 3.71 | 22.11 | 47.50 | 0.498 | 1.022 | 16.38 | 2.916 | 10.82 |
| 西南桦林 | $A_0$ 层 | 4.96 | 9.34 | 156.02 | 252.00 | 1.877 | 0.814 | 9.36 | 40.565 | 10.78 |
| | A 层 | 5.11 | 3.78 | 46.27 | 47.00 | 0.640 | 1.171 | 12.63 | 10.812 | 7.93 |
| | B 层 | 5.14 | 5.59 | 31.94 | 40.00 | 0.575 | 1.202 | 12.56 | 7.712 | 7.03 |

### 4.3.2　桉树林土壤理化性质差异及变化分析

采集高峰林场和横县赤红壤上速生桉林地土壤，以横县马尾松针阔林为对照，分析探讨不同区域速生桉林土壤化学性状差异（表 4-13，表 4-14）。结果显示，速生桉林的土壤化学性质在区域上存在显著差异，但同一区域的速生桉林与马尾松针阔林的土壤理化性状差异不显著，因此，在种植速生桉时可以通过相应的措施来维持桉林土壤的可持续发展。土壤速效氮、速效磷、速效钾养分变化总体趋势是随着种植时间的增加而减少。

**表 4-13　速生桉树林地土壤化学性状地域差异**

| 地点 | pH | 有机质/% | 全氮/% | 全磷/% | 全钾/% | 碱解氮 /(mg/kg) | 速效磷 /(mg/kg) | 速效钾 /(mg/kg) | CEC /(c mol/kg) |
|---|---|---|---|---|---|---|---|---|---|
| 高峰 | 4.1±0.1 | 2.21±0.40 | 0.08±0.02 | 0.08±0.03 | 0.94±0.20 | 100±30 | 5±1 | 75±19 | 10.90±1.79 |
| 横县 | 4.2±0.2 | 3.64±1.73* | 0.13±0.04* | 0.08±0.04 | 1.21±0.23* | 137±54 | 6±4 | 146±70* | 13.57±2.79 |
| 自然林 | 4.0±0.0 | 3.55±2.47 | 012±0.08 | 0.08±0.05 | 1.32±0.14 | 141±2 | 4±0 | 106±49 | 13.08±4.29 |

　　*$p<0.05$。

**表 4-14　不同种植年限速生桉树林地土壤化学特征**

| 种植年限 | pH | 碱解氮/(mg/kg) | 速效磷/(mg/kg) | 速效钾/(mg/kg) |
|---|---|---|---|---|
| 1～2 年 | 4.2±0.1 | 131±14 | 9±2 | 55±11 |
| 3～4 年 | 4.1±0.2 | 113±51 | 9±3 | 46±10 |
| 7～8 年 | 4.0±0.1 | 116±35 | 9±2 | 46±9 |
| 10 年 | 4.2±0.1 | 125±35 | 7±1 | 51±9 |

为明确在相同气候和相同土壤条件下，种植桉树与种植其他作物后的土壤理化性状的差异，在同一块地种植了速生桉和不种桉树只保留杂草（荒地）作为对照处理，施肥和管理措施都一致；同时还采集了与桉林相邻的甘蔗地和水田的土壤，分析其 pH、有机质、全氮、微生物生物量碳和微生物生物量氮（表 4-15）。结果显示，桉林土壤 pH 是最低的，这也许是降雨时雨水淋洗出桉叶的酸性物质，导致土壤 pH 下降；在相同管理措施下，种植桉树比生长杂草的荒地肥力下降快，这也许是桉树生长快速吸收大量养分造成的，同时，也因为桉树下的土壤酸化加强造成的养分淋失；而与不同管理措施的甘蔗地和水田相比，桉林与甘蔗地的肥力相近，除了与水田微生物生物量氮相等外，桉林的土壤有机质、微生物生物量碳及 pH 均明显比水田的低。

**表 4-15 不同土地利用方式的土壤理化性状差异**

| 土地利用方式 | pH | 有机质/(mg/kg) | 全氮/(g/kg) | 微生物生物量碳/(mg/kg) | 微生物生物量氮/(mg/kg) |
|---|---|---|---|---|---|
| 桉林 | 5.34±0.03d | 16.330±0.442c | 0.920±0.690b | 442.70±21.57c | 51.81±2.74c |
| 荒地 | 7.28±0.04a | 27.102±0.238a | 1.436±0.026a | 741.02±15.72b | 67.41±4.41b |
| 甘蔗地 | 6.61±0.10b | 16.268±0.179c | 0.750±0.041b | 477.09±42.37c | 83.88±3.34a |
| 水田 | 5.78±0.02c | 20.150±0.262b | 1.488±0.025a | 1591.88±19.77a | 51.63±4.22c |

注：不同小写和大写字母分别表示土壤容重存在显著（0.05）或极显著（0.01）差异。

### 4.3.3 氮磷钾元素在系统中迁移转化的影响机制

为明确桉树林中营养元素在系统中的迁移转化的影响机制，新植了速生桉，并对种植前后的土壤理化性状进行了分析（表 4-16）。结果显示，种植速生桉后，土壤的 pH 都下降了，其中，在桉树树冠下的土壤 pH 下降了 0.87，即下降了 14.0%；种植速生桉后的土壤有机质都大幅度增加，这主要是由于种植前对地块撒施了 11 000kg/hm² 有机质含量为 20%的有机肥（8-5-5）；而种植后土壤全氮含量也都有所下降，下降最多的林下的土壤，比种植前下降了 34.2%，林间的土壤下降了 4.6%（表 4-16）。由此可见，即使施入了富含氮肥的有机肥，在种植桉树后也无法改变土壤全氮下降的趋势。在树冠下，由于降雨对桉叶的淋洗作用，雨水变酸，进而导致桉林下土壤 pH 降低。桉林土壤酸化也许是造成土壤营养元素降低的主要原因之一，酸雨淋洗可能是影响系统中营养元素迁移转化的机制，但这还需要进行后续的研究和资料的完善。

**表 4-16 种植前后速生桉幼林土壤理化性状变化**

| 速生桉林 | | pH | 有机质/(g/kg) | 全氮/(g/kg) | 全磷/(g/kg) | 全钾/(g/kg) |
|---|---|---|---|---|---|---|
| 种前 | 基础土样 | 6.21±0.09a | 2.352±0.068c | 1.360±0.130a | 0.097 | 8.84 |
| 种植1年后 | 林下 | 5.34±0.03b | 16.330±0.442b | 0.920±0.069b | 1.10 | 8.77 |
| | 林间 | 6.04±0.03a | 20.457±0.725a | 1.298±0.028ab | 1.22 | 9.62 |

注：不同小写和大写字母分别表示土壤容重存在显著（0.05）或极显著（0.01）差异。

### 4.3.4 速生桉种植模式下的最佳推荐施肥量及配方

广林巨尾桉 9 号不同施肥处理下，以亩产量（$\hat{y}$）（110 株）为目标函数，以施氮量（$X_1$）、施磷量（$X_2$）、施硼量（$X_3$）为决策变量，经计算机进行回归分析，求出广林巨尾桉 9 号产量回归模型系数，并建立回归方程如下

$$\hat{y}=2933.69-13.3878X_1+33.7967X_2+38.9559X_3-15.5471X_1X_2-17.1618X_1X_3-13.6884X_2X_3+$$
$$9.4983X_1{}^2-19.7111X_2{}^2-56.002X_3{}^2 \tag{4-1}$$

根据建立的数学模型，用计算机在[-2, 2]区间内进行模拟寻优，取步长为 0.4，寻求最高产量和最佳产量的栽培方案及相应的产量。在本试验条件下，最高产量 $\hat{y}_{max}$（-2, 1.6, 0.4）=6.08m³/667m²，此时氮、磷、硼肥用量分别为 0kg/667m²、19.8kg/667m²、0.96kg/667m²；最佳产量 $\hat{y}_{opt}$（-2, 0.8, 0.4）=90 906.2kg/667m²，此时 N、$P_2O_5$、B 用量分别为 0kg/667m²、15.5kg/667m²、0.96kg/667m²。按氮素 4.02 元/kg（N）、磷素 6.67 元/kg（$P_2O_5$）、硼素 57.14 元/kg（B）、桉木材 1.20 元/kg（580 元/m³ 转换成生物量）计算，最高产量（3063.41kg/667m²，6.08m³/667m²）时所获收益为 3526.24 元/667m²，最佳产量（3053.73kg/667m²，6.10m³/667m²）时所获收益为 3535.74 元/667m²。

## 4.4　广西复合农林生态系统肥力演变对土壤生物功能及作物生长的相互影响

针对不同林地（田林县）、桉树人工林（横县、南宁市七坡林场）、不同海拔（龙胜瑶族自治县）、人为干扰（炼山、果园等）等因素导致的肥力演变条件下各农林生态系统中土壤进行了采集，并对土壤样品进行了土壤理化、生化和群落结构方面的分析，取得的实验进展如下。

### 4.4.1　不同处理桉树人工林地土壤化学性质

炼山处理 1 周后的桉树林地土壤与非炼山的相比，其表土层（0～3cm）和淋溶层（3～25cm）土壤 pH 增加了 2.3%～14%，并且土壤 pH 随土层的下降呈递减趋势。但 4 个月后，虽亦呈不规则的递减趋势，但已逐渐恢复至非炼山土壤的 pH 水平（表 4-17）。

各土层的有机质含量无论是炼山与否均呈递减趋势。与非炼山的桉树林土壤相比，炼山 1 周后的各土层有机质含量增加了 14.9%～53.3%，但炼山 4 个月后，各土层有机质含量却下降了 21.8%～48.8%。原因可能与炼山后短期内增加了土壤养分的有效性（Carter and Foster，2004），刺激土壤微生物的生长，导致土壤微生物数量增加（表 4-17）的同时，加速了土壤有机质的合成有关；而炼山经历较长的时间后，表土层失去树冠、草被等植物保护引起水土流失而导致有机质含量下降。

无论是炼山与否，各处理方式的土壤全氮含量均随着土层的下降呈递减趋势。另外，全氮、全磷和全钾含量均以炼山 1 周后处理为最大，其表层土壤的含量与非炼山表层土壤的相比，分别增加了 72.7%，122.8%和 2.7%。而炼山 4 个月后，除全磷含量外，全氮和全钾含量均恢复甚至低于非炼山的含量水平。这一现象可能是因为炼山后植物内含的矿质元素经燃烧后释放至土壤中，短期内提高了土壤矿质元素的含量；但炼山后导致土壤表层裸露，出现降雨就会导致水土流失或淋溶，使不易被土壤固定的氮和钾流失较为严重，而

表 4-17　不同处理桉树人工林地土壤的化学性质变化

| 化学性状 | 土壤深度 | 未炼山（A） | 炼山 1 周后（B） | 炼山 4 月后（C） |
|---|---|---|---|---|
| pH | 0～3cm | 3.90±0.00dD | 4.45±0.06bB | 4.06±0.01bB |
|  | 3～25cm | 3.99±0.07cdCD | 4.08±0.04cC | 3.95±0.04cC |
|  | 25cm 以下 | 4.05±0.05cC | 3.90±0.04dD | 4.03±0.04aA |
| 有机质/(g/kg) | 0～3cm | 65.18±2.60bB | 74.88±0.55aA | 50.42±2.31cC |
|  | 3～25cm | 29.31±0.76dD | 44.93±3.19cC | 24.06±0.73eD |
|  | 25cm 以下 | 9.25±2.34fE | 11.70±0.02fE | 6.21±0.01fE |
| 全氮/(g/kg) | 0～3cm | 1.84±0.96bB | 2.91±0.08aA | 1.69±0.52bB |
|  | 3～25cm | 1.17±0.06cC | 1.58±0.06bB | 0.81±0.04dD |
|  | 25cm 以下 | 0.57±1.24deD | 0.57±1.51deD | 0.52±0.51eD |
| 全磷/(g/kg) | 0～3cm | 0.45±0.09cBC | 1.00±0.06abAB | 1.40±0.04aA |
|  | 3～25cm | 0.58±0.08bcBC | 1.23±0.23aA | 0.91±0.04bcBC |
|  | 25cm 以下 | 0.33±0.02cC | 0.60±0.10bcBC | 0.91±0.16bcBC |
| 全钾/(g/kg) | 0～3cm | 29.66±0.14bB | 30.48±1.01bAB | 27.78±0.59dD |
|  | 3～25cm | 31.48±1.26abAB | 31.86±0.73abAB | 28.69±0.26cdCD |
|  | 25cm 以下 | 34.79±1.43aA | 34.99±0.84aA | 30.70±0.99cC |
| 碱解氮/(mg/kg) | 0～3cm | 142.51±3.47cdC | 194.51±4.63bB | 139.64±6.37bcBC |
|  | 3～25cm | 79.85±15.06eE | 120.39±2.90dCD | 73.91±1.74eDE |
|  | 25cm 以下 | 54.67±2.03efE | 33.66±15.06aA | 36.45±2.61fE |
| 速效磷/(mg/kg) | 0～3cm | 4.89±0.00bB | 13.89±aA | 11.31±0.84aA |
|  | 3～25cm | 2.58±0.09cC | 4.76±bBC | 1.98±0.19cC |
|  | 25cm 以下 | 2.58±0.09cC | 2.31±cC | 2.25±0.09cC |
| 速效钾/(mg/kg) | 0～3cm | 218.5±0.71bB | 451.5±7.78aA | 186.5±2.12cC |
|  | 3～25cm | 169.5±2.12cC | 181.0±4.24cC | 94.0±0.71fE |
|  | 25cm 以下 | 97.0±1.41dD | 79.5±0.71eDE | 37.5±8.49fE |

相对较易与土壤中钙、铁、铝等元素结合的磷流失相对较少。

各处理方式的碱解氮、速效磷和速效钾含量在土层中均呈递减趋势。其中,耕作层（0～25cm）土壤中各速效养分含量均以炼山 1 周后为最高。但炼山 4 个月后,除表层土壤（0～3cm）的速效养分含量略高或接近非炼山相应土层的含量之外,其余均低于非炼山土壤的相应土层。这表明炼山方式虽然短期内可以增加土壤的速效成分,但从长远效果而言,却导致了速效养分含量的减少。这一试验结果与孙毓鑫等（2009）的研究报道相一致。

## 4.4.2　不同处理桉树人工林地土壤微生物数量和酶活性

由表 4-18 可知,无论是炼山或非炼山处理,以及炼山后不同时间的土壤中,土壤微生物数量大小的顺序均呈细菌＞放线菌＞真菌,并且都随着土层的下降而递减。这一结果与冯建等（2005）报道的研究结果相一致。不同处理中，土壤表层（0～3cm）的微生物数量在炼山 1 周后时达到最高，比非炼山的相应土层增加了 4.2%。其中炼山后 1 周各层土壤中，无论是细菌、真菌及放线菌数量均显著高于非炼山处理。但炼山 4 个月后，表层（0～3cm）和淋溶层（3～25cm）土壤细菌和真菌数量已恢复至非炼山水平，两者之间的差异不显著，但淀积层（25cm 以下）土壤的细菌数量则显著低于非炼山土壤。这可能与炼山并经历较长时间后，表层水土流失导致淋溶至淀积层土壤的有机质及各种速效养分含量低于非炼山土壤有关（表 4-18）。

表 4-18　土壤微生物数量的时空变化

| 微生物种类 | 土壤深度 | 非炼山（A） | 炼山 1 周后（B） | 炼山 4 月后（C） |
| --- | --- | --- | --- | --- |
| 细菌/($10^6$cfu/g) | 0～3cm | 82.8±3.63aA | 95.4±5.68bB | 82.2±0.84aA |
| | 3～25cm | 58.2±6.76aA | 71.6±2.41bB | 57.4±3.91aA |
| | 25cm 以下 | 44.2±5.17aA | 42.8±2.77cC | 36.6±2.41bB |
| 真菌/($10^4$cfu/g) | 0～3cm | 18.3±3.16aA | 25.0±2.55bB | 18.0±3.49aA |
| | 3～25cm | 5.6±0.92aA | 6.4±1.51bB | 5.4±1.61aA |
| | 25cm 以下 | 3.0±1.61aA | 4.4±1.60bB | 2.9±1.00aA |
| 放线菌/($10^5$cfu/g) | 0～3cm | 87.6±3.91aA | 100.2±5.97cC | 74.6±5.32bB |
| | 3～25cm | 79.2±5.07aA | 67.4±5.32cC | 54.2±5.12bB |
| | 25cm 以下 | 18.8±1.92aA | 33.2±4.21bB | 19.0±2.24aA |

另一方面，炼山处理对土壤放线菌数量的影响尤为明显。其中，炼山 1 周后各土层土壤中的放线菌数量与非炼山的对应土层之间均存在显著差异；炼山 4 个月后，表层及淋溶层土壤中的放线菌数量均显著低于非炼山的对应土层土壤，仅淀积层土壤中放线菌数量与非炼山处理之间无显著差异。以上现象表明，炼山对土壤微生物三大类群（细菌、真菌和放线菌）的时空影响以放线菌最为显著。原因可能与细菌、真菌相比，放线菌对环境条件的变化更敏感或增殖时所要求的底物或条件更苛刻有关。众所周知，炼山不仅改变了土壤养分的含量与形态，导致土壤微生物可利用基质的变化，而且还引起了包括土壤毛管空隙在内的土壤物理结构发生了变化，亦间接导致了土壤水分含量和通气状况发生了变化。

### 4.4.3　不同处理桉树人工林地土壤微生物生物量

土壤微生物生物量是衡量土壤质量、维持土壤肥力和作物生产力的一个重要指标（冯宏等，2008）。由图 4-2 可知，无论是炼山或非炼山处理，土壤微生物生物量碳和氮均随着土层深度的增加而递减。炼山 1 周后，除表层（0～3cm）的土壤微生物生物量碳和氮均显著高于非炼山土壤外，其余各层土壤微生物生物量碳均低于非炼山土壤。在淋溶层（3～25cm）土壤中微生物生物量氮虽显著高于非炼山土壤，但至淀积层（25cm 以下）时两者间已无显著性差异。

另外，随着时间的推移，炼山 4 个月后，无论是土壤微生物生物量碳或氮在各个土层中均显著低于相应的非炼山土壤。本试验的结果显示，炼山后土壤微生物生物量碳和氮的时空变化趋势与土壤养分的时空变化趋势基本一致，均呈现出炼山初期具有短期的上升

"刺激"效果，但随着时间的推移均呈下降趋势。综合以上的试验结果表明，从长期发展的角度而言，炼山措施不仅无助于改良退化红壤区桉树人工林土壤，反而导致了桉树人工林土壤肥力的下降，并不利于桉树人工林的可持续发展。

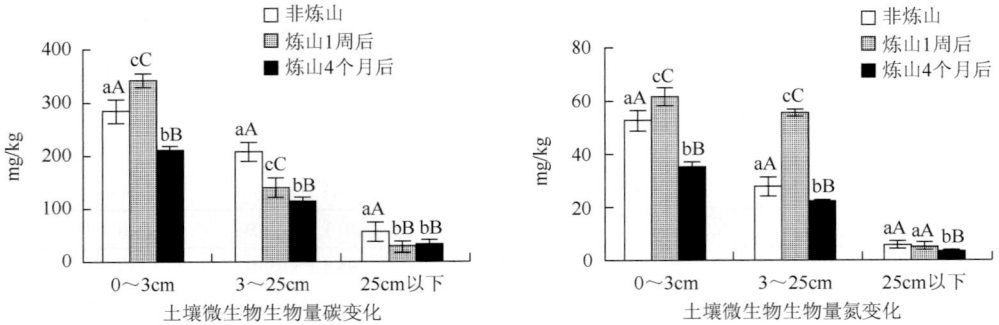

图 4-2　土壤微生物生物量的变化

### 4.4.4　土壤细菌群落 DGGE 图谱分析

应用 DGGE 技术分离 16S rDNAV3 片段 PCR 产物，可分离到数目不等、位置各异的电泳条带（图 4-3）。根据 DGGE 能分离长度相同而序列不同 DNA 的原理，每一个条带大致与群落中的一个优势菌群或操作分类单元（operational taxonomic unit，OUT）相对应，条带数越多，说明生物多样性越丰富；条带染色后的荧光强度越亮，表示该种属的数目越多，从而反映土壤中的微生物种类和数量（Krsek and Welington，1999）。

采用凝胶成像分析系统对 DGGE 图谱进行分析，结果表明，桉树人工林炼山 1 周后、4 个月后，各自泳道的条带位置和数目不仅与未炼山的桉树林土壤之间存在较大的差异，而且与未炼山的阔针叶混合林之间的条带亦存在大的差异（图 4-3）。这说明炼山导致了桉树人工林土壤细菌多样性发生了显著变化。此外，各特异条带在亮度上亦存在差异，表明各林地土壤中细菌在 DNA 水平上存在显著差异。

从图 4-3 还可以得知，以未炼山桉树人工林的表层（0～3cm）土壤为对照，炼山 1 周后和 4 个月后，桉树人工林表层土壤细菌 DGGE 图谱的条带数量大小顺序为：未炼山（S 为 11）＞炼山 4 个月后（S 为 10）＞炼山 1 周后（S 为 9）；其次，中层土（3～25cm）土壤细菌 DGGE 图谱的条带数量大小顺序则为：炼山 1 周后（S 为 11）＞炼山 4 个月后（S 为 10）＞未炼山（S 为 7）；下层土（25cm 以下）土壤细菌 DGGE 图谱的条带数量大小顺序为：炼山 4 个月后（S 为 8）＞未炼山（S 为 6）＝炼山 1 周后（S 为 6）。这表明炼山对桉树人工林土壤细菌丰度的影响因土壤深度的变化而异。炼山处理显著降低了表层土壤细菌的丰度，但随着时间的推移，土壤丰度呈现缓慢回升的趋势；同时，对于中层土和下层土而言，炼山处理后无论时间长短均提高了土壤细菌的丰度，这可能与炼山后土壤结构发生变化，改变了土壤的气体通透性以及各土层有机质、碱解氮和速效磷钾等养分含量紧密相关（尚未发表数据）。此外，各泳道中的条带粗细不一，对应其在 DGGE 胶上的密度大小不同，密度大，则条带比较粗黑；密度小，则条带比较细。图 4-3 中显示共有 26 类条带，其中 12 号条带是除未炼山桉树人工林下层土（泳道 7）之外在其余每个样品中

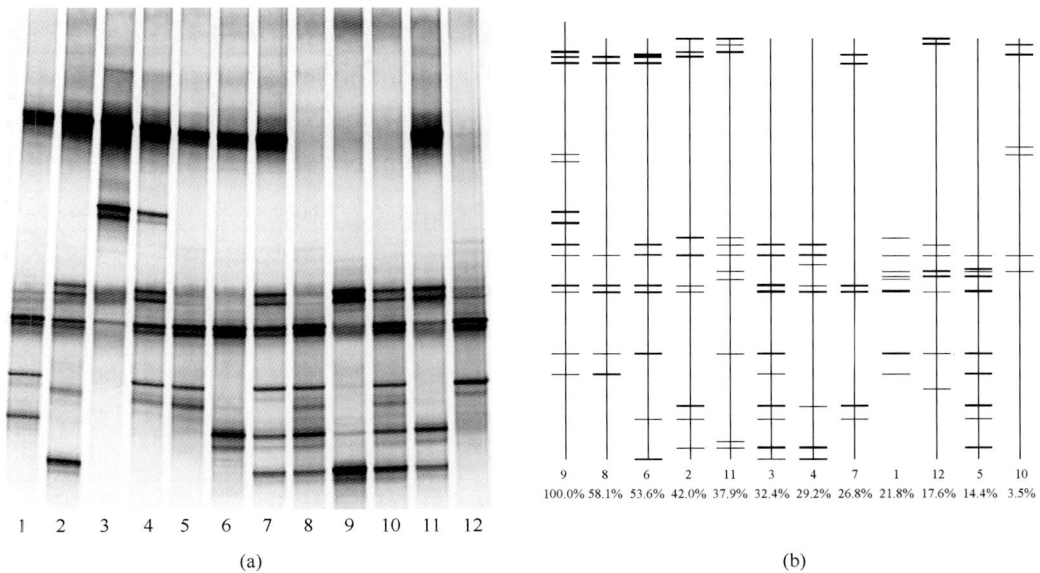

图 4-3　炼山与非炼山处理桉树人工林土壤细菌的 DGGE 图谱（a）和 DGGE 条带强度（b）

均有出现。同时，每个特征条带在各泳道的粗细各异，表明炼山对桉树人工林土壤细菌的密度影响也很大。

此外，未炼山的桉树人工林与同样未经炼山的阔针叶混合林相比，桉树人工林表层土壤细菌丰度（S 为 11）虽大于同条件的阔针叶混合林（S 为 9），但中层土（S 为 7）或下层土（S 为 6）中细菌丰度均小于对应的阔针叶混合林（中层土细菌 S 为 10，下层土细菌 S 为 8）。这一结果表明，桉树人工林林地土壤细菌丰度所受的影响主要表现在中下层土壤，呈现出中下层土壤细菌丰度递减的趋势。这一现象可能与桉树生长过程中需要耗费大量蕴藏于中下层土壤中养分和水分的缘故有关。

土壤细菌群落 Shannon 多样性指数分析。根据细菌 16SrDNA 的 PCR-DGGE 图谱中条带的位置和亮度的数值化结果，计算了细菌群落结构指标 Shannon-Wiener 指数，Shannon 指数值越大，表明细菌群落多样性越高（薛冬等，2007）。分析不同处理林地土壤细菌 Shannon 指数，结果表明（表 4-19），表层土壤细菌多样性指数的大小顺序为：未炼山阔针混合林（2.301）＞未炼山桉树人工林（2.285）＞炼山 4 个月后桉树人工林（2.192）＞炼山 1 周后桉树人工林（1.972）；而中层土壤细菌多样性指数大小则表现为：炼山 1 周后桉树人工林（2.257）＞炼山 4 个月后桉树人工林（2.206）＞未炼山阔针混合林（2.169）＞未炼山桉树人工林（1.843）；下层土为：炼山 4 个月后桉树人工林（1.977）＞未炼山阔针混合林（1.944）＞未炼山桉树人工林（1.749）＞炼山 1 周后桉树人工林（1.688）。同时，与非炼山处理多样性指数呈上层土＞中＞下的顺序相比，炼山后不论时间长短，中层土壤细菌多样性指数均高于表层土壤。这表明炼山对林地土壤的影响以表层土（0～3cm）为主，同时破坏了土壤结构，扰乱了林地土壤细菌的分布，尤其降低了桉树人工林表层土壤细菌群落的多样性。

表 4-19 中均匀度的数据显示：炼山也导致了表层土壤细菌均匀度的降低，但随着时

间的推移，呈现回升的趋势。这表明炼山对林地各层土壤细菌均匀度指数的影响亦是以表层土壤为主，呈降低趋势，但其影响效果随着时间的推移而减弱。

**表 4-19　炼山和非炼山处理桉树人工林土壤细菌种群多样性、丰度和均匀度指数**

| 林地 | 土层 | 多样性指数<br>（Shannon-Wiener，H） | 丰度<br>（Richness，S） | 均匀度<br>（Evenness，$E_H$） |
|---|---|---|---|---|
| 未炼山（桉树林） | 0～3cm | 2.285 | 11 | 0.953 |
|  | 3～25cm | 1.843 | 7 | 0.947 |
|  | 25cm 以下 | 1.749 | 6 | 0.976 |
| 炼山 1 周后（桉树林） | 0～3cm | 1.972 | 9 | 0.948 |
|  | 3～25cm | 2.257 | 11 | 0.941 |
|  | 25cm 以下 | 1.688 | 6 | 0.942 |
| 炼山 4 个月后（桉树林） | 0～3cm | 2.192 | 10 | 0.952 |
|  | 3～25cm | 2.206 | 10 | 0.958 |
|  | 25cm 以下 | 1.977 | 8 | 0.951 |
| 未炼山（混合林） | 0～3cm | 2.301 | 9 | 0.960 |
|  | 3～25cm | 2.169 | 10 | 0.942 |
|  | 25cm 以下 | 1.944 | 8 | 0.935 |

土壤细菌群落群落相似性分析。对所得 DGGE 图像采用非加权平均（unweighted pair-group method with arithmetic means，UPGMA）算法进行聚类分析。结果表明（图 4-4），12 个土壤样品分为两大簇群，除林地土壤下层土受炼山的影响较小外，基本上可将炼山处理分为一大簇群，非炼山处理分为另一大簇群，两者之间相似性不大，表明炼山明显改变了桉树人工林地土壤细菌的群落多样性。

一方面，未炼山桉树人工林与未炼山混合林地之间土壤细菌的相似性也不大，表明种植不同种类树木对林地土壤细菌的群落结构影响极大。

同时对炼山和非炼山桉树人工林土壤细菌群落多样性进行相似性分析，结果显示：炼山 1 周后，炼山和非炼山桉树人工林表层土壤细菌群落的相似性系数仅为 12.8%，炼山 4 个月后虽上升至 32.4%；中层土则分别为 6.7%和 31.2%（表 4-20），均随着炼山后时间的推移呈上升的趋势，但相似性系数均低于 60%。一般认为，相似性系数高于 60%的两个群体具有较好的相似性（陈法霖等，2011），说明炼山不仅对土壤细菌群落多样性的影响很大，而且影响持续的效果在较长一段时间内（4 个月）也得不到有效恢复。

另一方面，非炼山桉树人工林与非炼山混合林表层土壤的相似性系数仅为 41.0%，中层土的为 36.7%，下层土的为 20.8%（表 4-20），亦远低于 60%的数值，这表明栽植的树种对林地土壤细菌群落结构的影响亦十分显著。

从以上分析结果可知，以栽植阔、针叶树种为主的混合林地，包括中层土和下层土在内的整个土壤剖面其土壤细菌群落多样性均高于桉树人工林。同时，阔、针叶混合林与桉树人工林土壤细菌群落多样性之间存在着较大的差异。

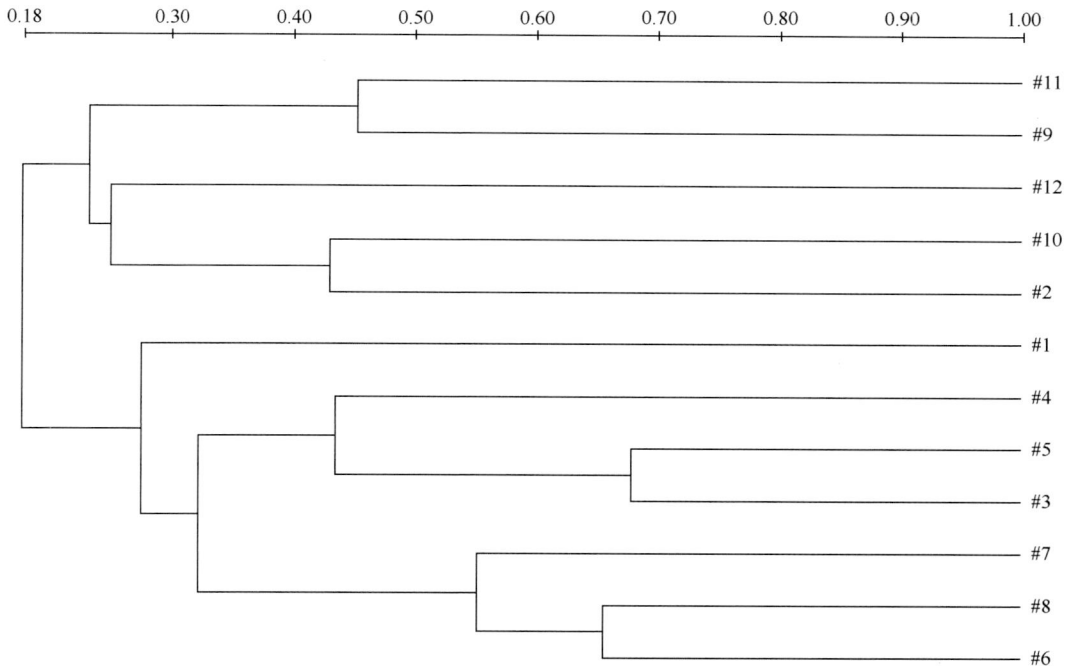

图 4-4　DGGE UPGMA 分析

#1 为未炼山桉树林表层土；#2 为未炼山桉树林中层土；#3 为炼山 4 个月表层土；#4 为炼山 1 周后表层土；#5 为炼山 1 周后中层土；#6 为炼山 4 个月中层土；#7 为炼山 4 个月下层土；#8 为未炼山混合林下层土；#9 为未炼山混合林中层土；#10 为炼山 1 周后下层土；#11 为未炼山桉树林下层土；#12 为未炼山混合林表层土

表 4-20　炼山和非炼山桉树人工林土壤细菌群落相似性系数

| Lane | 1 | 2 | 3 | 4 | 5 | 6 | 7 | 8 | 9 | 10 | 11 | 12 |
|---|---|---|---|---|---|---|---|---|---|---|---|---|
| 1 | 100 | 18.4 | 27.5 | 21.9 | 33 | 35.1 | 15.4 | 32.6 | 21.5 | 10.2 | 21.3 | 22.1 |
| 2 | 18.4 | 100 | 33.9 | 35.5 | 25.4 | 38.5 | 17.7 | 31.2 | 30.1 | 43.1 | 22.3 | 27 |
| 3 | 27.5 | 33.9 | 100 | 56.3 | 67.9 | 37.1 | 30 | 24.2 | 32.4 | 5.7 | 18.1 | 11 |
| 4 | 21.9 | 35.5 | 56.3 | 100 | 30.8 | 40.9 | 20.8 | 21.9 | 22.4 | 7.4 | 11.8 | 13.6 |
| 5 | 33 | 25.4 | 67.9 | 30.8 | 100 | 29.8 | 49.6 | 36.7 | 23.2 | 3.9 | 16.6 | 10.6 |
| 6 | 35.1 | 38.5 | 37.1 | 40.9 | 29.8 | 100 | 55.5 | 65.6 | 41 | 5.3 | 10 | 10.5 |
| 7 | 15.4 | 17.7 | 30 | 20.8 | 49.6 | 55.5 | 100 | 55.1 | 32.6 | 0 | 0 | 6.4 |
| 8 | 32.6 | 31.2 | 24.2 | 21.9 | 36.7 | 65.6 | 55.1 | 100 | 43.6 | 4.3 | 6.7 | 9.7 |
| 9 | 21.5 | 30.1 | 32.4 | 22.4 | 23.2 | 41 | 32.6 | 43.6 | 100 | 24.8 | 45.4 | 12.8 |
| 10 | 10.2 | 43.1 | 5.7 | 7.4 | 3.9 | 5.3 | 0 | 4.3 | 24.8 | 100 | 16 | 23.1 |
| 11 | 21.3 | 22.3 | 18.1 | 11.8 | 16.6 | 10 | 0 | 6.7 | 45.4 | 16 | 100 | 33.5 |
| 12 | 22.1 | 27 | 11 | 13.6 | 10.6 | 10.5 | 6.4 | 9.7 | 12.8 | 23.1 | 33.5 | 100 |

# 4.5　广西复合农林生态系统土壤侵蚀过程与预测

## 4.5.1　广西复合农林生态系统土壤侵蚀状况与成因

通过四年（2011 年 1 月～2014 年 12 月）的时间，先后到南宁、河池、百色、玉林、贵港、柳州、桂林、来宾、崇左等地，进行农林生态系统土壤侵蚀和水土流失调研，了解广西农林生态系统土壤侵蚀和水土流失的现状与成因。

## 1. 广西农林生态系统土壤侵蚀现状

广西地处我国南部边疆，土地总面积 23.67 万 $km^2$，占全国土地总面积的 2.46%。广西地形是"八山一水一分田"，山多平原少，山地丘陵占陆地面积的 75.6%。广西地形条件复杂，雨量充沛且降雨集中，使得区内极易发生土壤侵蚀、水土流失，是我国土壤侵蚀、水土流失较为严重的地区之一。据调查统计，广西全区发生土壤侵蚀、水土流失面积有 2.81 万 $km^2$，占土地总面积的 11.87%，其中轻度侵蚀 1.47 万 $km^2$，中度侵蚀 0.87 万 $km^2$，强度侵蚀 0.34 万 $km^2$，极强度侵蚀 0.07 万 $km^2$，剧烈侵蚀 0.05 万 $km^2$。

土壤侵蚀在广西各地均有不同程度的存在，主要分布在桂东南的花岗岩和桂西北的石灰岩地区，并且面积超过 $100km^2$ 的县市就有 58 个（大于 $300km^2$ 者有 35 个县市），其中以河池市面积最大，占全区总面积 24.87%，其次是百色市（占 21.36%）和南宁市（占 20.85%），然后依次排列是柳州、桂林、梧州、玉林、钦州（含北海）所属县市（图 4-5）。广西农林生态系统水土流失类型以水力侵蚀为主，部分地区有重力侵蚀和泥石流，沿海地区有少面积的风蚀，在桂东南花岗岩地区还存在危害严重的水土流失形式——崩岗。

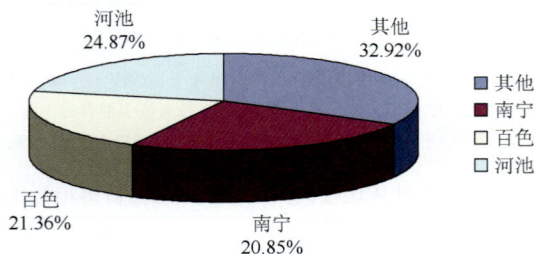

图 4-5　广西农林生态系统水土流失面积的分布

## 2. 广西农林生态系统水土流失的成因

广西地处云贵高原与东南沿海丘陵、平原的过渡地带，四周被山围绕，略成盆地状。广西地形较为复杂，山多平原少是其地形的显著特点之一（图 4-6）。目前广西有坡耕地 143.16 万 $hm^2$，其中大于 25° 的坡地有 30.06 万 $hm^2$，占坡耕地总数的 21%，这些坡耕地是水土流失最严重的地类。山高坡陡，高低悬殊，起伏显著，产生的径流具有较大的势能，冲刷侵蚀力强，植被一旦被破坏，极易诱发土壤侵蚀、水土流失。

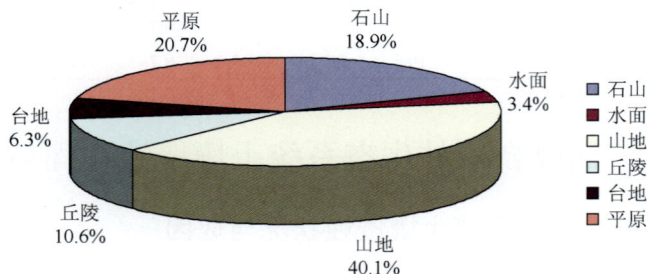

图 4-6　广西地形地貌的面积比例

　　降水是引起土壤侵蚀并造成水土流失最重要的因子。广西地处亚热带地区，南临海洋，受季风气候影响湿热多雨。就全国来说，广西的降水是比较充沛的，年均降水量约 1520mm。然而广西降水时空分布很不均匀，每年汛期（5～9 月）降雨量占年雨量高达 70%～90%，这大大加剧了土壤侵蚀、水土流失的客观条件。因为雨量充沛，降水集中，强度大，冲刷力强，极易破坏地表土壤并短时间形成径流，诱发严重的土壤侵蚀、水土流失。

　　植被是防止土壤侵蚀、水土流失的一个重要因子，其主要功能是对降雨能量的削减作用、保水作用和抗侵蚀作用。广西植被覆盖率虽然比较高，但是区域分布不均匀，桂北、桂西南植被覆盖率较高，桂中、桂南覆盖率较低。由于历史原因，近几十年广西植被遭受了数次严重的破坏，保水抗侵蚀功能较强的原生植被遭破坏，植被越来越少，生态环境恶化。植被被破坏后，植被覆盖度低，表土裸露，一经暴雨冲刷，土壤侵蚀和水土流失就会加剧。

　　广西山区丘陵区人多地少，人地矛盾突出，由于历史原因和其他因素的限制，农业和农村经济长期滞后，农民生活水平较低，农业生产技术落后，造成不合理开荒种植极为普遍。由于人类的不合理垦荒，植被遭到严重破坏，地表失去了保护，沙化严重，一旦遭受暴雨冲刷，极易诱发严重的土壤侵蚀、水土流失。加剧土壤侵蚀、水土流失的人类活动主要有：滥伐森林、破坏植被、不合理利用土地、陡坡开荒、顺坡耕地、过度放牧、铲挖草皮、乱弃矿渣废土等。

**3. 广西农林生态系统土壤侵蚀对土壤肥力和农业生产的影响**

　　土壤是人类生存所必需的植物生长的基础，肥沃的土壤能够不断供应和调节植物正常生长所需要的水分、养分、空气和热量等。土壤侵蚀、水土流失可使大量肥沃的表层土壤丧失，造成土壤肥力下降。据估算，广西每年因土壤侵蚀、水土流失而损失的土壤达 11 024 万 t，因土壤侵蚀、水土流失而带走的氮、磷、钾总量约为 40 万 t，造成了土壤肥力逐年下降。

　　水土资源是人类赖以生存的物质基础，是农业生产的基本资源。严重的土壤侵蚀、水土流失会造成自然生态平衡失调，土壤肥力衰退，同时田间持水能力会降低，加剧了干旱的发展，自然灾害频发，其结果就是土地生产力下降，农作物产量降低。据统计，每年农业生产上由于土壤侵蚀、水土流失而带来的弃耕、被迫改种及减产等损失相当于每年减少耕地 1.7 万 hm²。这大大加剧了人地矛盾，许多农民不得不乱砍滥伐、开荒种植以解决粮食问题，而由此又带来了土壤侵蚀、水土流失加剧，最终陷入"越穷越垦，越垦越穷"的恶性循环。

### 4.5.2 广西复合农林生态系统不同植被、坡度、垦作方式和作物种植方式的土壤侵蚀状况

**1. 不同植被下水土和养分流失比较**

　　试验结果表明（罗兴录等，2013），速生桉、龙眼、混交林三种不同植被下的水土、土壤氮、磷、钾流失量有明显差异，混交林植被下泥土流失量最少，龙眼树植被下水流失量比混交林增加 22.58%；桉树林水流失量比混交林高 52.89%。龙眼树植被下泥土流失量

比混交林增加 25.73%；桉树林泥土流失量比混交林高 22.93 倍。土壤速效氮、速效磷、速效钾、有机质流失量均混交林植被最少，龙眼果树植被土壤速效氮、速效磷、速效钾、有机质流失量分别比混交林高 54.75%、30.23%、88.94%和 38.68%；速生桉植被土壤速效氮、速效磷、速效钾、有机质流失量流失量分别比混交林植被高 20.86 倍、21.81 倍、16.88 倍和 22.48 倍（图 4-7～图 4-12）。

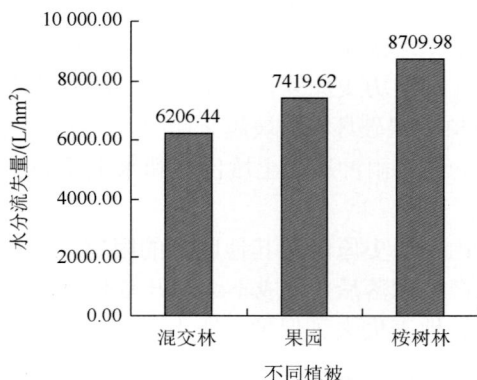

图 4-7　不同植被下水流失量

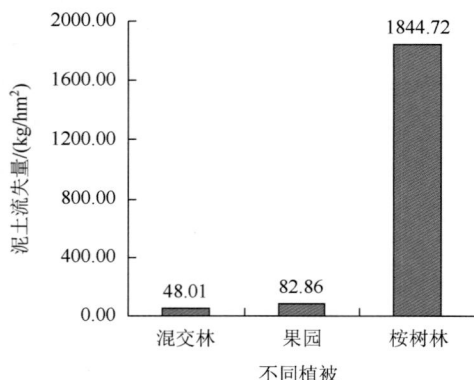

图 4-8　不同植被下泥土流失量

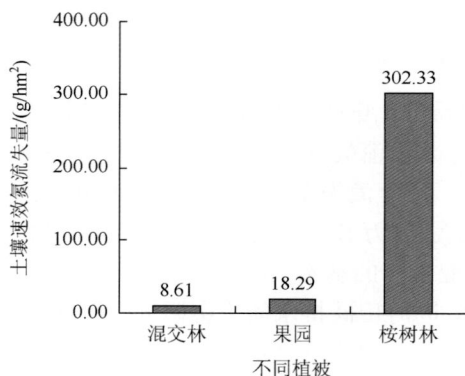

图 4-9　不同植被下土壤速效氮流失量

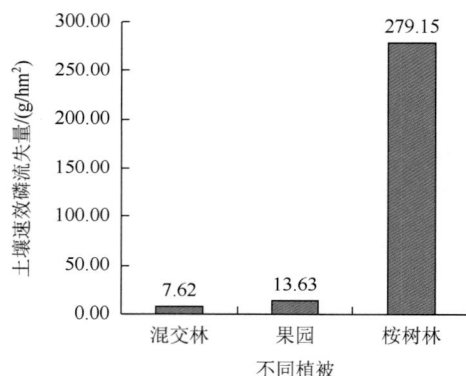

图 4-10　不同植被下土壤速效磷流失量

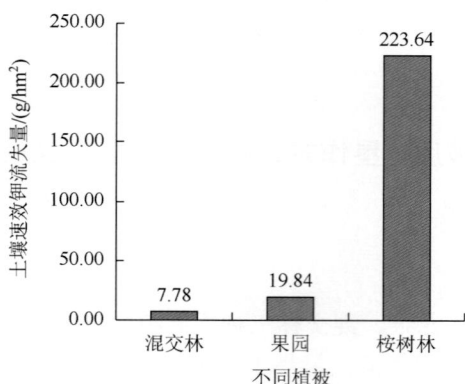

图 4-11　不同植被下土壤速效钾流失量

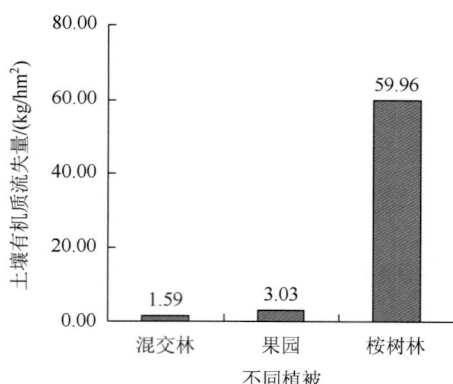

图 4-12　不同植被下土壤有机质流失量

## 2. 不同坡度水土和养分流失比较

试验结果表明，平坡、缓坡和陡坡三种不同坡度旱地的水土、土壤氮、磷、钾流失量有明显差异，平坡的水土、土壤氮、磷、钾、有机质流失量最少，缓坡的水、泥土、土壤氮、磷、钾、有机质流失量分别比平坡高 9.23%、73.91%、80.58%、77.56%、76.79% 和44.07%。陡坡的水土、土壤氮、磷、钾、有机质流失量分别比平坡高 17.87%、368.29%、391.38%、389.74%、370.18% 和 392.34.%（图 4-13～图 4-18）。

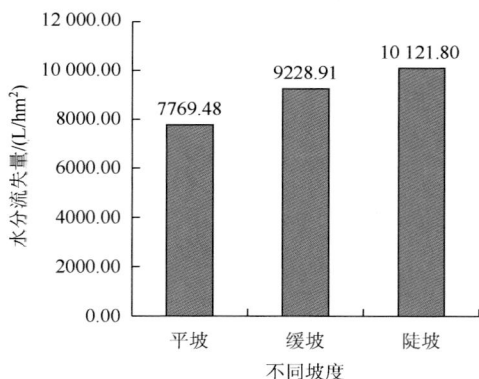

图 4-13　不同坡度下水分流失量

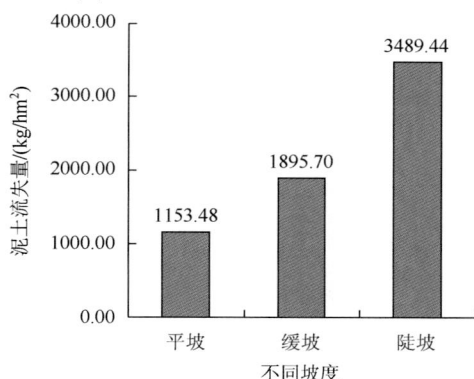

图 4-14　不同坡度下泥土流失量

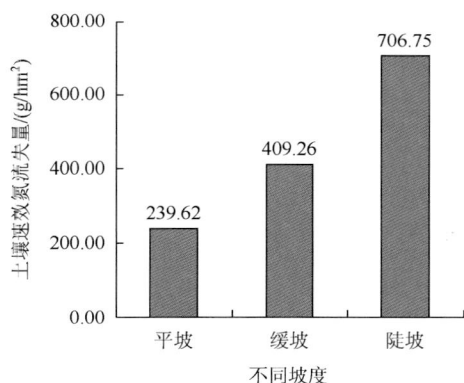

图 4-15　不同坡度下土壤速效氮流失量

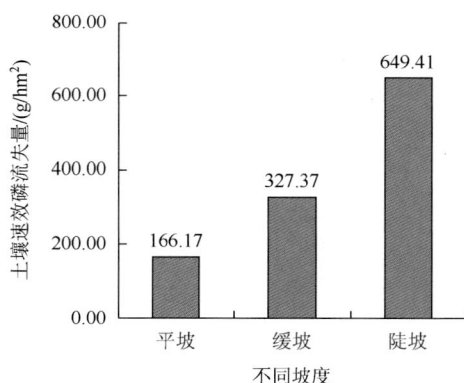

图 4-16　不同坡度下土壤速效磷流失量

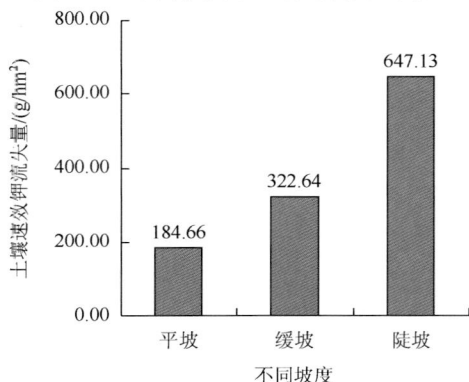

图 4-17　不同坡度下土壤速效钾流失量

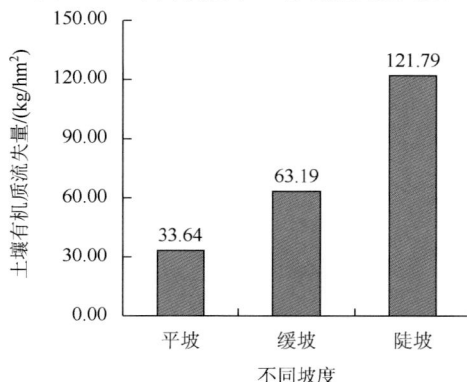

图 4-18　不同坡度下土壤有机质流失量

### 3. 不同垦作方式土壤侵蚀的比较

研究结果表明，垦作方式对农田生态系统土壤侵蚀有明显的影响。与非等高垦作相比，等高垦作具有明显减轻水土流失和土壤养分流失的作用。其中，水流失量减少了 10.51%，土壤流失量减少了 67.09%，土壤速效氮磷钾分别减少了 67.34%、66.46%、66.73%，土壤有机质减少了 68.13%（图 4-19～图 4-24）。由此可见，等高垦作是旱坡地防止水土流失的有效方法（罗兴录等，2012）。

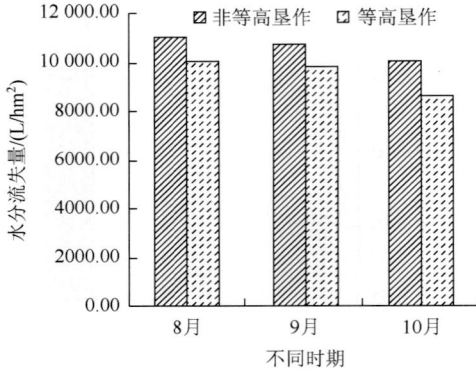

图 4-19　不同垦作方式水流失量

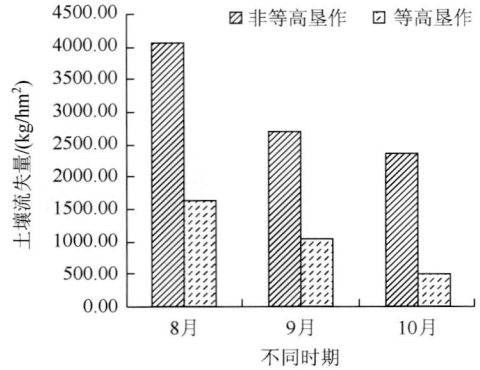

图 4-20　不同垦作方式土壤流失量

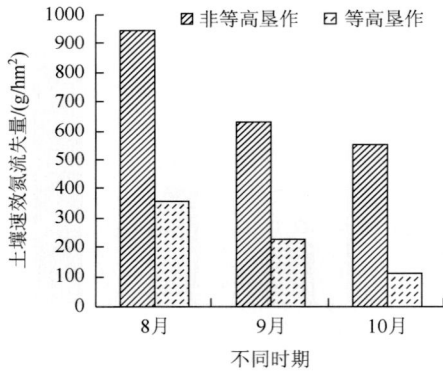

图 4-21　不同垦作方式土壤速效氮流失量

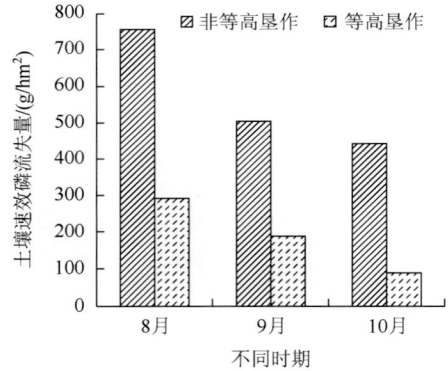

图 4-22　不同垦作方式土壤速效磷流失量

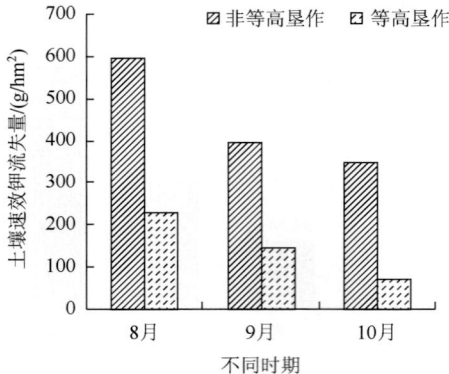

图 4-23　不同垦作方式土壤速效钾流失量

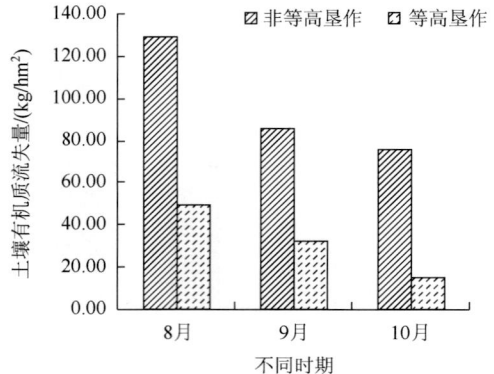

图 4-24　不同垦作方式土壤有机质流失量

#### 4. 不同作物种植垦作土壤侵蚀比较

研究结果表明，甘蔗、木薯、玉米三种不同作物种植垦作的水土流失量及土壤养分流失量均有显著差异。3 种不同作物种植的水土流失量及土壤养分流失量大小均表现为：玉米＞木薯＞甘蔗。其中，玉米水分、土壤、土壤速效氮、速效磷、速效钾及土壤有机质的流失量分别比木薯增加了 15.00%、30.44%、35.53%、34.73%、31.84%、34.80%；木薯分别比甘蔗增加了 41.60%、39.66%、46.86%、41.57%、54.75%、41.89%（图 4-25～图 4-30）。由此可见，不同的作物垦种和栽培管理过程对耕地水土流失的影响有明显差异。玉米种植垦种和栽培管理过程耕地水土流失量最大，其次是木薯，再次是甘蔗。旱地尤其是旱坡地不同作物适当轮作，不仅有利于调节土壤肥力，而且有利于保持水土。

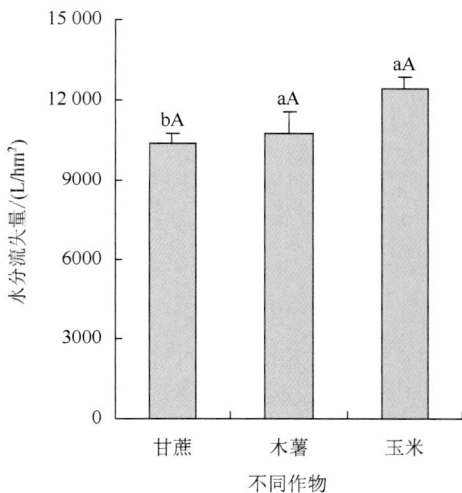

图 4-25 不同作物种植垦作水分流失量

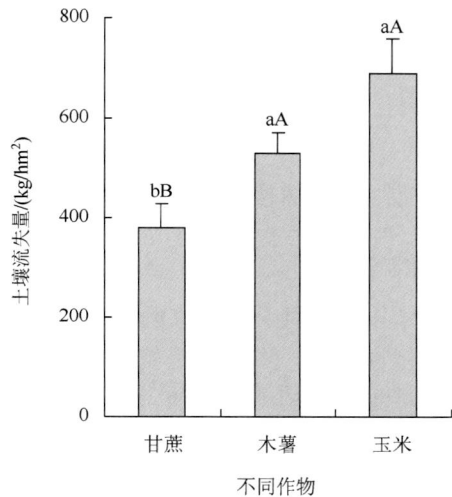

图 4-26 不同作物种植垦作土壤流失量

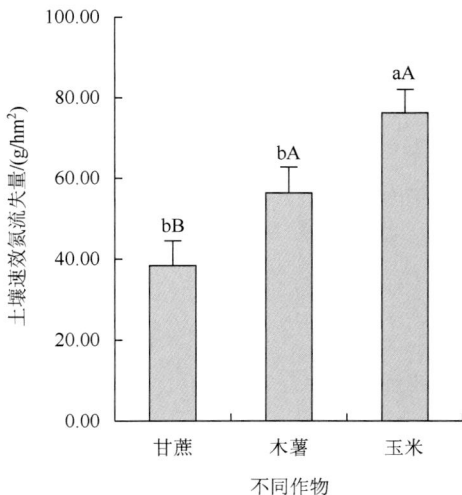

图 4-27 不同作物种植垦作土壤速效氮流失量

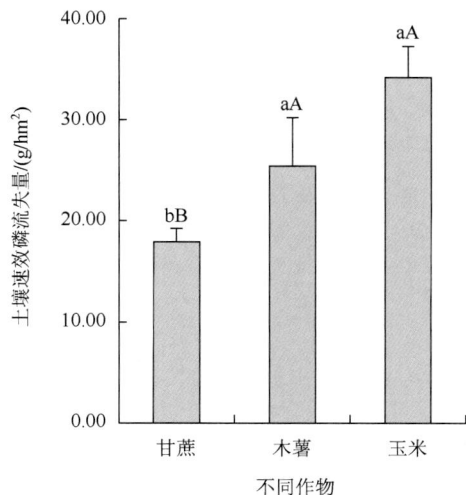

图 4-28 不同作物种植垦作土壤速效磷流失量

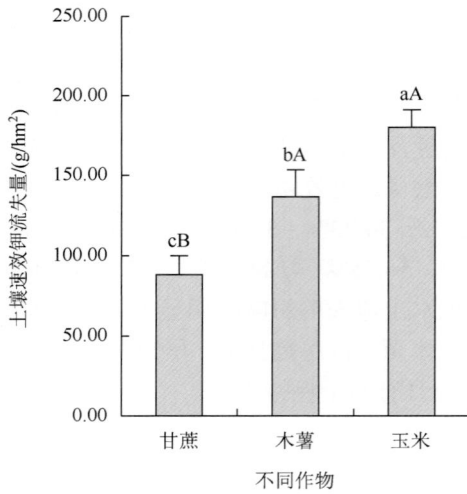

图 4-29 不同作物种植垦作土壤速效钾流失量

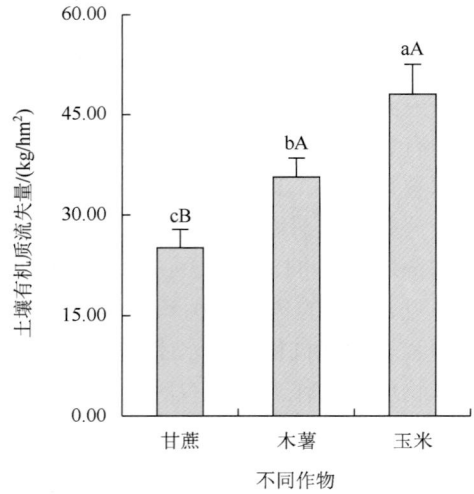

图 4-30 不同作物种植垦作土壤有机质流失量

### 4.5.3 广西农林生态系统土壤侵蚀的预测

**1. 预测方法**

影响土壤侵蚀、水土流失的因素很多，为了摸清广西农林生态系统水土流失规律，揭示土壤侵蚀机理，本书采用美国通用的水土流失方程 $A = LS \cdot R \cdot K \cdot P$ 作为预测模型，对广西农林生态系统土壤侵蚀、水土流失进行分析探讨。式中，$A$ 表示单位面积多年平均土壤侵蚀强度[t/(hm$^2$·a)]；$LS$ 为地形因子，其中 $L$ 为坡长（m），$S$ 为坡度（°）；$R$ 为降雨侵蚀因子（J/m$^2$）；$K$ 为土壤可蚀性因子[t/(hm$^2$·m)]；$P$ 为植被因子。

1）地形因子（$LS$）

影响土壤侵蚀的地形因子主要取决于坡长（$L$）和坡度（$S$）两个要素。其计算公式为

$$LS = (L/22) \quad (S/51.6)^{1.3} \tag{4-2}$$

2）降雨侵蚀因子（$R$）

$R$ 因子是降雨侵蚀的指标，径流的影响也包括在内。对于常年受到降雨侵蚀的区域来说，$R$ 值大小取决于月均降雨量和年均降雨量。其计算公式为

$$R = \sum_{i=1}^{12} 1.735 \times 10^{\left(1.51g\frac{P_i}{P} - 0.8188\right)} \tag{4-3}$$

式中，$P_i$ 为各月平均降雨量（mm）；$P$ 为年平均降雨量（mm）。

3）土壤可蚀性因子（$K$）

$K$ 因子反应土壤对侵蚀的敏感度；$K$ 值越大，敏感度越高，越容易受到侵蚀；$K$ 因子大小取决于土壤质地层（黏粒、粉粒、砂粒和有机质含量）。其计算公式为

$$K = 164.80 - 2.31X_1 + 0.38X_2 + 2.26X_3 + 1.31X_4 - 14.67X_5 \times 10^{-3} \qquad (4\text{-}4)$$

式中，$X_1$ 为细砾（3～1mm）含量（%）；$X_2$ 为细沙（0.25～0.05mm）含量（%）；$X_3$ 为粗粉粒（0.05～0.01mm）含量（%）；$X_4$ 为细粉粒（0.01～0.005mm）含量（%）；$X_5$ 为有机质含量（%）。

4）植被因子（$P$）

主要反映地表植被覆盖情况对产生土壤侵蚀的影响，植被覆盖度是植物群落覆盖地表状况的一个综合量化指标，易于观测并与土壤流失量关系密切。在计算水土流失量时，植被因子 $P$ 的计算公式为

$$P = 1892.6C^{-2.3} \qquad (4\text{-}5)$$

式中，$C$ 为植被覆盖度（%）。

**2. 预测结果**

（1）水土流失强度随坡度、坡长增加而增加，且坡度对侵蚀的影响较大；此外在同一坡度下，顺坡垦作会加剧水土流失，而等高垦作可减轻水土流失强度。

（2）随着降雨量的增加，水土流失强度逐渐增大。在一定降雨条件下，降雨历时越短，强度越高，产生的水土流失强度越大。

（3）随着土壤土粒粒级的增加，土壤土粒的孔隙度增大，土壤抗蚀性差，水和养分则易于流失，即易遭受水土流失，且流失程度也随其程度的增加而增加。

（4）随着植被覆盖度的增加，水土流失强度会下降，因此要减小某区域的水土流失量，从植被因子角度考虑，应尽量增加其植被覆盖度。

总而言之，在坡度大、降雨日数多强度大、土壤抗蚀性差以及地表植被覆盖度低的地区易发生土壤侵蚀、水土流失现象。

## 4.5.4　广西农林生态系统土壤侵蚀、水土流失的防控措施

**1. 大力实施坡耕地改造工程**

目前，广西的坡耕地面积约为 143.16 万 hm²，其中 25°以上的坡耕地就达 30.06 万 hm²，这些坡耕地是土壤侵蚀、水土流失最严重的地类。因此，通过实施坡改梯和采用等高沟垄耕作等技术，改变地形、改良土壤结构、增加地面土层厚度，减少坡面径流量，减缓径流速度，提高坡面抗冲能力，将原来跑水、跑土、跑肥的"三跑田"变成保水、保土、保肥的"三保田"。这样既可有效地解决广西农林生态系统土壤侵蚀、水土流失问题，同时又能提高土地的生产力，是实现经济可持续发展与保护生态环境和谐发展的重要举措之一。

**2. 加强植被建设**

植被建设历来是治理土壤侵蚀、水土流失的一项重要措施，对改善区域生态环境具有显著作用。要采取严厉措施，严格控制森林采伐、毁林开荒、坡地种植农作物、过度放牧、开矿采石和人为破坏生态环境的行为破坏植被的活动。加强植被建设措施，退耕还林还草

和荒山荒坡造林种草相结合进行，以保护和培育好现有植被和水土保持设施为重点，提高植被覆盖度，减轻土壤侵蚀、水土流失，这是广西农林生态系统搞好生态建设与水土保持的重要一环。

### 3. 加强水土保持科学研究

广西土壤侵蚀、水土流失复杂，且类型多样，人类活动影响强烈。而长期以来，广西在开展水土保持综合治理工作中，不同程度存在着水土保持科技滞后的问题，科研、技术与生产严重脱节，造成治理措施科技含量低，效果差。因此，要紧密结合广西实际，建立比较完整的水土保持科研机构，建成稳定的水土保持科研队伍，加强高新技术的攻关、推广和应用工作，注重引进国内外的先进技术，提高广西农林生态系统土壤侵蚀、水土流失治理的水平。

### 4. 完善水土保持监测体系

广西水土保持监测起步较晚，水土保持监测管理工作难以有效开展，且远远不能满足全区水土保持监测工作的实际需要，因此完善水土保持监测体系，建立健全全区水土保持监测系统，是目前水土保持工作的迫切要求。全区各级水土保持主管部门要切实加强水土流失的动态监测，承担水土流失及其治理效果的试验观测、数据采集、整编、汇总、分析等任务，为行政主管部门决策提供最直观的数据依据，建立对广西农林生态系统土壤侵蚀、水土流失预测及防治的能力和机制。

### 5. 加强预防保护措施

部分地区对水土保持的重要性和紧迫性认识不足，造成了广西农林生态系统土壤侵、水土流失现象严重，难以防治。因此广西各级政府必须重视水土保持工作，坚持"预防为主，保护优先"的原则，全面加强水土流失预防保护工作。其措施主要有：一是通过大力宣传水土保持法律法规，增强水土保持的公众意识；二是利用行政、法律和经济手段，保护现有的植被和各项水土流失治理成果；三是建立一支高素质的监督执法队伍，加大监督检查力度，及时治理人为因素造成的土壤侵蚀、水土流失。

## 参 考 文 献

陈法霖, 张凯, 郑华, 等. 2011. PCR-DGGE 技术解析针叶和阔叶凋落物混合分解对土壤微生物群落结构的影响. 应用与环境生物学报, 17（2）：145-150

冯宏, 郭彦彪, 韦翔华, 等. 2008. 赤红壤丘陵坡地不同侵蚀部位土壤养分和微生物特征变异性研究. 水土保持学报, 22（6）：149-152, 201-201

冯健, 张健. 2005. 巨桉人工林地土壤微生物类群的生态分布规律. 应用生态学报, 16（8）：1422-1426

康冰, 刘世荣, 蔡道雄, 等. 2010. 南亚热带不同植被恢复模式下土壤理化性质. 应用生态学报, 21（10）：2479-2486

罗兴录, 樊吴静, 杨鑫, 等. 2013. 不同植被下水土流失研究. 中国农学通报, 29（29）：162-165

罗兴录, 樊吴静, 杨鑫. 2012. 不同垦作方式水土流失研究. 中国农学通报, 28（17）：267-270

孙毓鑫, 吴建平, 周丽霞, 等. 2009. 广东鹤山火烧迹地植被恢复后土壤养分含量变化. 应用生态学报, 20（3）：513-517

田风霞, 赵传燕, 王瑶. 2010. 祁连山东段土壤水分时空分布特征及其与环境因子的关系. 干旱地区农业研究, 28（6）：23-29

王轶浩, 王彦辉, 谢双喜, 等. 2012. 六盘山小流域地形、植被特征与土壤水文物理性质的关系. 生态学杂志, 31（1）：145-151

向志勇,邓湘雯,田大伦,等. 2010. 五种植被恢复模式对邵阳县石漠化土壤理化性质的影响. 中南林业科技大学学报,30(2): 23-28

薛冬,姚槐应,黄昌勇. 2007. 茶园土壤微生物群落基因多样性. 应用生态学报,18(4):843-847

Cannavo P,Hafdhi H,Michel J C. 2011. Impact of root growth on the physical properties of peat substrate under a constant water regimen. Horticultural Science,46(10):1394-1399

Carter M C,Foster C D. 2004. Prescribed burning and productivity in southern pine forests a review. Forest Ecology and Management,191(1/3):93-109

Krsek M,Welington E M H. 1999. Comparison of different methods for the isolation and purification of total community DNA from soil. Journal of Microbiological Methods,39(1):1-16

# 第5章 广西退化红壤肥力与生态功能协同重建 技术与优化模式

## 5.1 概 述

本章从下 3 方面对广西退化红壤肥力与生态功能协同重建技术与优化模式进行了试验研究和分析：

（1）贫瘠红壤养分库和微生物平衡协同重建技术。通过长期定位小区试验，对甘蔗地土壤中总 DNA 含量进行了提取，然后进行 DGGE 电泳分析，对甘蔗地土壤三年的连续结果进行比较分析，探讨了甘蔗地土壤微生物群落特征和演替规律，为广西红壤甘蔗地微生物生物肥力的提高提供理论依据。

（2）广西坡地红壤侵蚀治理与水肥生物功能协调利用集成技术。通过长期定位小区试验，研究了甘蔗种植制度下的水土及氮磷养分流失系数和流失量，及其与降雨之间的相互关系，为红壤侵蚀治理以及水肥生物功能协调利用提供技术支持。

（3）广西退化复合农林土壤肥力和生态功能协同重建模式。以广西主要石灰岩和红壤典型复合农林小流域作为研究的典型地区，研究了广西农林区土壤肥力演变基本规律，以及系统中土壤肥力与生态群落变化的互馈机理，建立了评价体系，客观评价复合农林生态系统持续效应的影响和提出退化复合林区生态功能协同重建的模式。

## 5.2 贫瘠红壤养分库和微生物平衡协同重建技术

广西地处南亚热带，适合甘蔗生长，是我国重要的蔗糖生产基地。但广西甘蔗单产较低，究其原因主要是土壤贫瘠、养分供应不足、施肥不当。土壤微生物是有机质和养分转化、循环的动力，在土壤肥力形成和发展的许多方面起着极重要的作用。而施肥又是影响土壤微生物数量及其多样性的重要农业措施。施用有机肥料或实行秸秆还田，可以显著的提高土壤微生物数量，但过量的施用氮磷钾肥料，会降低土壤微生物多样性。同时，土壤理化性质对微生物群落的影响在养分循环中发挥着重要的作用。土壤微生物也能够迅速对周围环境的变化做出反应。

本节通过长期定位小区试验，对甘蔗地土壤中总 DNA 含量进行了提取，然后进行 DGGE 电泳分析，对甘蔗地土壤三年的连续结果进行了比较分析，探讨了甘蔗地土壤微生物群落特征和演替规律，为广西红壤甘蔗地微生物生物肥力的提高提供理论依据。

### 5.2.1 贫瘠红壤养分库和微生物平衡协同重建技术

**1. 土壤微生物多样性分析**

PCR-DGGE 预实验结果表明（图 5-1），在变性梯度 50%~80%的变性范围 PCR 产物的分离效果较好，条带数较多，可进行后续聚类和主成分的结果分析，并计算微生物的多样性指数（Shannon，Simpson，Richness，Evenness 等）。不同施肥处理的条带数不同，说明施肥措施导致土壤微生物类型发生变化。不同处理间有公共的条带，但亮度却不同，说明不同施肥土壤间存在共同的细菌类型，同时又导致微生物在 DNA 水平上有明显的改变（图 5-2）。

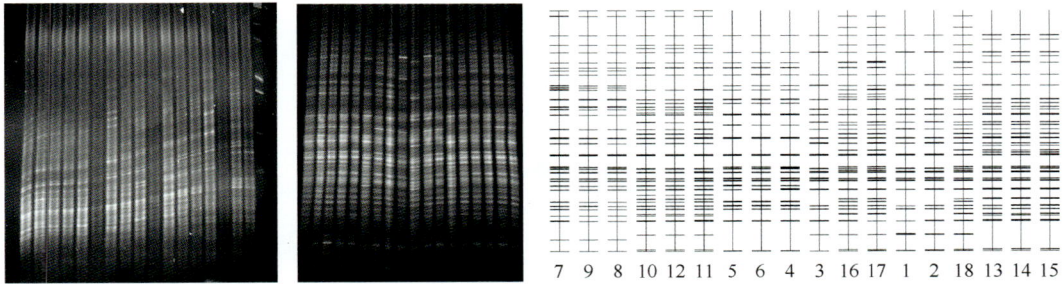

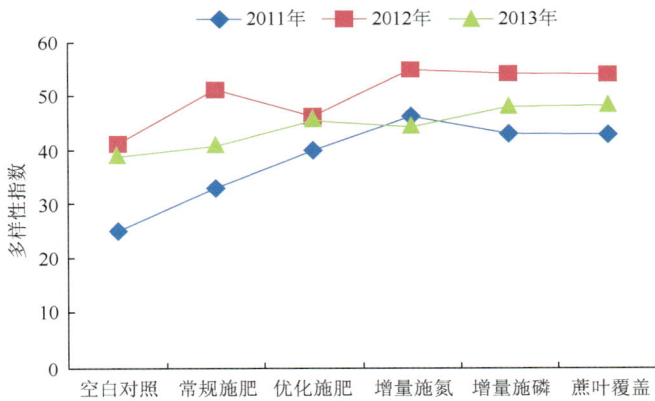

图 5-1　细菌特异性 PCR-DGGE 图谱（2011 年、2012 年、2013 年）

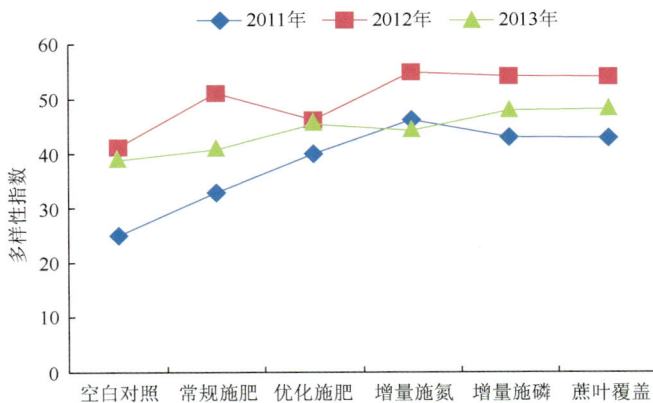

图 5-2　土壤微生物多样性 Richness 指数

从甘蔗长期试验地土壤微生物多样性结果可以看出，不同处理对甘蔗长期试验地土壤微生物数量和种群均有一定影响。但随着时间的推移，土壤微生物多样性指数变化无明显规律，这可能和每年的甘蔗产量及水分条件有关。其中两年的增施氮肥处理的生物多样性 Shannon-Wienner 指数数值最高，与增施磷肥和蔗叶覆盖处理的结果差异不大。这说明，增施氮肥处理的土壤微生物多样性最丰富（徐阳春，2002）。而优化施肥在各处理之中，没有明显优势，虽然合理利用了化肥，避免了造成环境污染，但随着作物的生长和吸收，土壤肥力没有显著增强（图 5-3、图 5-4）。

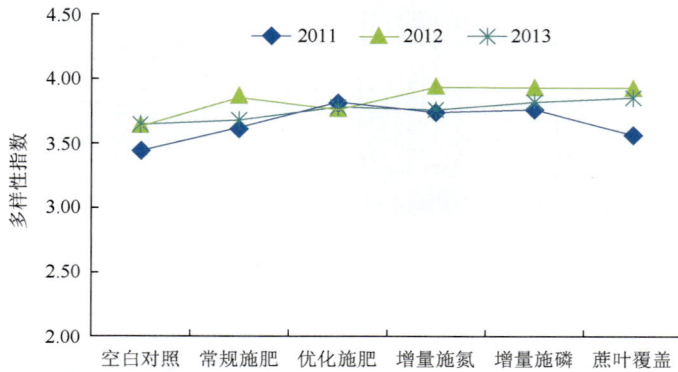

图 5-3　土壤微生物多样性 Shannnon-Wiener 指数（2011 年、2012 年、2013 年）

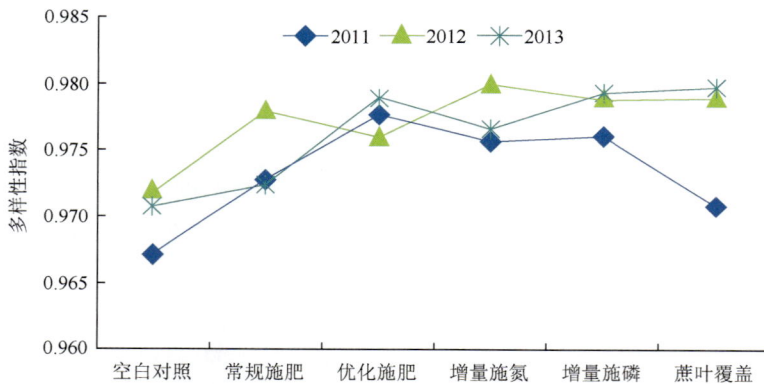

图 5-4　土壤微生物多样性 Simpson 指数

## 2. 土壤微生物群落 UPGAMA 聚类分析和主成分分析

聚类分析结果表明，对照、常规施肥和优化施肥处理的土壤微生物群落相似，聚为一支；增施氮肥、增施磷肥和蔗叶覆盖属于同一支。这表明，增氮，增磷，蔗叶覆盖处理的微生物群落更为相似，施入外源养分（过量氮肥、磷肥、秸秆）可能改变土壤的细菌群落结构，而长期常规施肥和不施肥对土壤的细菌群落结构影响不大。与第一年结果相比，优化施肥处理对生物群落特征的影响变得较差，可能是因为某种肥料养分的施用量不够，导致后期土壤肥力较低，影响了土壤微生物群落的发展形成（图 5-5）。

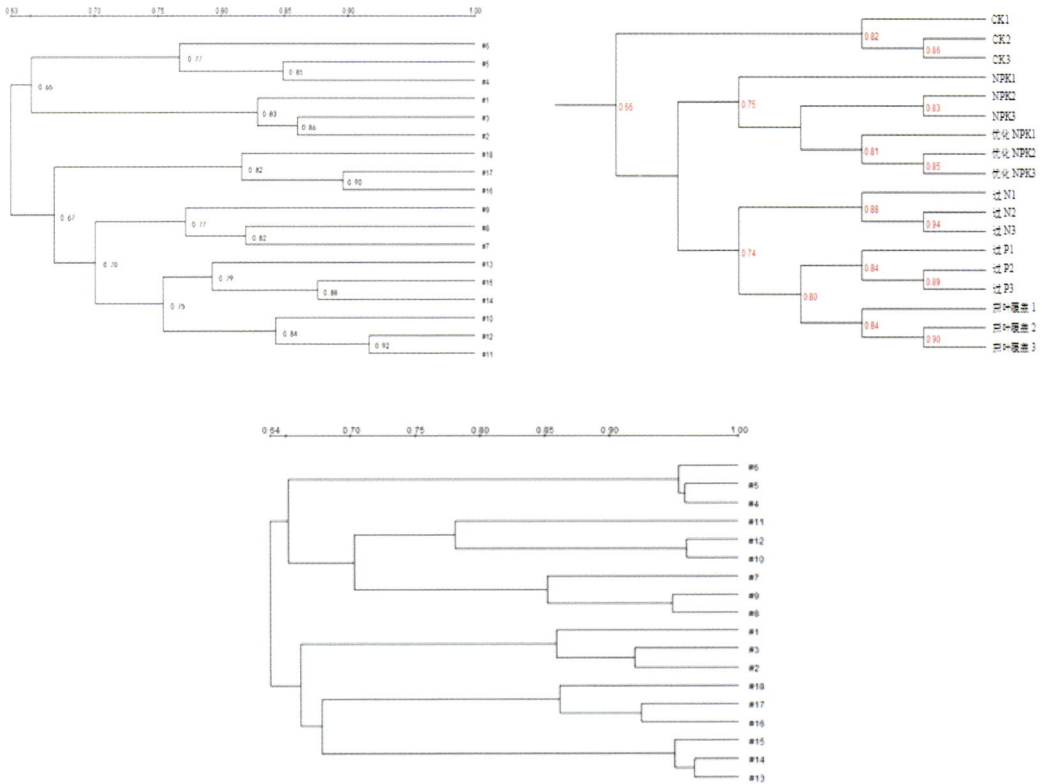

图 5-5　UPGAMA 聚类分析图

通过连续三年的主成分分析得知，增量施氮、增量施磷和蔗叶覆盖三个处理的贡献率较大。说明增施氮肥、增施磷肥和蔗叶覆盖三个处理对土壤微生物群落变异的贡献率要大于对照、常规施肥和优化施肥处理。其中，以 2011 年数据为例，土壤微生物多样性和氮、磷、钾养分含量进行相关分析，土壤微生物群落与全氮、全磷养分的相关性较好。这说明，如果适当增加氮肥和磷肥会对土壤微生物群落的形成有一定的促进作用（图 5-6）。

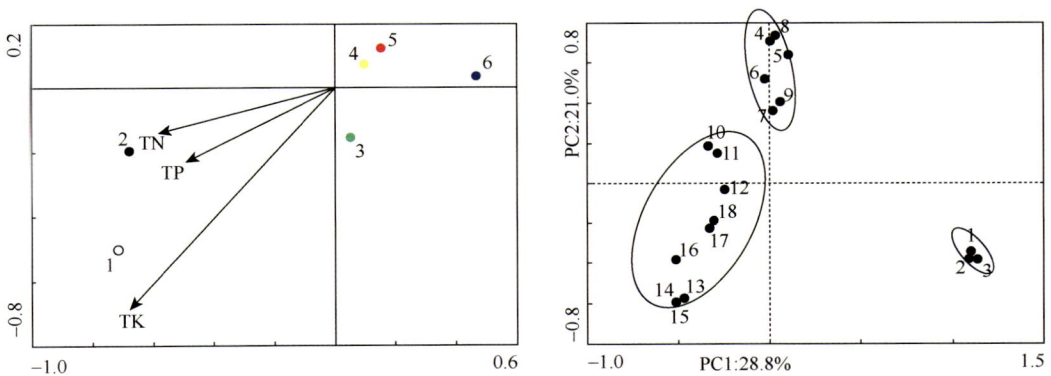

PCA主成分分析，PC1的贡献率为28.8%，PC2的贡献率为21.0%（2012年）

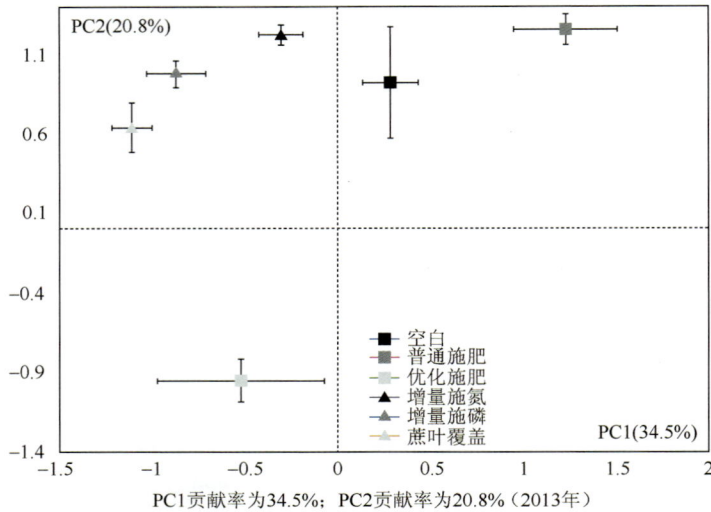

PC1贡献率为34.5%；PC2贡献率为20.8%（2013年）

图 5-6　不同处理的 PCA 分析图

### 3. 土壤微生物群落结构典范相关分析（CCA）

　　土壤全氮、磷、钾与土壤微生物群落结构的关系（图 5-7～图 5-10）。土壤总氮、总钾养分与微生物群落结构关系密切，土壤全磷含量对土壤微生物群落无显著影响。有研究表明，施磷使土壤磷浓度明显增加，但对土壤生物数量的影响却不明显，磷不是影响土壤微生物的主要因素。土壤中的氮元素被微生物吸收利用后，在体内用于合成具有重要生理作用的蛋白质、核苷酸等生物大分子。因此，土壤中氮元素不足将严重限制土壤微生物的正常生长和活性。

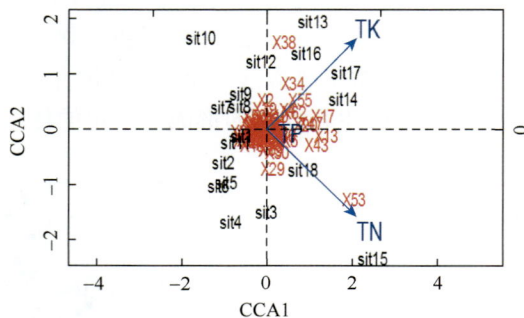

图 5-7　土壤全氮、磷、钾与土壤微生物群落结构的关系

　　研究结果表明，速效钾＞速效磷＞碱解氮＞缓效钾。有研究表明，土壤速效钾含量对微生物群落形成的作用比较显著（张士亮等，2011）。同时微生物对钾的释放也会提供作物可吸收的有效钾养分。而供钾效果最差的缓效钾与土壤微生物群落形成无显著相关。从不同有机磷组成与微生物群落结构相关性可以看出，中稳性有机磷与土壤微生物群落的形成有密切关系。从 CCA 的分析结果来看，Fe-P 的含量与微生物群落结构关系密切。

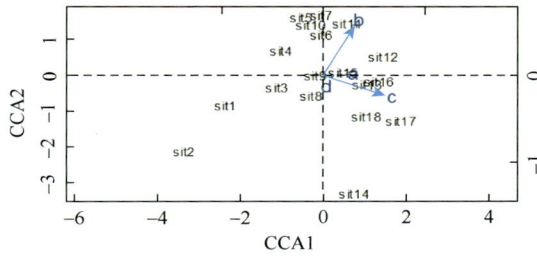

图 5-8　土壤速效氮、磷、钾，缓效钾与土壤微生物群落结构的关系

a：碱解氮；b：速效氮；c：速效钾；d：缓效钾

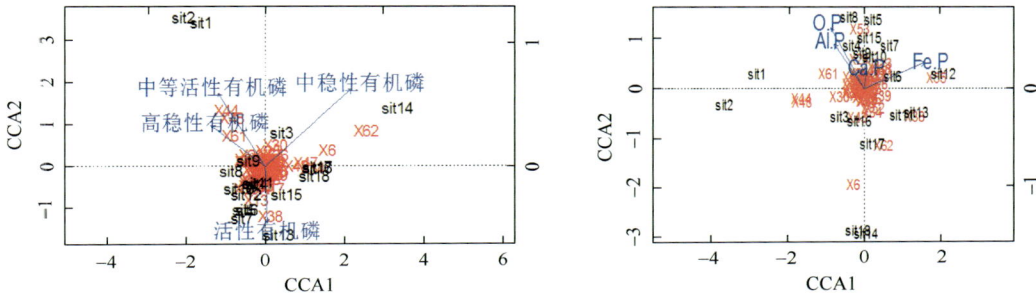

图 5-9　土壤有机磷和无机磷组分与土壤微生物群落结构的关系

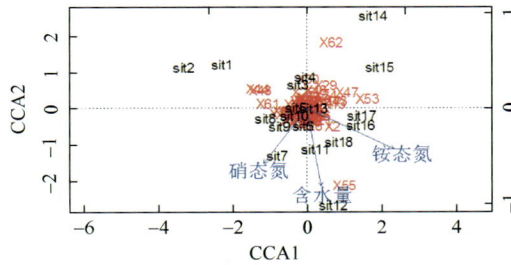

图 5-10　土壤硝态氮、铵态氮和含水量与微生物群落结构的关系

土壤有效性水分是微生物活性的重要资源，土壤含水量增加可以促进微生物的生长（Williams，2007）。Katarina 和 Erland（2004）研究了不同氮肥对根际微生物的影响，氮肥的增加引起根系分泌物的改变，铵态氮肥使根际微生物吸入胸腺嘧啶的量减少，根际 pH 下降，通常氮源易利用大小顺序为铵态氮＞硝态氮＞有机氮（张士亮，2011）。

综上所述，可以得到如下结论：

（1）土壤总氮、总钾与微生物群落结构密切相关，全磷无显著影响。同时，如果氮源不足将严重限制土壤微生物的正常生长和活性，其中铵态氮是最易被利用的。因此，可在甘蔗地适当增加氮肥用量来提高微生物活性，从而提高土壤肥力和甘蔗产量。

（2）速效钾对土壤微生物群落形成的作用显著。微生物对钾的释放也会提供作物可吸收的有效养分。因此，可选择在甘蔗地适当增加钾肥用量用以提高微生物群落多样性，提供土壤生物肥力。

（3）磷组分中 Fe-P 和中稳性有机磷含量与微生物群落结构形成密切相关。因此，较低磷肥用量可维持微生物需求。

### 5.2.2　甘蔗地土壤微生物多样性指数与土壤养分的关系研究

分析结果表明，微生物指数（Shannnon-Wiener）与土壤全钾、速效钾的 person correlation 系数为 0.598** 和 0.658**。这说明，在广西红壤甘蔗地土壤钾含量和微生物形成有较大关系，可以考虑在甘蔗地土壤中施用钾肥来提高土壤微生物的群落结构，提高甘蔗地的土壤微生物肥力（图 5-11）。

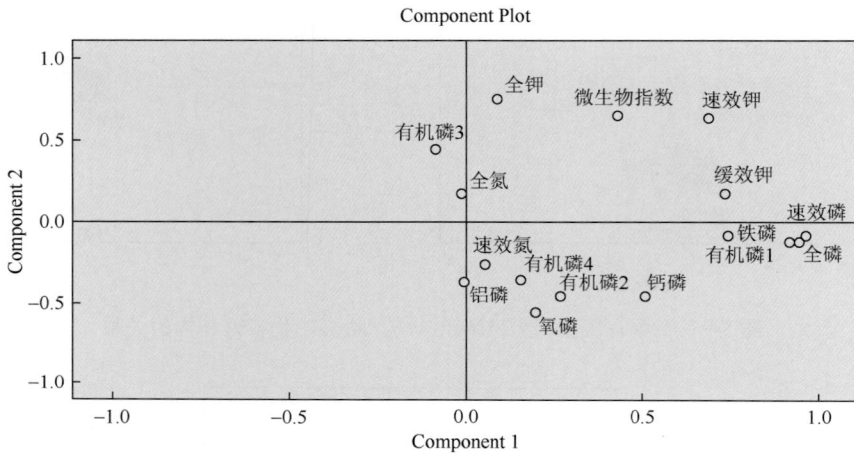

图 5-11　微生物多样性指数与土壤养分

## 5.3　广西坡地红壤侵蚀治理与水肥生物功能协调利用技术

### 5.3.1　广西坡地红壤气候、地理条件和农业生产特点

#### 1. 地理气候特点

广西位于中国西南部，属于热带—亚热带季风气候区。全区所处纬度较低，地理坐标为东经 104°29′～112°04′，北纬 20°54′～26°20′。全年平均气温在 16～23℃，年总降雨量为 1250～1850mm，夏季 6～8 月降雨较多，占全年的 40%～60%。

#### 2. 地形地貌

广西全区以山地地形为主，中、低山和丘陵占全区面积的 68.42%，平原台地占 28.45%。广西的农业生产主要分布于平原台地区。

#### 3. 作物种类

广西农作物以水稻、玉米、甘蔗、木薯、花生和蔬菜为主，大豆、薯类（除木薯外）等种植面积也较大，但属于粗放种植，单产较低。广西主要农作物种类及播种面积见表 5-1。

表 5-1 广西各种农作物播种面积 （单位：1000 公顷）

| 作物 | 早稻 | 晚稻 | 蔬菜 | 玉米 | 甘蔗 | 薯类 | 木薯 | 黄豆 | 花生 | 其他 | 总计 |
|------|------|------|------|------|------|------|------|------|------|------|------|
| 播种面积 | 962 | 969 | 1132 | 607 | 838 | 290 | 273 | 248 | 247 | 889 | 6455 |

## 4. 种植模式

由于广西属于温暖湿润的热带—亚热带季风气候区，光、温、水、热条件均较好，通常实行一年二熟或一年三熟的种植模式。主要的种植模式有：早稻—晚稻、早稻—玉米、玉米—大豆、玉米—花生、花生—玉米、早稻—晚稻—蔬菜、甘蔗、木薯等。其中甘蔗和木薯生育期长，一般单独种植。

## 5. 甘蔗栽培是广西红壤区最重要种植模式

广西甘蔗常年播种面积为 1600 万亩，甘蔗种植面积已超过广西总耕地面积的 1/4。广西甘蔗糖产量占全国的 60% 以上（李杨瑞等，2014）。甘蔗主要种植于广西的中部和南部，北回归线附近的自然和社会条件非常适宜于发展甘蔗糖业，是广西的主要甘蔗种植带。这一区域的地势开阔平坦、交通便利的旱地都用于种植甘蔗。甘蔗主要种植于赤红壤和红壤上，地形地貌一般为平地或缓坡地。

## 5.3.2 甘蔗种植制度下的红壤侵蚀特点

### 1. 试验区的降雨量

表 5-2 显示，2008 年监测点总降雨量为 1271.5mm。其中 6 月降雨占 30.73%，7 月降雨占 22.22%。5～9 月的降雨量占全年的 86.98%。单日降雨量最大的为 6 月 10 日，降雨量为 101.6mm。单日降雨量超过 80mm 的有 3 天。单日降雨量超过 50mm 的共有 6 天。

表 5-2 降雨量记录结果

| 月份 | 2008 年 | | 2009 年 | | 2010 年 | | 2011 年 | | 2012 年 | |
|------|---------|--------|---------|--------|---------|--------|---------|--------|---------|--------|
| | 降雨量/mm | 占百分比/% | 降雨量/mm | 占百分比/% | 降雨量/mm | 占百分比/% | 降雨量/mm | 占百分比/% | 降雨量/mm | 占百分比/% |
| 1 | 28.9 | 2.3 | 9.4 | 0.8 | 121.1 | 8.8 | 9.0 | 0.66 | 7.2 | 0.7 |
| 2 | 48.9 | 3.8 | 0 | 0.0 | 4.9 | 0.4 | 39.2 | 2.89 | 29.2 | 2.8 |
| 3 | 16.1 | 1.3 | 33.2 | 2.7 | 10.8 | 0.8 | 98.0 | 7.22 | 45.1 | 4.4 |
| 4 | 38.4 | 3.0 | 137.6 | 11.3 | 178.8 | 12.9 | 72.2 | 5.31 | 66.6 | 6.5 |
| 5 | 133 | 10.5 | 180.6 | 14.9 | 209.5 | 15.1 | 106.8 | 7.87 | 215.9 | 21.0 |
| 6 | 390.7 | 30.7 | 253.4 | 20.9 | 183.1 | 13.2 | 309.7 | 22.81 | 228.3 | 22.2 |
| 7 | 282.5 | 22.2 | 413 | 34.0 | 328.8 | 23.8 | 72.2 | 5.31 | 159.9 | 15.6 |
| 8 | 181.7 | 14.3 | 109.2 | 9.0 | 125.1 | 9.0 | 150.3 | 11.07 | 74.3 | 7.2 |
| 9 | 118.7 | 9.3 | 39.2 | 3.2 | 201.5 | 14.6 | 157.3 | 11.58 | 17.2 | 1.7 |
| 10 | 20.9 | 1.6 | 21.7 | 1.8 | 0.0 | 0.0 | 328.2 | 24.17 | 99.8 | 9.7 |
| 11 | 0.0 | 0.0 | 0.0 | 0.0 | 15.8 | 1.1 | 11.0 | 0.81 | 60.6 | 5.9 |
| 12 | 12.3 | 1.0 | 18 | 1.5 | 4 | 0.3 | 4.2 | 0.31 | 23.5 | 2.3 |
| 合计 | 1271.5 | 100.0 | 1215.3 | 100.0 | 1383.4 | 100.0 | 1358.1 | 100.0 | 1027.4 | 100.0 |

2009 年总降雨量为 1215.3mm，比 2008 年少 56.2mm。其中 6 月降雨占 20.85%，7 月降雨占 33.98%。4～8 月的降雨量占全年的 90.0%，单日降雨量最大的为 7 月 19 日，降雨量为 93mm。单日降雨量超过 80mm 的有 3 天。单日降雨量超过 50mm 的共有 7 天。

2010 年总降雨量为 1383.4mm，比 2009 年增加 111.9mm，比 2008 年增加 55.7mm。其中降雨最多的月份是 7 月，占 23.77%，4～9 月为雨季，降雨量占全年的 88.7%，雨季比 2008 年和 2009 年早、持续的时间要长。单日降雨量最大的为 7 月 24 日，降雨量为 73.5mm。没有发生超过 80mm 的单日降雨量。单日降雨量超过 50mm 的共有 4 天。降雨资料表明 2010 年虽然全年的总降雨量超过 2008 年和 2009 年，但 2010 年降雨相对比较温和，特强降雨较少。

2011 年总降雨量为 1358.1mm。2011 年的降雨表现异常，雨季比往年推迟，正常年份 4 至 8 月是雨季，此期间的降雨量大幅低于往年，仅占全年的 52.4%。但 2011 年 9 月 30 日至 10 月 7 日遭遇了强台风"纳沙"，8 天的降雨量达到 471.5mm。因此，2011 年监测点的降雨表现出两个峰值，其中 6 月降雨占 22.81%，10 月降雨占 24.17%。单日降雨量最大的为 9 月 30 日，降雨量为 149.2mm。单日降雨量超过 80mm 的有 3 天。单日降雨量超过 50mm 的共有 8 天。降雨资料表明 2011 年属受台风影响降雨异常年份。

2012 年总降雨量为 1027.4mm，总降雨量比正常年份低 20%，但 2012 年雨季比正常年份偏早，且降雨全年分配比较均匀，4～8 月，降雨量占全年的 72.5%。单日降雨量最大的为 5 月 22 日，降雨量为 81.3mm。单日降雨量超过 50mm 的共有 3 天。降雨资料表明 2012 年属降雨偏少的年份，且全年降雨分布比较均匀，特强降雨较少。

广西 2008 年、2009 年、2010 年和 2012 年每年均遭遇了三次台风，但台风中心均没有影响到监测点，没有遭遇特强暴雨，因此这 4 年台风没有对观测结果造成重大影响。但 2011 年 9 月 30 日至 10 月 7 日遭遇了强台风"纳沙"，8 天的降雨量达到 471.5mm，对观测结果造成了重大影响。

**2. 试验区的地表径流量**

研究结果（表 5-3）表明，地表覆盖是影响地表径流的重要因素，蔗叶覆盖处理 2008 年、2009 年、2010 年和 2012 年都没有产生地表径流，2011 年由于遭遇了强台风"纳沙"，从 9 月 30 日至 10 月 7 日 8 天的降雨量达到 471.5mm，蔗叶覆盖处理在这期间也发生了 4 次地表径流，但径流量也显著低于其他处理。由此可见地面覆盖可以显著减少地表径流。

良好的植被覆盖对地表径流也有着重要的影响，对照处理的甘蔗生长比施肥处理差，植被覆盖效果不及其他施肥处理，各年发生的地表径流均超过各施肥处理。优化处理与对照处理比较，产生的地表径流明显减少。各年优化施肥处理的径流量是最少的，这是因为优化施肥处理的甘蔗生长最好，植被的覆盖效果比其他处理好，较好的植被覆盖可以减少地表径流。

表 5-3　各处理各年的地表径流量　　　　　　（单位：mm）

| 处理 | 地表径流量 | | | | | |
|---|---|---|---|---|---|---|
| | 2008 年 | 2009 年 | 2010 年 | 2011 年 | 2012 年 | 平均 |
| CK | 175.2 | 105.1 | 129.8 | 231.5 | 57.6 | 139.8 |
| FP | 153.3 | 122.9 | 117.5 | 223.6 | 53.8 | 134.2 |
| OPT | 140.5 | 112.8 | 108.8 | 215.1 | 55.2 | 126.5 |
| OPT+M | 0.0 | 0.0 | 0.0 | 136.8 | 0.0 | 27.4 |

**3. 常规处理各年的径流量和产流系数**

表 5-4 显示，2008～2012 年每年都有 50 次以上的明显的降雨，年降雨量在 1027～1358mm，年产流次数在 3～8 次，年径流总量在 53.8～224mm。不同年份之间径流总量的变化很大，2012 年径流总量只有 53.8mm，为 2011 年的径流总量的 24.1%。不同年分的径流总量与降雨总量关系不大，2011 年的降雨量比 2010 年少，但径流总量差不多达到 2010 年两倍。2012 年的产流系数最小，为 5.24%，2011 年的产流系数最大，为 16.46%。常规施肥处理 5 年平均年径流量为 134.2mm，平均产流系数为 10.7%。

表 5-4　常规施肥处理地表径流发生情况统计表

| 年份 | 降雨 | | 地表径流 | | 产流系数/% |
|---|---|---|---|---|---|
| | 次数 | 降雨量/mm | 次数 | 总量/mm | |
| 2008 | 50 | 1264.7 | 6 | 153.3 | 12.06 |
| 2009 | 55 | 1215.3 | 6 | 122.9 | 10.11 |
| 2010 | 64 | 1383.8 | 8 | 117.5 | 8.49 |
| 2011 | 57 | 1358.1 | 7 | 223.6 | 16.46 |
| 2012 | 51 | 1027.4 | 3 | 53.8 | 5.24 |
| 合计 | 277 | 6249.3 | 30 | 671.1 | 10.7 |

**4. 常规处理各年发生地表径流的时段**

11 月～次年 3 月为广西的旱季，各年都没有发生地表径流，8～9 月也没有发生地表径流。5～7 月为广西的雨季，地表径流主要发生在这段时期。2008 年至 2012 年 5～7 月发生径流的次数为 23 次，占总径流次数的 79.3%。4 月发生了 2 次地表径流，都为 2010 年，是因为该年的雨季比正常年份提前了。10 月发生了 4 次地表径流，都在 2011 年，是由于受台风的影响，连续下了 7 天的大雨。从 4 年的统计结果（表 5-5）看，正常年份，广西甘蔗种植制地表径流主要发生在 5～7 月。

表 5-5　常规施肥处理地表径流发生时段统计表　　　　（单位：mm）

| 月份 | 12 | 1 | 2 | 3 | 4 | 5 | 6 | 7 | 8 | 9 | 10 | 11 |
|---|---|---|---|---|---|---|---|---|---|---|---|---|
| 2008 年 | 0 | 0 | 0 | 0 | 0 | 1 | 3 | 2 | 0 | 0 | 0 | 0 |
| 2009 年 | 0 | 0 | 0 | 0 | 0 | 2 | 1 | 3 | 0 | 0 | 0 | 0 |
| 2010 年 | 0 | 0 | 0 | 0 | 2 | 3 | 1 | 2 | 0 | 0 | 0 | 0 |

续表

| 月份 | 12 | 1 | 2 | 3 | 4 | 5 | 6 | 7 | 8 | 9 | 10 | 11 |
|------|----|----|----|----|----|----|----|----|----|----|----|----|
| 2011 年 | 0 | 0 | 0 | 0 | 0 | 0 | 2 | 1 | 0 | 0 | 4 | 0 |
| 2012 年 | 0 | 0 | 0 | 0 | 0 | 1 | 2 | 0 | 0 | 0 | 0 | 0 |
| 合计 | 0 | 0 | 0 | 0 | 2 | 7 | 9 | 7 | 0 | 0 | 4 | 0 |

**5. 常规处理各年发生地表径流与降雨的关系**

从 2008～2012 年这 5 年的统计结果，径流量与降雨量呈正相关（图 5-12），相关系数为 0.420，未达到显著水平。降雨量与产流系数没有明显的相关性，相关系数为 −0.1483。影响径流的主要因素是当次（当日）降雨量，但也与当时的土壤水分含量状况有关。在降雨量接近的情况下，如果之前长时间未下雨，土壤比较干燥，则径流系数小，如果之前下雨较多，土壤含水量大，则产流系数较大。

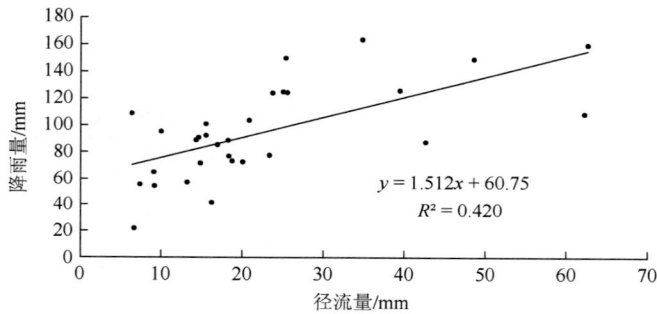

$$y = 1.512x + 60.75$$
$$R^2 = 0.420$$

图 5-12　地表径流与降雨的关系

**6. 各处理的泥沙流失量**

表 5-6 显示，各处理的泥沙流失情况与径流水量一致，蔗叶覆盖处理由于只有 2011 年发生了径流，泥沙流失很少，其他处理以空白处理的泥沙流失量最高，每年泥沙流失量平均为 2260kg/hm$^2$；优化施肥处理的泥沙流失量较低，5 年平均为 1987kg/hm$^2$。径流水中的泥沙流失量年季之间变化很大，在种植甘蔗的条件下，常规处理每年的泥沙流失量平均约为 2079kg/hm$^2$。

表 5-6　各处理的泥沙流失量　　　　　　（单位：kg/hm$^2$）

| 年份 | CK | FM | OPT | OPT+M |
|------|----|----|-----|-------|
| 2008 | 3885 | 3183 | 2958 | 0 |
| 2009 | 2052 | 2480 | 2382 | 0 |
| 2010 | 3254 | 2879 | 2790 | 0 |
| 2011 | 1041 | 891 | 744 | 66 |
| 2012 | 1068 | 962 | 1061 | 0 |
| 平均 | 2260 | 2079 | 1987 | 13 |

## 7. 氮的径流及损失

如表 5-6 所示，各施肥处理地表径流水中总氮浓度明显高于对照处理。不施肥处理径流水中总氮平均浓度为 3.72mg/L，常规施肥处理径流水中总氮平均浓度为 8.92mg/L，比不施肥处理增加 140%。

广西赤红壤缓坡甘蔗地本底（不施肥）每年氮的流失量为 4.31kg/hm²。常规施肥处理每年氮的流失量为 12.4kg/L。优化施肥处理每年氮的流失量为 9.43g/hm²。优化施肥处理由于减少了氮肥施用量，氮的流失量减少了 24%（表 5-7）。

表 5-7　径流水中总氮浓度　　　　（单位：mg/L）

| 处理 | 2008 年 | 2009 年 | 2010 年 | 2011 年 | 2012 年 | 平均 |
|---|---|---|---|---|---|---|
| CK | 3.29 | 3.46 | 0.86 | 3.25 | 5.93 | **3.72** |
| CON | 7.98 | 6.72 | 3.08 | 11.74 | 9.57 | 8.92 |
| OPT | 5.53 | 5.61 | 2.48 | 9.58 | 8.58 | 7.29 |
| OPT+N | 8.11 | 6.93 | 3.07 | 11.97 | 9.89 | 9.20 |
| OPT+P | 5.66 | 5.61 | 2.50 | 9.49 | 8.08 | 7.26 |
| OPT+M | — | — | — | 6.20 | — | 6.20 |

在广西赤红壤缓坡甘蔗地硝态氮和铵态氮的氮流失比例，在常规施肥情况下，其中 $NH_4^-$ 平均占 30.2%，$NO_3^-$ 平均占 43.1%，其他形态的氮占 26.7%（图 5-13）。

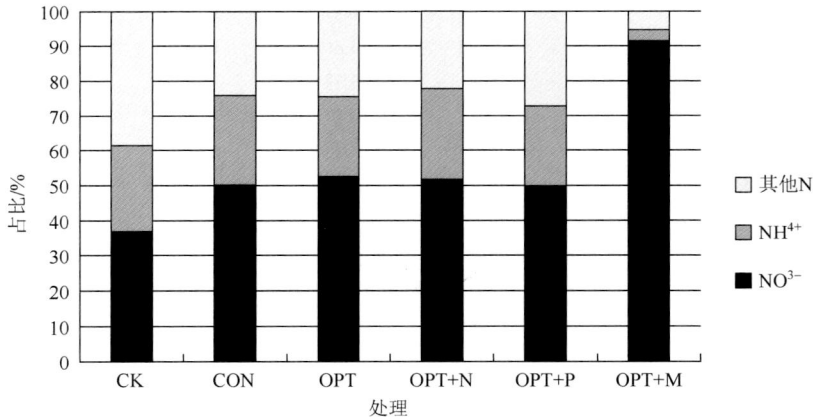

图 5-13　铵态氮和硝态氮比例

各施肥处理氮肥的流失系数为 1.4%左右，即在广西赤红壤坡地种植甘蔗的情况下，施用的化学氮只约有 1.4%随地表径流流失掉，所占比例较低（表 5-8）。

表 5-8　径流水总氮流失量　　　　（单位：kg/hm²）

| 处理 | 2008 年 | 2009 年 | 2010 年 | 2011 年 | 2012 年 | 平均 |
|---|---|---|---|---|---|---|
| CK | 5.75 | 3.69 | 3.22 | 5.48 | 3.42 | 4.31 |
| CON | 12.4 | 8.21 | 9.65 | 26.7 | 5.16 | 12.42 |
| OPT | 7.75 | 6.37 | 7.41 | 20.9 | 4.70 | 9.43 |
| OPT+N | 11.3 | 8.84 | 10.4 | 27.1 | 5.42 | 12.61 |
| OPT+P | 8.93 | 6.06 | 8.1 | 20.7 | 4.85 | 9.73 |
| OPT+M | 0 | 0 | 0 | 7.1 | 0 | 1.42 |

### 8. 磷的径流损失

广西赤红壤坡地干甘蔗种植条件下，当不施磷肥时地表径流水中总磷含量都低于 1mg/kg，施磷后径流水中总磷含量在 1～1.5mg/kg（表 5-9）。

表 5-9　氮肥的流失系数

| 处理 | 流失系数/% | | | | | |
| | 2008 年 | 2009 年 | 2010 年 | 2011 年 | 2012 年 | 累积 |
|---|---|---|---|---|---|---|
| CK | — | — | — | — | — | — |
| CON | 1.12 | 0.75 | 1.43 | 3.50 | 0.29 | 1.42 |
| OPT | 0.44 | 0.60 | 1.40 | 3.81 | 0.32 | 1.31 |
| OPT+N | 0.83 | 0.76 | 1.60 | 3.57 | 0.33 | 1.42 |
| OPT+P | 0.71 | 0.53 | 1.63 | 3.77 | 0.35 | 1.40 |
| OPT+M | 0 | 0 | 0 | 0.40 | 0 | 0.08 |

广西赤红壤坡地干甘蔗种植条件下，不施肥时每年磷的流失量为 0.78kg/hm²。常规施肥处理每年磷的流失量为 1.34kg/hm²。优化施肥处理每年磷的流失量为 1.26g/hm²（表 5-10）。

表 5-10　总磷、可溶性磷浓度　　　　　　　（单位：mg/L）

| 项目 | 处理 | 2008 年 | 2009 年 | 2010 年 | 2011 年 | 2012 年 | 平均 |
|---|---|---|---|---|---|---|---|
| 总磷 | CK | 0.64 | 0.94 | 0.67 | 0.46 | 0.80 | 0.70 |
| | CON | 1.09 | 1.22 | 1.66 | 0.8 | 1.45 | 1.25 |
| | OPT | 1.07 | 1.2 | 1.72 | 0.82 | 1.40 | 1.24 |
| | OPT+N | 1.13 | 1.24 | 1.71 | 0.87 | 1.45 | 1.28 |
| | OPT+P | 1.25 | 1.7 | 2.22 | 1.06 | 1.55 | 1.56 |
| | OPT+M | — | — | — | 0.34 | — | 0.34 |
| 可溶性磷 | CK | 0.04 | 0.08 | 0.06 | 0.03 | 0.17 | 0.08 |
| | CON | 0.05 | 0.07 | 0.14 | 0.13 | 0.20 | 0.12 |
| | OPT | 0.06 | 0.08 | 0.12 | 0.11 | 0.19 | 0.11 |
| | OPT+N | 0.05 | 0.09 | 0.12 | 0.1 | 0.24 | 0.12 |
| | OPT+P | 0.06 | 0.1 | 0.18 | 0.17 | 0.27 | 0.16 |
| | OPT+M | — | — | — | 0.22 | — | 0.22 |

广西赤红壤坡地干甘蔗种植条件下，地表径流水中可溶性磷约占总流失磷的 10% 左右（表 5-11）。

表 5-11　总磷、可溶性磷流失量　　　　　　　（单位：kg/hm²）

| 项目 | 种植季 | 2008 年 | 2009 年 | 2010 年 | 2011 年 | 2012 年 | 平均 |
|---|---|---|---|---|---|---|---|
| 总 P | CK | 1.12 | 0.99 | 0.80 | 0.53 | 0.46 | 0.78 |
| | CON | 1.73 | 1.47 | 1.82 | 0.92 | 0.78 | 1.34 |
| | OPT | 1.54 | 1.35 | 1.79 | 0.84 | 0.77 | 1.26 |
| | OPT+N | 1.67 | 1.53 | 1.92 | 0.99 | 0.80 | 1.38 |
| | OPT+P | 1.97 | 1.85 | 2.49 | 1.12 | 0.94 | 1.67 |
| | OPT+M | 0.00 | 0.00 | 0.00 | 0.46 | 0.00 | 0.09 |

续表

| 项目 | 种植季 | 2008 年 | 2009 年 | 2010 年 | 2011 年 | 2012 年 | 平均 |
|---|---|---|---|---|---|---|---|
| | CK | 0.06 | 0.09 | 0.07 | 0.06 | 0.10 | 0.08 |
| | CON | 0.07 | 0.09 | 0.14 | 0.28 | 0.11 | 0.14 |
| 可溶性 P | OPT | 0.07 | 0.10 | 0.11 | 0.23 | 0.10 | 0.12 |
| | OPT+N | 0.07 | 0.13 | 0.13 | 0.21 | 0.13 | 0.13 |
| | OPT+P | 0.08 | 0.11 | 0.20 | 0.36 | 0.16 | 0.18 |
| | OPT+M | 0.00 | 0.00 | 0.00 | 0.30 | 0.00 | 0.06 |

## 9. 赤红壤中水分流动对 $NH_4^+$、$K^+$、$Ca^{2+}$、$Mg^{2+}$ 淋溶迁移的影响

广西种植甘蔗和香蕉的土壤大多数属于赤红壤，年降雨量大于 1000mm，土壤淋溶作用强烈，土壤呈酸性或强酸性，钾、钙和镁含量偏低。在香蕉和甘蔗的施肥计划中通常要综合考虑氮、磷、钾、钙、镁、硫等之间的平衡供应，在实施灌溉施肥时通常是施用含 $NH_4^+$、$K^+$、$Ca^{2+}$、$Mg^{2+}$、$NO_3^-$、$Cl^-$、$H_2PO_4$ 和 $SO_4^{2-}$ 中两种或多种离子组成的肥料溶液。这些离子组合的肥料溶液施入土壤后会随灌溉水流在土壤中移动，然后被作物吸收，但不同的离子与土壤发生的化学反应及被土壤吸附的行为是不同的，因此，它们随灌溉水流在土壤中的移动性能会存在很大的差异，也必定会影响作物对它们的吸收利用效果。

为了解酸性赤红壤进行灌溉施肥时，$NH_4^+$、$K^+$、$Ca^{2+}$、$Mg^{2+}$ 在土层中随水移动能力、浓度变化等特性，采用土柱淋溶的方法，用不同浓度的 $NH_4^+$、$K^+$、$Ca^{2+}$、$Mg^{2+}$ 的溶液，按 2.4L/h 的流速，连续流过直径为 195mm，厚度为 210mm 土柱层，测定流过土柱层后的淋溶水中的 $NH_4^+$、$K^+$、$Ca^{2+}$、$Mg^{2+}$ 浓度，依据流经土柱层前后 $NH_4^+$、$K^+$、$Ca^{2+}$、$Mg^{2+}$ 浓度的变化，分析酸性赤红壤对 $NH_4^+$、$K^+$、$Ca^{2+}$、$Mg^{2+}$ 的吸附性能，了解 $NH_4^+$、$K^+$、$Ca^{2+}$、$Mg^{2+}$ 肥料溶液进入土壤后的浓度变化趋势。研究 $NH_4^+$、$K^+$、$Ca^{2+}$、$Mg^{2+}$ 在赤红壤中的淋溶迁移特点，可帮助更深入了解广西赤红壤肥力演变的机制，并可为科学施肥提供理论依据。

用不同浓度的 $NH_4^+$、$K^+$、$Ca^{2+}$、$Mg^{2+}$ 的溶液，按 2.4L/h 的流速，连续流过直径为 195mm，土层厚度为 215mm（模拟耕作层）的土柱，测定流过土柱后淋溶水中的 $NH_4^+$、$K^+$、$Ca^{2+}$、$Mg^{2+}$ 浓度（表 5-12～表 5-14 和图 5-14）。

$NH_4^+$ 的浓度最低，与广西降雨中的含氮量（平均 1.43mg/L）大致相当。$K^+$ 的浓度比 $NH_4^+$ 的浓度大 1 个数量级。$Ca^{2+}$ 的浓度最高，在淋溶开始时 $Ca^{2+}$ 的浓度最大，比 $K^+$ 高 3 倍多，$Ca^{2+}$ 的淋溶作用最强。Ca/Mg 质量比约为 13～14，当量比为 8 左右。在淋溶过程中 Ca/Mg 浓度比保持基本上保持恒定（表 5-13）。

如图 5-14 所示，在淋溶开始时，$NH_4^+$ 和 $K^+$ 的浓度只有母液浓度的 6.9% 和 14.2%。这表明土壤对 $NH_4^+$ 和 $K^+$ 的吸持作用较强。$Ca^{2+}$ 和 $Mg^{2+}$ 的浓度分别达到母液浓度的 65.5% 和 29.7%。这表明土壤对 $Ca^{2+}$ 和 $Mg^{2+}$ 的吸持作用较弱。随着淋溶的进行，淋溶液中出现 $Ca^{2+}$ 的浓度超过母液中的 $Ca^{2+}$ 的浓度的现象。

广西酸性赤红壤中阳离子的移动性：$Ca^{2+}$ > $Mg^{2+}$ > $NH_4^+$ > $K^+$，二价阳离子（$Ca^{2+}$、$Mg^{2+}$）比一价阳离子（$K^+$、$NH_4^+$）更容易随水流淋溶迁移。$Ca^{2+}$ 的淋溶比超过 1。$Ca^{2+}$ 是赤红壤土壤水分运动过程中迁移最活跃的阳离子。

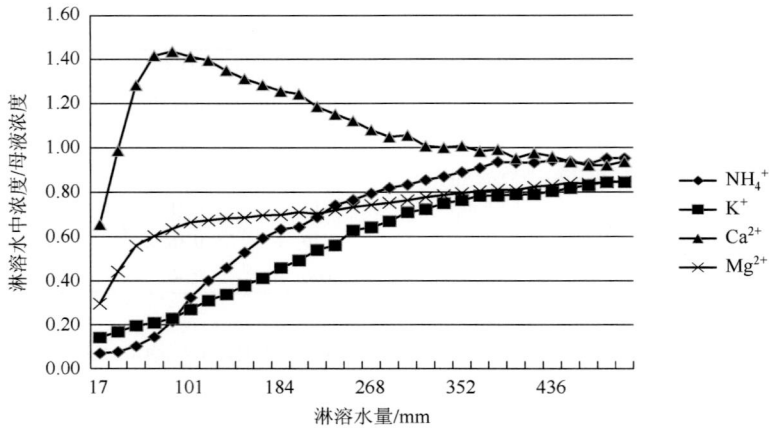

图 5-14　中浓度水流流过耕作层 $NH_4^+$、$K^+$、$Ca^{2+}$、$Mg^{2+}$ 的淋溶迁移（单位：mg/L）

　　在淋溶开始时，淋溶水中 $NH_4^+$、$K^+$、$Ca^{2+}$、$Mg^{2+}$ 的浓度分别为母液浓度的 7.7%、8.6%、89.8%和49.4%，这表明土壤对 $NH_4^+$ 和 $K^+$ 的吸持作用较强，对 $Ca^{2+}$ 和 $Mg^{2+}$ 的吸持作用较弱。随着淋溶的进行，淋溶液中出现 $Ca^{2+}$ 的浓度超过母液中的 $Ca^{2+}$ 的浓度的现象（表 5-12、表 5-13）。

表 5-12　不同处理径流可溶性磷占总磷的比例　　　　（单位：%）

| 处理 | 2008 年 | 2009 年 | 2010 年 | 2011 年 | 2012 年 | 平均 |
|---|---|---|---|---|---|---|
| CK | 5.4 | 9.1 | 8.8 | 11.3 | 21.7 | 9.7 |
| CON | 4.0 | 6.1 | 7.7 | 30.4 | 14.1 | 10.3 |
| OPT | 4.5 | 7.4 | 6.1 | 27.4 | 13.0 | 9.7 |
| OPT+N | 4.2 | 8.5 | 6.8 | 21.2 | 16.3 | 9.7 |
| OPT+P | 4.1 | 5.9 | 8.0 | 32.1 | 17.0 | 10.9 |
| OPT+M | — | — | — | 65.2 | — | 65.2 |

表 5-13　纯净水流过耕作层 $NH_4^+$、$K^+$、$Ca^{2+}$、$Mg^{2+}$ 的淋溶迁移　（单位：mg/L）

| 淋溶水量/mm | 开始时 | 50 | 100 | 200 | 300 | 400 | 500 |
|---|---|---|---|---|---|---|---|
| $NH_4^+$ | 1.67 | 1.08 | 0.92 | 0.76 | 0.59 | 0.46 | 0.42 |
| $K^+$ | 12.1 | 9.2 | 8.4 | 7.2 | 6.6 | 6.1 | 5.7 |
| $Ca^{2+}$ | 44.6 | 24.8 | 16.9 | 10.2 | 8.4 | 7.6 | 7.1 |
| $Mg^{2+}$ | 3.40 | 1.94 | 1.32 | 0.74 | 0.60 | 0.52 | 0.50 |
| Ca/Mg | 13.1 | 12.8 | 12.8 | 13.8 | 14.0 | 14.6 | 14.2 |

表 5-14　高浓度水流流过耕作层 $NH_4^+$、$K^+$、$Ca^{2+}$、$Mg^{2+}$ 的淋溶迁移　（单位：mg/L）

| 淋溶水量/mm | 开始时 | 50 | 100 | 200 | 300 | 400 | 500 | 母液 |
|---|---|---|---|---|---|---|---|---|
| $NH_4^+$ | 9.6 | 47.0 | 82.4 | 113.0 | 114.6 | 119.6 | 120.3 | 124.1 |
| $K^+$ | 38.0 | 136.0 | 224.0 | 340.0 | 400.0 | 416.0 | 424.0 | 440.0 |
| $Ca^{2+}$ | 343.2 | 455.2 | 456.3 | 406.7 | 398.8 | 380.8 | 380.6 | 382.3 |
| $Mg^{2+}$ | 37.7 | 56.7 | 65.6 | 70.6 | 74.0 | 73.8 | 74.1 | 76.3 |

### 5.3.3　甘蔗在红壤侵蚀区治理的水肥协调技术

**1. 甘蔗枯叶地表覆盖技术**

用上年甘蔗叶覆盖在甘蔗行间对减少甘蔗种植制度下红壤侵蚀有非常显著的效果（谢如等，2013）。在 2008～2012 年中，用上年的甘蔗枯叶覆盖的情况下，只有 2011 年发生了地表径流，其余 4 年没有发生地表径流。甘蔗叶覆盖的情况下，5 年的总径流量比没有蔗叶覆盖的减少 79.3%，泥沙流失量减少 99.3%。由于减少了地表径流，甘蔗叶覆盖后增加了土壤水分的供给，甘蔗增产了 4.6%。因此，甘蔗叶覆盖技术对减少甘蔗种植条件下水土流失，促进水肥协调供给有非常显著的效果。

**2. 甘蔗等高种植技术**

甘蔗等高种植，培土之后的甘蔗行之间形成一条浅沟，可以积蓄地表径流水。据测算，甘蔗等高种植的行间可以积蓄 40mm 的雨水，按每年发生 5 次径流，等高种植每年可以减少地表径流 200mm。在普通年份，等高种植不会发生地表径流，可以较好地控制地表径流的发生，减少水土流失。

**3. 甘蔗平衡施肥技术**

由于广西红壤区的降雨量主要集中在 5～8 月，甘蔗生长与降雨基本保持同步，良好的植被覆盖对地表径流有着非常重要的影响。平衡施肥比不施肥促进甘蔗生长，地面植被好于不施肥，5 年的总径流量比不施肥的减少了 9.5%，泥沙流失量减少了 12.1%。与常规施肥处理相比，平衡施肥 5 年的总径流量比不施肥的减少了 5.7%，泥沙流失量减少了 4.4%。因此，平衡施肥技术对减少甘蔗种植条件下的水土流失，促进水肥协调供给也有非常良好的效果。

## 5.4　广西红壤区退化复合农林土壤肥力和生态功能协同重建模式

广西退化复合农林土壤肥力和生态功能协同重建模式主要包括石灰岩地区和红壤地区。在石灰岩地区发展形成三种复合农林重建模式，因地制宜，发展林果生产，有效增加石灰岩地区农民的经济收入。红壤地区发展高产值的香蕉生产模式、长期种植甘蔗套种豆科作物培肥地力模式、长期种植玉米大豆套种培肥地力等。试验结果表明，土壤理化性状有明显改善，土壤有机质、有效氮、有效磷和有效钾均明显增加，促进农作物增产，农民增收。

针对广西区特殊的地里环境，经多年实地研究形成五种具有代表性的适合红壤地的农林土壤肥力和生态功能协同重建模式。具体如下：

**1. 农林果树种植模式**

如田阳高产稳产芒果种植区，通过果园土壤改良及培肥，土壤肥力得到有效提升，如土壤有机质由果园土壤改良前平均 1.62%提高到 2.01%，土壤速效氮、速效磷和速效钾分别提高 9%、12% 和 11%；芒果产量 1977～2106 公斤/亩，优果占 85%，亩产值 3954～4212 元/亩。

## 2. 单一用材林植模式

在横县六景示范推广在桉树上的应用示范，通过对林地土壤改良及培肥，土壤肥力得到有效提升，林地生产效率得到显著提高，面积 9985.5 亩，平均每亩产 7.7m³，实产桉树木材 76 888.4m³，比非示范区每亩产 5.95m³，增产 1.75m³，增 29.3%，9985.5 亩示范林新增桉树木材量 17 441.34m³，每亩增加经济效益 925.73 元（按每立方米桉树木材 530 元计）；新增经济效益 9 243 910.2 元，获得良好的经济效益。

## 3. 阔叶林、针叶林种植模式

在田林推广在西南桦上的应用示范，通过对林地土壤改良及培肥，土壤肥力得到有效提升，林地生产效率得到显著提高，对固定样地的测定结果，估算林木蓄积年增长量 19.89m³/hm²，比非示范区每公顷增产 17.25m³，增 29.3%。

在田林示范推广在马尾松上的应用示范，通过对林地土壤改良及培肥，土壤肥力得到有效提升，林地生产效率得到显著提高，对固定样地的测定结果，估算林木蓄积年增长量 17.92m³/hm²，比非示范区每公顷增产 15.31m³，增 24.3%。

## 4. 针阔叶混交林用材林植模式

在田林马尾松西南桦的应用示范，通过对林地土壤改良及培肥，土壤肥力得到有效提升，林地生产效率得到显著提高，对固定样地的测定结果，估算林木蓄积年增长量 21.62m³/hm²，比非示范区每公顷增产 20.02m³，增 29.74%。

## 5. 单一种植模式（桑/甘蔗/果树）

多年来，广西对土壤全钾、缓效钾、速效钾与作物施钾效应关系的研究结果表明，作物施钾肥增产效应与土壤缓效钾、速效钾的含量有关，而土壤速效钾的含量状况更能反映出当季作物的施钾效应。桑树为多年叶生植物，每年多次采伐，明确桑树需肥特征，通过合理的施肥，是土壤养分得以归还和提高桑叶产量、品质及蚕茧质量的主要途径。桑园土壤养分状况及平衡施肥研究结果表明，施用钾肥提高桑叶产量、品质的同时，还可以提高桑树对其他养分的吸收，从而提高肥料利用率。为在广西区亚热带桑树地区农田生态平衡，作物种植区科学施肥、拟定平衡施肥计划，深入研究桑树吸钾特征有重要的指导意义。

## 参 考 文 献

李杨瑞，杨丽涛，谭宏伟，等. 2014. 广西甘蔗栽培技术的发展进步. 南方农业学报，45（10）：1770-1775

谢如林，谭宏伟，周柳强，等. 2013. 甘蔗种植体系水土及氮磷养分流失研究. 西南农业学报，26（4）：1572-1577

徐阳春，沈其荣，冉炜. 2002. 长期免耕与施用有机肥对土壤微生物生物量碳、氮、磷的影响. 土壤学报，39（1）：89-97

张士亮，李鹏. 2011. 施肥对土壤微生物多样性的影响. 中国林副特产，（1）：95-98

Katarina H，derberg S，Erland B. 2004. The influence of nitrogen fertilisation on bacterial activity in the rhizosphere of barley，Soil Biology and Biochemistry. 36（1）：195-198

Williams M A. 2007. Response of microbial communities to water stress in irrigated and drought－prone tallgrass prairie soils. Soil Biology and Biochemistry，39（11）：2750-2757

# 第6章 广西石灰土肥力与生态功能协同演变机制与调控

## 6.1 概　　述

本章从以下 3 方面探索广西石灰土肥力与生态功能协同演变机制与调控措施:

(1)广西石灰土肥力与生态功能退化现状调查。收集了广西区长序列的野外观测、历史清查数据、遥感图像数据、社会经济调查与历史文献数据、土地利用/土地覆被变化数据、地形地貌数据,确定广西石灰土与生态功能退化的主要类型、退化程度、面积和分布。

(2)广西石灰土土壤肥力演变机制与生态功能的耦合关系。在广西岩溶区选取坡耕地、草丛、灌丛、次生林、人工林、原生林 6 类典型生态系统,分别选择 2 个代表性群落类型各建立 3 个 20m×20m 样方(图 6-1),基于植被和土壤的全面调查分析,运用多重比较分析方法分析了喀斯特峰丛洼地典型生态系统的植物群落和土壤肥力特征及差异,用主成分分析方法探讨了喀斯特峰丛洼地典型生态系统的主要影响因子,用典型相关分析方法揭示了喀斯特峰丛洼地脆弱生态系统植被与土壤的耦合关系,揭示其土壤肥力随植被演替的演变过程和机制。

图 6-1　桂牧 1 号控制试验布置前后

(3)广西石灰土地区人为调控措施对牧草产量和生态功能的影响。采用正交试验设计(表 6-1),研究石灰土条件下施氮水平、刈割频率和刈割强度对"桂牧 1 号"杂交象草品种产量、品质、生理生态特性和土壤生态的影响。

表 6-1　正交试验的因子和水平

| 水平 | 因子 Factor | | |
| --- | --- | --- | --- |
| | 施氮量(A)/[kg/(hm² · a)] | 刈割次数(B)/次 | 刈割强度(C)/cm |
| 1 | 0 | 1 | 5 |
| 2 | 500 | 2 | 15 |
| 3 | 1000 | 3 | 25 |
| 4 | 1500 | 4 | 35 |

## 6.2　广西石灰土土壤肥力演变机制与生态功能的耦合关系

### 6.2.1　桂西北喀斯特植被不同演替阶段的植物群落特征

通过对桂西北喀斯特地区植被不同演替阶段植物群落类型进行比较发现（表 6-2），沿强、中、弱干扰梯度递减，群落类型逐步增加；物种由先锋种→次先锋种→过渡种→次顶极种→顶极种的过渡，顶极种和次顶极种的比例越来越高，森林群落向非地带性顶极群落方向演替；桂西北喀斯特典型生态系统随着坡耕地、草丛、灌丛、人工林、次生林、原生林的逐渐演替，植物科、属、种数逐步增加，科的优势先增加后减少，种的优势度呈下降趋势，说明在人类合理的干扰影响下，植被科和种优势非常明显，随着干扰的减少和外来物种的入侵以及生态环境的改善，植物种类越来越多，竞争越来越激烈，科和种的优势逐渐减少（宋同清等，2010a）；随着人为干扰的减少，物种多样性增加，顶极群落具备结构复杂、植被茂盛、物种丰富、功能稳定、综合性很强等特征（宋同清等，2010b）。

**表 6-2　桂西北喀斯特不同植被演替阶段的主要群落类型**

| 演替阶段 | 建群种 | 主要伴生种 |
|---|---|---|
| 坡耕地 | 玉米、甘蔗 | |
| 草丛 | 斑茅 | 白茅、指叶艾、干旱毛蕨、鬼针草、白花草 |
| | 白茅 | 菅草、指叶艾、干旱毛蕨、川续断、仙鹤草 |
| | 蔓生莠竹 | 指叶艾、川续断、翠云草、干旱毛蕨 |
| | 纤毛鸭舌草 | 斑茅、莎草、类芦、肾蕨 |
| 灌丛 | 聚果羊蹄甲 | 八角枫、伊桐、小果白科、红背山麻杆、盐肤木、蔓生莠竹、白茅、五节芒 |
| | 红背山麻杆 | 石山苎麻、地瓜榕、八角枫、盐肤木、蔓生莠竹、翠云草 |
| | 黄荆 | 小叶女贞、八角枫、山黄皮、杜茎山、棠梨、石岩枫、金樱子 |
| | 盐肤木 | 小叶女贞、马桑、火棘、冻绿、广西野桐、鱼藤、长叶柞木 |
| | 火棘 | 地瓜榕、黄荆、金樱子、白茅、路边菊 |
| 人工林 | 香椿 | 任豆 |
| | 任豆 | 构树、菜豆树、香椿、酸枣 |
| | 三年桐 | 多与玉米套作 |
| | 南酸枣 | 与马尾松或杉木混合种植 |
| 次生林 | 八角枫 | 盐肤木、小叶女贞、火棘、豆梨、冻绿、小果榕、朴树、长叶柞木、小叶栾树 |
| | 伊桐 | 羊蹄甲、伞花木、东女贞、灰毛浆果楝、杜茎山、四照花、菜豆树 |
| | 广西野桐 | 石岩枫、黄荆、八角枫、苞叶木、老虎筋、红背山麻杆、三对节 |
| 原生林 | 掌叶木、中越棒柄花 | 虾公木、鸭脚木、密榴木、矮棕竹、啮蚀冷水花、蜘蛛抱蛋、微花藤、厚果鸡血藤 |
| | 青冈栎、南酸枣 | 小栾树、朴树、亮叶槭、粗糠柴、小叶山柿、尖叶纹母树、广西密花树、九里香、青冈栎、单座苣苔、羊耳兰、微花藤、厚果鸡血藤 |

| 演替阶段 | 建群种 | 主要伴生种 |
|---|---|---|
| 原生林 | 刨花润楠、伞花木 | 小楝木、香叶树、油柿、圆叶乌桕、掌叶木、翅荚香槐、贵州悬竹、密榴木、香叶树、九里香、杜茎山、齿叶黄皮、单座苣苔、大苞冷水花、翠云草、买麻藤 |
| | 青檀 | 山牡荆、圆叶乌桕、广西密花树、红叶藤、小叶山柿、九里香、石山苎麻、红背山麻杆、绢毛羊蹄甲、大苞冷水花、肾蕨 |
| | 圆果化香、亮叶槭 | 朴树、云贵鹅耳枥、毛梭椤、石山樟、石山苎麻、黄荆、石岩枫、冻绿、杜茎山、九里香、密榴木、八角枫、泰国九节、紫凌木、啮蚀冷水花、肾蕨、五节芒 |
| | 侧柏 | 九里香、椰榆、檵木、沿阶草、勾儿茶、荚莲、翠云草、羊耳蒜 |
| | 乌冈栎、圆果化香 | 罗城鹅耳枥、石山鹅耳枥、青果卫矛、石山花椒、山豆根叶九里香、多花兰 |
| | 铁榄 | 广西密花树、波叶山黄皮、掌叶木、通脱木、青果榕、密榴木、小叶栾树、朴树、东女贞 |
| | 翠柏、罗城鹅耳枥 | 广东松、圆果化香、石山松、贵州悬竹、青冈栎、滇石仙桃 |

## 6.2.2　桂西北喀斯特植被不同演替阶段的主要土壤养分

研究表明（表 6-3），桂西北喀斯特土壤母质为石灰岩，淋溶作用强烈，pH 在 6.60～7.75，由微酸性向微碱性变化，与其他土壤一样，增施有机肥和开垦利用后土壤酸度有一定程度的加重，坡耕地的 pH 最小；桂西北喀斯特地区属亚热带季风气候，温湿条件优越，极有利于生物的繁衍和生长，生物"自肥"作用十分强烈，同时加速了岩石的溶蚀、风化和土壤的形成和发育进程，与同纬度地区的红壤相比（宋同清，2006），养分含量均很高，不同生态系统养分含量不同。不同演替阶段要采取不同的施肥管理措施，其中坡耕地应多施有机肥和氮肥，草丛和灌丛应多施磷肥，人工林应多施氮肥，次生林和原生林主要加强森林抚育管理，保障植物和土壤的良好协调关系。

**表 6-3　不同演替阶段土壤养分状况及 Duncan's 多重比较分析**

| 生态系统 | 全氮（TN） | 全磷（TP） | 全钾（TK） | 碱解氮（AN） | 速效磷（AP） | 速效钾（AK） |
|---|---|---|---|---|---|---|
| | /(g/kg) | | | /(mg/kg) | | |
| 坡耕地 | 2.85Cc | 1.31Aa | 15.86Aa | 81.96Ff | 5.60Dd | 70.47Dd |
| 草丛 | 2.61Dd | 0.67Dd | 7.72Cc | 192.70Dd | 4.73Ee | 166.51ABab |
| 灌丛 | 2.95Cc | 0.81Cc | 7.33DdCd | 256.39Cc | 3.70Ff | 172.98Aa |
| 人工林 | 1.71Ee | 0.94Bb | 11.08Bb | 163.98Ee | 7.71Cc | 158.36Bb |
| 次生林 | 5.63Bb | 0.76Cc | 6.69Dd | 408.94Bb | 8.35Bb | 166.31ABab |
| 原生林 | 5.91Aa | 0.99Bb | 4.22Ee | 603.95Aa | 11.10Aa | 107.61Cc |

注：大小写字母分别表示每列数据间差异分别达到极显著 $p<0.01$ 和显著水平 $p<0.05$。

土壤矿物质是土壤重要组成物质（郭曼，2005），桂西北喀斯特碳酸盐岩分化过程中生成的次生矿物源源不断的释放各种矿质养分，形成了土壤的物质基础，增强了土壤肥力，促进了植物生长。喀斯特峰丛洼地的主要母质纯碳酸盐岩的 $CaO$ 和 $MgO$ 含量很高，但以硅酸盐矿物为主的酸不溶物含量很低，岩石风化的养分输入极为有限，土壤中矿质养分元素 $SiO_2$、$Al_2O_3$、$Fe_2O_3$ 含量明显低于世界土壤平均背景值和同纬度地区的地带性红壤，又加上土壤总量极少，尽管 Ca、Mg 的供应充足，但其他矿质养分的严重缺乏限制了植物的生长和发育。一般来说，产生了石漠化现象的土壤，$SiO_2$ 含量在 700g/kg 以上，$Fe_2O_3$ 不足 40g/kg，MgO 低于 9g/kg，CaO 由于基岩出露，含量在 50g/kg 以上，且随着石漠化的加重，土壤中 $SiO_2$ 含量明显升高，$Al_2O_3$、$Fe_2O_3$、CaO、MgO 等成分不断降低，石漠化导致土壤的形成速度减缓、发育程度变弱（宋同清，2011；杜虎等，2011）。研究区域内桂西北喀斯特主要生态系统虽然没有发生明显的石漠化现象，但仍然有潜在的石漠化危险（表 6-4）。

表 6-4　不同演替阶段土壤矿质全量及 Duncan's 多重比较分析

| 生态系统 | $SiO_2$/% | $Al_2O_3$/% | $Fe_2O_3$/% | CaO/% | MgO/% | MnO/% |
|---|---|---|---|---|---|---|
| 坡耕地 | 72.68Aa | 13.55Cc | 4.31Ee | 0.25Ff | 0.86Dd | 0.11Dd |
| 草丛 | 44.88Cc | 17.07Bb | 7.06BCc | 3.03Bb | 1.96Bb | 0.30Bb |
| 灌丛 | 43.49CDcd | 20.45Aa | 10.99Aa | 0.81Dd | 2.02Bb | 0.28Bb |
| 人工林 | 59.52Bb | 17.10Bb | 7.44Bb | 0.58Ee | 0.87Dd | 0.67Aa |
| 次生林 | 40.08De | 16.15Bb | 6.74Cc | 2.01Cc | 1.57Cc | 0.30Bb |
| 原生林 | 41.67CDde | 12.38Cc | 5.88Dd | 4.59Aa | 2.42Aa | 0.19Cc |

注：大小写字母分别表示每列数据间差异分别达到极显著 $p < 0.01$ 和显著水平 $p < 0.05$。

### 6.2.3　桂西北喀斯特不同植被演替阶段的土壤微生物特征

土壤微生物生物量一直是国际土壤学界研究热点（Arunachalam and Pandey，2003）。土壤微生物数量、分布与组成很大程度上影响并决定着土壤的生物活性、有机质分解、腐殖质合成、土壤团聚体形成以及土壤养分的转化（Harris，2003；陈声明，2007）。土壤微生物生物量碳、氮、磷的高低是衡量土壤生物肥力的重要指标，地上植被类型被认为是影响土壤微生物活动的重要因子（朱志建，2006）。桂西北喀斯特不同演替阶段土壤微生物种群数量与组成不同（表 6-5、表 6-6），微生物碳、氮、磷的含量也不同。

表 6-5　不同演替阶段土壤微生物主要种群数量

| 模式 | 细菌 /(cfu/g) | 真菌 /(cfu/g) | 放线菌 /(cfu/g) | 总数 /(cfu/g) | 细菌比例 /% | 真菌比例 /% | 放线菌比例 /% |
|---|---|---|---|---|---|---|---|
| 坡耕地 | 40 755.41Aab | 856 147.50Aab | 8 739 897.33Aa | 9 636 800.25Aa | 11.32Bc | 0.50Aa | 88.18Aa |
| 草丛 | 442.97Ab | 111 095.58Ab | 226 056.50Bb | 337 595.03Bb | 41.85Ab | 0.14Aa | 58.01Bb |
| 灌丛 | 538.71Ab | 77 916.34Ab | 105 523.41Bb | 183 978.45Bb | 41.12Ab | 0.31Aa | 58.57Bb |
| 人工林 | 258.07Ab | 27 134.67Ab | 14 312.83Bb | 41 705.57Bb | 60.15Aab | 0.58Aa | 39.27Bbc |
| 次生林 | 1 157.28Ab | 128 991.13Ab | 59 260.92Bb | 189 409.33Bb | 63.58Aa | 0.62Aa | 35.79Bc |
| 原生林 | 71 574.13Aa | 1 949 717.15Aa | 1 119 279.75Bb | 3 140 570.89Bb | 58.66Aab | 0.87Aa | 40.47Bbc |

注：大小写字母分别表示每列数据间差异分别达到极显著 $p < 0.01$ 和显著水平 $p < 0.05$。

**表 6-6　不同演替阶段土壤微生物生物量碳、氮、磷的变化**

| | 坡耕地 | 草丛 | 灌丛 | 人工林 | 次生林 | 原生林 |
|---|---|---|---|---|---|---|
| Cmic/(mg/kg) | 448.76ABb | 317.51Bb | 246.43Bb | 239.69Bb | 182.15Bb | 946.21Aa |
| Nmic/(mg/kg) | 78.35Bb | 52.50Bb | 136.88Bb | 75.55Bb | 180.31ABb | 323.31Aa |
| Pmic/(mg/kg) | 13.52Aa | 13.54Aa | 41.18Aa | 14.21Aa | 33.98Aa | 44.78Aa |
| Cmic/SOC | 16.80Aa | 10.71ABabc | 7.60ABbc | 15.63Aab | 3.89Bc | 14.07ABab |
| Nmic/TN | 27.09Aab | 20.29Aa | 48.33Aab | 50.31Aab | 33.22Aab | 72.23Aa |
| Pmic/TP | 10.23Aa | 96.32Aa | 52.07Aa | 14.73Aa | 58.60Aa | 57.57Aa |
| Cmic/Nmic | 6.44ABa | 7.02Aa | 2.77Cb | 3.20BCb | 1.04Cb | 2.75Cb |

注：大小写字母分别表示每列数据间差异分别达到极显著 $p<0.01$ 和显著水平 $p<0.05$。

　　分形理论自引入生态领域研究以来，广泛应用于植物种群分布格局及土壤团聚体等方面的研究（关松荫，1986；杨培岭，1993），针对土壤微生物生物量与微生物种群数量的关系很少涉及，在喀斯特地区这方面的研究报道甚少（鹿士杨，2012）。桂西北喀斯特不同演替阶段群落土壤微生物生物量碳、氮、磷与微生物种群数量的分形特征研究表明（表 6-7），土壤 Cmic 与土壤真菌、细菌及放线菌具有明显的分形特征（$p<0.01$），由分析模型的 D 值可知，土壤 Cmic 与土壤微生物种类、数量的空间分布格局存在差异，相关性大小为顺序为细菌数量、放线菌数量、真菌数量。这可能由土壤母质、主要植被类型以及人类活动的差异所致。土壤 Nmic、Pmic 与细菌、真菌、放线菌数量不存在分形关系。由于土壤微生物生物量碳与微生物种群数量的空间分布存在分形特征，可以通过土壤微生物生物量碳的变化来预测该地区土壤微生物种群数量的动态变化，从而对土壤健康变化进行有效预警。

**表 6-7　微生物种群数量与微生物生物量的分形特征模拟结果**

| 模型 Model | 相关系数 R | F 检验 F-test | | t 检验 t-test | | | |
|---|---|---|---|---|---|---|---|
| | | | | 截距 Constant | | 斜率 k | |
| | | F | p | t | p | t | p |
| $\ln y_C=2.3232+0.2858\ln x_F$ | 0.655 | 25.528 | <0.01 | 3.457 | <0.01 | 5.053 | <0.01 |
| $\ln y_C=4.4241+0.1826\ln x_B$ | 0.619 | 21.077 | <0.01 | 15.228 | <0.01 | 4.591 | <0.01 |
| $\ln y_C=3.5114+0.1813\ln x_A$ | 0.579 | 17.178 | <0.01 | 6.576 | <0.01 | 4.145 | <0.01 |
| $\ln y_N=3.5304+0.096\ln x_F$ | 0.208 | 1.541 | 0.223 | 3.844 | <0.01 | 1.241 | 0.223 |
| $\ln y_N=4.4261+0.0338\ln x_B$ | 0.109 | 0.405 | 0.529 | 11.402 | <0.01 | 0.637 | 0.529 |
| $\ln y_N=4.7787-0.0099\ln x_A$ | −0.030 | 0.030 | 0.863 | 6.910 | <0.01 | −0.174 | 0.863 |
| $\ln y_P=1.997+0.078\ln x_F$ | 0.147 | 0.753 | 0.392 | 1.871 | 0.07 | 0.868 | 0.392 |
| $\ln y_P=2.9537-0.0056\ln x_F$ | −0.016 | 0.008 | 0.928 | 6.582 | <0.01 | −0.091 | 0.928 |
| $\ln y_P=3.1279-0.0177\ln x_A$ | −0.047 | 0.074 | 0.787 | 3.938 | <0.01 | −0.272 | 0.787 |

注：$y_C$：Cmic；$y_N$：Nmic；$y_P$：Pmic。$x_B$、$x_F$、$x_A$ 分别为细菌、真菌和放线菌数量。

　　一般认为桂西北喀斯特环境脆弱、生态系统极不稳定、破坏容易、恢复难，且坡耕地土壤因大量的物质移出，土壤质量较差。聚类分析表明，研究区域内桂西北喀斯特区 6 类生态系统土壤质量可分为 4 类（图 6-2），其中第一类为原生林和坡耕地，坡耕地因为大量的人工施肥而导致土壤各项指标均比较高，其次为次生林，第三类为灌丛，第四类为次生林和草丛。

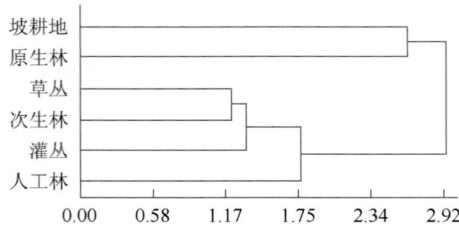

图 6-2　桂西北喀斯特典型生态系统土壤质量聚类分析树状图

### 6.2.4　桂西北喀斯特植被不同演替阶段的主要影响因子分析

桂西北喀斯特景观异质性强，生态系统类型复杂，影响因子众多，不同生态系统影响因子不同（表 6-8）。6 个主要生态系统的土壤、群落结构和群落多样性共计 35 个指标的主成分显示，前 4 个主成分的方差累积贡献率均高于 95%，能全面反映各生态系统的基本信息，各主成分的方差贡献率均比较高，降维效果十分好。坡耕地生态系统和人工林生态系统受人为干扰影响较大，除要人为增施有机肥及氮、磷、钾外，特别要加强矿质养分的投入，以保证作物的高质高产；而人工林生态系统中一定要提高灌木层的多样性，保障人工林结构合理性；草丛生态系统的管理除要追施矿质养分外，一定要增加个体数量并保证其随机分布，提高草丛的生物量；灌木林培育过程中一定要同时考虑乔木和草本的多样性，提高灌木林的立体结构，保障灌木林的群落结构合理性；次生林生态系统情况比较复杂，不仅要增加主要养分和矿质养分，同时要保证合理的酸碱度，促进次生林向原生林快速发展；原生林是桂西北喀斯特非地带性顶级群落，植被、土壤和气候达到了较高水平的平衡状态，受土壤生态系统的影响很小。对桂西北喀斯特 6 类生态系统的 35 个指标进行聚类可以得到桂西北喀斯特 4 类进化发展类型，且沿第一、二、三、四类的演化，土壤养分越来越丰富，矿物质组成越来越合理，土壤质量越来越高，石漠化程度越来越低，群落结构更趋合理，多样性更趋丰富，植物的生长和发育越来越好。

表 6-8　桂西北喀斯特原生林主成分分析和因子载荷量、特征根与贡献率

| 因子 | PC1 | PC2 | PC3 | PC4 | 共同度 | 特殊方差 |
| --- | --- | --- | --- | --- | --- | --- |
| pH | −0.8113 | 0.4092 | −0.1668 | −0.0803 | 0.86 | 0.14 |
| SOC/(g/kg) | 0.5854 | 0.2601 | −0.7216 | −0.219 | 0.9789 | 0.0211 |
| TN/(g/kg) | −0.3894 | −0.8607 | −0.3007 | −0.0251 | 0.9835 | 0.0165 |
| TP/(g/kg) | 0.9975 | 0.0253 | −0.0281 | 0.0483 | 0.9987 | 0.0013 |
| TK/(g/kg) | 0.8956 | 0.409 | 0.124 | 0.1224 | 0.9998 | 0.0002 |
| AN/(mg/kg) | 0.861 | −0.4357 | −0.242 | 0.0077 | 0.9898 | 0.0102 |
| AP/(mg/kg) | 0.8984 | −0.3573 | −0.2269 | −0.0818 | 0.993 | 0.007 |
| AK/(mg/kg) | 0.0044 | −0.9561 | −0.2685 | −0.0707 | 0.9912 | 0.0088 |

| 因子 | PC1 | PC2 | PC3 | PC4 | 共同度 | 特殊方差 |
|---|---|---|---|---|---|---|
| SiO$_2$/% | 0.7928 | −0.1111 | 0.5983 | 0.0263 | 0.9996 | 0.0004 |
| Al$_2$O$_3$/% | −0.847 | −0.0878 | 0.238 | 0.3548 | 0.9077 | 0.0923 |
| Fe$_2$O$_3$/% | −0.6224 | −0.4657 | 0.2807 | 0.3591 | 0.8121 | 0.1879 |
| CaO/% | 0.4226 | 0.6502 | −0.6051 | −0.0457 | 0.9696 | 0.0304 |
| MgO/% | 0.46 | 0.7548 | −0.399 | −0.1776 | 0.9721 | 0.0279 |
| MnO/% | 0.8116 | −0.1156 | 0.3838 | 0.328 | 0.927 | 0.073 |
| Cmic/(mg/kg) | 0.8965 | 0.1329 | 0.4121 | −0.093 | 0.9998 | 0.0002 |
| Nmic/(mg/kg) | 0.6658 | 0.7134 | −0.1311 | −0.0892 | 0.9774 | 0.0226 |
| Pmic/(mg/kg) | 0.7098 | 0.5444 | −0.4211 | −0.0088 | 0.9775 | 0.0225 |
| 真菌/(个/g) | 0.7791 | −0.5452 | 0.3073 | −0.0138 | 0.999 | 0.001 |
| 细菌/(个/g) | 0.7444 | −0.6567 | 0.12 | 0.0123 | 1 | 0 |
| 放线菌/(个/g) | 0.7702 | −0.3904 | 0.5014 | −0.0315 | 0.9981 | 0.0019 |
| 丰富度 S | −0.4497 | 0.8696 | −0.1052 | 0.1691 | 0.9981 | 0.0019 |
| Shannon-Wiener | −0.0002 | 0.8254 | 0.1257 | 0.5326 | 0.9806 | 0.0194 |
| Simpson | 0.1986 | 0.6467 | 0.2353 | 0.6615 | 0.9507 | 0.0493 |
| Fielou 均匀度 | 0.7612 | −0.1135 | 0.094 | 0.6235 | 0.9899 | 0.0101 |
| 丰富度 S | −0.861 | 0.339 | 0.2682 | 0.0106 | 0.9284 | 0.0716 |
| Shannon-Wiener | −0.7392 | 0.5247 | 0.3696 | −0.1604 | 0.9839 | 0.0161 |
| Simpson | −0.6992 | 0.5545 | 0.4217 | −0.1595 | 0.9996 | 0.0004 |
| Pielou 均匀度 | −0.407 | 0.4955 | 0.6196 | −0.4514 | 0.9988 | 0.0012 |
| 丰富度 S | 0.9642 | 0.2441 | 0.0316 | −0.0282 | 0.991 | 0.009 |
| Shannon-Wiener | 0.9667 | 0.2303 | 0.0621 | −0.0318 | 0.9925 | 0.0075 |
| Simpson | 0.9804 | 0.1695 | 0.0336 | −0.0245 | 0.9916 | 0.0084 |
| Pielou 均匀度 | 0.9715 | 0.2102 | 0.0592 | −0.0303 | 0.9925 | 0.0075 |
| 盖度 | 0.2284 | 0.2099 | 0.5771 | −0.5731 | 0.7577 | 0.2423 |
| 群落高度 | −0.702 | −0.0106 | −0.4806 | 0.2801 | 0.8024 | 0.1976 |
| 数量 | 0.9169 | 0.3461 | 0.0734 | −0.0218 | 0.9665 | 0.0335 |
| 特征值 | 18.7044 | 8.4834 | 4.168 | 2.3031 | — | — |
| 累计贡献 | 0.5344 | 0.7768 | 0.8959 | 0.9617 | — | — |

## 6.2.5　桂西北喀斯特典型生态系统的植被土壤耦合关系

　　气候、植被、土壤、岩石经过少则几十年,多则数百年甚至上千年的相互作用逐步形成了物种丰富、多样性强、可更新森林资源突出、结构复杂、功能稳定、综合性和稳定性强的顶级生态系统,即亚热带石灰岩常绿落叶阔叶混交林,但随着人类的强烈干扰出现了由原生林→次生林→人工林→灌丛→草丛→坡耕地的不同程度退化,生境质量下降,许多地带甚至石漠化。近年来随着各种环保工程的实施和环保政策的制定，生态系统正在逐步恢复，在桂西北喀斯特气候条件基本一致的状况下，植被与土壤之间相互影响，重新实现新的生态平衡。桂西北喀斯特脆弱生态系统 6 个代表性生态类型植被、土壤主要养分、土壤矿质养分、土壤微生物两两之间典范相关分析（表 6-9、表 6-10）前 4 个特征值均达到了 80%，基本能反映出绝大部分的变量信息。桂西北喀斯特脆弱生态系统 6 组变量间的相互作用关系不同，植被和土壤因子典型相关分析发现植被因子中主要以 Shannon-Wiener 指数和 Simpson 载荷量最大，土壤因子中主要氮、CaO、MgO、真菌载荷量最大，表明其对植物多样性影响较大，对植物种类和群落结构影响较小。

表 6-9 喀斯特峰丛洼地生态系统植被、主要养分、矿质养分、微生物的典范相关分析

| 因子 | 典型向量 | 相关系数 | 特征值 | 卡方值 | 自由度 | 显著水平 | 累积贡献率/% |
|---|---|---|---|---|---|---|---|
| 植被与土壤养分 | 1 | 0.9841 | 10.2384 | 267.1647 | 120 | 0.0001 | 44.5148 |
| | 2 | 0.9776 | 3.8993 | 187.7263 | 98 | 0.0001 | 61.4683 |
| | 3 | 0.9315 | 2.9815 | 116.0401 | 78 | 0.0034 | 74.4312 |
| | 4 | 0.8345 | 1.6620 | 69.5235 | 60 | 0.1874 | 81.6574 |
| 植被与矿质养分 | 1 | 0.9732 | 8.8715 | 225.6125 | 90 | 0.0001 | 42.2452 |
| | 2 | 0.9580 | 3.7669 | 155.1014 | 70 | 0.0001 | 60.1830 |
| | 3 | 0.9117 | 2.3763 | 95.1412 | 52 | 0.0002 | 71.4989 |
| | 4 | 0.8257 | 1.9470 | 52.4382 | 36 | 0.0377 | 80.7705 |
| 植被与微生物 | 1 | 0.9762 | 9.1097 | 179.8713 | 90 | 0.0001 | 43.3796 |
| | 2 | 0.8762 | 4.2965 | 106.5233 | 70 | 0.0032 | 63.8391 |
| | 3 | 0.8701 | 2.8196 | 71.4938 | 52 | 0.0377 | 77.2657 |
| | 4 | 0.7598 | 1.3441 | 37.5382 | 36 | 0.3985 | 83.6660 |
| 土壤养分与矿质养分 | 1 | 0.9301 | 5.0265 | 144.7686 | 48 | 0.0001 | 35.9037 |
| | 2 | 0.8656 | 3.2230 | 89.6837 | 35 | 0.0001 | 58.9250 |
| | 3 | 0.8146 | 1.8925 | 51.6481 | 24 | 0.0009 | 72.4426 |
| | 4 | 0.6702 | 1.0189 | 21.6961 | 15 | 0.1160 | 79.7206 |
| 土壤养分与微生物 | 1 | 0.9516 | 5.4423 | 162.4893 | 48 | 0.0001 | 38.8734 |
| | 2 | 0.9045 | 3.5153 | 97.6036 | 35 | 0.0001 | 63.9824 |
| | 3 | 0.7768 | 1.4382 | 50.7382 | 24 | 0.0011 | 74.2555 |
| | 4 | 0.6491 | 1.2261 | 25.3060 | 15 | 0.0460 | 83.0136 |
| 矿质养分与微生物 | 1 | 0.8158 | 3.9986 | 80.6370 | 36 | 0.0001 | 33.3218 |
| | 2 | 0.7349 | 3.3679 | 49.4216 | 25 | 0.0025 | 61.3879 |
| | 3 | 0.6756 | 1.8285 | 27.2874 | 16 | 0.0384 | 76.6253 |
| | 4 | 0.4729 | 0.9340 | 9.9120 | 9 | 0.3577 | 84.4083 |
| 植被与土壤 | 1 | 0.9997 | 12.2478 | 469.6824 | 300 | 0.0001 | 34.9938 |
| | 2 | 0.9983 | 6.5298 | 439.2812 | 266 | 0.0001 | 53.6503 |
| | 3 | 0.9976 | 4.1651 | 345.9167 | 234 | 0.0001 | 65.5506 |
| | 4 | 0.9804 | 3.0008 | 255.0883 | 204 | 0.0087 | 74.1244 |
| | 5 | 0.9674 | 2.1705 | 199.8673 | 176 | 0.1049 | 80.3257 |
| | 6 | 0.9517 | 1.6767 | 153.1823 | 150 | 0.4126 | 85.1162 |

**表 6-10　植被与主要养分、矿质养分、微生物之间典型变量构成**

| 因子 | 方程式 |
|---|---|
| 植被与土壤养分第一、二、三、四典型变量 | $V_1=0.3076X_1-0.8421X_2-0.8821X_3+1.4698X_4+0.1086X_5-1.5216X_6+0.6167X_7+0.7305X_8+0.1447X_9+0.8304X_{10}-0.9873X_{11}+0.4464X_{12}+0.1974X_{13}-0.114X_{14}+0.0847X_{15}$ |
| | $V_2=-0.7505X_1+1.0276X_2+0.3248X_3-0.6351X_4-0.5595X_5-0.3227X_6-0.5547X_7+1.425X_8+0.5595X_9+1.232X_{10}-1.756X_{11}+0.3813X_{12}-0.8004X_{13}-0.0313X_{14}+0.1604X_{15}$ |
| | $V_3=-0.4004X_1-1.219X_2+1.8865X_3-0.4069X_4+1.7834X_5-1.1758X_6-1.7671X_7+2.2737X_8-0.2086X_9+2.2867X_{10}-3.0715X_{11}+0.5002X_{12}-0.6672X_{13}+0.2992X_{14}+0.0.071X_{15}$ |
| | $V_4=-0.6642X_1+0.8666X_2-1.7802X_3+0.6245X_4+1.5566X_5-4.2865X_6+1.5194X_7+2.0227X_8-0.2086X_9-0.5826X_{10}+1.2253X_{11}+0.0189X_{12}-0.4891X_{13}-0.0979X_{14}+0.3899X_{15}$ |
| | $N_1=-0.1608Y_1-0.1699Y_2-0.4087Y_3+0.1239Y_4-0.1046Y_5+1.4249Y_6-0.2426Y_7+0.2167Y_8$ |
| | $N_2=0.1645Y_1-0.0501Y_2-0.4033Y_3+0.0587Y_4+0.4743Y_5+0.402Y_6+0.3773Y_7-0.633Y_8$ |
| | $N_3=0.3006Y_1+0.088Y_2+0.9717Y_3+0.4753Y_4-0.3584Y_5-0.615Y_6-0.1889Y_7-0.3689Y_8$ |
| | $N_4=-0.6085Y_1-0.8845Y_2+1.1221Y_3+0.8556Y_4+0.0088Y_5+0.4232Y_6-0.9300Y_7+0.2979Y_8$ |
| 植被与矿质养分第一、二、三、四典型变量 | $V_1=0.1355X_1+2.5147X_2-3.084X_3+0.2651X_4+1.21175X_5-2.1175X_6+0.7766X_7+0.1975X_8+1.299X_9-3.5177X_{10}+2.6073X_{11}-0.6199X_{12}+0.6483X_{13}+0.5237X_{14}-0.4851X_{15}$ |
| | $V_2=0.2814X_1-6.8088X_2+8.3994X_3-1.5468X_4-1.4568X_5+4.4061X_6-3.3061X_7-0.8933X_8-2.3995X_9+3.3617X_{10}+0.7445X_{11}+-1.7123X_{12}-0.3696X_{13}+0.5965X_{14}+0.0790X_{15}$ |
| | $V_3=-0.0234X_1-1.6149X_2+1.6761X_3+0.3257X_4-1.2874X_5+2.7064X_6-2.7887X_7+0.6995X_8-0.6179X_9-1.1217X_{10}+2.8213X_{11}-0.8728X_{12}+1.0684X_{13}-0.6392X_{14}-0.1422X_{15}$ |
| | $V_4=0.0450X_1+1.6112X_2-4.0082X_3+1.9310X_4-0.8147X_5+1.2316X_6-0.5824X_7+0.4482X_8-0.7095X_9+3.2840X_{10}-2.1084X_{11}-0.3713X_{12}+0.0933X_{13}-0.0210X_{14}+0.3545X_{15}$ |
| | $M_1=-1.1872Z_1-0.0475Z_2+0.3823Z_3-0.1215Z_4-0.5945Z_5-0.4452Z_6$ |
| | $M_2=0.3187Z_1+0.8725Z_2-0.8349Z_3-0.7808Z_4+1.4022Z_5-0.3054Z_6$ |
| | $M_3=0.1675Z_1-0.8470Z_2+0.9964Z_3-0.1737Z_4+0.6169Z_5+0.7132Z_6$ |
| | $M_4=0.4938Z_1-1.4490Z_2+1.9737Z_3+0.6157Z_4-0.1294Z_5-0.7045Z_6$ |
| 植被与土壤微生物第一、二、三、四典型变量 | $V_1=0.0198X_10.0198X_2+0.0198X_3-0.3102X_4-1.0362X_5+1.338X_6-1.5519X_7+0.6955X_8+0.0844X_9+2.2516X_{10}-1.5367X_{11}-0.0622X_{12}-0.175X_{13}+0.1941X_{14}+0.0250X_{15}$ |
| | $V_2=0.3825X_1-0.4495X_2-1.3539X_3+1.9597X_4+0.8618X_5-1.0923X_6-0.4017X_7+0.6241X_8-0.3680X_9-1.0677X_{10}+1.3915X_{11}-0.2785X_{12}+0.4599X_{13}+0.0708X_{14}+0.0497X_{15}$ |
| | $V_3=-0.0896X_1+0.3064X_2-3.4283X_3+3.3530X_4+1.6996X_5-3.7287X_6+0.1823X_7+2.1076X_8-1.1946X_9+1.5089X_{10}-0.8886X_{11}-0.0001X_{12}-0.8172X_{13}+0.0582X_{14}+0.2071X_{15}$ |
| | $V_4=-0.513X_1+0.2537X_2-2.4426X_3+0.9331X_4+2.8871X_5-4.4143X_6+2.9508X_7+0.1496X_8+2.2219X_9+0.1829X_{10}-7.5853X_{11}+5.0333X_{12}-0.2394X_{13}-0.2537X_{14}-0.1570X_{15}$ |
| | $B_1=0.4016L_1+0.1691L_2+0.3735L_3+0.2670L_4+0.0696L_5-0.0913L_6$ |
| | $B_2=-1.1451L_1+0.2816L_2+0.0214L_3+1.1139L_4-0.0865L_5-0.8399L_6$ |
| | $B_3=-1.25521L_1+0.0786L_2+0.0434L_3+0.754L_4+0.6466L_5+0.3886L_6$ |
| | $B_4=-0.60491L_1+1.5907L_2-1.5339L_3+0.2881L_4+0.1388L_5-0.0019L_6$ |

注：$X_1$ 为草本层丰富度；$X_2$ 为草本层 Shannon-Wiener 指数；$X_3$ 为草本层 Simpson 指数；$X_4$ 为草本层均匀度；$X_5$ 为灌木层丰富度；$X_6$ 为灌木层 Shannon-Wiener 指数；$X_7$ 为灌木层 Simpson 指数；$X_8$ 为灌木层均匀度；$X_9$ 为乔木层丰富度；$X_{10}$ 为乔木层 Shannon-Wiener 指数；$X_{11}$ 为乔木层 Simpson 指数；$X_{12}$ 为乔木层均匀度；$X_{12}$ 为盖度；$X_{14}$ 为群落高度；$X_{15}$ 为密度；$Y_1$ 为 pH；$Y_2$ 为 SOC；$Y_3$ 为 TN；$Y_4$ 为 TP；$Y_5$ 为 TK；$Y_6$ 为 AN；$Y_7$ 为 AP；$Y_8$ 为 AK；$Z_1$ 为 $SiO_2$；$Z_2$ 为 $Al_2O_3$；$Z_3$ 为 $Fe_2O_3$；$Z_4$ 为 CaO；$Z_5$ 为 MgO；$Z_6$ 为 MnO；$L_1$ 为 Cmic；$L_2$ 为 Nmic；$L_3$ 为 Pmic；$L_4$ 为真菌；$L_5$ 为细菌；$L_6$ 为放线菌。

　　桂西北喀斯特 6 个生态系统各自的主成分分析的前 4 个主成分贡献率超过了 90%，降维较高很好，但整个喀斯特脆弱生态系统的主成分分析发现，前 8 个主成分方差贡献率才能够达到 98.71%，表明在区域范围了植被和土壤相互关系相当复杂，其主要影响因子与 6 个生态系统不同，其中主导因子主要是灌木层植物多样性，次要因子是真菌和细菌，草本层多样性作用也比较大，表明在喀斯特脆弱生态系统中，生物（植物和微生物）的作用较大，土壤养分发挥的作用相对较小。

## 6.3 人为调控措施对"桂牧 1 号"牧草生产和生态功能的影响

### 6.3.1 氮肥、不同刈割强度对桂牧 1 号光合生理特征的影响

净光合速率是光合作用的重要参数之一，其大小决定了植物光合能力的强弱，两者呈正相关（刘怀年等，2007）。由图 6-3 可知，不同处理叶片净光合速率日变化曲线均为双峰型。从 8:00 到 11:00，6 个处理叶片净光合速率均随着光照的增强而快速上升，11:30 左右达到第一峰值，此时 IIN 处理（20cm 刈割、施氮肥）的净光合速率显著大于其他处理，最小的是 I O 处理（5cm 刈割、不施氮肥）；12:30 左右达到低谷，出现不同程度的光合"午休"现象，并且施氮肥处理的光合"午休"显著弱于不施氮肥处理；之后叶片净光合速率又逐渐增大。峰值过后净光合速率又逐渐下降，并在 18:00 降至最低。6 个处理对比来看，净光合速率日均值[μmol $CO_2$/(m²·s)]大小不同，其值受到了氮肥、刈割强度以及两者交互作用极显著的影响（$p < 0.01$）。施氮肥处理的光合速率显著大于不施氮肥处理，前者平均光合速率比后者高出 41.53%。在施氮肥和不施氮肥两种情况下，光合速率均随刈割强度的增加而呈现先升高后降低的趋势，中强度刈割下的光合速率最大。在施氮肥处理中，IIN 处理的光合速率分别是 IIIN（50cm 刈割）和 I N（5cm 刈割）处理的 1.19 倍和 1.23 倍；而不施氮肥处理中，IIO 处理的光合速率分别是 IIIO 和 I O 处理的 1.13 倍和 2.32 倍。可见，高强度和低强度刈割均使桂牧 1 号光合速率有所下降，而在中强度刈割下施用氮肥，可使桂牧 1 号的光合作用高效进行。

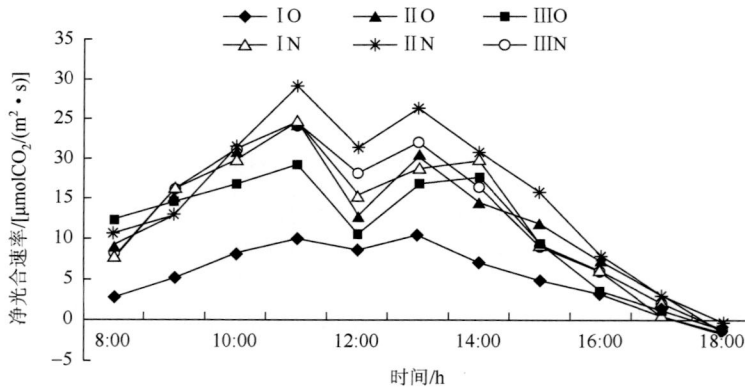

图 6-3　不同刈割强度、氮供应下桂牧 1 号净光合速率（$Pn$）日变化

光照是影响光合作用的重要环境因子之一，光合-光响应曲线反映了植物光合速率随光合有效辐射强度变化而变化的规律，可以反映植物对光能的利用能力（焦娟玉等，2011）。如图 6-4 所示，6 个处理桂牧 1 号叶片净光合速率在一定范围内均随光合有效辐射强度的增大而升高，并且在 0~400μmol/（m²·s）光强范围内，净光合速率几乎呈线性增长。随着光合有效辐射的进一步增加，净光合速率的增幅趋于平缓，当光照强度达到一定值时，净光合速率不再变化，即达到了光饱和点（$LSP$），各处理光饱和点不同，桂牧 1 号在施加氮肥的情况下能更有效地利用全日照的强光。

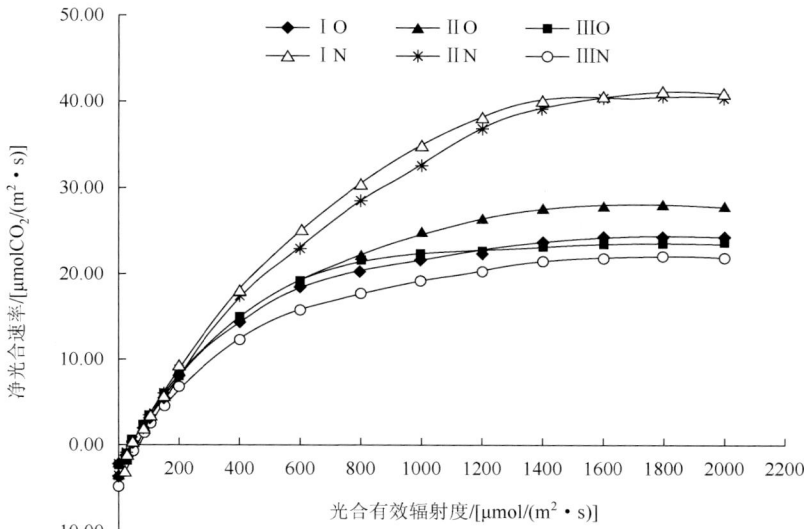

图 6-4 不同刈割强度、氮供应下桂牧 1 号光响应曲线

弱光条件下[0～200μmol/(m² · s)]光响应曲线参数如表 6-11 所示，除了ⅢN 处理外，ⅠN、ⅡN 处理的 *AQY* 显著大于ⅠO、ⅡO 和ⅢO 处理，这表明这两个处理对光能的利用效率特别是对弱光的利用能力较强。在 6 个试验处理中，ⅠN 和ⅡN 处理的 *Amax* 最高，ⅢO 处理的 *Amax* 最小。叶片的最大净光合速率表示了植物的最大光合作用能力，因此，ⅠN、ⅡN 处理的具有最高的光合能力，其次是ⅡO、ⅢN 和ⅠO 处理，而ⅢO 处理的光合能力最低。光下呼吸速率表示植物的呼吸消耗，从试验结果来看，增施氮肥后提高了桂牧 1 号的 *Rd*，这说明施加氮肥在增加桂牧 1 号有机物积累的同时，也增加了其对物质与能量的消耗。不施氮肥处理中，随着刈割强度增加，桂牧 1 号叶片的 *Amax* 呈先增加后减少的趋势，而 *LCP* 则先减少后增加，这说明在不施氮肥情况下，桂牧 1 号在中强度刈割下具有更高的光能利用效率。而在施氮肥处理中，ⅠN 和ⅡN 处理相比，除了 *Rd* 显著降低外，其他各参数差异不显著，ⅠN 和ⅡN 处理均具有最高的 *Amax*、*LSP* 和较高的 *AQY*、*LSP*，但ⅡN 处理的 *LCP* 比ⅠN 处理低，其对弱光的利用能力比ⅠN 处理强。相对比较而言，ⅡN 处理的光合性能更好。

表 6-11 不同刈割强度、氮供应下桂牧 1 号光响应曲线参数

| 处理 | 表观量子效率 | 光下呼吸速率 /[μmolCO₂/(m² · s)] | 最大净光合速率 /[μmolCO₂/(m² · s)] | 光补偿点 /[μmol/(m² · s)] |
|---|---|---|---|---|
| ⅠO | 0.050 | 2.03 | 28.81 | 38.34 |
| ⅡO | 0.049 | 1.55 | 33.74 | 31.08 |
| ⅢO | 0.054 | 2.56 | 27.31 | 46.26 |
| ⅠN | 0.069 | 4.28 | 50.00 | 61.52 |
| ⅡN | 0.061 | 2.82 | 50.00 | 54.44 |
| ⅢN | 0.054 | 4.10 | 30.67 | 64.04 |

$CO_2$ 是光合作用所需的主要原料，其浓度直接影响着植物的光合作用（叶子飘和于强，

2008）。从图 6-5 可以看出，当 $CO_2$ 浓度值为 50μmol/mol 时，6 个处理叶片净光合速率均为正值，这说明桂牧 1 号在较低浓度 $CO_2$ 条件下仍能进行光合作用。在 50～600μmol/mol $CO_2$ 浓度范围内，6 个处理的光合速率随 $CO_2$ 浓度的增加而迅速增加，当 $CO_2$ 浓度大于 600μmol/mol 时，随着 $CO_2$ 浓度的增加，净光合速率的增加趋于缓慢，最后，当 $CO_2$ 继续增加到一定浓度后，净光合速率稳定在一定水平，达到了 $CO_2$ 饱和点。6 个处理 $CO_2$ 饱和点在 1000～1200μmol/mol 范围内。在同一 $CO_2$ 浓度下，施氮肥处理的净光合速率显著大于不施氮肥处理。通过计算得 $CO_2$ 响应曲线的特征参数（表 6-12），可以看出，氮肥对桂牧 1 号光合-$CO_2$ 响应曲线各参数具有较大的影响。施加氮肥可以显著提高桂牧 1 号的 *Amax*、*CE*，而降低 *Rd*。综合比较来看，ⅡN 处理具有最高的 *CE*、*Amax* 和最低的 *Rd*，表明在施氮肥条件下，对桂牧 1 号进行中强度刈割，一方面可以增加其对 Rubisco 酶结合位点的竞争，从而提高羧化效率，另一方面可以通过抑制光呼吸来提高光合效率，因而ⅡN 处理具有最高的光合能力。

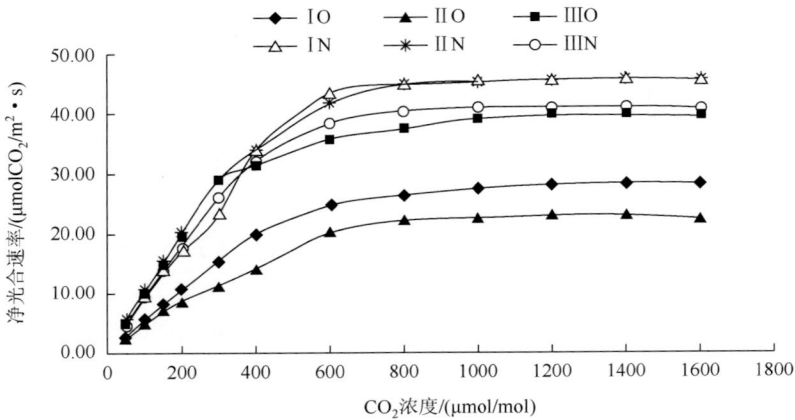

图 6-5　不同刈割强度、氮供应下桂牧 1 号 $CO_2$ 响应曲线

表 6-12　不同刈割强度、氮供应下桂牧 1 号 $CO_2$ 响应曲线参数

| 处理 | 羧化效率 | 光呼吸速率/[μmolCO₂/(m²·s)] | 最大净光合速率/[μmolCO₂/(m²·s)] |
|---|---|---|---|
| Ⅰ O | 0.049 | 0.105 | 29.36 |
| Ⅱ O | 0.033 | −1.359 | 21.67 |
| Ⅲ O | 0.078 | 1.197 | 42.28 |
| Ⅰ N | 0.079 | −1.332 | 44.29 |
| Ⅱ N | 0.081 | −1.377 | 45.75 |
| Ⅲ N | 0.079 | −0.235 | 41.51 |

不同处理下桂牧 1 号叶绿素 a、b、a/b 和叶绿素总含量各不相同（图 6-6）。氮肥、刈割强度及两者的交互作用对桂牧 1 号叶绿素含量的影响均达到极显著的水平（$p < 0.01$）。施氮肥处理中，桂牧 1 号叶片叶绿素含量随着刈割强度的增加先增加后减少，中强度刈割条件下的叶绿素含量显著高于低强度和高强度刈割。不施氮肥处理中，叶绿素含量随刈割强度的增加而显著减少。另外，施氮肥处理中叶绿素 a、叶绿素 b、叶绿素 a/b 和总叶绿

素含量均显著高于不施氮肥处理,即增施氮肥能显著提高桂牧 1 号叶片中叶绿素含量。

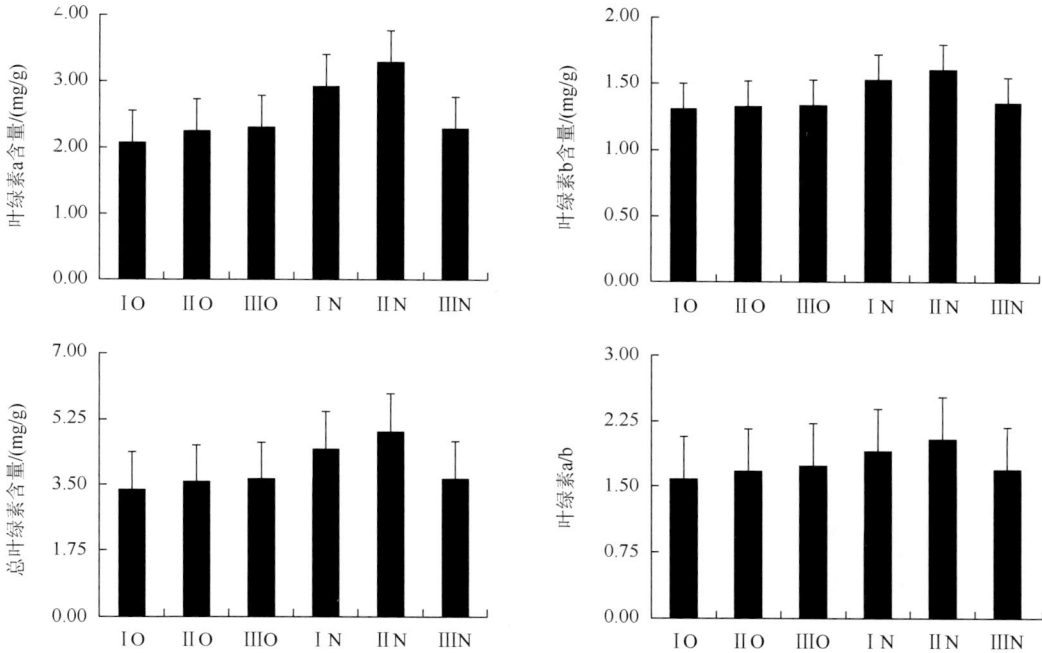

图 6-6　不同刈割强度、氮供应对桂牧 1 号叶片叶绿素含量的影响

## 6.3.2　氮肥、不同刈割强度对桂牧 1 号生长及产量的影响

株高和分蘖数可以反映出牧草的生长状况,同时也是衡量牧草生产潜力的两个重要指标。图 6-7 显示的是 B1 处理 4 个施氮水平下株高和分蘖数在不同月份间的动态变化,可以看出,在不同的施氮水平下,桂牧 1 号杂交象草的株高均在 6~9 月表现出快速增长的趋势,9 月以后,植株高度增加缓慢,甚至不再增加。与不施氮肥相比,施用氮肥均能不同程度地增加桂牧 1 号杂交象草的株高。在 A1~A3 施氮量范围内,随着施氮量的增加,桂牧 1 号杂交象草的株高增加得比较明显,施氮量超过 A3 时,氮肥对株高的增高作用不再显著。

在没有刈割的情况下,随着生育期的推进,桂牧 1 号杂交象草的分蘖数没有明显的变化。进行施氮和刈割处理后,2012 年 11 月各处理最后一次刈割时株高和分蘖数存在较大差异。由图 6-8 可知,不同处理的株高在 148.37~430.20cm,分蘖数在 10.07~37.90 枝/株。

不同处理产量在各茬间的分布存在明显的差异(图 6-9)。随着首次刈割的时间延后,第一茬次的产量明显上升。对于刈割 4 次的处理来说,产量主要集中在第 1 次和第 2 次刈割,第 3、第 4 次刈割的产量急剧下降,占全年总产量的比例很小。年刈割 3 次的处理,在不施氮肥或低氮肥水平下,产量也主要集中在第 1、第 2 次刈割,而在中高氮肥水平下,3 次刈割的产量虽然也呈递减的趋势,但递减的幅度不大,产量相对其他处理来说分布比较均匀。年刈割 2 次,第 1 次刈割的产量明显大于第 2 次刈割的产量。

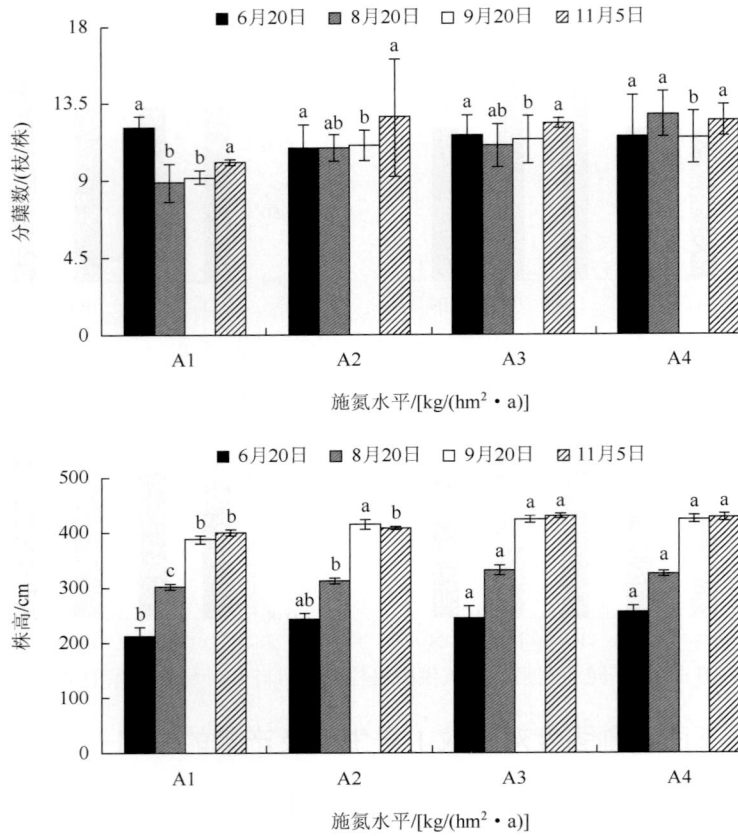

图 6-7　不同施氮水平对桂牧 1 号杂交象草株高和分蘖数的影响

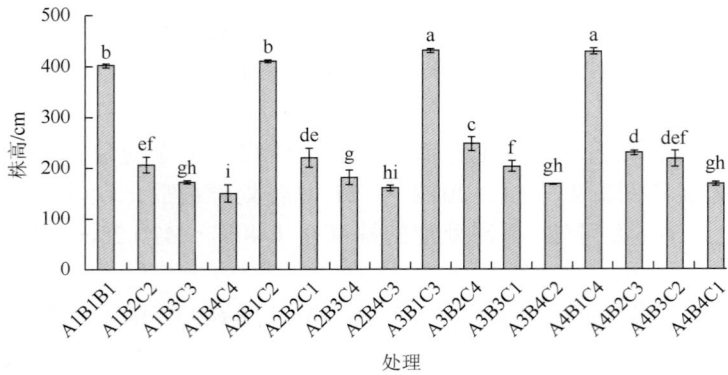

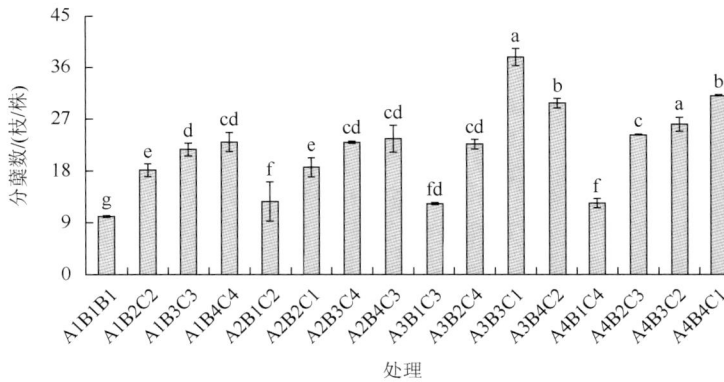

图 6-8　不同处理最后一次刈割的株高和分蘖数

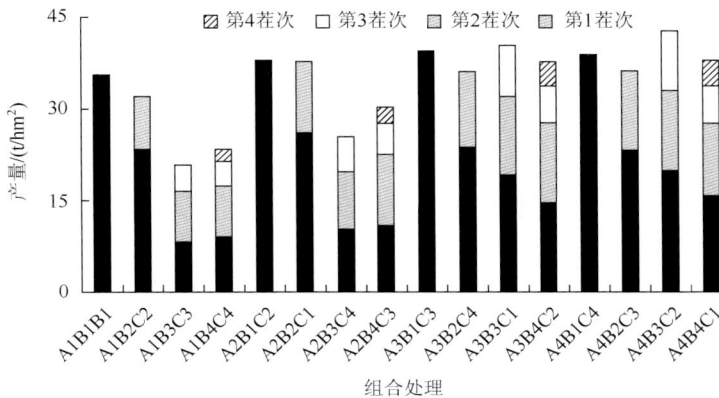

图 6-9　不同处理各刈割茬次的产量

方差分析结果可以看出（表 6-13），施氮量、刈割次数、刈割强度对桂牧 1 号杂交象草粗蛋白、粗纤维和无氮浸出物含量影响大小为刈割次数＞施氮量＞刈割强度，对粗脂肪含量影响大小为施氮量＞刈割强度＞刈割次数，对粗灰分含量影响大小为刈割次数＞刈割强度＞施氮量。由此可知，施氮量和刈割次数对桂牧 1 号杂交象草品质性状影响较大，刈割强度只对粗脂肪含量产生显著影响，对其他营养成分含量影响不大。

**表 6-13　氮肥和刈割对桂牧 1 号杂交象草营养成分含量影响的方差分析和极差分析**

| 营养成分 | 施氮量 | | | 刈割次数 | | | 刈割强度 | | |
| --- | --- | --- | --- | --- | --- | --- | --- | --- | --- |
| | F 检验 | P 值 | 极差 | F 检验 | P 值 | 极差 | F 检验 | P 值 | 极差 |
| 粗蛋白 | 4.692 | 0.011* | 2.05 | 9.022 | 0.000** | 2.91 | 1.291 | 0.302 | 1.05 |
| 粗脂肪 | 7.076 | 0.002** | 0.83 | 5.205 | 0.007** | 0.71 | 6.413 | 0.003** | 0.77 |
| 粗纤维 | 7.544 | 0.001** | 5.54 | 15.517 | 0.000** | 6.47 | 1.390 | 0.272 | 2.16 |
| 粗灰分 | 0.456 | 0.716 | 0.37 | 18.527 | 0.000** | 2.22 | 0.772 | 0.522 | 0.47 |
| 无氮浸出物 | 2.294 | 0.106 | 3.82 | 4.947 | 0.009** | 5.75 | 0.122 | 0.946 | 0.77 |

\* $p < 0.05$；\*\* $p < 0.01$。

粗蛋白和粗纤维含量在很大程度上反映了牧草的营养品质,一般而言,可以通过提高粗蛋白含量和降低粗纤维含量来改善牧草的品质(余有贵和贺建华,2004)。本书研究表明(图6-10),从粗蛋白含量来看,施氮量为1000kg/(hm²·a)、刈割次数为4次的组合为最佳;以粗纤维含量为指标,施氮量为1000kg/(hm²·a)、刈割次数为3次或4次的组合最佳。综合这两个指标,施氮量为1000kg/(hm²·a)、刈割次数为4次时桂牧1号杂交象草具有最高的粗蛋白含量和较低的粗纤维含量。刈割强度只对粗脂肪含量影响显著,因此,以粗脂肪含量为指标,刈割强度为15cm时最佳,另外,施氮量为1000kg/(hm²·a)、刈割次数为3次或4次的粗脂肪含量也处于较高水平。综上所述,施加氮肥1000kg/(hm²·a),在15cm的刈割强度下割草4次,可使桂牧1号杂交象草获得最好的营养品质。

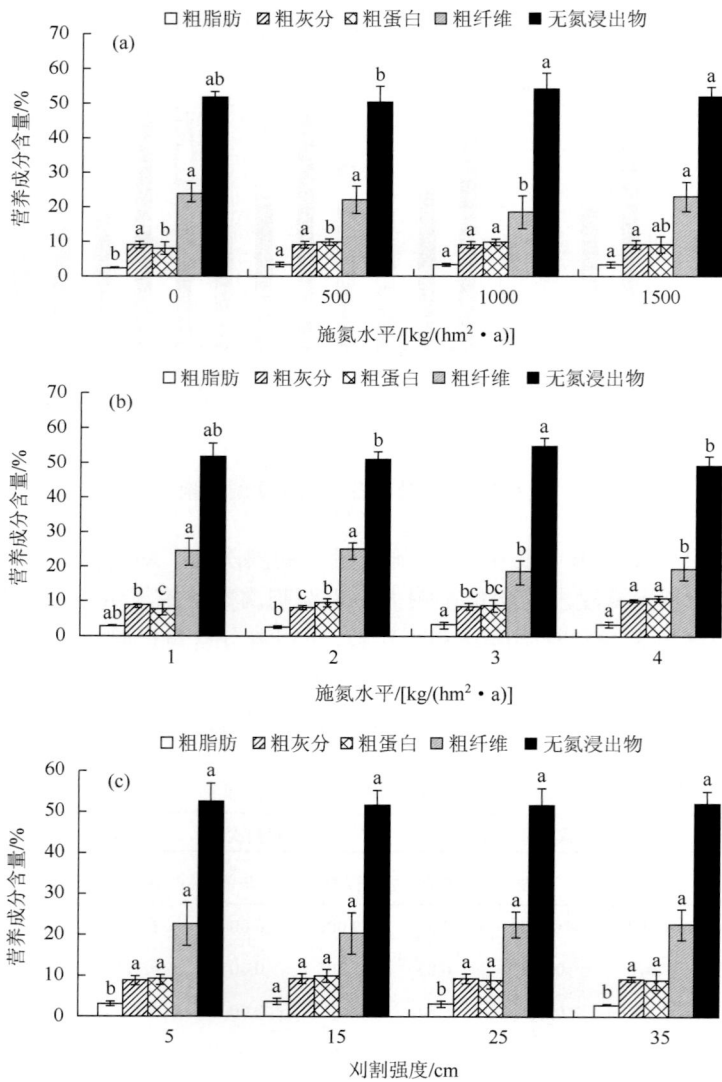

图6-10 施氮量(a)、刈割次数(b)和刈割强度(c)对桂牧1号杂交象草营养成分含量的影响

## 6.4　广西石灰岩区典型复合农林生态系统小流域治理模式

经多年实地调查、试验与研究，在广西石灰岩区形成三种复合农林生态系统土壤肥力和生态功能协同重建模式——小流域治理模式。具体如下：

**1."林＋果＋粮作"模式**

"林＋果＋粮作"模式，即在广西石灰岩区山坡坡顶封山育林，坡中种植亚热带果树及经济林木（枇杷、核桃、沙田柚、柑橘等），坡下种植玉米、大豆等粮食作物的种植模式，即"山顶戴好帽，山腰系好带，山麓穿好裙，脚上套上袜"，也就是说，山顶保存好原有的林分，山中部种上用材林并间种珍贵中草药或其他作物（黄豆等），山麓种上经济果木，山洼保留现有的用材绿化树种并种植经济果木林以及农作物并形成"三位一体"的猪—沼—果经营发展模式。

筛选出多种石山地区适生树种，如：任豆（*Zenia insignis*）、顶果木（*Acrocdrpus fraxinifolius*）、香椿（*Toona sinensis*）、降香黄檀（*Dalbergia odorifer*）、云南石梓（*Gmelina arboren*）、苏木（*Caesalpinia sappan*）、单性木兰（*Kmeria septentrionalis*）、喜树（*Camptotheca acuminata*）、木棉（*Gossampinus malabarica*）、梓树（*Cinnamomum camphora*）、台湾相思（*Acacia confusa*）、狗骨木（*Coarnus wilsoniama*）、银合欢（*Adenanthcrd pavonina*）、茶条木（*Dalavage yunanensis*）、菜豆树（*Radermachera sinica*）、肥牛树（*Cephalomappa sinensis*）、墨西哥柏（*Cupressus tusitanica*）、木豆（*Cajanus flavus*）、吊丝竹（*Dendrocalamus minor*）、麻竹（*Dendrocalamus latiflorus*）、杂交竹等。

适宜多种石山地区经济果木，如：枇杷（*Eriobotrya japonica*）、黄皮（*Clausena lansium*）、月柿（*Diospyros kakilinn f.*）、石榴（*Punica granatum*）、桃子（*Prunus persica*）、山葡萄（*Vitis vinifera*）、柑橘（*Citrus reticulata*）、柚子（*Citrus grandis*）、木瓜（*Carica papaya*）。

适宜石山地区中药材：金银花、苦丁茶、绞股蓝、甜茶、杜仲。

如七百弄 1998 年建设的生态恢复试验区的结果指出：经 16 年的改造土壤肥力得到提升，土壤有机质由建设的生态恢复试验区前平均 2.31%提高到 2.43%，土壤速效氮、速效磷和速效钾分别提高 11%、15%和 17%；生物生长量提高 21%；坡顶风山育林植被恢复；坡中种植亚热带果树效益显著，年亩产值可达 3500 元；坡下种植玉米等粮食作物亩产高达 523 公斤。

**2."封山育林＋薪炭林＋牧草"模式**

"封山育林＋薪炭林＋牧草"模式，即在广西土层浅薄的石山地区，建成以封山育林兼顾发展薪炭林及种植牧草的种植模式。

根据 2012 年度及 2014 年度对固定样地的测定结果，估算林木（高林、矮林）蓄积 141.3m³/hm²，总蓄积 5708.5m³，树干（带皮）鲜重年增长量为：10 260kg/hm²，蓄积增长量 17.84m³/hm²，弄石屯原有森林（高林、矮林）面积 40.4hm²，年可供木材（包括薪炭材）720.7m³。只要合理利用，严格控制采伐量小于生长量，石山植被恢复和可持续发展是可以达到的。

### 3. 水源林区保护模式

以种植水源林或封山恢复原生态林为主，不能砍伐。据调查水源林或封山恢复原生态林年增长量为：10 260~25 771kg/hm$^2$。

## 参 考 文 献

陈声明，林海萍，张立钦. 2007. 微生物生态学导论. 北京：高等教育出版社

杜虎，宋同清，彭晚霞，等. 2011. 木论喀斯特自然保护区表层土壤矿物质的空间异质性. 农业工程学报，27（6）：79-84

关松荫. 1986. 土壤酶及其研究方法. 北京：农业出版社

郭曼，安韶山，常庆瑞，等. 2005. 宁南宽谷丘陵区土壤矿质元素与氧化铁的特征. 水土保持学报，12（3）：38-40

焦娟玉，尹春英，陈珂. 2011. 土壤水、氮供应对麻疯树幼苗光合特性的影响. 植物生态学报，35（1）：91-99

刘怀年，邓晓建，李平. 2007. 水稻品种资源光合速率研究. 四川农业大学学报，25（4）：379-383，387

鹿士杨，彭晚霞，宋同清，等. 2012. 喀斯特峰丛洼地不同退耕还林还草模式的土壤微生物特性. 生态学报，32（8）：2390-2399

宋同清，彭晚霞，曾馥平，等. 2010a. 喀斯特峰丛洼地森林群落格局及环境解释. 植物生态学报，34（3）：298-308

宋同清，彭晚霞，曾馥平，等. 2010b. 喀斯特峰丛洼地不同类型森林群落的组成与生物多样性特征. 生物多样性，18（4）：355-364

宋同清，彭晚霞，曾馥平，等. 2011. 喀斯特峰丛洼地退耕还林还草的土壤生态效应. 土壤学报，48（6）：1219-1226

宋同清，王克林，彭晚霞，等. 2006. 亚热带丘陵茶园间作白三叶草的生态效应. 生态学报，26（11）：3647-3655

杨培岭，罗远培，石元春. 1993. 用粒径的重量分布表征的土壤分形特征. 科学通报，38（20）：1896-1899

叶子飘，于强. 2008 冬小麦旗叶光合速率对光强度和CO$_2$浓度的响应. 扬州大学学报（农业与生命科学版），29（3）：33-37

余有贵，贺建华. 2004. 牧草的营养品质及其评价. 中国饲料，（23）：34-35

朱志建，姜培坤，徐秋芳. 2006. 不同森林植被下土壤微生物生物量碳和易氧化态碳的比较. 林业科学研究，19（4）：523-526

Arunachalam A，Pandey H. 2003. Ecosystem restoration of Jhum fallows in Northeast India: microbial C and N along altitudinal and successional gradients. Restoration Ecology，11：168-173

Harris J A. 2003. Measurements of the soil microbial community for estimating the success of restoration. Europe Journal of Soil Science，54：801-808

# 第7章 广西红壤肥力与生态功能协同演变的对策及建议

## 7.1 广西红壤肥力提升的对策与建议

改良土壤、培肥地力，这是确保红壤丘陵区坡地农业可持续发展最重要的措施。可将过去行之有效的低产田土改良培肥单项技术进行科学集成，应用于农业之中。包括增施有机肥，特别是增大作物秸秆直接还地的比例；合理施用石灰，提高土壤 pH；氮、磷、钾和微量元素肥料配合施用，保证作物的均衡营养；用地与养地作物实行轮种、间作和套作等。针对广西现有红壤中，生产条件较差、障碍因素多、土壤肥力低的低产耕地所占比例较大的实际，要在加强农田水利基础设施建设的同时，将用地与养地结合起来，以用为主，用中有养，用养结合，培肥地力。要采用合理的耕作制度，调整优化种植结构，宜农则农，宜果则果；要增强土宜性，注重发展茶叶、杨梅、柑橘、花卉、药材等适宜红壤地区种植的经济作物。要注重红壤利用格局的地带性、层状性和微域立体多层配置的特点，因地制宜，大力推广种养结合和农林复合业，种植牧草可有效地减少水土流失、防止土壤退化、提高土壤质量、调节土壤水热状况，因此，要选择适生品种，发展牧草业，发展多种节粮草食畜禽。要在稳定现有种植面积基础上，合理轮作，间作套种尤其是幼龄园地的套种，扩大肥粮、肥菜等兼用的经济绿肥作物种植比例。

**1. 科学施用化肥**

1）改善化肥的使用结构，调整肥料比例

目前在广西乃至全国的农业生产中，在施用化肥时，普遍存在有重氮轻磷钾的倾向，这需要在今后的养分投入中加以注意。要根据作物的生产特性，结合土壤肥力状况，并考虑水稻的耕作制度，因地制宜，采取配方施肥、以产定肥、测土施肥或诊断施肥等多种方法，减少氮肥的投入量，调整氮磷钾到合适的比例。

在今后的红壤区域化肥投入中要遵循的原则应是"节氮、活磷、补钾"。"节氮"就是适当减少氮肥的投入，根据作物的实际需要，控制氮肥施用量，同时采用新的施肥方法，减少氮肥的损失，提高利用率，新型缓释控释肥的应用将在这方面发挥重要的作用。"活磷"就是要利用新技术减少磷肥在土壤中的固定和活化土壤中已固定的磷，充分发挥生物体在减少磷固定和活化累积磷中的作用，同时可根据耕作体系和条件，选择合适的肥料品种和施肥方法，各种磷肥增效剂的应用将具有广阔的前景。"补钾"就是较大幅度提高钾肥的用量，除了维持作物高产外，还应将提高作物品质和维持土壤肥力考虑在内。农业生产实践中，应改变传统施肥方式，调整施肥结构，推行平衡施肥，提高肥料利用率，达到营养植物、改善土壤物理性质、提高土壤肥力的目的。化肥与有机肥配合施用是退化红壤恢复重建的重要措施。单纯施化肥、特别是大量施用氮肥，将引起不同程度的土壤酸化，土壤养分不平衡，土壤有机质含量下降，土壤物理性质变劣等，并导致收获物品质下降。

应该根据作物需要，合理施用化肥，特别是增施磷钾肥，是提高作物产量的有效措施。据有关研究表明，旱瘠田每公顷施磷 60kg，增产 21%～74%；每公顷施钾 120kg，增产 17.26%。潜渍田每公顷施磷 60kg，增产 12.9%～21.42%；每公顷施钾 120kg，增产 10.72%～19.24%。

2）科学平衡施肥

由于红壤自然肥力较低，其养分的供应远远不能满足作物生长的需要。施用化学肥料能及时地弥补土壤养分的不足，协调作物所需养分的功用，达到提高作物产量，改善产品品质，提高土壤肥力的目的。一般来说，平衡施肥，氮肥利用率可提高 5%～10%，可增加作物产量 15%～20%。在化肥的施用上，应重视与农艺措施相互结合，与有机肥、微量元素配合施用；根据土壤养分状况、作物营养特点、耕作制度等进行科学平衡施肥。目前市面上开发的不同作物专用肥是平衡施肥技术的物化，既增产增收，又推动了现代施肥技术的进步。

在作物必需元素施用管理上，要有机与无机相结合，因土因作物施肥，合理施用大量元素肥料，配施中、微量元素肥料。一是根据各种农作物的需肥规律，保证氮肥投入，增磷补钾，三要素要混合施用，并因土补施硼、钼、锌、铜等微量元素和中量元素肥料。要切实改变目前农民普遍存在的偏施氮肥、忽视中微量元素肥料和盲目施肥的习惯，减少养分的无效投入，控制养分流失。同时，对酸性较强的红壤，可以施用石灰和石灰石粉，调节土壤 pH，提高土壤盐基饱和度，增加交换性钙、镁的含量，降低铝的活性。二是要围绕提高肥料利用率和控制肥料流失，通过实施"沃土工程"，推广"配方施肥"、"平衡施肥"、"平衡配套施肥"等先进适用的施肥技术，开发并应用"3S"施肥技术体系、精准施肥、精确农业等先进技术和高科技手段，将测土、配方、生产、供应、施用等环节有机地结合起来，使施肥向定量化、模式化、复合化、缓释化方向发展，提高科技贡献率。三是要适应效益农业、无公害农产品，绿色农产品和有机食品的发展要求，依据红壤土壤特性，研究并开发与之相配套的一整套的立体化施用的施肥体系，研制开发高效、低残留、高浓度复合的种类农作物专用肥料和有机生物肥料、微生物肥料、氨基酸肥料、海藻类肥料、有机酸类肥料等新型肥料产品和技术。

3）改进施肥方式

不同种类的肥料施肥方式也不一样，一般认为，窑灰钾肥、钾钙肥等矿质钾肥以作基肥较好，氯化钾、硫酸钾等化学钾肥除可用作基肥外，也可作早期追肥。红壤中钼、硼、锌、镁、铜等微量元素，虽然在酸性条件下可以提高其有效度，但由于受到强烈的淋溶，绝对含量低，施用微量元素肥一般都有较好的效果。特别是钼和硼对于柑橘、大豆、花生、紫云英、油菜等增产显著。在不同熟化程度的红壤旱地上试验，旱大豆用 1kg 硼砂拌种，增产 11.1%，旱花生用 1g/kg 钼酸镀拌种，增产 7%～15%，油菜使用硼、钼肥增产 10%～20%。

## 2. 增施有机肥料

广西红壤低产的根本原因是有机质少，大量施用有机把可以加速土壤有机质积累，土壤有机质含量是土壤肥力的重要指标。开辟有机肥源是增施有机肥的前提。有机肥料是我国农业的特长，它具有肥力全、有机质含量高、肥劲长、来源广、成本低等特点，有其他化学肥料不可替代的特殊作用。它除含有多种养营元素外，还含有丰富的有机质，对促进土壤团粒结构、改良土壤性质有重要作用。有关研究表明，在施用有机肥条件下，土壤 pH 的下降幅度较施用化肥小，土壤交换性酸含量的增加较小，有机质和钾素含量有较大幅度的提高，土壤速效钾及交换性阳离子的含量均较化肥处理高，这说明有机肥可明显改善土壤肥力。另外配合施用土壤结构改良剂能有效防治水土流失，减少土壤酸害，控制并减少土壤重金属污染，促进红壤培肥。这可能是因为随着有机质的增加，腐殖质逐步成为结构体的主要胶结物质，土粒表面包被的铁锰胶膜逐渐由有机-无机复合胶膜所代替，从而使耕层土壤的水稳性团聚体增加，土壤容重变小，孔隙度增加，通透性良好，缓和了热、水、气、肥之间的矛盾，为土壤和作物的协调，创造了稳、匀、足、适的环境条件。

增施有机肥料还能够提高土壤的蓄水保墒性能，从而达到以肥调水的效果。有机肥与化肥配合使用，能同时供给微生物活动所必需的碳素和速效氮、磷等养分。从而加强土壤微生物的繁殖和活动，促进土壤有机质的分解，放出大量二氧化碳，有助于植物光合效率的提高。可见大量施用有机肥可以不断提高土壤供应水、肥、气、热的能力，增施有机肥又能长期供给作物所需养分，从根本上解决红壤低产问题。

有机肥源主要包括种植绿肥、养猪积肥、秸秆还田、甘蔗淤泥还田等多个方面。有机质经过微生物的分解和合成作用，形成的深色腐殖质与红壤中的矿质胶体结合，形成有机-无机复合胶体，促使以低硅矿质胶体为主的冷性土变为复合胶体为主的生理热性土。胶体品质的改变，从根本上改变了土壤养分的保蓄和供应性能。同时，有机质不断矿化也丰富了土壤营养物质。因此，随着有机质含量的增高，红壤养分状况和供肥能力显著好转。

实施有机肥料商品化。近年来，广西畜禽养殖发展较快，为此，要通过接种微生物菌剂、通气增氧等现代发酵工艺，利用条垛式堆腐、棚式发酵、圆筒发酵、塔式发酵等多种方式，利用规模养殖畜禽粪便、糖厂甘蔗淤泥等重要的有机肥源，经发酵加工腐熟有机肥料，走有机肥料商品化的路子，并使畜禽粪便达到无害化、资源化、减量化利用和处理的环境建设要求。当今，随着广西蔗糖产业的徐梦发展，每年产生了大量的甘蔗淤泥，现在利用甘蔗淤泥接种微生物菌剂发酵出上午肥的技术已经逐趋成熟，在广西涌出了一大批甘蔗淤泥为原料的有机生物肥料厂。

**3. 恢复绿肥生产**

绿肥是一种花工少、见效快、产量高、用途广、肥效好的优良有机肥源。红壤旱地（果园）种植绿肥翻压后，不但能直接补充各种营养元素，而且可提高土壤的有机质含量。据报道，在丘陵红壤旱地上连续种植三年绿肥后，土壤耕层的有机质、全氮、全磷，含量分别由 6.4g/kg、0.4g/kg、0.36g/kg 提高到 12.1g/kg、0.66g/kg、0.67g/kg，分别提高了提高89%、65%、86%（赵其国等，2014）。在红壤开发新建的果、茶、桑园内，按等高条状间作绿肥，不但能改良土壤结构，增加养分含量，而且有良好的覆盖作用，对防止水土流失，有良好效果。但是，目前红壤开发区的幼龄果、茶、桑园，大部分是套种短期经济作物或闲置，绿肥种植面积很少，特别是春、夏季绿肥更少。果园旱地间作的春、夏季绿肥，必须在旱季到来之前翻压或拔起覆盖树盘。否则，绿肥与果树在伏旱期会产生激烈的争水矛盾，影响果树生长。果园套种豆科绿肥，可通过生物固氮和绿肥压青富集养分，改善土壤结构，提高土壤肥力；增加水果产量，提高产品档次；防止水土流失，减少病虫杂草危害；增加土壤通透性，增强红壤保水保肥性能。绿肥覆盖地面后，还可减少蒸腾作用，减轻土壤水分蒸发，夏季可降低土壤温度，保湿防旱、减少日灼；冬季可保温防冻，改善土壤水、肥、气、热状况，从而促进果树根系、树冠速生快长，为高产、稳产奠定基础。

绿肥生产，要摆脱单纯的生产绿肥的观念，要在提高绿肥种植的经济效益上做文章。要在稳定水田绿肥的同时，兼顾水田与旱地绿肥，引进和推广与当地耕作制度相适应的经济绿肥及水保绿肥新品种，重点发展蚕豆、豌豆、绿豆、箭舌豌豆、印尼大绿豆、黑麦草、油莎草、肥田萝卜、菜豆、苏丹草等高效、优质、高产经济绿肥。走肥粮、肥菜、肥油、肥饲兼用的路子。利用红壤区生物循环旺盛的特点，种植绿肥，可以提高土壤有机质含量水平。据研究，在红壤旱地连续三年种植绿肥，翻压量 22.5t/hm$^2$，三年后土壤有机质提高 2.5～5.3g/kg。

## 4. 实行合理轮作

建立合理的轮作体系，可以改善农田土壤养分供应状况。在广西乃至南方红壤地区，要着重做到：①稻田年内水旱复种（亦称年内水旱轮作）。如实行绿肥—早稻—晚大豆+玉米；绿肥—玉米+大豆—杂交稻；绿肥—早稻—甘薯+玉米（或大豆）等。②稻田年间冬作物轮换。为保证粮食生产，稳定双季稻面积，可实行年间冬作物轮换，如桂北地区可实行紫云英—双季稻→小麦—双季稻→混播绿肥（紫云英×油菜×肥田萝卜）—双季稻；绿肥—双季稻→油菜—双季稻→蚕豌豆—双季稻等；在桂南地区可采用冬玉米—双季稻→冬薯—双季稻→蔬菜—双季稻等。③稻烟水旱轮作。双季稻田可改种春烟+晚稻后，再种植双季稻，进行时间和空间的轮作。④旱地复种轮作。旱地作物多种多样，所组成的复种轮作方式也丰富多彩。如实行蚕豆=甘薯+玉米→油菜=玉米+大豆—芝麻→混播绿肥=甘薯=大豆+玉米=芝麻+绿豆→油菜=花生+玉米=大豆+玉米等。

合理轮换种植不同作物，实行深耕和作物的换茬，豆科和粮食、经济等作物的轮作，能平衡、充分地利用土壤中的营养物质并提高土壤肥力。轮作倒茬应考虑茬口和作物的特性，合理搭配耗地作物（如水稻、玉米）、自养作物（如大豆、花生）、养地作物（如草木樨、紫云英），如采取绿肥作物与大田作物轮作，豆科作物与粮烟作物轮作以及水旱轮作的方式进行合理轮作。连续 18 年的定位试验研究结果表明，在红壤旱地不同间作系统下，间作的土壤肥力指标普遍高于单作，不同作物间作对防止红壤退化或进行退化红壤的恢复重建具有十分显著的效果。曾希柏（2014）研究了 4 种稻田耕作制度，发现水稻产量以肥（紫云英）—稻—稻较高，土壤有机质含量亦以肥（紫云英）—稻—稻最高，其次为油—稻—稻，麦—稻—稻的增加幅度则较小，而冬闲—稻—稻耕作制下土壤有机质含量下降，氮、磷、钾含量亦较低。

红壤旱地（果、茶园）轮作制的配置，应根据不同熟化阶段科学安排用地与养地作物的搭配比例，红壤项目区的做法是，新垦红壤旱地和果、茶园，以改土培肥为主，用地与养地作物比例以 1:1 为宜，以豆科作物和绿肥为主，采用大豆、花生、红薯、西瓜、绿豆、春夏季绿肥与油菜、冬绿肥轮作换茬，一年一熟或一年两熟制，其中冬绿肥面积在1/2 以上，春夏绿肥面积在 1/3 以上；红壤初步熟化后，用地与养地作物比例可上升为 1.5:1 或 2:1，并可适当增加复种指数和经济价值较高的作物比例。果园冬季绿肥面积一定要稳定在 1/2 以上，春夏季绿肥面积要保持在 1/3 以上。

合理轮作换茬，能在一个年周期或一个轮作周期内解决作物与土壤之间的供需矛盾，并保持连续性的均一植被，这在高温和多雨季节尤为重要。生产者必须根据当地的气候特点安排好各季作物茬口，做到间作套种，茬茬扣紧。新垦红壤多采用"肥田萝卜（绿肥）—花生"复种方式；肥田萝卜（绿肥）—甘薯一年两熟制，或"油菜（早熟种）—花生"一年两熟制。

## 5. 合理施用石灰

合理施用石灰，对于活化土壤养分具有明显作用。广西红壤土壤酸性较强，适量施用石灰的主要作用在于中和酸性，提高土壤 pH，提高土温，增加 Ca 含量，消除土壤活性铝、锰等毒害物质，促进微生物繁殖，增强微生物的活性，促进有机质的矿化分解，活化土壤养分，改善物理性质，从而改善作物的生长环境。研究表明，无论是旱土还是水田，施石灰均有一定的增产效果。水田施用量一般不应超过 750kg/hm$^2$，旱土一般为 750～1500kg/hm$^2$，最好在翻压绿肥及作物秸秆时施用。在低丘红壤区的适宜施用量为 750～1125kg/hm$^2$，效果最好的可使土壤提高 1 个 pH 单位。有研究结果表明，施用有机肥料配合施石灰可使花生增产 10%，大豆、水稻增产 10%～20%（赵其国等，2014）。石灰后效较长，根据轮作换茬制度，选择适宜茬口施石灰是必要的。值得注意的是施用石灰应该与有机肥配合施用，否则可能引起土质板结。

## 6. 实施秸秆还田

实施秸秆还田和秸秆覆盖，对于改善土壤生态具有显著成效。作物秸秆中含有糖类、纤维、脂肪、含氮化合物等，经微生物分解后，可形成大量活性有机质并释放出矿质营养元素，特别是豆科作物秸秆，富含氮素，肥效尤佳。丘陵红壤旱地（果园）秸秆就地还田是一项投资少、见效快、效果好、易推广的增产培肥措施，也是解决广西钾肥资源不足的有效途径之一。据研究，在红壤旱地，每年将收获的二季作物（油菜、花生）秸秆全部返田，按风干物计算 5.4t/hm$^2$，连续三年后，土壤有机质、全氮比不返田分别提高 1～2.3g/kg 和 0.106～0.114g/kg，容重下降 0.04～0.1c，作物增产 8.3%～15.7%；广西农作物秸秆资源丰富，在长期的农业生产实践中各地已总结出大量利用等秸秆培肥土壤的技术和途径。当前要围绕秸秆的综合开发利用、制止秸秆焚烧，推广秸秆粉碎还田、高留茬等直接还田模式，探索秸秆全量还田模式与技术，应用利用秸秆养畜、过腹还田和秸秆气化等模式，示范、推广秸秆冬季覆盖、秸秆快速堆腐等实用技术。

覆盖包括残茬覆盖、秸秆覆盖、活体覆盖以及塑料薄膜覆盖，覆盖物在雨季可以防止雨滴的剧烈打击，有利降水的入渗；在旱季，可以降低地表温度，减少土壤水分蒸发；同时除了塑料薄膜覆盖外，覆盖物都参与了土壤养分再循环，有利于良好土体结构的形成；另外，覆盖物还为土壤动物、土壤微生物提供适宜的生境，使其参与促进底层土壤水分向上运动。但是，覆盖技术在红壤旱地上的应用还较少。研究结果表明，以秸秆为覆盖物的免耕覆盖技术使低丘红壤出现凋萎含水量的次数比常耕少，地表最高温度大于 4℃ 的次数仅为常耕的一半。马渭俊等（1990）的研究结果也表明，玉米生育期间，秸秆覆盖、活体覆盖分别比对照减少径流量 182mm 和 89mm；减少蒸发量 234mm 和 144mm；增加渗漏量 187mm 和 65mm。

## 7.2　维护广西生态安全的对策与建议

针对当前广西存在的生态安全问题，为维护广西生态安全，实现广西人口、资源、环境与经济、社会的全面、协调和可持续发展，特提出如下对策和建议。

**1. 提高认识**

在当前整个社会和全人类越来越关注"生态安全"的大背景下，要充分认识确保广西生态安全的必要性、重要性和紧迫性。广西"八山一水一分田一片海"，还有大面积的石漠化地区，建设生态安全内容复杂、任务艰巨。

要深刻认识到维护广西生态安全是促进广西经济、社会全面、协调、可持续发展的重要保障；维护广西生态安全是建设"生态广西"的重要基础；维护广西生态安全是实施国家"西部大开"发战略的重要组成部分；维护广西生态安全是实现"美丽中国"的重要组成部分；维护广西生态安全是建立稳固的"中国—东盟自由贸易区"、发展中国与东盟、东南亚乃至世界各国友好关系的需要。

要通过开展广泛宣传和加强教育、培训等，使广西广大干部和群众不断提高生态安全意识，使每个人都成为自觉保护生态环境、维护生态安全的生力军和实践者。

**2. 完善制度**

建立健全生态环境保护的各种法律法规、完善生态环境保护的各种相关制度，对于改善生态环境、维护生态安全至关重要。可以说，近年来广西与全国各地一样，在这方面做了许多行之有效的工作，取得积极进展，但与实际要求相比还远远不够。因此，要维护好广西生态安全，必须更加高度重视完善广西生态环境保护的各种规章制度。

要对广西现有生态环境保护方面的规章制度，进一步补充、修改、完善，要根据变化了的新形势、新情况、新问题，建立健全新的更加切合广西实际的生态环境保护与生态安全制度，如建立干部任期内的生态环境考核制度、完善生态补偿制度、建立生态奖惩制度，以及建立排污许可证、"三同时"等环境管理的各项制度。要建立环境违法案件移送、后督查、违法排污"黑名单"和环境违法行为查处情况通报等制度，推动环境保护监督检查工作的制度化、规范化，促进环境保护工作的进一步深入。

总之，只有做到以制度保护广西生态环境、以制度维护广西生态安全，才能建成"生态广西"、"美丽广西"。

**3. 严格执法**

要严格执行生态环境保护的各种法律和法规，以"法"保护广西生态，以"法"维护广西生态安全。

近年来，广西壮族自治区纪委监察厅将生态环境保护监督检查工作纳入党风廉政建设和反腐败斗争的整体部署，充分发挥组织协调作用，通过加强监督检查、组织处理、查办案件等措施，促进环保等部门认真履行职责，推进环境保护工作。

为强化监督职责，提高生态环保意识，自治区纪委监察厅制定了《生态环境保护和节能减排持久战实施方案》，专门对生态环境保护监督检查工作的任务、进度、责任等进行具体部署，并认真抓好落实。督促有关部门不断加强对高耗能、高污染等重点区域和行业节能减排情况的监督检查，关停和淘汰一批落后产能。坚持对环境保护重点领域和关键环节不放过，对生态环境保护问题和隐患不放过，对生态环境保护问题和隐患整改不到位的不放过，对环境保护责任制落实不到位的不放过。

在强化执法监察职能的基础上，广西注重以解决生态环保突出问题为重点，加强监督检查，增强工作实效性。自治区纪委监察厅连续 5 年深入开展整治违法排污企业保障群众健康环保专项行动，共查处违法企业 4055 家，立案处理企业 2218 家，结案 2034 起。两年来（2007～2008 年），共开展专项监督检查 32 次，重点督查 27 次，有力地打击了环境违法行为，维护了群众权益，保障了群众健康。全面开展涉锰、铅锌、铁合金行业环保准入核查和专项整治，对存在突出问题的企业实行强制清洁生产审核；完善突发环境事件应急预案，及时处置了右江上游粗酚污染事件等多起突发环境事件。

此外，广西坚持开展后监督与挂牌督办工作。2008 年，自治区纪委监察厅集中对 828 个挂牌督办环境案件中 92% 的案件进行了后督察，促进了 59 个整治不到位、2 个未进行整改环境案件的整改和落实。同时，将群众反复投诉、污染严重、影响社会稳定的生态环境问题，列为自治区环保专项行动挂牌督办案件。

今后，为更好地维护生态安全，广西壮族自治区有关部门将在严格执法方面迈出更加坚实的步伐、采取更加果断的行动。

## 4. 绿色考评

要尽快建立"绿色 GDP"考评制度，将生态环境保护纳入到地方经济社会综合考核的指标体系中，将干部任期之内的"生态业绩"纳入考评范围和内容，实行生态环境保护考核"一票否决制"。

要绿水更绿，青山更青，还需要有完善的"绿色考评"机制。近年来，广西在落实绩效考评责任制、监督检查责任机制、企业和项目分类负责制等已有监督体制的基础上，积极探索环保监察新途径、新方法，建立健全了一批长效机制。

（1）建立环境保护综合决策机制和协调机制。广西桂林市环保局积极开展廉政风险防范管理，调动干部职工查找廉政风险防范点 332 个，制定了相应防控措施 574 条，编印了《环保系统"三类风险"警示录》。柳州市环保局建立参与机制，通过参与局党组会、案件审议、现场执法等把握工作重点，将效能监察融入环保重点工作。

（2）推行环境保护目标责任制。2008 年出台了《广西壮族自治区城镇污水生活垃圾处理设施建设行政过错责任追究办法》；会同有关部门研究制定并上报自治区人民政府批准印发了《2008 年整治违法排污企业保障群众健康环保专项行动实施方案》，修改完善

《2008 年节能减排攻坚战行动方案》和《主要污染物总量减排工作考核方案》。

**5. 生态补偿**

为适应新形势下维护生态安全的战略要求为，无论是从国家层面，还是从广西层面，都要尽快建立和实行"生态补偿"制度。对于那些为保护一方生态环境作出贡献、为维护国家或区域生态安全作出实绩的个人、单位、部门，要给予应有的经济补偿和必要的奖励。

1）建立西江流域生态补偿机制

据有关报道，近年来，广西每年投入约 30 亿元进行生态环境建设和水源保护，全区封山育林面积达到 7778 万亩（518.53 万 $hm^2$）（赵其国等，2014）。随着包括珠江防护林工程在内的生态保护工作深入推进，西江一直以来始终保持着充足的水量和优良的水质。

从"生态补偿"的角度，特提出如下建议：①支持珠江—西江千里绿色生态走廊建设，探索建立西江流域上下游生态补偿机制，从下游发达地区上交的税收中提取一定比例作为上游生态建设补偿资金，提高珠江防护林补助标准，共同把上游绿色生态走廊建设好。②应该从国家立法的层面进行利益调节，按照河流净流量和水质，确定生态补偿资金数额；上游生态功能区和下游受益区通过协商解决产业规避问题，实现从"输血"式到"造血"式扶贫的转变。③过去仅靠行政手段来解决污染问题，现在也需要用市场办法来保护水源。建议在西江流域建立水权交易试点，加快建立我国河流流域生态补偿试点工作，确定水资源使用权可按市场经济原则转让、交易的合法地位。一是要借鉴其他地方水权交易的工作经验，完善西江流域各方利益协调机制。二是探索建立西江流域水权交易市场，实施西江水量统一调度，上游的广西、贵州、云南和下游的广东、澳门以市场的方式进行"水权交易"。三是以水质和水量控制为核心，流域内区域间的利益相关者通过协商建立流域环境协议，明确流域不同河段水质和水量要求，防止在水资源保护与管理上产生权责界定不清、互相扯皮等现象。

2）建立珠江上下游生态补偿机制

珠江是广西的"母亲河"，也是珠江三角洲和港澳地区的"生命源"。加强珠江流域防护林体系建设，保护和改善区域生态环境，不仅能维护广西本土生态安全，而且可以使整个华南地区特别是港澳地区水质和生态安全得到保障。

为维护珠江流域生态安全，国家应建立完善补偿机制，动员全社会共同参与，形成多元化投入格局，特别要争取建立下游地区对上游地区的生态补偿机制，以提高珠江流域农民造林积极性。

据统计，1996 年以来，广西投入近 10 亿元人民币连续实施两期珠江防护林工程，并加强对珠防林、海防林等重点工程的监理，使工程建设区森林覆盖率提高了 5.6%，森林蓄积量增加了 1.2 亿 $m^3$，农民收入增加 4 亿多元。

然而，近几十年来，珠江流域旱、涝等生态灾害依然频繁，特别是 2004 年以来，珠三角地区有 6 年遭遇严重咸潮袭击，直接影响着广东省 1500 多万居民日常饮水和 200 多万亩（13.33 多万 $hm^2$）农作物生长，也影响到香港、澳门地区的供水质量，采取更大力度加强珠防林工程建设迫在眉睫。从"十二五"开始到 2020 年，广西将投巨资实施第三期珠江防护林工程，计划造林 2500 多万亩（166.67 多万 $hm^2$），增强珠江流域生态功能，遏制水土流失和石漠化。可是，目前提高林区农民护林积极性依然面临着许多实际困难。

由于资金总量有限，广西每年的造林面积和投资仍无法满足建设规模和改善整个生态环境的需要，要打开这个瓶颈，必须建立珠江上下游生态补偿机制，增加资金来源渠道，从源头上解决资金问题。当前，中国可以尝试建立生态补偿联席会议制度，引入省际水质断面交接标准等方式，促进该机制的实现。"珠防林工程"关系到生态安全和农民的切身利益，今后，广西不仅要深化集体林权制度改革，落实林地经营权，提高农民参与工程建设的积极性，还要根据经济发展逐步提高补偿标准，让农民的利益得到保障。

## 6. 加强研究

要确保广西生态安全，必须加强对广西生态安全问题方面的科学研究。当前，要集中广西优势力量，开展以下方面的联合攻关：一是要研究广西生态安全存在的突出问题及其根源；二是要研究广西生态安全问题发展变化的规律及其机理；三是对未来广西生态安全的发展变化趋势要进行预测，特别是要强调定量研究，建立科学、客观且具有针对性和可操作性性的预测模型；四是要研究广西生态安全问题的应对策略，做到防患于未然。

## 7. 促进合作

现在的世界是开放的世界，唯开放才有出路，唯合作才能成功。闭关自守、单打独斗，往往难以成就大事。要确保广西生态安全，必须重视和加强国际、国内、区（自治区）内的合作交流。特别强调三点：一是要加强国际合作，学习、引进国际上的先进理念、技术和手段；二是要开展国内合作，将国内有利于维护广西生态安全的理念、技术、方法等应用于广西各地的具体实际之中；三是广西区内也要加强合作与交流，如广西壮族自治区的高校、科研院所、公司企业和行政管理等都应密切合作与交流，做到优势互补、取长补短、相互促进、共同发展。

当前，广西可联合西南、中南探索建设生态保护合作机制，以南岭山地水源涵养重要区、西南喀斯特地区土壤保持重要区、东南沿海红树林生物多样性保护重要区、桂西南岩溶山地生物多样性保护重要区四大国家重要功能区为核心，联合粤湘赣共建南岭山地水源涵养重要功能区；联合粤琼共建东南沿海红树林生物多样性保护重要生态功能区；联合滇黔共同开展石漠化综合治理。与越南深化合作，扩大大湄公河次区域合作成果。加强桂西南石灰岩地区生物多样性保护，加大重点生态功能区的保护和建设力度。

## 8. 分区分类

要从根本上维护广西生态安全，必须对广西生态环境、生态建设和生态安全进行分区和分类，以便实行分区建设、分类保护。

1）分区建设

2008 年 2 月，广西壮族自治区人民政府发布了《广西壮族自治区生态功能区划》，该区划是在对广西生态现状调查的基础上，通过系统分析生态系统类型及其空间分布特征、主要生态问题和产生原因、生态系统服务功能重要性与生态敏感性空间分异规律，确定不同地域单元的主导生态功能，划分生态功能区类型，确定对保障广西生态安全具有重要作用的重要生态功能区域。生态功能区划是主体功能区划、生态保护与建设规划、资源合理开发与保护、产业布局和结构调整的重要参考依据，对于转变经济发展方式、增强区域社会经济发展的生态支撑能力，促进富裕文明和谐新广西建设具有重要意义。

2）分类保护

在对广西生态环境和生态安全进行分区管理的基础上，还要进一步进行分类管理、分类建设，明确生态建设与生态安全的重点，构建全区生态安全新格局，这方面的工作还需要扎实开展、稳步推进。

当前，要构建广西生态安全新格局，应突出抓好以下几方面内容：一是建立以森林植被为主的森林生态体系；二是对重要生态地区进行有力的生态保护，确保自然生态系统的健康稳定和物种多样性；三是治理和保护生态脆弱地区，恢复和提高自然生态系统的服务功能。这些目标主要通过开展造林绿化、建设自然保护区、加强公益林管护、加快石漠化治理、建设北部湾生态屏障和西江千里绿色走廊及保护生物廊道来实现。

3）重点治理

与西南、中南其他省市相比，良好的生态环境是广西发展的潜力和优势所在，但是近年来广西壮族自治区部分江河明显受到污染，近岸海域水质呈现下降趋势，空气质量保持面临新压力。打造新的战略支点必须保持自治区山清水秀、海碧天蓝的优良环境质量，为西南、中南地区提供清新空气和清洁水源等优质生态产品。深化节能减排和污染防治是构建生态安全体系的重要抓手。因此，近期广西应重点治理：

（1）以 PM2.5 防控为重点，深化大气污染防治。采取煤炭消费总量控制、燃煤电厂脱硫脱硝除尘、工业锅炉窑炉污染治理、挥发性有机物综合整治、扬尘环境管理、机动车尾气污染治理、餐饮油烟污染治理综合措施，实施多污染物协同控制，提高综合防治技术水平，建立重污染天气监测预警应急体系，防控复合型大气污染。

（2）以饮用水安全保障为重点，强化重点流域和地下水污染防治。加快西江流域重点江河和大中型水库库区水污染综合治理，加大邕江、南流江等重要河流以及万峰湖、洪潮江水库、大王滩水库等重要水源的保护，推动水环境质量改善，保障饮用水安全。

（3）以农村环境综合整治为重点，加快乡村建设规划。深入推进清洁家园、清洁水源、清洁田园建设，整体推进农村生活污水处理、垃圾收运、饮用水水源保护、畜禽养殖污染等综合整治，因地制宜地推行生态农业发展模式，建立农村环境管理长效机制。

## 9. 增大投入

实践证明，要使广西生态安全真正得以确保和维护，必须要加大生态环境保护与建设的人力、物力和资金的投入力度。没有必要的投入，谈"生态保护"、"生态安全"到头来只能是一句空话。

增大生态安全投入，应多种渠道、多种途径、多种方法解决。首先，要增大国家的投入，国家要逐步增大对西部、对广西的生态环保投入，以建设好、维护好我国西部、西南部的"生态屏障"；其次，从"生态补偿"的角度，香港、广东等发达地区和邻省应给广西必要的生态补偿与环保投入；第三，广西壮族自治区自身也要更进一步增加生态投入，从维护广西自身生态安全的战略高度，增加投入；第四，还可向企业、慈善组、民间团体筹集相关资金，等等。

**10. 增强能力**

要下决心通过上述一系列对策和措施，切实增强广西生态环境保护能力，提升广西可持续发展能力，从而真正做到维护广西生态安全，实现广西经济社会与资源生态环境的协调发展、全面发展和健康发展。

# 7.3　推进广西桉树林可持续发展的对策与建议

关于桉树林的发展问题，是当前广西上下普遍关注的问题，也是颇受争议的问题。

根据桉树林在广西发展的历史经历、发展规模、存在问题、取得的经验，以及当前存在的不同争议，"广西红壤肥力与生态功能协同演变机制与调控"项目组全体成员，在项目主持人赵其国院士的带领下，在四年来的调研结果基础上，对"广西桉树林的发展问题"提出如下的原则与建议，以供参考。

**1. 总体思路**

广西桉树林发展的总体思路是：在国家林业建设的总需求下，广西桉树林应"以发展为主，在发展中调整，在调整中改革，在改革中创新，在创新中再不断发展！"

**2. 总体原则**

广西桉树林发展的总体原则是：合理规划，科学种植，强化管理，严守法规，突出效益，有序发展。

**3. 具体建议**

按照上述"合理规划，科学种植，强化管理，严守法规，突出效益，有序发展"的总体原则，特提出推进广西桉树林可持续发展的具体对策与建议：①合理规划，整体布局；②因地制宜，科学种植；③定点监控，强化管理；④严守法规，统一运筹；⑤突出效益，壮大经济；⑥不断创新，有序发展。现分别论述如下。

1）合理规划，整体布局

首先，应根据广西桉树林生长的生境条件（水、土、气、生、污）与不同适宜土壤的肥力特点（水、肥、热、能），对应桉树现在全区所分布的所有点、位（注意标定面积，可能有几十或上百个，均需标出！），在此基础上，参考已有与现有的资料及图件，编制出新的1：50万的"广西桉树林生长发展规划图。"

其次，在上述规划图基础上，针对今后到2020～2050年，广西区桉树林规划发展的点、位及面积安排，经过对林型单一、水土流失、养分消耗、水分损失、效益减退等不利因素的对比验证后，决定这些规划点位在图上的取舍，最后编制出新的1：50万的"广西桉树林生长发展布局图。"

有了上述两张图幅，即可对全区桉树生长发展与布局问题进行全面详细的分析与论证。

2）因地制宜，科学种植

桉树林的种植必须遵循因地制宜、科学种植的原则。这是因为，虽然广西全区对桉树林发展具有统一的生境适宜性，但由于同一地区内具有不同生境条件的差异性，因此发展桉树林，必须因地制宜，才能获得科学种植的效果。例如，在科学"平衡施肥"的情况下，有的地区或不同点、位是采用"因缺施肥"、"因缺补肥"，有的则是采用"因需配肥"、"因需限肥"。又如在开发地段的选择上，有的地区或不同点、位是选用"择地开发"、"择坡布局"，有的则是选用"择林配置"、"择需配置"等不同方式。还有的地区采用加大地面覆盖以防治径流，有的则采用多种树种配置以蓄养水源等不同科技措施，所有这些科技措施均是经过多年试验研究总结出的，因此应在不同地区加以论述并推广应用。

3）定点监控，强化管理

为保证桉树林的正常生长，必须在不同发展地区建立长期定点检测站，对林区水、土、气等生态因素进行科学观测与检测，并按所得结果及时对林区加强治理。此外，在桉树林的生长过程中，还要针对桉树林的生长态势、肥料的施用方式、病虫害的防治、土壤持水性能的提升，以及土壤和地下水的疏通等管理措施，不断加强监督管理，并应用遥控与信息技术，将这些结果与有关部门随时加强通讯及交流联系。

4）严守法规，统一运筹

为了保护广西地区的生态环境，还必须遵守国家林业管理的法治规定，如无林地的集水区、≥25°的坡地及水库周边水源区，均不能种植桉树，林地也严禁"全垦"等。所有这些法规，包括前述的有关桉树林的管理措施及条例，均应在广西壮族自治区政府领导下，交林业部门统筹推动实施。只有这样，才能保证桉树林的稳妥发展。

5）突出效益，壮大经济

广西区桉树林的发展关键在于突出效益，其中包括：①生态效益。据研究，桉树每生产 1 平方米蓄积的森林，其净吸收 $CO_2$ 为 0.95t，释放 $O_2$ 为 0.72t。②社会效益。在采用"平衡施肥"方式下，可节约肥料投入，避免产生农田和环境污染。③经济效益（即投入与产出比效益）。如投入 1.35 万元，5 年后，可获利超过 3～4 倍。如果全区桉树林的种植，能获得这些综合效益，必将促进地区经济的壮大与发展。

6）不断创新，有序发展

根据全区上述桉树林的合理规划与布局安排，并在相关科学技术措施的实施与推动下，今后广西区的桉树林建设，应朝有计划、有步骤、有层次、有顺序的方向发展，从而推动整个地区社会经济向稳定与持续发展方向推进。

## 参 考 文 献

马渭俊，文化一. 1990. 滇中高原红壤旱地水分平衡定位研究. 土壤学报，27（3）：325～334

曾希柏，张佳宝，魏朝富，等. 2014. 中国低产田状况及改良策略. 土壤学报，51（4）：675～682

赵其国，黄国勤主编. 2014. 广西红壤. 北京：中国环境出版社

赵其国，黄国勤主编. 2014. 广西生态. 北京：中国环境出版社

# 第8章　小结与结论

## 8.1　研　究　特　色

### 1. 面广

项目研究涉及的"面"非常之广。不仅涉及广西红壤，还涉及广西的石灰土，可以说调查研究涵盖了广西"全区"；就红壤而言，不仅研究广西红壤，还扩展到南方整个红壤区；从石灰土来说，不仅研究了广西喀斯特典型生态系统，而且还向西南典型喀斯特地区扩展；不仅研究了广西的"红壤"、"生态"，还研究了广西的"农业"。

### 2. 线长

项目研究的"线长"，主要是指在开展研究过程中，时间跨度非常长。如调查分析广西红壤肥力与生态功能退化现状及主要障碍因子时，对广西南宁、崇左地区 30 年（1981～2011 年）的土壤数据进行了调查分析。

### 3. 点深

设置的田间定位试验点和桉树林地试验基地，具有研究时间长、测定指标细、研究很深入的特点。如广西农科院在武鸣县设置的甘蔗肥力试验就是一个长期定位的田间试验，对红壤甘蔗区研究土壤有机质及连续施用有机肥的效应、施用化肥及蔗叶还田对红壤土壤理化性状的影响、红壤甘蔗高产栽培的营养调控技术等方面研究得很细、很深，且很有成效。

### 4. 量大

项目研究的工作量非常大。一是涉及的作物多。涉及的作物有甘蔗、水稻、玉米、花生、木薯、香蕉、牧草（如"桂牧 1 号"品种）等。二是涉及的林木多。涉及桉树林、龙眼林、马尾松林和混交林等。三是收集、测定、分析的数据多。以广西农科院为例，为研究耕地酸化及趋势，该院科技人员从各地采集了 3044 个土壤样本进行测定。

### 5. 质高

取得的研究成果创新性强，质量高。如项目成果先后在 SCI 期刊发表，或在国内顶尖刊物《土壤学报》《生态学报》《农业工程学报》等发表，这充分反映了研究成果在理论上、学术上的高质量和创新性。

### 6. 效显

研究成果不仅具有很高的学术价值，而且在生产实践中具有实用性和高效性。如多项成果在广西有关地（市）、县、乡（镇）、村的生产实践上示范推广应用后，就取得了显著的生态效益、经济效益和社会效益。

## 8.2　研究的创新之处

整个研究经过 4 年、5 个单位、70 余名科技人员的调查分析和试验研究，取得了多方面的创新性成果。这里作简要归纳如下：

（1）首次通过多点、多地调查，结合广西近 50 年的空间数据，建立了 1∶100 万的土壤图，在典型红壤区建立了 NDVI 数值与土壤肥力的耦合关系，建立 NDVI 时间序列数据研究土壤肥力变化分析模式。

（2）首次明确广西红壤区耕地的 pH 主要与土壤有机质、有效铜、交换性钙和镁、Ca/Mg 比、Mg/K 比相关，其中旱地和水田 pH 的影响因素存在一定差异。

（3）系统阐明了广西红壤区甘蔗地优化施肥能够改善广西红壤区甘蔗地土壤肥力，提高作物养分吸收；同时能明显减少地表径流和土壤养分流失，有利于水土保持。甘蔗地连续 3 年施用生物有机肥后，作物养分利用率显著提高，土壤养分明显改善。增施氮肥，甘蔗地土壤微生物群落多样性指数增高，但对微生物群落的形成无显著影响。

（4）明确了广西红壤区种植玉米实行分根区交替灌溉能够改善土壤质量，提高玉米产量和品质，分根区交替灌溉和 80% 水肥一体化施肥组合是一个适宜的水肥供应模式。

（5）系统研究了广西桉树人工林的土壤与生态环境效应，得出：广西红壤区不同林分的土壤孔隙度随着土壤剖面深度的增加而降低，土壤水分含量与土壤孔隙状况呈显著正相关；广西红壤区桉树人工林的土壤养分随着土层的增加而降低，"炼山"显著降低表层土壤细菌的丰度和均匀度，但其影响效果随着时间的推移而减弱；土壤理化特性变化受到不同植物种类和管理措施影响，频繁炼山对林业土壤的可持续发展不利；酸雨淋洗可能是影响速生桉林系统中营养元素迁移转化的重要原因。

（6）首次揭示了广西红壤区土壤养分的流失规律。林地土壤养分流失量变化规律：混交林＜龙眼林或速生桉林；红壤旱地土壤养分量流失规律：种植甘蔗田＜木薯或玉米田。

（7）探索了广西石灰土土壤肥力演变机制与生态功能的耦合关系。桂西北喀斯特典型生态系统随着群落的逐渐演替，植物科、属、种数逐步增加，科的优势先增加后减少，种的优势度呈下降趋势。不同生态系统土壤养分和微生物数量也存在一定差异。

（8）首次系统地研究了广西农业发展的基本规律，提出了广西农业可持续发展的战略方向与对策。该项成果在《广西农业》一书中得到充分展现和反映。

（9）首次全面、系统、深入地研究了广西红壤的基本特征、红壤肥力状况、开发利用现状、红壤退化问题，以及红壤可持续发展的对策与措施。该项成果集中反映在《广西红壤》一书。

（10）出版了第一部系统研究广西生态系统结构、功能、演变与可持续发展的专著——《广西生态》。

## 8.3　研究已取得的创新性成果

研究团队通过四年（2011～2014）调查分析与试验研究，取得了大量试验数据和第一手资料。至今，已出版《广西红壤》、《广西生态》、《广西农业》等著作 6 部，发表论文

130 余篇（其中 SCI 论文 11 篇）。现将本研究已取得的主要创新性成果小结如下。

**1. 广西红壤肥力与生态功能演变状况**

一是对广西生态功能退化状况进行了调查研究。重点调查广西壮族自治区生态功能退化总体状况，包括退化的主要类型，各种类型的面积以及空间分布状况，并进行退化程度分级。二是对广西土壤肥力变化与生态退化耦合关系进行研究。通过土壤调查和采样分析，研究土壤肥力变化与生态退化的耦合关系，研究不同退化类型区土壤肥力变化的特点和变化程度。三是对广西土壤肥力和生态功能恢复的主要障碍因子进行分析。研究广西不同生态退化区土壤功能恢复的主要障碍因子。四是通过对广西森林土壤的调查与分析，得出：广西森林土壤以酸性为主，氮素含量比较丰富，钾素含量一般，磷相对缺乏；pH、TN、TP 的变异相对较小，其他养分的变异很高；广西森林土壤养分的半变异函数均表现出一定的空间结构特征，呈强度或中等程度的空间相关性，不同养分的空间变异状况不同；Kriging 等值线图表明广西森林土壤养分含量除全钾外均表现为北部片区 > 南部片区。

该研究以广西南宁、崇左地区作为典型区，利用 AVHRR 和 MODIS NDVI 遥感影像数据，以及 1981 年、2011 年的土壤数据，分析归一化差异植被指数（NDVI）与土壤肥力因子及其变化之间的相互关系。结果表明，近 30 年来，土壤 pH 极显著下降，全氮、速效磷、速效钾含量显著上升；同时，NDVI 变化整体呈现缓慢上升趋势，且 NDVI 变化与土壤有机质变化及土壤全氮变化呈显著正相关。因此，NDVI 时间序列数据能够在一定程度上反映土壤有机质和土壤全氮含量的变化，这为土壤肥力长期变化监测提供了一种可行的方法。

综合文献资料和试验数据，首次系统绘制了广西区 1∶50 万的"广西土壤图"、"广西土壤肥力演变图"、"广西生态功能演变图"和"广西土壤利用发展布局图"，这为广西未来发展提供了极具价值的"向导"和"指南"。

**2. 广西红壤肥力的演变过程和机制**

1）红壤旱地多元素转化及交互作用过程与机理

在广西武鸣县进行田间定位试验，结果表明，与空白对照相比，优化施肥改善了作物生长，提高了作物养分吸收，显著提高土壤全磷和全钾含量，但全氮含量差异不显著。与空白对照相比，优化施肥、增量施氮、增量施磷和蔗叶覆盖均能提高土壤无机磷和速效钾含量，提升红壤供磷和钾素养分的能力。总结归纳了红壤缓坡旱地甘蔗优化平衡施肥技术。

2）红壤旱地水肥变化与土壤生物活性及作物生长间的关系

在室内盆栽试验研究结果表明，与常规灌溉相比，分根区交替灌溉（APRI）有利于提高抽雄期和灌浆初期土壤脲酶和转化酶活性，有机无机氮配施能提高玉米拔节期—抽雄期分根交替灌浆初期土壤脲酶和转化酶活性。全生育期 APRI 处理有利于玉米地上部对氮磷吸收。APRI 处理土壤碱解氮含量降低，速效磷和钾含量提高。广西红壤区种植玉米实行分根区交替灌溉能够改善土壤质量,提高玉米产量和品质,分根区交替灌溉和 80%水肥一体化施肥组合是一个适宜的水肥供应模式。

3）广西红壤酸化过程与抑制研究

通过整理全国第二次土壤普查资料和收集自 2006 年的土壤测试结果,表明广西耕地土壤朝"酸化"及"碱化"两个方向发展,微酸及中性土壤比例降低。相关性分析表明,水田的 pH 与土壤有机质呈正相关,旱地的 pH 与土壤有机质呈负相关;水田的 pH 与土壤有效铜含量是负相关,旱地的 pH 与有效铜含量是正相关;而交换性钙、交换性镁、Ca/Mg比、Mg/K 与土壤 pH 均呈正相关。

## 3. 广西红壤肥力与生态功能的交互作用过程和反馈机制

1）复合农林生态系统肥力演变过程与机理

研究表明种植不同林分对同类型土壤理化性质影响各异。因此建议在营造人工林或改造现存的人工林时,按照不同的土壤类型引入本土的适宜林种,以有效保持并改善林下土壤质量,实现土壤养分的良性循环,保证森林土壤资源的可持续利用。不同类型土壤的综合评价结果表明,山地黄壤上自然林＞松林＞西南桦林;棕色石灰性土 4 种林分土壤的综合评价是任豆林=竹林＞枇杷林=银合欢;赤红壤上马尾松针阔叶自然林=第 2代速生桉林。

2）复合农林生态系统肥力与生态群落变化的相互影响与互馈

研究结果表明,不同处理下的桉树人工林土壤养分随土层深度的增加呈递减趋势,土壤微生物生物量碳和氮也有相同趋势。土壤细菌群落 DGGE（变性梯度凝胶电泳）图谱分析表明"炼山"导致桉树人工林土壤细菌多样性发生显著变化,各林地土壤中细菌在 DNA水平上存在显著差异。炼山处理显著降低表层土壤细菌的丰度和均匀度,但其影响效果随着时间的推移而减弱。

3）复合农林生态系统肥力演变对土壤生物功能及作物生长的影响

研究结果表明,林内覆盖是引起林分间土壤水分差异的主导因子,覆盖可以减少由海拔、坡位等地形因子和石砾含量等结构因子引起的水分变化差异。随着施氮水平的增加,速生桉的株高呈现先增加后降低的趋势,茎粗呈现"增加—减少—增加"的趋势。不同速生桉品种氮素效率存在显著差异。

4）复合农林生态系统土壤侵蚀过程与预测

通过对广西复合农林生态系统土壤侵蚀与水土流失的实地调研,明确了广西复合农林生态系统土壤侵蚀、水土流失的现状与成因,为广西复合农林生态系统的土壤侵蚀和水土流失的治理与防控奠定了基础;通过定点、定位研究,明确了广西复合农林生态系统不同的植被、不同坡度、不同垦作方式、不同大田作物种植垦作对土壤侵蚀和水土流失的影响,为广西农林生态系统的土壤侵蚀、水土流失的治理、防控和农业生产合理布局提供科学依据。

**4. 广西退化红壤肥力与生态功能协同重建技术**

　　1）贫瘠红壤养分库和微生物平衡协同重建技术

　　3 年定位试验研究发现甘蔗地微生物群落结构与土壤总氮、总钾密切相关，与全磷无显著相关。同时，如果氮源不足将严重限制土壤微生物的正常生长和活性，其中铵态氮是最易被利用的。速效钾含量对土壤微生物群落形成的作用显著，微生物对钾的释放也会提供作物可吸收的有效钾养分，因此，可在甘蔗地适当增加氮肥和钾肥用量来提高微生物活性和群落多样性，从而改善土壤肥力，提高甘蔗产量。

　　2）坡地红壤侵蚀治理与水肥生物功能协调利用集成技术

　　在广西武鸣县罗圩镇的研究结果表明，空白处理的径流系数最高，优化施肥处理的径流系数最低。优化施肥处理的甘蔗生长茂密，良好的植被覆盖明显减少地表径流。优化施肥处理的氮磷钾流失系数均低于其他施肥处理，表明优化施肥处理能够一定程度减少红壤坡地的水土流失。构建了甘蔗枯叶地表覆盖技术，甘蔗等高种植技术，甘蔗平衡施肥技术。

　　3）退化复合农林土壤肥力和生态功能协同重建模式

　　经多年实地调研与定位研究，在广西的典型的石灰岩和红壤区构建了多种复合农林土壤肥力和生态功能协同重建模式。筛选出多种石山地区适生树种、经济果木和中药材，在红壤区发展种植桉树、西南桦、芒果及桑树，大力发展农林果生产，改善当地土壤理化性状，防止水土流失，同时增加石山和红壤地区农民经济收入，生态环保与社会经济协调发展。

**5. 广西石灰土肥力与生态功能协同演变机制与调控**

　　广西喀斯特地区环境界面变异敏感度较高、环境容量低、稳定性差、承载能力低，受人为干扰和不合理开发导致生态系统退化严重，建立喀斯特地区石灰土肥力与生态功能协调重建技术与优化模式，指导广西喀斯特复合脆弱生态系统土壤肥力的迅速恢复与生态重建意义重大。

　　基于喀斯特区域石灰土上不同植被自然恢复进程中 6 个演替阶段植物群落样方和广西森林生态系统 345 个样地的系统调查与分析，结果表明：喀斯特峰丛洼地植被恢复过程中灌木层植物多样性因子群是其主导影响因子，必须加强灌木的培育和保护措施，发挥其在群落演替和群落空间结构的承上启下作用。土壤氮、磷、钾仅在植被恢复的初期占有重要的地位，当土壤质量不断改善，群落发展为次生林和原生林时，矿质养分上升为主要影响因子，Si 和 Ca 是限制性因子。不同类型其植物群落特征和土壤质量不同，应分别制定相应的优化设计方案，促进喀斯特峰丛洼地脆弱生态系统植被的快速恢复和生态重建。

　　在广西喀斯特石灰土条件下，施氮 1000kg/（hm$^2$·a）、刈割牧草 4 次、刈割强度 15cm 的组合下，"桂牧 1 号"杂交象草品种产量高、品质好，且这种组合土壤速效养分含量也较其他组合高，这种牧草管理模式可作为喀斯特区牧草建植的首选模式。

　　通过多年调查与试验，筛选出 3 种广西石灰岩区典型复合农林生态系统小流域治理模式："林＋果＋粮作"模式、"封山育林＋薪炭林＋牧草"模式和水源林区保护模式，对实现广西喀斯特石灰土条件下小流域的可持续发展具有重要参考价值和示范推广意义。

**6. 广西红壤肥力与生态功能协同演变的对策与建议**

1）提出了综合提升广西红壤肥力提升的对策与建议

项目组针对广西红壤肥力偏低的现状，提出了综合提升广西红壤肥力提升的对策与建议：一是科学施用化肥；二是增施有机肥料；三是恢复绿肥生产；四是实行合理轮作；五是合理施用石灰；六是实施秸秆还田。

2）提出了维护广西生态安全的对策与建议

针对当前广西存在的生态安全问题，为维护广西生态安全，实现广西人口、资源、环境与经济、社会的全面、协调和可持续发展，项目组提出了以下对策和建议，即：①提高认识；②完善制度；③严格执法；④绿色考评；⑤生态补偿；⑥加强研究；⑦促进合作；⑧分区分类；⑨增大投入；⑩增强能力。

3）提出了推进广西桉树林可持续发展的对策与建议

关于桉树林的发展问题，是当前广西上下普遍关注的问题，也是颇受争议的问题。根据桉树林在广西发展的历史经历、发展规模、存在问题、取得的经验，以及当前存在的不同争议，"广西红壤肥力与生态功能协同演变机制与调控"项目组全体成员，在项目主持人赵其国院士的带领下，在四年来的调研结果基础上，对"广西桉树林的发展问题"提出如下的原则与建议：①总体思路。广西桉树林发展的总体思路是：在国家林业建设的总需求下，广西桉树林应"以发展为主，在发展中调整，在调整中改革，在改革中创新，在创新中再不断发展！"②总体原则。广西桉树林发展的总体原则是：合理规划，科学种植，强化管理，严守法规，突出效益，有序发展。③具体建议。按照上述"合理规划，科学种植，强化管理，严守法规，突出效益，有序发展"的总体原则，特提出推进广西桉树林可持续发展的具体对策与建议：合理规划，整体布局；因地制宜，科学种植；定点监控，强化管理；严守法规，统一运筹；突出效益，壮大经济；不断创新，有序发展。

# 附录一

## 论广西生态安全

赵其国[1]，黄国勤[2]

（1. 中国科学院南京土壤研究所，南京，210008；2. 江西农业大学生态科学研究中心，南昌，330045）

**摘要**：生态安全是近年来生态学研究的热点问题，也是可持续发展的重大战略问题。广西生态安全面临的突出问题与挑战，包括：生态破坏、水土流失、石漠化、土壤衰退、植被退化、生物多样性降低、物种入侵、环境污染、自然灾害、结构受损、功能减退、可持续发展面临威胁等。造成广西生态安全问题存在的原因是多方面的，既有历史原因，也有现实因素；既有自然原因，更有人为因素。最根本的原因是：不良的生产活动、不当的"三废"排放、过快的人口增长和频发的自然灾害。针对广西存在的上述生态安全问题，必须采取有效对策和措施：①提高认识；②完善制度；③严格执法；④绿色考评；⑤生态补偿；⑥加强研究；⑦促进合作；⑧分区分类；⑨增大投入；⑩增强能力。

**关键词**：生态安全；可持续发展；广西

## Study of ecological security in Guangxi

ZHAO Qiguo[1]，HUANG Guoqin[2]

（1. Institute of Soil Science，Chinese Academy of Sciences，Nanjing 210008，China；2. Research Center on Ecological Science，Jiangxi Agricultural University，Nanchang 330045，China）

**Abstract**：In recent years，ecological security has emerged as a prominent issue in environmental research，and is a major strategic factor in sustainable development. Guangxi is one of the more important provinces in western China，and the problems it faces in terms of ecological security are significant. The major strategic tasks of China's western development are to strengthen environmental protection and reconstruction，maintain ecological safety in Guangxi and the entire western region，and construct a western ecological security barrier. It can be argued that the maintenance of ecological safety in Guangxi and achievement of ecological security in the western region are concrete actions that will safeguard the ecological security of the country. Thus，in-depth study of ecological safety in Guangxi has important environmental，economic，social，political and international meaning. For a considerable time，the Guangxi border region has been a typical underdeveloped area，with poor infrastructure，lack of strong support for the policy，and a weak sustainable development capacity. The area is now looking to the State to increase policy support for the Guangxi Regional Development Contiguous Areas that are suffering particular difficulties. Such fiscal and land policy support would include poverty alleviation，increased investment in water conservancy，energy and construction investment，and ecological compensation. Guangxi has more recently been

本文原载《生态学报》2014 年第 34 卷第 18 期第 5125～5141 页。

faced with major problems in terms of ecological security and challenges to sustainable development. These include environmental damage in the form of soil erosion and recession，desertification，vegetation degradation，reduced biodiversity，invasive species and pollution. The fundamental human causes of these conditions include poor production activities，improper wastes discharge，and excessive population growth. Frequent natural disasters also play a major role. Guangxi is a disaster-prone area，and to varying degrees，natural disasters occur every year，causing damage to land and people's property，and claiming the lives of animals and humans. Natural disasters and development activity are serious ecological safety issues in themselves，but they will also trigger other environmental consequences and even more serious ecological security problems. Frequent，large-scale natural disasters in Guangxi，make Guangxi ecological security issues more complex，volatile and unpredictable. Timely，strategic and targeted policies must be developed and implemented in response to the ecological security problems in Guangxi. Moreover，only by taking a comprehensive approach to support policies and measures will sustainable development in Guangxi likely succeed. The list of interventions include：（1）enhancing awareness；（2）improving institution；（3）strictly enforcing laws and regulations；（4）conducting green appraisals；（5）implementing ecological compensation；（6）strengthening research；（7）promoting cooperation；（8）instituting a zoning classification system；（9）increasing investment；and（10）building capacity. By recommending the above series of policies and measures，we hope to enhance the ecological and environmental protection capacity in Guangxi，and improve the area's capacity for sustainable development. The ultimate goal is to achieve ecological safety and bring about a coordinated and healthy development of Guangxi's economic，social and environment resources.

**Key Words**：ecological security；sustainable development；Guangxi

生态安全是近年来生态学研究的热点问题，也是可持续发展的重大战略问题。广西是我国西部地区的重要省区之一，生态安全面临的问题突出，值得进行深入研究和探讨。

## 1.1 广西生态安全的重大意义

### 1.1.1 生态意义

维护广西生态安全，首先具有重要的生态意义。广西壮族自治区地处我国西南边陲，自然生态环境相对脆弱，山高、坡陡、植被少、土层薄、石山多、灾害频繁，是我国典型的生态环境脆弱地区之一（广西壮族自治区人民政府，2011）。维护广西生态安全，实质就是要保护广西生态环境、建设广西生态环境、优化广西生态环境，确保广西人与自然和谐相处、和谐发展（《广西环境保护丛书》编委会，2011）。从这个意义来说，维护广西生态安全，就是保护广西广大人民的生存环境，改善广西人民群众的生产和生活条件，最终实现广西人与自然的和谐发展。

新中国成立 60 多年来，广西壮族自治区广大干部和人民群众在党和政府的正确领导下，广泛开展了植树造林、生态保护、环境整治、污染防治等一系列活动，采取了各种切实有效的措施，对改善广西生态环境、维护广西生态安全起到了积极作用（赵其国和黄国勤，2012）。

可以想见，今后随着我国"推进生态文明、建设美丽中国"重大战略的实施，广西生态安全将进一步得到加强，广西生态环境将会更进一步改善，广西的生态环境将会越来越好。

## 1.1.2 经济意义

一方面，广西生态环境脆弱，加之由于自然和历史等多方面原因，广西经济相对落后。要改变广西经济相对落后的现状，国家采取了一系列重大战略举措，如政策上"倾斜"，特别是实施"西部大开发战略"，极大地促进了广西及西部各省（市、区）经济的快速发展（广西壮族自治区人民政府，2007）。

另一方面，由于生态与经济是对立统一的关系，两者既相互促进，又相互制约。在一定条件下和一定范围内，如正确处理好两者关系，则可以起到相互促进的作用，达到互利共赢的效果（李文华，2008）。——这正是所谓的"既要金山银山，更要绿水青山；绿水青山，就是金山银山"，"保护生态环境，就是保护生产力、建设生态环境、就是发展生产力"。

显然，保护广西生态环境、建设广西生态环境、维护广西生态安全，实质就是发展广西生产力、发展广西经济、推进广西"小康社会"的实现。

## 1.1.3 社会意义

改革开放以来，我国经济快速发展，GDP 增幅前所未有，举世瞩目。然而，在经济快速发展的同时，却付出了沉重的生态环境代价，并由此引发社会纠纷，甚至加重社会矛盾，给社会造成"不和谐"、"不稳定"因素。

据 2012 年 10 月 27 日《财经网》（caijing.com.cn）以"我国环境群体事件年均递增29%，司法解决不足 1%"为题报道，自 1996 年来以来，我国生态环境群体性事件一直保持年均 29%的增速，重特大环境事件高发频发。2005 年以来，环保部直接接报处置的事件共 927 起，重特大事件 72 起，其中 2011 年重大事件比上年同期增长 120%，特别是重金属和危险化学品突发环境事件呈高发态势。"十一五"期间，环境信访 30 多万件，行政复议 2614 件，而相比之下，行政诉讼只有 980 件，刑事诉讼只有 30 件。环保部原总工程师、中国环境科学学会副理事长杨朝飞认为，环保官司难打是环保问题的主要成因之一。据调查，真正通过司法诉讼渠道解决的环境纠纷不足 1%。一方面群众遇到环境纠纷，宁愿选择信访或举报投诉等途径解决，而不选择司法途径；另一方面司法部门也不愿意受理环境纠纷案件。

与全国环保总体形势一样，广西的环境问题同样比较突出，必须引起重视。如 2012年 1 月 15 日发生的"广西龙江镉污染事件"（即：2012 年 1 月 15 日，当地环保部门发现龙江河拉浪水电站网箱养鱼出现少量死鱼现象。经查，龙江河宜州拉浪码头前 200 米水质重金属镉超标。22 日凌晨，据河池市应急处置中心发布的信息，有关方面正采取从支流调水稀释等有效办法，降低水体污染浓度。连续监测结果表明，污染河段水质已逐步改善），给当地群众的日常生活和正常生产造成了严重危害，给广西社会造成极其恶劣的影响。这就足以说明广西环境问题之严重、生态安全之重要。

可见，由于生态问题、环境问题引发的社会不稳定、不和谐问题必须引起全体干部和人民群众的高度重视。这也从另一侧面反映，解决环境问题、维护生态安全，其社会意义是不言而喻的。

### 1.1.4　政治意义

广西生态安全的政治意义可以从下面两方面理解：

**1. 维护广西生态安全，就是以实际行动推进国家"西部大开发战略"的实施**

广西是我国西部地区 12 个省、自治区、直辖市（包括重庆、四川、贵州、云南、西藏自治区、陕西、甘肃、青海、宁夏回族自治区、新疆维吾尔自治区、内蒙古自治区、广西壮族自治区，面积为 685 万平方公里，占全国的 71.4%。2002 年末人口 3.67 亿人，占全国的 28.8%。2003 年，国内生产总值 22 660 亿元，占全国的 16.8%）之一（广西壮族自治区统计局，2007）。西部地区自然资源丰富，市场潜力大，战略位置重要。但由于自然、历史、社会等原因，西部地区经济发展相对落后，人均国内生产总值仅相当于全国平均水平的 2/3，不到东部地区平均水平的 40%，迫切需要加快改革开放和现代化建设步伐。

为从战略上解决东西部地区发展差距的历史存在和过分扩大，以及由此可能成为一个长期困扰全国经济和社会健康发展的全局性问题，2000 年 1 月，国务院西部地区开发领导小组召开西部地区开发会议，研究加快西部地区发展的基本思路和战略任务，部署实施西部大开发的重点工作。2000 年 10 月，中共十五届五中全会通过的《中共中央关于制定国民经济和社会发展第十个五年计划的建议》，把实施西部大开发、促进地区协调发展作为一项战略任务，强调："实施西部大开发战略、加快中西部地区发展，关系经济发展、民族团结、社会稳定，关系地区协调发展和最终实现共同富裕，是实现第三步战略目标的重大举措。"2001 年 3 月，九届全国人大四次会议通过的《中华人民共和国国民经济和社会发展第十个五年计划纲要》对实施西部大开发战略再次进行了具体部署。实施西部大开发，就是要依托亚欧大陆桥、长江水道、西南出海通道等交通干线，发挥中心城市作用，以线串点，以点带面，逐步形成中国西部有特色的西陇海兰新线、长江上游、南（宁）贵、成昆（明）等跨行政区域的经济带，带动其他地区发展，有步骤、有重点地推进西部大开发。2006 年 12 月 8 日，国务院常务会议审议并原则通过《西部大开发"十一五"规划》。目标是努力实现西部地区经济又好又快发展，人民生活水平持续稳定提高，基础设施和生态环境建设取得新突破，重点区域和重点产业的发展达到新水平，教育、卫生等基本公共服务均等化取得新成效，构建社会主义和谐社会迈出扎实步伐。西部大开发总的战略目标是：经过几代人的艰苦奋斗，建成一个经济繁荣、社会进步、生活安定、民族团结、山川秀美、人民富裕的新西部（广西壮族自治区人民政府办公厅，2009）。

西部大开发战略的实施，具有重要的战略意义。首先，实施西部大开发战略是实现共同富裕、加强民族团结、保持社会稳定和边疆安全的战略举措；其次，实施西部大开发战略是扩大国内有效需求，实现经济持续快速增长的重要途径；第三，实施西部大开发战略是实现现代化建设第三步战略目标的客观需要；第四，实施西部大开发战略是适应世界范围结构调整，提高中国国际竞争力的迫切要求。

西部大开发的战略任务。实施西部大开发是一项规模宏大的系统工程，也是一项艰巨的历史任务。当前和今后一个时期，要集中力量抓好几件关系西部地区开发全局的重点工作：①加快基础设施建设。②切实加强生态环境保护和建设。这是推进西部开发重要而紧迫的任务。要加大天然林保护工程实施力度，同时采取"退耕还林（草）、封山绿化、以粮代赈、个体承包"的政策措施，由国家无偿向农民提供粮食和苗木，对陡坡耕地有计划、分步骤地退耕还林还草。坚持"全面规划、分步实施，突出重点、先易后难，先行试点、稳步推进"，因地制宜，分类指导，做到生态效益和经济效益相统一。坚持先搞好实施规划和试点示范。试点的规模要适当，不宜铺得太大，防止一哄而起。要加强政策引导，尊重群众意愿，不能搞强迫命令。③积极调整产业结构。实施西部大开发战略，起点要高，不能搞重复建设。要抓住中国产业结构进行战略性调整的时机，根据国内外市场的变化，从各地资源特点和自身优势出发，依靠科技进步，发展有市场前景的特色经济和优势产业，培育和形成新的经济增长点。要加强农业基础，调整和优化农业结构，增加农民收入；合理开发和保护资源，促进资源优势转化为经济优势；加快工业调整、改组和改造步伐；大力发展旅游等第三产业。④发展科技和教育，加快人才培养。⑤加大改革开放力度。实施西部大开发，不能沿用传统的发展模式，必须研究适应新形势的新思路、新方法、新机制，特别是要采取一些重大政策措施，加快西部地区改革开放的步伐。要转变观念，面向市场，大力改善投资环境，采取多种形式更多地吸引国内外资金、技术、管理经验。要深化国有企业改革，大力发展城乡集体、个体、私营等多种所有制经济，积极发展城乡商品市场，逐步把企业培育成为西部开发的主体。

由上可以看出，加强生态环境保护和建设，维护广西及整个西部地区的生态安全，建设好西部生态安全屏障是我国西部大开发的重大战略任务之一。可以说，维护广西生态安全、维护西部地区生态安全，就是以实际行动维护国家的生态安全。

## 2. 维护广西生态安全，就是具体落实党中央"五位一体"的总布局

党的十八大报告明确指出，建设中国特色社会主义，总布局是经济建设、政治建设、文化建设、社会建设、生态文明建设五位一体。"五位一体"总布局标志着我国社会主义现代化建设进入新的历史阶段，体现了中国共产党党对于中国特色社会主义的认识达到了新境界。五位一体总布局与社会主义初级阶段总依据、实现社会主义现代化和中华民族伟大复兴总任务有机统一，对进一步明确中国特色社会主义发展方向，夺取中国特色社会主义新胜利意义重大。

五位一体总布局是一个有机整体，其中经济建设是根本，政治建设是保证，文化建设是灵魂，社会建设是条件，生态文明建设是基础。只有坚持五位一体建设全面推进、协调发展，才能形成经济富裕、政治民主、文化繁荣、社会公平、生态良好的发展格局，把我国建设成为富强民主文明和谐的社会主义现代化国家。党的十八大报告特别强调是，在推进生态文明建设方面，要加大自然生态系统和环境保护力度，加强生态文明制度建设，努力实现绿色发展，努力建设美丽中国。

毋庸置疑，维护广西生态安全，建设广西生态文明，就是以实际行动具体落实党中央

"五位一体"的总布局，就是以实际行动推进生态文明，就是以实际行动建设"美丽中国"、"美丽广西"，就是从政治上与党中央保持高度一致，其政治意义不言而喻。

### 1.1.5　国际意义

广西沿海、沿边、沿江，地处中国大陆东、中、西三个地带的交汇点，是华南经济圈、西南经济圈与东盟经济圈的结合部，是中国通往东盟最便捷的国际大通道，是大西南地区最便捷的出海通道。2010 年 1 月 1 日，中国—东盟自由贸易区如期建成，广西将在拥有 19 亿人口、近 6 万亿美元 GDP、4.5 万亿美元贸易总额的大市场中发挥更大的作用[7]。从这个意义来讲，维护广西生态安全，改善、优化广西生态环境，推进广西生态文明，建设"美丽广西"，将不仅仅对广西、对全国具有重要意义，而且将对东盟各国产生重要影响，特别是广西在维护生态安全过程中，实现经济与生态"互利双赢"、人口与资源环境和经济社会协调发展，以及人与自然和谐发展，这将极大地改变广西的"旧面貌"、树立广西的"新形象"，并将在东盟乃至世界有关国家和地区产生积极的"示范作用"。可以说，其国际意义不可小视。

## 1.2　广西生态安全面临的问题与挑战

### 1.2.1　生态破坏

广西和全国各地一样，由于"工业化"、"城市化"、"城镇化"的快速推进，已造成严重的生态破坏。如城市扩建、老城区改造、新城区建设、工业园区建设、房地产开发、修桥筑路、矿山开采，等等，对耕地、山体、水体、植被、生物等造成严重破坏和危害，并由此引发水土流失、环境污染、自然灾害和生物多样化丧失等多种生态环境问题（《广西环境保护丛书》编委会，2011；李文华，2008）。

### 1.2.2　水土流失

广西是我国南方地区水土流失的典型地区之一，具有水土流失面积广、强度大，以及造成损失重的特点。

**1. 水土流失面积广**

广西地处我国南部边疆，土地总面积 2367 万 $hm^2$，占全国土地总面积的 2.46%。境内以山地为主，山地、丘陵约占陆地面积的 68.3%，地形地质条件复杂，雨水充沛且较集中，大雨、暴雨较多，冲蚀力强，极易造成水土流失（覃卫坚等，2010）。据考证，广西唐代时期古木参天，浓阴蔽日；进入明朝，许多原始森林逐步遭盲目砍伐；清代乾隆以后，随着人口猛增，天然森林大面积被采伐；因而引发土壤侵蚀日趋严重，造成水土流失，使主要河流的含砂量有逐年增大趋势。新中国建立后，从 20 世纪 50 年代到 1988 年，水土流失逐渐扩大，其面积为 1 万 $km^2$，占全区国土面积的 4.22%。20 世纪 90 年代以来，贯彻《水土保持法》，水土流失日趋严重的局面虽有所遏制，但仍未根本改变。至 1995 年，全区水土流失面积达 3.06 万 km², 占全区国土面积的 12.92%（姜维、杨丽梅，2012；水利部，2010）。至今，广西水土流失面积并没有明显减少，由于"过度"开发，有些地方还有进一步加剧的趋势。

**2. 水土流失强度大**

在广西全区水土流失的面积中，以毁坏型为主的面积为 18 815.72km²，占全区国土面积近 8%，主要分布在河池、百色、南宁等碳酸盐岩地区，并向荒漠化、石漠化方向发展，潜在危害程度严重，是最重要的环境地质问题和地质灾害（姜维和杨丽梅，2012）。

**3. 水土流失危害重**

广西岩溶区中水土流失面积达 500km² 以上的有都安、东兰、巴马、凤山、平果、靖西、凌云、隆林、德保、大新、天等、马山、龙州、忻城等 14 个县。其特征是：土壤流失量虽然很低，但一经流失却难以恢复；土壤贫瘠，土层极薄，土壤流失殆尽。基岩（石）裸露地表，形成石漠化，尤以都安县为甚（水利部，2010）。可见，广西水土流失造成的危害是非常之大的。

### 1.2.3 石漠化

石漠化即喀斯特荒漠化、石化，是岩溶地区土地极端退化的结果，是广西最突出的生态环境问题，是头号生态安全问题（蒋忠诚等，2011）。

**1. 面积大**

广西全区岩溶石化面积 788 万 hm²，占全区国土面积的 33%。在岩溶区土地面积中，石漠化土地达 3568 万亩（237.87 万 hm²），占广西国土面积的 10%，居全国第 3 位，仅次于云南和贵州（芦峰，2012）。

**2. 分布广**

广西岩溶土地面积 12 500 万亩（833.33 万 hm²），占全区土地总面积 35%，涉及 10 个市 77 个县（市、区），其中：石漠化土地面积 2900 万亩（193.33 万 hm²），占监测区岩溶土地面积的 23.1%，潜在石漠化土地面积 3400 万亩（226.67 万 hm²），占 27.5%；非石漠化土地面积 6200 万亩（413.33 万 hm²），占 49.4%。在现有石漠化土地面积中，轻度 410 万亩（27.33 万 hm²），占 14.3%；中度 850 万亩（56.67 万 hm²），占 29.4%；重度 1500 万亩（100 万 hm²），占 51.8%；极重度 130 万亩（8.67 万 hm²），占 4.5%（芦峰，2012）。

从区域分布上来看，广西岩溶石漠化具有以下规律：①在行政区域上，广西以桂北和桂中地区为主，桂东北有局部分布；在行政区域主要包括百色市、河池市、柳州市、来宾市和桂林市。②流域上，主要分布于珠江流域上游，以红水河流域石漠化最严重。③地貌上，以典型岩溶地貌峰丛洼地和峰林洼地石漠化最严重，不但石漠化面积大，而且是重度石漠化分布的主要地貌区。此外，岩溶丘陵和岩溶平原也是广西石漠化的重要分布区，其中多为中、轻度石漠化分布区。

在广西岩溶石漠化区中，石漠化面积大于 $100km^2$ 的县市有 49 个，石漠化面积大于 $200km^2$ 的县市有 41 个，石漠化面积大于 $300km^2$ 的县市有 28 个，石漠化面积大于 $500km^2$ 的县市有 20 个，石漠化面积大于 $1000km^2$ 的县市有 8 个。石漠化面积占国土面积比例大于 30%的县市有 11 个。综合考虑，广西石漠化最严重的是都安、大化、靖西、忻城、马山、平果、天等、南丹、罗城、来宾等县市，石漠化已经成为这些县域经济社会发展与生态环境建设的重要制约因素和不利环境条件（李阳兵等，2002）。

### 3. 危害重

广西石漠化严重的区域局地气候改变，土地贫瘠，生产力下降，生态环境极为恶劣，旱涝频繁，加剧了当地群众的贫困程度，甚至丧失基本生存条件。广西全区现有的 169 万人均年收入在 1000 元以下的贫困人口中，绝大部分生活在石漠化严重的石山区。

### 4. 有进一步加重趋势

根据广泛调查与对比研究，与我国西南其他省（自治区、直辖市）相比，广西的岩溶石漠化具有以下几个特点：一是石漠化的发生率高；二是石漠化地区土壤贫乏，很多地区"无土可流"；三是广西石漠化造成恶劣的生态环境与生产条件；四是广西石漠化加重趋势明显，并由此导致广西石漠化土地占石山区面积的 29%，且目前正以每年 3%～6%的速度递增（芦峰，2012）。

## 1.2.4　土壤衰退

广西壮族自治区国土资源厅（http: //www.gxdlr.gov.cn/News/，2010-02-21）的资料显示，广西第二次土地调查上报的农村土地调查耕地面积数量为 4 430 431.38hm²，对比 2008 年底土地变更调查耕地面积数量为 421.8 万 hm²，增加 21.3 万 hm²。增加的耕地主要来源于以下几个方面：①分布在城镇乡村周边结合部的废弃零散地；②农民自发利用低丘缓坡林地、宜蔗荒地大力发展甘蔗生产，大面积甘蔗种植是广西耕地数量增加的主要原因；③部分分布在 15°～25°坡度的丘陵缓坡上，主要以旱坡地、梯地为主；④农民在原河流和水库的滩涂上种植农作物。全区二次调查较 2008 年底土地变更调查减少内陆滩涂约 10 万亩（6666.67hm²），减少河流、水库约 1 万亩（666.67hm²）；⑤坡度在 25°以上生态退耕还林的耕地。

从数量上来看，广西耕地是增加了，但从耕地质量、从耕地可持续发展能力来看，广西土地，特别是耕地存在严重的衰退问题。目前，广西土壤衰退表现在 4 个方面：一是土壤酸化；二是土壤养分含量下降；三是土壤结构变劣；四是土壤遭受严重污染等。这里仅对广西土壤酸化问题进行简要分析（赵其国和黄国勤，2014）。

江泽普等（2003）对广西红壤上的柑橘、荔枝、龙眼和芒果的 4 种果园土壤环境状况进行调查，并与 1980 年全国第二次土壤普查广西资料比较发现，红壤果园土壤环境恶化：土壤酸性很强，pH 平均只有 4.83；土壤 pH 在 5.5 以下的酸性、强酸性果园占 83%，其中 pH4.5 的强酸性果园占样本总数的 34%，比 1980 年增加 19 个百分点。果园土壤普遍酸化。4 种果园中，土壤 pH 下降最大的是柑橘园，下降了 0.95 个单位，龙眼园、荔枝园和芒果园分别下降 0.89、0.70 和 0.64 个单位；3 种母质中，第四纪红土母质果园土壤 pH 下降达 1 个单位，花岗岩母质和砂页岩母质果园土壤 pH 依次为 0.88 和 0.54 个单位。

据《南方农业学报》2011 年 2 期报道，广西崇左市土壤肥料工作站对"广西天等县耕地土壤酸化的初步研究"结果表明，相对于第二次土壤普查，该县耕地土壤 pH 总体平均下降 0.73 个 pH 单位，微酸性至强酸性土壤样点所占百分比由 9.8%上升到 55.8%。非石灰岩母质发育的耕地土壤酸化程度较重，石灰岩母质发育的耕地或碳酸盐含量较高的耕地相对较轻。旱作连作土壤酸化程度较重，水稻连作次之，水旱轮作和玉米—黄豆轮作相对较轻。土壤酸化程度与氮肥投入和作物吸收带走氮素的盈余量呈正相关，与土壤有机质含量、水田土壤全氮含量均呈非线性高度负相关。通过研究作者得出如下结论：广西天等县耕地土壤酸化现象比较突出，先天成土条件以及后天有机肥投入量少、过量施用氮素是其主要原因。

由于土壤出现严重的衰退问题，广西土壤可持续发展能力必然减弱，这对实现农业可持续发展极为不利。

## 1.2.5 植被退化

广西植被退化突出表现为植被单一化，如将大量的多样化"天然林"变成单一的速生桉树"人工林"，造成植被结构破坏、生态功能削弱。尤其是广西很多地方，为了大力发展桉树林，采用"炼山"、"全垦"等方式，将原有长有茂密天然林的山地"烧光"、"砍光"、"剃光"，再一排排、一行行种上桉树，表面看山是整齐了、好看了，但这种方式是对生态环境的极大破坏，是对生物多样性的极大毁灭，这必然导致广西森林植被的退化，以及整个山地生态系统的退化（唐燕，2010）。通过对广西海岛、海岸带植被的调查，结果表明，一些广西特有的重要植物，如膝柄木、铁线子、格木、紫荆木正面临灭绝的危险（广西植物研究所，2005；覃海宁和刘演，2010）。通过参比近 50 年来广西围填海和人工堤坝建设规模变化，揭示了近 50 年来广西茅尾海红树林的兴衰演变与人类活动的关系。这种关系表明，在全球气候变化大背景下，红树林可能面临退化的威胁。

## 1.2.6 生物多样性降低

生物多样性被誉为地球的"免疫系统"。保护生物多样性，就是改善地球的"免疫系统"，增强地球的免疫能力，提升地球的可持续发展能力（《农区生物多样性编目》编委会，2008）。然而，由于自然和人为等多种原因，全球已经出现了生物多样性降低的现象，广西也不例外。

首先，广西森林生态系统退化，生物多样性降低问题表现突出。如上所述，广西各地采用"炼山"、"全垦"等方式发展速生桉树人工林，极大地破坏了山地生物多样性。广西林地面积、森林面积、活立木蓄积量、森林覆盖率、木材产量等林业主要指标虽居全国前列，但造林树种比较单一，森林经营简单粗放，森林整体质量不高。目前，全区森林生态功能等级中等及以下的面积占 98%，森林生态功能等级好的面积仅占 2%，与优越的自然禀赋极不相称。这一方面说明广西林业"质量"低，另一方面则足以看出其森林生态系统的生物多样性单一和不断降低。显然，要提高广西林业发展的"质量"和"综合效益"（指生态效益、经济效益和社会效益），必然高度重视加强广西生物多样性的保护（谭伟福，2005；谭伟福和蒋波，2007）。

目前，全区乔木林中纯林面积 938.61 万 $hm^2$，占 94.2%；混交林面积 57.54 万 $hm^2$，仅占 5.8%。林分的稳定性、抗逆性和生物多样性较差，不仅破坏了多种物种共同生存的环境条件，而且造成生物遗传多样性一定程度上的降低和减退，存在较大的火灾和病虫害发生隐患（韦毅刚，2008）。

其次，广西物种消失现象严重。随着森林砍伐、水土流失和石漠化的加剧，全自治区生物多样性必然减少。以广西大瑶山水源林保护区为例，原来存在的大量动物现在已经绝迹，珍贵动物鳄蜥已极为罕见，原有的 216 种鸟类有 54 种已经灭绝，原有的 2335 种植物已有 407 种绝迹，驰名中外的大瑶山灵香草已减少 95%（覃盈盈等，2011）。

第三，人为"不良"措施导致广西生物多样性降低。如在广西很多地方，特别是偏远山区农村，电鱼、炸鱼、毒鱼、打鸟等不良行为，也是导致广西生物多样性降低的重要原因。

### 1.2.7 物种入侵

2004 年 12 月 20 日《中国绿色时报》报道，在入侵我国的 400 多种外来有害物种中，广西在数量上位居全国前列。其中国家有关部门公布的首批 16 种外来有害物种中，广西由 2003 年的 9 种上升到了 2004 年的 13 种，位居全国首位。据广西有关专家调研发现，广西的外来入侵物种单是动物和植物（不包括微生物）就有 84 种，其中动物（主要是昆虫）16 种、（高等）植物 68 种。这次公布的广西 13 种外来有害物种中，除了恶毒的飞机草、疯长的紫茎泽兰、水葫芦、空心莲子草、福寿螺等 9 种物种之外，还有假高粱、毒麦等。专家认为，外来物种入侵广西愈演愈热，原因是广西沿边（毗邻越南）沿海（北部湾）的地理位置和气候条件。

据 2012 年 5 月 22 日《人民网》（http://society.people.com.cn/）报道，在 2012 年全国科技活动周广西活动"抵御外来有害物种，保护生态环境"主题宣传中了解到，广西的外来入侵物种数量在全国位居前列，最常见的外来入侵生物有巴西龟、福寿螺、小龙虾、清道夫、雀鳝、埃及塘鲺、大口鲶、牛蛙、鳄龟、食人鲳、非洲大蜗牛、水葫芦、空心莲子草、薇甘菊、紫茎泽兰、五爪金龙等。

又据 2013 年 9 月 29 日《中国新闻网》（http://www.chinanews.com/）报道，从 2003 年至今，广西检验检疫局共截获外来入侵有害物种 700 多批次。广西口岸截获进境动物疫病及植物有害生物数量惊人，仅 2012 年就多达 503 种共计 1.5 万；2013 年上半年，广西口岸共截获进境动物疫病及植物有害生物 289 种 3516 种次。广西壮族自治区成为外来有害物种入侵"重灾区"。

广西检验检疫局 2013 年 9 月 29 日提供的统计数据显示，2003 年以来，广西检验检疫局共截获外来入侵物种 719 批次。截获的入侵物种主要有薇甘菊、三裂叶豚草、豚草、毒麦、假高粱、飞机草、蒺藜草、刺苋、非洲大蜗牛等 9 个物种。这些入侵物种主要来自巴西、新加坡、美国、乌拉圭、瑞士、阿根廷、加拿大、澳大利亚、越南等国家或地区。

统计数据显示，入侵广西的有害物种以植物为主，动物、昆虫种类较少。其中截获批次最多的是假高粱和蒺藜草，分别为 202 批次和 205 批次。

但截获种类较少的动物和昆虫类外来入侵物种往往引起更大的社会影响。2006 年，广西福寿螺泛滥，导致 250 万亩（16.67 万 hm$^2$）农田受灾；2012 年 7 月，广西柳州市民在柳江河亲水台被食人鱼攻击，并被咬伤左手；2013 年 9 月，南宁市郊发现非洲大蜗牛，引起广泛关注。

另据统计数据显示，除外来有害物种外，广西检验检疫局每年截获的进境动物疫病及植物有害生物数量也很惊人。2012 年，广西口岸全年截获进境动物疫病及植物有害生物 503 种共计 1.5 万次，同比增长 63%和 22%。

广西农业科学院植物保护研究所查明，广西农业生态系统有外来入侵杂草 101 种，隶属 27 科 74 属，其中以菊科最多，有 25 种，其次为禾本科 17 种、苋科 8 种、茄科 7 种、豆科 6 种、旋花科和大戟科各 5 种；从植物性状看，以草本植物为主，有 88 种，占 87.13%；从分布待点看，以全区分布为主，有 67 种，占 66.34%；从危害程度看，危害严重的外来杂草有 15 种，危害程度中等的有 22 种。总体来看，广西农业生态系统外来杂草具有种类多、数量大、危害重的特点。

## 1.2.8 环境污染

环境污染问题一直是各方关注的热点问题。从广西总体形势来看，广西环境污染还是比较严重（王金叶等，2006）。

首先，从数量来看。从环境污染事故发生的数量（次数、起数）来看，1986～2008 年（其中 1992 年、1995 年、2000 年除外）共发生污染事故 4368 起，其中废水污染 2174 起，占污染总数的 49.77%；废气污染 1879 起，占污染总数的 43.02%；固体废弃物污染和化学危险品污染 146 起，占 3.34%；噪声污染 111 起，占 2.54%；其他污染 58 起，占 1.33%。如从年份来看，则以 2001 年发生污染次数最多，达到 383 起/年；其次是 1997 年，发生污染次数达到 374 起/年；再次是 1994 年，发生 334 起/年。这 3 年均超过 300 起/年。从发生年份的总体趋势看，广西污染呈现下降趋势，特别是 2006 年之后，年发生污染起数降至 100 起/年以下，2008 年只发生 39 起/年（表 1）。

表 1　1986～2008 年广西污染事故统计　（单位：起）

| 年份 | 废水污染 | 废气污染 | 固体废弃物污染/化学危险品污染 | 噪声污染 | 其他污染 | 合计 |
|---|---|---|---|---|---|---|
| 1986 | 83 | 32 | 3 | 2 | 6 | 126 |
| 1987 | 108 | 110 | 4 | 10 | 1 | 233 |
| 1988 | 113 | 145 | 8 | 8 | 3 | 277 |

续表

| 年份 | 废水污染 | 废气污染 | 固体废弃物污染/化学危险品污染 | 噪声污染 | 其他污染 | 合计 |
|------|---------|---------|----------------------------|---------|---------|------|
| 1989 | 117 | 134 | 6 | 10 | 3 | 270 |
| 1990 | 118 | 88 | 6 | 8 | 14 | 234 |
| 1991 | 111 | 59 | 23 | 0 | 2 | 195 |
| 1992 | — | — | — | — | — | — |
| 1993 | 151 | 87 | 4 | 0 | 2 | 244 |
| 1994 | 158 | 166 | 6 | 1 | 3 | 334 |
| 1995 | — | — | — | — | — | — |
| 1996 | 143 | 114 | 7 | 2 | 2 | 268 |
| 1997 | 141 | 170 | 12 | 43 | 8 | 374 |
| 1998 | 114 | 69 | 13 | 1 | 0 | 197 |
| 1999 | 141 | 129 | 7 | 3 | 0 | 280 |
| 2000 | — | — | — | — | — | — |
| 2001 | 222 | 148 | 3 | 6 | 4 | 383 |
| 2002 | 133 | 89 | 8 | 11 | 0 | 241 |
| 2003 | 69 | 84 | 6 | 2 | 1 | 162 |
| 2004 | 79 | 123 | 13 | 4 | 2 | 221 |
| 2005 | 52 | 67 | 5 | 0 | 1 | 125 |
| 2006 | 46 | 40 | 8 | 0 | 3 | 97 |
| 2007 | 45 | 16 | 4 | 0 | 3 | 68 |
| 2008 | 30 | 9 | 0 | 0 | 0 | 39 |
| 合计 | 2174 | 1879 | 146 | 111 | 58 | 4368 |

注：系作者根据《广西环境管理》（中国环境科学出版社，2011 年 11 月）中的有关资料整理而成；"—"表示数据暂缺。

其次，从损失来看。1991～2008 年广西环境污染年平均造成的直接经济损失为 445.18 万元/年，农作物受害面积为 1 720.113 3 万 $m^2$/年，污染鱼塘面积为 49.550 3 万 $m^2$/年（表 2）。

**表 2　1991～2008 年广西环境污染造成的损失**

| 年份 | 直接经济损失/万元 | 农作物受害面积/万 $m^2$ | 污染鱼塘面积/万 $m^2$ |
|------|----------------|----------------------|---------------------|
| 1991 | 119.80 | 273.846 3 | 79.761 3 |
| 1992 | — | — | — |
| 1993 | 202.40 | 40.801 3 | 0.002 3 |
| 1994 | 434.50 | 39.844 2 | 0.002 6 |
| 1995 | — | — | — |
| 1996 | 443.30 | 590.886 1 | 70.765 6 |
| 1997 | 644.27 | 686.263 6 | 87.215 5 |

续表

| 年份 | 直接经济损失/万元 | 农作物受害面积/万 m² | 污染鱼塘面积/万 m² |
|---|---|---|---|
| 1998 | 287.50 | 625.297 6 | 151.484 8 |
| 1999 | 1 364.80 | 4 403.430 9 | 38.360 7 |
| 2000 | — | — | — |
| 2001 | 428.90 | 2 893.986 3 | 12.630 0 |
| 2002 | 416.20 | 8 746.029 7 | 44.971 2 |
| 2003 | 521.86 | 108.550 0 | 45.400 0 |
| 2004 | 473.85 | 512.310 0 | 14.459 0 |
| 2005 | 321.06 | — | — |
| 2006 | 535.10 | — | — |
| 2007 | 160.60 | — | — |
| 2008 | 323.60 | — | — |
| 年均 | 445.18 | 1 720.113 3 | 49.550 3 |

注：系作者根据《广西环境管理》中国环境科学出版社，2011 年 11 月）中的有关资料整理而成；"—"表示数据暂缺。

近年来，广西环境事件（主要是环境污染事件）突发频繁。如：2010 年，广西突发环境事件 4 次（起），其中水污染突发环境事件 3 次（起），大气污染突发环境事件 1 次（起）；2011 年，广西突发环境事件达到 31 次（起）；2012 年，广西突发环境事件 20 次（其中，重大环境事件 1 次，较大环境事件 3 次，一般环境事件 16 次）。

## 1.2.9 自然灾害

广西是我国南方特别是西南地区自然灾害比较频繁的地区之一。就自然灾害总体状况而言，具有灾种多、灾面广、危害重的特点。为简化起见，这里仅对近 3 年（2010～2012 年）广西自然灾害发生状况作一简要分析。

**1. 自然灾害总体状况**

近 3 年广西自然灾害种类多、危害重（表 3）。如 2012 年，广西全区主要气象灾害有持续低温阴雨寡照、暴雨洪涝、热带气旋、干旱、局地强对流等（黄梅丽等，2008）。全年因气象灾害共造成农作物受灾面积 57.5 万 hm²，绝收面积 2.26 万 hm²，受灾人口 844.1 万人，死亡 53 人，失踪 1 人，直接经济损失 45.7 亿元。

**表 3 广西近 3 年（2010～2012 年）自然灾害面积及其造成的损失**

| 项目 | | 2010 年 | 2011 年 | 2012 年 | 平均 |
|---|---|---|---|---|---|
| 农作物受灾面积 合计/万 hm² | 受灾 | 166.45 | 143.79 | 57.50 | 122.58 |
| | 绝收 | 6.19 | 6.13 | 2.26 | 4.86 |
| 旱灾/万 hm² | 受灾 | 107.93 | 40.66 | 7.71 | 52.10 |
| | 绝收 | 4.19 | 2.09 | 0.25 | 2.18 |

续表

| 项目 | | 2010 年 | 2011 年 | 2012 年 | 平均 |
|---|---|---|---|---|---|
| 洪涝、山体滑坡和泥石流/万 hm² | 受灾 | 46.65 | 59.56 | 48.95 | 51.72 |
| | 绝收 | 1.60 | 2.48 | 1.94 | 2.01 |
| 风雹灾害/万 hm² | 受灾 | 1.75 | 0.53 | 0.74 | 1.01 |
| | 绝收 | 0.00 | 0.02 | 0.07 | 0.03 |
| 台风灾害/万 hm² | 受灾 | 8.75 | 0.00 | 0.00 | 2.92 |
| | 绝收 | 0.07 | 0.00 | 0.00 | 0.02 |
| 低温冷害和雪灾/万 hm² | 受灾 | 1.37 | 43.04 | 0.10 | 14.84 |
| | 绝收 | 0.33 | 1.54 | 0.00 | 0.62 |
| 人口受灾 | 受灾人口（万人次） | 2 560.70 | 1 473.40 | 844.10 | 1 626.07 |
| | 死亡人口（人） | 130 | 55 | 44 | 76.33 |
| 直接经济损失/亿元 | | 108.70 | 76.50 | 45.60 | 76.93 |

注：根据 2011～2013 年《中国统计年鉴》（中华人民共和国国家统计局编，2011，2012，2013）有关资料整理而成。

## 2. 地质灾害

近 3 年广西地质灾害发生非常严重（表 4）。如 2012 年，广西全区共发生突发性地质灾害 396 起。共造成 11 人死亡，33 人受伤，直接经济损失 10 043.94 万元。与 2011 年相比，地质灾害数量减少 15 起，人员死亡减少 20 人，受伤人数增加 16 人，直接经济损失增加 8961.06 万元。强降雨仍然是突发性地质灾害最主要的诱发因素，以降雨、岩土体风化等自然因素引发的占 79%；不合理切坡建房、切坡修路、抽取地下水，工程建设、矿山开发等人为因素引发的占 21%（黎遗业，2008）。

表 4　广西近 3 年（2010～2012 年）地质灾害及其造成的损失

| 项目 | | 2010 年 | 2011 年 | 2012 年 | 平均 |
|---|---|---|---|---|---|
| 发生地质灾害数量/处 | | 1210 | 411 | 396 | 672.33 |
| 其中 | 滑坡 | 587 | 128 | 103 | 272.67 |
| | 崩塌 | 536 | 220 | 238 | 331.33 |
| | 泥石流 | 17 | 0 | 4 | 7.00 |
| | 地面塌陷 | 53 | 56 | 49 | 52.67 |
| 人员伤亡/人 | | 140 | 48 | 44 | 77.33 |
| 其中 | 死亡人数 | 83 | 31 | 11 | 41.67 |
| 直接经济损失/万元 | | 4932 | 1083 | 10 044 | 5 353.00 |

注：根据 2011～2013 年《中国统计年鉴》（中华人民共和国国家统计局编，2011，2012，2013）有关资料整理而成。

## 3. 森林灾害

广西森林资源丰富，2012 年广西扎实推进重点林业生态工程建设，完成植树造林 450 万亩（30 万 hm²），使全区森林面积 1458.4 万 hm²，居全国第 6 位；活立木蓄积量 6.4 亿立方米，居全国第 7 位；广西森林覆盖率已达 61.4%，跃居全国第 3 位；木材产量 2100

万立方米，占全国木材总产量的 20.4%，稳居全国第 1 位。与此同时，广西森林灾害也是不可忽视的自然灾害种类之一。近 3 年（2010～2012 年），广西的森林火灾及森林病虫害是比较严重的（表 5），值得引起各方面关注。

**表 5　广西近 3 年（2010～2012 年）森林灾害及其造成的损失**

| | 项目 | 2010 年 | 2011 年 | 2012 年 | 平均 |
|---|---|---|---|---|---|
| 其口 | 森林火灾次数/次 | 715 | 350 | 289 | 451.33 |
| | 一般火灾 | 382 | 171 | 147 | 233.33 |
| | 较大火灾 | 333 | 179 | 142 | 218.00 |
| | 火场总面积/hm² | 16 906 | 5072 | 4329 | 8769 |
| | 受害森林面积/hm² | 1600 | 883 | 780 | 1 087.67 |
| 其中 | 伤亡人数/人 | 6 | 1 | 0 | 2.33 |
| | 死亡人数 | 0 | 1 | 0 | 0.33 |
| | 其他损失折款/万元 | 482.50 | 236.00 | 363.00 | 360.50 |
| 森林病害 | 发生面积/万 hm² | 3.13 | 3.09 | 2.93 | 3.05 |
| | 防治面积/万 hm² | 0.29 | 0.25 | 0.11 | 0.22 |
| | 防治率/% | 9.27 | 8.09 | 3.75 | 7.21 |
| 森林虫害 | 发生面积/万 hm² | 31.82 | 33.17 | 33.39 | 32.79 |
| | 防治面积/万 hm² | 8.18 | 7.25 | 5.43 | 6.95 |
| | 防治率/% | 25.71 | 21.86 | 16.26 | 21.21 |
| 森林病虫害合计 | 发生面积/万 hm² | 34.95 | 36.25 | 36.31 | 35.84 |
| | 防治面积/万 hm² | 8.46 | 7.50 | 5.54 | 7.17 |
| | 防治率/% | 24.21 | 20.69 | 15.26 | 18.46 |

注：根据 2011～2013 年《中国统计年鉴》（中华人民共和国国家统计局编，2011，2012，2013）有关资料整理而成。

## 1.2.10　结构受损

总体来看，由于上述多方面因素，广西的生态系统结构受到损害，如组成生态系统的生物物种的数量减少，特别是有些物种已经灭绝、消失，有相当部分物种濒临灭绝；生物栖息环境受到极大破坏和恶化；生物物种的时间分布与演替发生异常；空间分布与栖息环境恶、错位；生态系统的营养结构被"阻断"——食物链缩短甚至断裂，食物网"崩溃"等。一句话，广西生态系统的物种结构、时空分布结构、营养结构均遭受严重破坏。广西生态系统结构受损，必然危及生态系统功能。

## 1.2.11　功能减退

由于广西生态系统的结构受到严重损坏，广西生态系统的能流、物流、价值流、信息流等在一定程度上也必然受到严重影响，生态系统整体功能出现"减退"甚至消失、衰亡。如在广西石漠化严重地区，山上无树、地上无土、生活缺水、自然灾害频繁，不仅生产困难，就是生存都成问题。在这样的地方，何谈生态系统结构？又何谈生态系统功能？更何谈可持续发展？

### 1.2.12　可持续发展面临威胁

由上可知，广西是我国南方生态环境脆弱地区之一。由于广西生态结构受到破坏，生态系统功能必然受到损害，由此必然危及广西可持续发展。广西生态系统乃至整个经济社会的可持续发展正面临威胁（周兴等，2003）。

长期以来，广西边境地区作为典型的欠发达地区，基础设施薄弱，缺乏有力的支持政策，可持续性发展能力亟待加强。这就希望国家加大对广西连片特殊困难地区区域发展与扶贫攻坚政策支持，加大对水利建设投资、能源建设投资、生态补偿和石漠化治理、财税政策、土地政策等方面的支持力度。只有采取综合扶持政策和措施，广西可持续发展才有希望。

## 1.3　原　因　分　析

造成广西上述诸多生态安全问题存在的原因是多方面的，既有历史原因，也有现实因素；既有自然原因，更有人为因素。这里，仅从以下4个方面作简要分析。

### 1.3.1　不良的生产活动

长期以来，由于对自然资源进行掠夺式、粗放型开发利用，超过了广西生态环境的承载力，必然导致广西出现严重的生态环境问题。特别是在"大跃进"时期、"农业学大寨"时期、"文革"时期，对自然资源"过度"开发，导致生态破坏、水土流失、环境污染等一系列生态环境问题不断出现，进入改革开放时期——实行"大开放、大开发"，伴随着经济大发展、GDP 快速增长的同时，广西各地的生态环境问题也随之出现并不断加剧。可以说，不良的生产活动和不合理的生产措施，是产生广西生态安全问题最主要、最直接的原因之一。

### 1.3.2　不当的"三废"排放

与全国各地一样，广西工业"三废"（废气、废液、废渣）的排放，必然对生态环境、生态安全产生污染和不良影响。

工业"三废"中含有多种有毒、有害物质，若不经妥善处理，如未达到规定的排放标准而排放到环境（大气、水域、土壤）中，超过环境自净能力的容许量，就对环境产生了污染，破坏生态平衡和自然资源，影响工农业生产和人民健康，污染物在环境中发生物理的和化学的变化后就又产生了新的物质，且许多都是对人的健康有危害的。这些物质通过不同的途径（呼吸道、消化道、皮肤）进入人的体内，有的直接产生危害，有的还有蓄积作用，会更加严重的危害人的健康。不同物质会有不同影响。废气，如二氧化碳、二硫化碳、硫化氢、氟化物、氮氧化物、氯化氢、一氧化碳、硫酸（雾），以及烟尘及生产性粉尘等，排入大气，会污染空气；废液、废渣，排入江、河、湖、海，会导致水质败坏，破坏水产资源和影响生活和生产用水（余志强，2009）。

### 1.3.3 过快的人口增长

1949 年，广西人口总数为 1845 万人，2012 年，广西人口数达到 4682 万人，比 1949 年净增 2837 万人，增长 1.54 倍。人口增长，必然对广西生态环境及经济社会产生巨大压力。人口增多，消费必然增加，对自然资源的开发程度随之加剧，由此带来的生态环境问题相伴而生且不可避免。特别是广西石山地区生存条件恶化，其根本原因就是人口过快增长，由此产生"越生→越穷→越生"的恶性循环，至今还有很多地方并摆脱这种恶性循环的"怪圈"。

### 1.3.4 频发的自然灾害

一方面，自然灾害的存在及其发生与发展本身就是严重的生态安全问题；另一方面，自然灾害的发生与发展又会引发其他的生态安全问题，甚至是更加严重的生态安全问题。

广西是自然灾害多发地区，每年都不同程度地发生自然灾害，给人民群众生命财产造成损害。正因为广西自然灾害频发、多发，甚至群发、链发，从而使得广西生态安全问题变得更加复杂、多变和难以预测。

据 2014 年 1 月 4 日《人民网时政频道》（http://politics.people.com.cn/）报道，2013 年，全国各类自然灾害共造成 38 818.7 万人次受灾，1851 人死亡，433 人失踪，1215 万人次紧急转移安置；87.5 万间房屋倒塌，770.3 万间房屋不同程度损坏；农作物受灾面积 3134.98 万 $hm^2$，其中绝收 384.44 万 $hm^2$；直接经济损失 5808.4 亿元。同样，2013 年广西也遭受多种自然灾害危害，并由此带来甚至加剧生态安全问题。

## 1.4 对策与措施

针对广西存在的上述生态安全问题，必须采取有效对策和措施。

### 1.4.1 提高认识

在当前整个社会和全人类越来越关注"生态安全"的大背景下，要充分认识确保广西生态安全的必要性、重要性和紧迫性。广西八山一水一分田一片海，还有大面积的石漠化地区，建设生态安全内容复杂、任务艰巨。

要深刻认识到维护广西生态安全是促进广西经济社会全面、协调、可持续发展的重要保障；维护广西生态安全是建设"生态广西"的重要基础；维护广西生态安全是实施国家西部大开发战略的重要组成部分；维护广西生态安全是实现"美丽中国"的重要组成部分；维护广西生态安全是建立稳固的"中国—东盟自由贸易区"、发展中国与东盟、东南亚乃至世界各国友好关系的需要。

要通过开展广泛宣传和加强教育、培训等，使广西广大干部和群众不断提高生态安全意识，使每个人都成为自觉保护生态环境、维护生态安全的生力军和实践者。

### 1.4.2 完善制度

建立健全生态环境保护的各种法律法规、完善生态环境保护的各种相关制度，对于改善生态环境、维护生态安全至关重要。可以说，近年来广西与全国各地一样，在这方面做了许多行之有效的工作，取得积极进展，但与实际要求相比还远远不够。因此，要维护好广西生态安全，必须更加高度重视完善广西生态环境保护的各种规章制度。

要对广西现有生态环境保护方面的规章制度，进一步补充、修改、完善，要根据变化了的新形势、新情况、新问题，建立健全新的更加切合广西实际的生态环境保护与生态安全制度，如建立干部任期内的生态环境考核制度、完善生态补偿制度、建立生态奖惩制度，以及建立排污许可证、"三同时"等环境管理的各项制度。要建立环境违法案件移送、后督查、违法排污"黑名单"和环境违法行为查处情况通报等制度，推动环境保护监督检查工作的制度化、规范化，促进环境保护工作的进一步深入。

总之，只有做到以制度保护广西生态环境、以制度维护广西生态安全，才能建成"生态广西"、"美丽广西"。

### 1.4.3 严格执法

要严格执行生态环境保护的各种法律和法规，以"法"保护广西生态，以"法"维护广西生态安全。

近年来,广西壮族自治区纪委监察厅将生态环境保护监督检查工作纳入党风廉政建设和反腐败斗争的整体部署，充分发挥组织协调作用，通过加强监督检查、组织处理、查办案件等措施，促进环保等部门认真履行职责，推进环境保护工作。

为强化监督职责，提高生态环保意识，自治区纪委监察厅制订了《生态环境保护和节能减排持久战实施方案》，专门对生态环境保护监督检查工作的任务、进度、责任等进行具体部署，并认真抓好落实。督促有关部门不断加强对高耗能、高污染等重点区域和行业节能减排情况的监督检查，关停和淘汰一批落后产能。坚持对环境保护重点领域和关键环节不放过，对生态环境保护问题和隐患不放过，对生态环境保护问题和隐患整改不到位的不放过，对环境保护责任制落实不到位的不放过。

在强化执法监察职能的基础上，广西注重以解决生态环保突出问题为重点，加强监督检查，增强工作实效性。自治区纪委监察厅连续 5 年深入开展整治违法排污企业保障群众健康环保专项行动，共查处违法企业 4055 家，立案处理企业 2218 家，结案 2034 起。两年来（2007～2008 年），共开展专项监督检查 32 次，重点督查 27 次，有力地打击了环境违法行为，维护了群众权益，保障了群众健康。全面开展涉锰、铅锌、铁合金行业环保准入核查和专项整治，对存在突出问题的企业实行强制清洁生产审核；完善突发环境事件应急预案，及时处置了右江上游粗酚污染事件等多起突发环境事件。

此外，广西坚持开展后监督与挂牌督办工作。2008 年，自治区纪委监察厅集中对 828 个挂牌督办环境案件中 92%的案件进行了后督察，促进了 59 个整治不到位、2 个未进行整改环境案件的整改和落实。同时，将群众反复投诉、污染严重、影响社会稳定的生态环境问题，列为自治区环保专项行动挂牌督办案件。

今后，为更好地维护生态安全，广西壮族自治区有关部门将在严格执法方面迈出更加坚实的步伐、采取更加果断的行动。

## 1.4.4　绿色考评

要尽快建立"绿色 GDP"考评制度，将生态环境保护纳入到地方经济社会综合考核的指标体系中，将干部任期之内的"生态业绩"纳入考评范围和内容，实行生态环境保护考核"一票否决制"。

要绿水更绿，青山更青，还需要有完善的"绿色考评"机制。近年来，广西在落实绩效考评责任制、监督检查责任机制、企业和项目分类负责制等已有监督体制的基础上，积极探索环保监察新途径、新方法，建立健全了一批长效机制。

（1）建立环境保护综合决策机制和协调机制。广西桂林市环保局积极开展廉政风险防范管理，调动干部职工查找廉政风险防范点 332 个，制定了相应防控措施 574 条，编印了《环保系统"三类风险"警示录》。柳州市环保局建立参与机制，通过参与局党组会、案件审议、现场执法等把握工作重点，将效能监察融入环保重点工作。

（2）推行环境保护目标责任制。2008 年出台了《广西壮族自治区城镇污水生活垃圾处理设施建设行政过错责任追究办法》；会同有关部门研究制定并上报自治区人民政府批准印发了《2008 年整治违法排污企业保障群众健康环保专项行动实施方案》，修改完善《2008 年节能减排攻坚战行动方案》和《主要污染物总量减排工作考核方案》。

## 1.4.5　生态补偿

为适应新形势下维护生态安全的战略要求为，无论是从国家层面，还是从广西层面，都要尽快建立和实行"生态补偿"制度。对于那些为保护一方生态环境作出贡献、为维护国家或区域生态安全作出实绩的个人、单位、部门，要给予应有的经济补偿和必要的奖励。

### 1. 建立西江流域生态补偿机制

据有关报道，近年来，广西每年投入约 30 亿元进行生态环境建设和水源保护，全区封山育林面积达到 7778 万亩（518.53 万 $hm^2$）。随着包括珠江防护林工程在内的生态保护工作深入推进，使得西江一直以来始终保持着充足的水量和优良的水质。

从"生态补偿"的角度，特提出如下建议：①支持珠江—西江千里绿色生态走廊建设，探索建立西江流域上下游生态补偿机制，从下游发达地区上交的税收中提取一定比例作为上游生态建设补偿资金，提高珠江防护林补助标准，共同把上游绿色生态走廊建设好。②应该从国家立法的层面进行利益调节，按照河流净流量和水质，确定生态补偿资金数额；上游生态功能区和下游受益区通过协商解决产业规避问题，实现从"输血"式到"造血"式扶贫的转变。③过去仅靠行政手段来解决污染问题，现在也需要用市场办法来保护水源。建议在西江流域建立水权交易试点，加快建立我国河流流域生态补偿试点工作，确定水资源使用权可按市场经济原则转让、交易的合法地位。一是要借鉴其他地方水权交易的工作经验，完善西江流域各方利益协调机制。二是探索建立西江流域水权交易市场，实施西江水量统一调度，上游的广西、贵州、云南和下游的广东、澳门以市场的方式进行"水权交易"。三是以水质和水量控制为核心，流域内区域间的利益相关者通过协商建立流域环境协议，明确流域不同河段水质和水量要求，防止在水资源保护与管理上产生权责界定不清、互相扯皮等现象（尹闯和林中衍，2011）。

**2. 建立珠江上下游生态补偿机制**

珠江是广西的"母亲河"，也是珠三角和港澳地区的"生命源"。加强珠江流域防护林体系建设，保护和改善区域生态环境，不仅能维护广西本土生态安全，也可以使整个华南地区特别是港澳地区水质和生态安全得到保障。

为维护珠江流域生态安全，国家应建立完善补偿机制，动员全社会共同参与，形成多元化投入格局，特别要争取建立下游地区对上游地区的生态补偿机制，以提高珠江流域农民造林积极性。

据统计，1996年以来，广西投入近10亿元人民币连续实施两期珠江防护林工程，并加强对珠防林、海防林等重点工程的监理，使工程建设区森林覆盖率提高了5.6%，森林蓄积量增加了1.2亿立方米，农民收入增加4亿多元。

然而，近几十年来，珠江流域旱、涝等生态灾害依然频繁，特别是2004年以来，珠三角地区有6年遭遇严重咸潮袭击，直接影响着广东省1500多万居民日常饮水和200多万亩（13.33多万$hm^2$）农作物生长，也影响到香港、澳门地区的供水质量，采取更大力度加强珠防林工程建设迫在眉睫。从"十二五"开始到2020年，广西将投巨资实施第三期珠江防护林工程，计划造林2500多万亩（166.67多万$hm^2$），增强珠江流域生态功能，遏制水土流失和石漠化。可是，目前提高林区农民护林积极性依然面临着许多实际困难。

由于资金总量有限，广西每年的造林面积和投资仍无法满足建设规模和改善整个生态环境的需要，要打开这个瓶颈，必须建立珠江上下游生态补偿机制，增加资金来源渠道，从源头上解决。当前，中国可以尝试建立生态补偿联席会议制度，引入省际水质断面交接标准等方式，促进该机制的实现。"珠防林工程"关系到生态安全和农民的切身利益，今后，广西不仅要深化集体林权制度改革，落实林地经营权，提高农民参与工程建设的积极性，还要根据经济发展逐步提高补偿标准，让农民的利益得到保障。

### 1.4.6　加强研究

要确保广西生态安全，必须加强对广西生态安全问题方面的科学研究。当前，要集中广西优势力量，开展以下方面的联合攻关：一是要研究广西生态安全存在的突出问题及其根源；二是要研究广西生态安全问题发展变化的规律及其机理；三是对未来广西生态安全的发展变化趋势要进行预测，特别是要强调定量研究，建立科学、客观且具有针对性和可操作性的预测模型；四是要研究广西生态安全问题的应对策略，做到防患于未然。

## 1.4.7　促进合作

现在的世界是开放的世界，唯开放才有出路，唯合作才能成功。闭关自守、单打独斗，往往难以成就大事。要确保广西生态安全，必须重视和加强国际、国内、区（自治区）内的合作交流。这里特别强调 3 点：一是要加强国际合作，学习、引进国际上的先进理念、技术和手段；二是要开展国内合作，将国内有利于维护广西生态安全的理念、技术、方法等应用于广西各地的具体实际之中；三是广西区内也要加强合作与交流，如广西壮族自治区的高校、科研院所、公司企业和行政管理等都应密切合作与交流，做到优势互补、取长补短、相互促进、共同发展。

当前，广西可联合西南、中南探索建设生态保护合作机制，以南岭山地水源涵养重要区、西南喀斯特地区土壤保持重要区、东南沿海红树林生物多样性保护重要区、桂西南岩溶山地生物多样性保护重要区四大国家重要功能区为核心，联合粤湘赣共建南岭山地水源涵养重要功能区；联合粤琼共建东南沿海红树林生物多样性保护重要生态功能区；联合滇黔共同开展石漠化综合治理。与越南深化合作，扩大大湄公河次区域合作成果。加强桂西南石灰岩地区生物多样性保护，加大重点生态功能区的保护和建设力度。

## 1.4.8　分区分类

要从根本上维护广西生态安全，必须对广西生态环境、生态建设和生态安全进行分区和分类，以便实行分区建设、分类保护。

### 1. 分区建设

2008 年 2 月，广西壮族自治区人民政府发布了《广西壮族自治区生态功能区划》，该区划是在对广西生态现状调查的基础上，通过系统分析生态系统类型及其空间分布特征、主要生态问题和产生原因、生态系统服务功能重要性与生态敏感性空间分异规律，确定不同地域单元的主导生态功能，划分生态功能区类型，确定对保障广西生态安全具有重要作用的重要生态功能区域。生态功能区划是主体功能区划、生态保护与建设规划、资源合理开发与保护、产业布局和结构调整的重要参考依据，对于转变经济发展方式、增强区域社会经济发展的生态支撑能力，促进富裕文明和谐新广西建设具有重要意义。

### 2. 分类保护

在对广西生态环境和生态安全进行分区管理的基础上，还要进一步进行分类管理、分类建设，明确生态建设与生态安全的重点，构建全区生态安全新格局，这方面的工作还需要扎实开展、稳步推进。

当前，要构建广西生态安全新格局，应突出抓好以下几方面内容：一是建立以森林植被为主的森林生态体系；二是对重要生态地区进行有力的生态保护，确保自然生态系统的健康稳定和物种多样性；三是治理和保护生态脆弱地区，恢复和提高自然生态系统的服务功能。这些目标主要通过开展造林绿化、建设自然保护区、加强公益林管护、加快石漠化治理、建设北部湾生态屏障和西江千里绿色走廊及保护生物廊道来实现。

### 3. 重点治理

与西南、中南其他省市相比，良好的生态环境是广西发展的潜力和优势所在，但是近年来广西壮族自治区部分江河明显受到污染，近岸海域水质呈现下降趋势，空气质量保持面临新压力。打造新的战略支点必须保持自治区山清水秀、海碧天蓝的优良环境质量，为西南、中南地区提供清新空气和清洁水源等优质生态产品。深化节能减排和污染防治是构建生态安全体系的重要抓手。因此，近期广西应重点治理：①以 PM2.5 防控为重点，深化大气污染防治。采取煤炭消费总量控制、燃煤电厂脱硫脱硝除尘、工业锅炉窑炉污染治理、挥发性有机物综合整治、扬尘环境管理、机动车尾气污染治理、餐饮油烟污染治理综合措施，实施多污染物协同控制，提高综合防治技术水平，建立重污染天气监测预警应急体系，防控复合型大气污染。②以饮用水安全保障为重点，强化重点流域和地下水污染防治。加快西江流域重点江河和大中型水库库区水污染综合治理，加大邕江、南流江等重要河流以及万峰湖、洪潮江水库、大王滩水库等重要水源的保护，推动水环境质量改善，保障饮用水安全（钟格梅，2005）。③以农村环境综合整治为重点，加快乡村建设规划。深入推进清洁家园、清洁水源、清洁田园建设，整体推进农村生活污水处理、垃圾收运、饮用水水源保护、畜禽养殖污染等综合整治，因地制宜地推行生态农业发展模式，建立农村环境管理长效机制。

## 1.4.9　增大投入

实践证明，要使广西生态安全真正得以确保和维护，必须要加大生态环境保护与建设的人力、物力和资金的投入力度。没有必要的投入，谈"生态保护"、"生态安全"到头来只能是一句空话。

增大生态安全投入，应多种渠道、多种途径、多种方法解决。首先，要增大国家的投入，国家要逐步增大对西部、对广西的生态环保投入，以建设好、维护好我国西部、西南部的"生态屏障"；其次，从"生态补偿"的角度，香港、广东等发达地区和邻省应给广西必要的生态补偿与环保投入；第三，广西壮族自治区自身也要更进一步增加生态投入，从维护广西自身生态安全的战略高度，增加投入；第四，还可向企业、慈善组、民间团体筹集相关资金，等等。

## 1.4.10　增强能力

要下决心通过上述一系列对策和措施，切实增强广西生态环境保护能力，提升广西可持续发展能力，从而真正做到维护广西生态安全，实现广西经济社会与资源生态环境的协调发展、全面发展和健康发展。

## 参 考 文 献

《广西环境保护丛书》编委会编著. 2011. 广西生态环境保护. 北京：中国环境科学出版社

《农区生物多样性编目》编委会. 2008. 农区生物多样性编目. 北京：中国环境科学出版社

广西植物研究所编著.2005.广西植物志（第二卷 种子植物）.南宁：广西科学技术出版社

广西壮族自治区人民政府.2007.广西年鉴.南宁：广西年鉴社

广西壮族自治区人民政府.2011.广西年鉴.南宁：广西年鉴社

广西壮族自治区人民政府办公厅.2009.广西壮族自治区人民政府公报.882（35）：3-20

广西壮族自治区统计局.2007.广西统计年鉴.北京：中国统计出版社

黄梅丽，林振敏，丘平珠，等.2008.广西气候变暖及其对农业的影响.山地农业生物学报，27（3）：200-206

江泽普，韦广泼，蒙炎成，等.2003.广西红壤果园土壤酸化与调控研究.西南农业学报，16（4）：90-94

姜维，杨丽梅.2012.广西的水土流失及防治对策.中国水土保持，（3）：39-41

蒋忠诚，李先琨，胡宝清.2011.广西岩溶山区石漠化及其综合治理研究.北京：科学出版社

黎遗业.2008.广西地质灾害的成因分析及防治对策.重庆科技学报（自然科学版），10（1）：26-30

李文华.2008.农业生态问题与综合治理.北京：中国农业出版社

李阳兵，侯建筠，谢德体.2002.中国西南岩溶生态研究进展.地理科学，22（3）：365-370

芦峰.2012.广西岩溶土地现状与石漠化治理模式探析.广西林业科学，41（2）：183-185

水利部，中国科学院，中国工程院.2010.中国水土流失防治与生态安全：西南岩溶区卷.北京：科学出版社.

覃海宁，刘演.2010.广西植物名录.北京：科学出版社

覃卫坚，李耀先，覃志年.2010.广西气温气候变化特征研究.安徽农业科学，38（32）：18315-18318

覃盈盈，刘海洋，黄安书，等.2011.广西湿地两栖爬行动物资源的调查.贵州农业科学，39（12）：182-186

谭伟福，蒋波.2007.广西生物多样性保护策略和途径.环境教育，（05）：22-26

谭伟福.2005.广西生物多样性评价及保护研究.贵州科学，（02）：2

唐燕.2010.浅谈广西生物保护多样性的意义.科技传播，（21）：108-109

王金叶，程道品，胡新添，等.2006.广西生态环境评价指标体系及模糊评价.西北林学院学报，21（4）：5-8

韦毅刚.2008.广西植物区系的基本特征.云南植物研究，30（3）：295-307

尹闯，林口衍.2011.建立和完善广西生态补偿机制的对策.广西科学院学报，27（2）：137-140，144

余志强.2009.广西主要茶区土壤重金属的监测与污染评价.广东农业科学，（9）：174-176

赵其国，黄国勤.2012.广西农业.银川：阳光出版社

赵其国，黄国勤.2014.广西红壤.北京：中国环境出版社

钟格梅，陈莉，李裕利，等.2005.广西部分地区地下水饮水水质抽样调查.中国热带医学，5（4）：898-899

周兴，童新华，秦成，等.2003.广西可持续发展要解决的生态环境问题及对策.广西师范学院学报（自然科学版），20（增刊）：1-9

# 附录二

# 广西桉树种植的历史、现状、生态问题及应对策略

黄国勤[1]，赵其国[2]

（1. 江西农业大学生态科学研究中心，南昌，330045；2. 中国科学院南京土壤研究所，南京，210008）

**摘要**：广西是我国桉树种植的主要区域，桉树产业已成为广西的优势产业、特色产业、民生产业。新世纪推进广西桉树产业发展，不仅对广西经济社会的全面具有重要作用，而且对促进全国桉树产业及整个经济社会发展的可持续发展具有重要意义。本文通过调查研究回顾了广西桉树种植的历史，认为 19 世纪初广西即开始从法国引种桉树，但面积小、发展慢。新中国成立后，广西桉树种植经历了 3 个发展阶段，即：起步阶段（1949～1977 年）、推广阶段（1978～2000 年）和大发展阶段（2001 年至今）。当前，广西桉树种植的现状是：分布广、产量高、效益好、贡献巨大、地位突出。但广西大面积种植桉树人工林，也面临着耗水、耗肥、"有毒"、"沙漠"、"退化"、灾害六个突出问题亟待研究解决。为使新世纪广西桉树产业的又好又快发展，应遵循 3 大原则：可持续发展原则、因地制宜原则和循序渐进原则，同时，应采取以下 6 项具体措施：一是科学规划；二是合理布局；三是优化结构；四是产业带动；五是改善条件；六是发展科技。

**关键词**：桉树；种植模式；生态效益；经济效益；社会效益；可持续发展。

# The history，status quo，ecological problems and countermeasures of *Eucalyptus* plantations in Guangxi

HUANG Guoqin[1]，ZHAO Qiguo[2]

（1. Research Center on Ecological Science，Jiangxi Agricultural University，Nanchang 330045，China；

2. Institute of Soil Science，Chinese Academy of Sciences，Nanjing 210008，China）

**Abstract**：Eucalyptus is one of three species（Eucalyptus，poplar，pine）of fast-growing trees in China. Because Eucalyptus grows rapidly，afforestation of a Eucalyptus forest can be achieved in a short period of time making the species a very popular plantation species. China highly praises the use of eucalyptus，especially in Guangxi，Guangdong, Hainan, Fujian and other tropical and subtropical regions. Eucalyptus plantings have a long history and feature several favorable characteristics such as being well adapted to optimum growing conditions in the provinces that led to its popularity. Guangxi is a major area of eucalyptus plantations. The eucalyptus industry has become the one of the dominant and specialized industries of the province，and serves as a source of livelihood for rural people living in Guangxi. The promotion of the industrial development of eucalyptus plantations in Guangxi in this new century not only plays an important role in the overall economic and social development of the province，but also has great significance in the promotion of the sustainable development of

本文原载《生态学报》2014 年第 34 卷第 18 期第 5142～5152 页。

the national timber industry and it supports the entire scale of economic and social development. The author reviewed the history of Eucalyptus plantations in Guangxi，which began in the early 19<sup>th</sup> century from France. In the early 19<sup>th</sup> century，the area of Eucalyptus plantations was small and developed slowly. After the founding of the People's Republic of China，development of Eucalyptus plantations went through three stages：an initial stage（1949-1977），a promotional phase（1978-2000）and a large-scale development phase（2001-present）. Currently，Eucalyptus plantations in Guangxi are widely distributed，cover a large area，exhibit high yield，are effective in providing timber and afforestation，and make great contributions to local economies；these give Eucalyptus a prominent position in forestry of the region. Eucalyptus plantations and forests in Guangxi are distributed in almost all regions with hills and mountains，or near villages and streets. In 2012，the area of Eucalyptus plantations reached 1.87 million hm$^2$. Currently，Guangxi eucalyptus timber production accounts for over 70% of the region's total timber production. Eucalyptus plantations in Guangxi have sound economic，ecological，and social characteristics. The annual forest growth，annual harvest volume，and the net increase of forest volume in Guangxi all rank first in the country for Eucalyptus. Eucalyptus is the largest production base of wood in China and provides a strategic core wood supply for the national reserve base. In certain respects，Eucalyptus plantings have many positive ecological effects，such as carbon sequestration and oxygen release providing for e.g. a cleaner environment，forest protection，and climate regulation. The ecological benefits of planting Eucalyptus are significant. In other respects，the massive planting of Eucalyptus in Guangxi inevitably brings negative impacts on the environment. Large-scale cultivation of Eucalyptus plantations in Guangxi cause several problems that need to be studied if solutions are to be found，including problems related to water and fertilizer consumption，toxic effects to livestock，as well as desertification，land degradation and disasters related to Eucalyptus plantations. Eucalyptus plantations have created an important industry that is characteristic of Guangxi，and currently provide a source of livelihood for local people. China needs to vigorously develop this industry to provide a source of livelihood for local people by implementing a western-style developmental strategy，and by promoting comprehensive，coordinated and sustainable economic and social development in Guangxi and other western provinces and autonomous regions. In this sense，the prospects for the development of the Eucalyptus industry are very broad. To enable rapid development of the Eucalyptus industry in the new century，we should follow three principles，the principles of enabling sustainable development，adapting to local conditions and developing the process gradually. We need to employ the following six specific measures：scientific planning，rational distribution on the landscape，optimization of the structure of plantations，using reasonable planning methods for the industry，improving conditions for local people，and including the development of technology.

**Key Words**：ecological benefits；economic benefits；eucalyptus；planting patterns；social benefits；sustainable development

　　桉树是我国三大速生树种（桉树、杨树、松树）之一。桉树凭借速生的优势，当年营造，即可达到当年成林的效果（黄华艳等，2011；祁述雄，1989；徐建民等，2001）。因此，桉树享有崇高的美誉，在我国备受青睐，尤其是在我国的广西、广东、海南、福建等热带、亚热带地区，桉树的种植具有条件优越、历史悠久、效益良好的特点。为推进新世纪我国桉树产业的又好又快发展,本文对我国最大桉树生产省区——广西壮族自治区的桉树种植的历史、现状、存在问题及其可持续发展对策等作一探讨。

# 1.1 历 史

## 1.1.1 新中国成立前广西桉树种植

桉树原产于澳大利亚、印度尼西亚、巴布亚新几内亚和菲律宾,但在 500 多个树种中,只有剥桉（*E. deglupta*)、尾叶桉（*E. urophylla*)两种不产于澳大利亚。桉树对中国而言,是个外来物种（项东云等,2006)。

桉树引入我国,迄今已有 120 年的历史（项东云等,1999)。据 1961 年英国出版的世界作物丛书上《桉》中第 7 章介绍:桉树是由驻意大利的中国使领于 1894~1896 年间引种华南,最早种植在香港、广州、福州,有些于 1898 年种植在广州岭南大学（现中山大学),当时引种的是大叶桉、柠檬桉、蓝桉、赤桉、细叶桉等。

广西是在 19 世纪初期,从法国引种了细叶桉到龙州,历经毁坏,所剩无几。现保存最大的柠檬桉在龙州中山公园;在合浦县,原三合口农场 1935 年从印尼引进柠檬桉种子,种植 1km 林带（到 1960 年保存 1080 株);1928 年引种到柳州五里亭小学的 1 株赤桉,胸径 103cm,树高 51m,材积 16.99m$^3$,是广西目前最大的桉树（彭子先,1987)。

## 1.1.2 新中国成立后广西桉树发展

如果说,新中国成立前广西桉树的种植是分散的、零星的、局部的和小规模的,没有形成"气候",那么 1949 年新中国成立后,广西桉树的发展则是集中的、连片的、全面的和大规模的,这是国内外有目共睹的。当前,国内外有所谓的"世界桉树看巴西,中国桉树看广西"之称誉,正好说明了这一点。

新中国成立至今,由于党和政府的正确领导和关心扶持,广西桉树产业得到前所未有的发展。根据桉树种植面积、产量、分布及取得的效益等多方面的综合考虑,可将新中国成立以来广西桉树生产的发展大致划分为以下 3 个阶段。

### 1. 第一阶段：起步阶段（1949~1977 年）

1949 年新中国刚刚成立,百废待兴。从 1949 年新中国成立至 1977 年改革开放前的这一阶段,广西桉树的发展主要以桉树的引种、试验与扩大示范种植面积为主。

据有关资料（汤恩布尔,1984)记载,1960 年,广西壮族自治区开始较大规模地营造桉树人工林,东门林场 15 000hm$^2$ 人工林中,桉树就有 8500hm$^2$。在贫瘠土壤上,主要种植窿缘桉和柠檬桉。1965 年,在广西南部地区成立了由东门林场、渠黎林场、跃进林场、石塘林场和黎塘林场等 10 个桉树林场组成的与广东省雷州林业局相似的"桂南林业局",随之开始大面积栽培以窿缘桉（*E. exserta*)、柠檬桉（*E. citriodora*)和野桉（*E. rudis*)为主的桉树人工林。20 世纪 70 年代初,广西大量引进和推广雷州林业局的雷林 1 号桉（*E. exserta* × *E. robusta*)（黄桂英等,2008)。

　　在扩大桉树种植面积的同时，广西还特别重视桉树的引种、改良与栽培技术的研究及学术交流。20 世纪 70 年代初期，即进行了柠檬桉（*E. citriodora*）、窿缘桉（*E. exserta*）的选育和雷林 1 号桉的引进和选育（陈邕安，2006）；1974 年成立南方七省区（广西、广东、四川、云南、福建、浙江、江西）桉树协作会，并先后围绕桉树良种选育与种植技术等理论与实践问题多次召开学术交流会，有力地促进了广西及南方桉树生产的发展；1977 年，广西林科院进行了柳桉与窿缘桉人工杂交育种研究（陈邕安，2006）。

## 2. 第二阶段：推广阶段（1978 ~ 2000 年）

　　从 1978 年开始我国实行改革开放，为广西桉树发展注入了生机与活力。

　　（1）新技术研发。从 1982 年"中澳（澳大利亚）技术合作广西东门林场桉树示范项目"开始，在国际林业组织支持下，广西先后从澳大利亚、印度尼西亚、美国、巴西等 8 个国家引进 174 个桉树种和 200 个种源，经过中澳林业科技人员共同合作、刻苦钻研，进行繁殖、培育、筛选并建立了桉树无性系基因库。该库已成为我国乃至亚洲最大的桉树种质资源库，通过科技人员全面系统地进行高产栽培综合技术研究，为桉树速生丰产提供了先进的科学技术，从而为桉树人工林发展奠定的基础（陈邕安，2006；项东云，2002）。这一无性繁殖和高产栽培技术，打破了多年来"十年树木"的林业发展传统观念。5 年生优良速生丰产桉，每亩立木蓄积已达 5~6m³，高产的可达 7~8m³，这是广西，也是我国林业发展史上的奇迹（黄永平，2008）。

　　（2）大面积推广。一是种植面积扩大。广西各地将桉树无性繁殖、速生丰产的种植技术进行大面积推广，取得明显成效。1980 年，广西桉树人工林种植面积 4.8 万 hm²；1990 年 5.8 万 hm²；2000 年达到 14.9 万 hm²，桉树种植面积呈现"指数增长"（邵国凡和李春干，2010）。二是种植区域扩展。桉树人工林种植区域由 20 世纪 70 年代末仅局限在桂南地区种植，到 80 年代中、后期至 90 年代，已逐步向桂中、桂北地区发展；同时，由丘陵地种植发展到山地种植。三是生长速度加快（项东云，2002）。桉树人工林生长量由 20 世纪 70 年代的 4.5m³/hm²，提高到 80 年代的 8.0m³/hm²，并进一步提高到 90 年代的 18.0~22.5m³/hm²。四是经济效益提高。据广西农业区划办公室王辉武（2002）统计，截止到 2000 年广西桉树种植面积达 14.97 万 hm²，蓄积量达 909.34 万 m³，干木片产量达 246.09 万 t，产值达 140 140.38 万元，出口量达 6.98 万 t，出口产值达 4613.87 万元。

## 3. 第三阶段：大发展阶段（2001 年至今）

　　进入新世纪，广西桉树人工林种植迈入了一个崭新阶段——大发展阶段。

　　（1）面积大发展。自进入新世纪以来，广西桉树每年以 200 万亩（13.33 万 hm²）速度快速发展，广西已成为我国速生桉树的重要生产基地。"十五"（2001~2005 年）以来，广西实施南方速生丰产林工程，桉树人工林得到迅速发展，造林面积逐步扩大。2004 年，广西桉树种植面积为 41.33 多万 hm²；到 2005 年，广西桉树人工林面积为 53.36 万 hm²，蓄积量为 1001.37 万 m³；2006 年，广西桉树人工林总面积约为 63.64 万 hm²，蓄积量约为 1457.25 万 m³；2007 年，广西桉树人工林总面积约为 75 万 hm²，蓄积量约为 2091.76 万 m³（项东云等，2008；曹继钊等，2010）；2008 年年底，广西已营造桉树人工林面积达 81 万

hm², 蓄积量 3050 万 m³。据潘秀湖（2012）研究，2009 年广西全区桉树面积为 159.02 万 hm²，蓄积量为 7053.80 万 m³，位居全国首位（占全国桉树种植面积的 46%），其中桂中和桂东南地区为主要分布区域，面积达 120 多万 hm²，占全区桉树面积的 75%，约占当地森林面积的 21%；2010 年，广西全区桉树人工林面积达到 165 万 hm²，占全区人工商品林面积 30.5%，相当于每个广西人拥有半亩桉树；全区桉树活立木蓄积量达到 6000 万 m³，占人工商品用材林总蓄积量的 20.9%，相当于每个广西人拥有 1.2m³ 桉木。桉树人工林面积、生长量、蓄积量继续稳居全国第一位。

（2）区域大扩展。2000 年以前，广西桉树大面积造林仅限于北回归线以南的南宁、崇左、钦州、北海、防城港、玉林、贵港、梧州等 8 个市。近年来，随着栽种效益的凸现、选育水平的提升和抗寒品种的推广，速丰桉逐步向北扩展，如今全区 14 个市 102 个县（市、区）都有种植（韦继川，2011）。

（3）效益大提高。随着林浆纸、林板及木材加工等产业的快速发展，广西林业总产值从 2005 年的 293 亿元增加到 2011 年 1600 亿元，6 年实现翻两番，其中以桉树为主的木材加工和制浆造纸利用总产值约为 640 亿元，在林业总产值占了 2/5（谢彩文，2012）。

（4）地位大提升。新中国建立以来，东北作为木材主产地，"霸主"地位长达半个多世纪。"十一五"期间，中国木材主产地快速南移，广西取而代之成了中国木材"巨无霸"，商品材产量全国第一。这一惊人巨变，正是起源于大面积种植速丰桉。2005 年，广西桉木材产量仅 87 万 m³，到 2010 年增加到 800 万 m³，五年增长 8 倍多；桉木材占全区商品木材产量 67%，占全国木材总产量 1/10。桉树资源快速增加，国家下达广西的森林采伐限额也一增再增，从"十一五" 2500 多万 m³ 增加到"十二五" 3681 多万 m³，稳居全国之首。

如前所述，中国引种桉树已有 100 多年历史，拥有地理和技术双重优势的广西，是引种栽植较早的省（区），进入新世纪，广西大面积种植桉树至今已 10 多年。据统计，2011 年全区桉树面积发展到 2700 多万亩（180 多万 hm²），占全区人工商品林面积约 1/4。目前，广西桉树面积、木材产量双双位居全国首位，形成"世界桉树看巴西、中国桉树看广西"的大格局（谢彩文，2012）。

# 1.2　现　　状

## 1.2.1　分布广

据作者近年来对广西桉树生产状况的调研与实地考察，到处见到的是成排、成行、整整齐齐的、绿油油的桉树林、桉树"片"、桉树"海"，桉树种植已广泛遍及广西各地，桉树广泛分布于广西各地的大大小小的丘陵和山地，以及各地的村旁、路边等。可以说，成片的桉树林已成为广西的独特景观与优势。

## 1.2.2　面积大

据黄昭平（2011）研究资料，目前全国 260 万 hm² 桉树人工林中，80%分布在广西、广东、海南、福建等沿海省区，云南、四川、湖南、江西等省分布很少。2012 年，广西桉树面积达到 2800 万亩（186.67 万 hm²）。根据《广西林业"十二五"总体规划》，到 2015 年，广西桉树速丰林总面积将增加到 3000 万亩（200 万 hm²），占全区森林总面积约 1/7（袁琳，2011）。

### 1.2.3　产量高

目前，广西桉材产量占全区木材总产量的 70%以上。根据《广西林业"十二五"总体规划》，"十二五"期间，广西年森林采伐限额达到 3681.8 万 m³，居全国第一，约占全国 1/7，其中桉树采伐限额达 2600 万 m³。

### 1.2.4　效益好

（1）经济效益。首先，从农民增收来看，桉树被广西农民看做是"摇钱树"，种植桉树对农民脱贫致富别奔小康发挥着重要作用。现在广西种植桉树的农民越来越多。其次，从全区经济产值来看，广西林业总产值从 2005 年的 293 亿元增加到 2011 年 1600 亿元，6 年实现翻两番，其中以桉树为主的木材加工和制浆造纸利用总产值约为 640 亿元，在林业总产值占了 2/5（谢彩文，2012）。2011 年，广西以桉树为主要原料的木材加工和制浆造纸产业总产值达 860 亿元，占广西全区林业产业总产值的 51%。

（2）生态效益。科学研究表明，林木每生长 1m³，平均吸收 1.83t $CO_2$，放出 1.62t $O_2$。按目前全区桉树面积计算，每年可吸收 $CO_2$ 4500 多万 t，释放出 $O_2$ 约 4200 多万 t，碳汇潜在市场价值超过 100 亿元（谢彩文，2012）。据测算，2010 年广西全区森林生态服务总价值已超过 8500 亿元，居全国第 4 位。又据《广西林业发展"十二五"规划》，到 2015 年，广西桉树速丰林面积将增加到 3000 万亩（200 万 hm²），届时桉树在保育土壤、固碳释氧、积累营养物质、净化大气环境、生物多样性保护等方面，每年给广西提供生态系统服务功能价值将高达 1247 亿元（谢彩文，2012），其中涵养水源功能价值 523 亿元、保育土壤功能价值 115 亿元、固碳释氧功能价值 340 亿元、积累营养物质功能价值 12 亿元、净化大气环境功能价值 138 亿元、生物多样性保护功能价值 119 亿元。可见，广西发展桉树人工林，不仅有良好的经济效益，而且有显著的生态环境效益。

（3）社会效益。广西桉树人工林的发展，具有良好的社会效益。首先，增强林木资源储备。发展桉树速丰林，大大缩短了木材生产周期，提高了木材产量，以最少的林地、最短的时间生产出最多的木材，可有效缓解社会对木材需求的矛盾问题，对保障全区、全国林浆纸等林产工业健康稳定发展有重要作用。其次，首先，种植桉树可以增加农村就业机会，从种苗、造林、营林，到木材采伐、加工、利用全过程中，均可产生就业机会。据估计，每 hm² 桉树人工林可产生直接就业岗位 4 人。同时，在种植桉树生产过程中，还可使农民学会、掌握现代营林生产技术和管理知识，可有效提高劳动者的素质，促进农村经济的发展。第三，促进林业生产经营水平提高。发展桉树速丰林，实行集约化、规模化经营，推广和应用国内外先进适用的林业生产技术，使林业科技成果进一步得到推广应用，有利于提高林业经营管理水平，带动林业生产发展走集约化经营道路（温远光，2008）。

### 1.2.5 贡献巨大

桉树被认为是"一种效益好的战略性林木，是造纸业的绿色黄金"。广西桉树人工林的发展已经为国家的经济社会发展和生态环境安全（特别是固碳释氧、净化环境、调节气候等）作出了巨大贡献。广西森林年生长量、年采伐量、森林年净增量均居全国第一，已成为全国最大木材生产基地和全国木材战略核心储备基地。

### 1.2.6 地位突出

从 20 世纪 80 年代以来，广西先后引进了澳大利亚桉树 174 个树种的 200 多个种源，通过品种改良和高产综合试验，至今已建成了适合在中国推广的桉树基因库，其中包括 900 多个无性系——这是目前亚洲最大的桉树"基因银行"。该基因银行（基因库）汇集了包括中国、美国、澳大利亚、泰国、巴西等多个国家的桉树物种，是名副其实的亚洲最大桉树基因库，实为不可多得（熊红明，2011）。从这个意义来说，广西桉树的地位，在世界、在亚洲、在全国都是重要的和不可取代的。

## 1.3 问　　题

一方面，广西桉树的大量种植，具有许多积极的生态效应，如固碳释氧、净化环境、森林防护、调节气候等，可以说种植桉树的生态效益是显著的；另一方面，也要看到大量种植桉树，对广西生态环境也不可避免地带来了负面的、消极的生态环境影响。

### 1.3.1 耗水问题

大面积种植桉树，造成桉树数量多、密度大，而桉树又生长迅速、生长周期相对较短，如此，相对于其他植被物种，桉树生长过程中所耗用的水量自然就大。难怪，有人把桉树人工林称作"抽水机"（黄自伟，2012）。

事实上，根据有关研究，桉树光合作用能力强，用水量比其他人工林少。据联合国粮农组织（FAO）曾组织专家进行的专项研究结果显示，不同树木每生产 1kg 干物质所消耗的水分分别为：桉树 510L，合欢属 580L，针叶树 1000L；另一组专家研究结果是：桉树 758L，比松树的 1538L、相思树的 1323L 少得多（二组数据有差异，是方法不同之故）。由此，可以认为"桉树是抽水机"的说法不科学，但在生产实践中应采取切实措施解决种植桉树"水"的问题。

### 1.3.2 耗肥问题

从广西桉树种植的历史及当前广西各种桉树种植情况来看，桉树人工林对土壤肥力的消耗是大的，有所谓的"桉树是抽肥机"之说。

作者在考察中发现，大面积种植桉树造成丘陵、山地土壤地力下降、肥力衰减，有的甚至存在严重的水土流失，其原因在于：一是采用全垦方式（即炼山）整地，这对土壤的破坏是毁灭性；二是实行整株砍伐、全树收获，将桉树积累的全部地上部生物质移出系统，常常只有桉树的地下部根系还留在土壤中（而根部的生物质量只占桉树整个生物总量的一小部分），这就必须造成系统中物质循环的"不平衡"：移出量＞归还量。长期这样下去，势必造成土壤养分的过度消耗和土壤养分库的亏损。如不及时补充足够的营养元素返回土壤，桉树就自然成为"抽肥机"（黄承标，2012）。

当然，如采用科学的方法种植桉树人工林，"桉树是抽肥机"是可以避免的。

### 1.3.3　"有毒"问题

广西各地群众在种植桉树的生产实践中观察到这样一种现象，即凡是有桉树生长的地方，其林下地面很少长有其他植物，甚至有时桉树林下地面是"光秃秃"的，寸草不长。因此，当地群众认为桉树"有毒"，桉树不仅是"抽水机"、"抽肥机"，也是"产毒机"——分泌、生产有毒物质的树种，甚至还有人认为桉树人工林流出（渗出）的水，若当地妇女喝了就会只能生女孩而不生男孩（庞正轰，2008）。

大量研究表明，桉树本身（茎、叶）是没有毒的。桉树与其他植物（生物）一样，具有化感作用，生物间存在相生相克现象，其产生的化感物质，对某些植物（杂草、树木）具有一定的"抑制"或"促进"作用，纯属正常的自然现象或自然规律。至于桉树林下生长的植物少，有时甚至是"光秃秃"的。这主要是在种植桉树时，由于采用"炼山"方式整地造林（种植桉树），在桉树生长过程中，精耕细作、加强管理，有的甚至施用除草剂或喷洒其他农药，在保护了桉树生长的同时，对桉树林下的其他生物产生了不利影响，甚至是"致命"的打击或毁灭性的破坏作用。这就必然造成桉树林下的生物（植物、动物）种类和数量明显减少，甚至是"寸草不生"。

至于说"当地妇女喝了桉树人工林流出的水就只会生女孩而不生男孩"，是没有科学依据的，不值得相信。

### 1.3.4　"沙漠"问题

近年来，广西桉树种植区域的广大群众反映，说桉树林是"远看绿油油，近看光溜溜"、"下不长草，上不飞鸟"，桉树林已变成了"绿色沙漠"。这实质上是反映了两个问题：一是桉树"有毒"问题；二是桉树林的水土流失问题。关于桉树"有毒"的问题，前面已作分析，此处不赘述。至于桉树林的水土流失问题，确实存在，且在有的桉树种植区还比较严重。

桉树林的水土流失，是由以下几方面原因造成的：一是在高山、陡坡种植桉树，采用全垦式的"炼山造林"，一遇上大风大雨必然产生严重的水土流失；二是不合理的耕作方式，特别是采用顺坡种植桉树，也极易产生水土流失；三是在桉树生长期间进行管理，如除草、松土、施肥等，都可能产生水土流失；四是在桉树生产过程中采用机械化作业，更是极易产生水土流失。

罗兴录等（2013）对桉树林、龙眼树、混交林等 3 种植被下的水土流失进行了比较研究，结果表明，3 种不同植被下水流失量、土壤流失量及土壤养分流失量均表现为：桉树林＞龙眼树＞混交林。其中，龙眼树水分、土壤、土壤速效氮、磷、钾和土壤有机质流失量分别比桉树林减少了 4.43%、96.51%、95.29%、96.20%、93.00%和 96.09%；混交林分别比桉树林减少了 5.07%、98.79%、98.67%、98.74%、98.39%和 98.74%。

### 1.3.5 "退化"问题

广西大面积种植桉树林，已产生严重的土壤退化（包括土壤肥力下降、生物多样性衰退、环境污染等）的问题，值得引起高度关注。

**1. 土壤肥力下降**

桉树人工林由于地表的植被层少，枯枝落叶种类和层面薄，加上土壤结构的破坏，因此很易出现下雨时大量的水土冲刷现象，造成水土流失。另外，在种植小苗和大片砍伐后，由于土地裸露时间较长，土壤的沙化现象更加严重，造成桉树人工林土壤流失。根据统计资料，桉树人工林平均土壤流失量为 $10.8m^3/(hm^2 \cdot a)$。覃延南（2008）通过对广西沿海地区桉树林地土壤养分测定分析，结果表明：土壤的 pH 为 4.07～5.30、有机质为 0.49%～7.26%、全氮为 0.02%～0.23%、全磷为 0.03%～0.10%、全钾为 0.14%～3.08%、速效氮为 20.2～137.3mg/kg、速效磷为 0.3～23.9mg/kg、速效钾为 3.6～88.8mg/kg、有效铜为 0.25～0.80mg/kg、有效锌为 0.30～1.90mg/kg、有效硼为 0.04～0.33mg/kg。根据广西土壤养分含量等级划分标准，认为该地区土壤中的大量元素（N、P、K）和微量元素（B）均普遍缺乏，特别是大量元素（P、K）和微量元素（B）缺乏最为严重。杨尚东等（2013）对广西红壤区桉树人工林炼山后土壤肥力变化及其生态效应研究表明，炼山无助于长效提高桉树人工林的土壤肥力。

**2. 生物多样性衰退**

据杨尚东等（2013）研究，虽然广西红壤区桉树人工林土壤细菌多样性指数、丰度和均匀度指标在不同土层的变化不均一，但无论是炼山 1 周后或 4 个月后，炼山方式均不同程度地导致了桉树人工林表层土壤细菌多样性指数、丰度和均匀度指标的下降，说明炼山方式也不利于桉树人工林，尤其是表层土壤生态系统的持续稳定。温远光等（2005）研究了连栽对广西桉树人工林下物种多样性的影响，结果表明：桉树连栽导致人工林植物多样性减少，在 $667m^2$ 样方内，第 2 代林的植物种类比第 1 代林减少了 541.43%；对 18 块 $4m^2$ 样方监测（1998～2003 年）结果，第 2 代林植物多样性比第 1 代林减少了 50%，物种丰富度和 Shannon-Wiener 指数分别比第 1 代林减少 391.39%和 171.76%。桉树人工林连栽导致群落物种多样性降低，改变了群落的物种组成及特征。

温远光团队（2005）在实施"桉树人工林林下植被数量及演替规律研究"项目中，经过近 7 年的监测和评估，得出：采用全垦、连栽、短周期方式经营桉树林，必然造成林间植物物种的减少甚至毁灭；但造成这种结果的关键原因不是桉树树种本身，而是栽培措施和炼山（烧山）、机耕等耕作方式。

**3. 环境污染**

宋贤冲等（2011）对广西桉树造林区水体进行了监测与评价。通过在广西主要桉树人工林造林区设置 3 个监测点，进行 pH、高锰酸钾指数（$COD_{Mn}$）、5 日生化需氧量（$BOD_5$）和悬浮物（SS）的多年定位监测。监测数据表明：桉树造林后林区水样 $COD_{Mn}$、$BOD_5$、SS、pH 值的参数均发生了显著的变化；宁明、环江、梧州 3 个监测点林区水样 $COD_{Mn}$ 值分别下降 33.33%、36.59%、81.61%，$BOD_5$ 值分别上升 5.67%、下降 0.37%、上升 0.29%，SS 值分别上升 17.29%、0.95%、6.47%，pH 趋于 7。桉树造林 1 年后林区水体还原性污染物浓度增加，随着造林时间的增加，林区水体还原性污染物浓度迅速降低，可生化降解有机污染物浓度升高，林区水体酸碱度趋于中性。桉树种植会产生大量的有机污染物，要保持桉树林区水质，需要对有机污染物浓度进行控制。

## 1.3.6 灾害问题

广西在大规模发展桉树人工林的过程中，还面临着多种自然灾害的影响和危害问题。

一是干旱灾害。广西桉树多种植在丘陵、高山地区，汛期有水留不住，秋冬春季节极易遭受干旱危害。如 2009 年秋季至 2010 年 4 月，我国西南地区的广西、云南、贵州、重庆、四川 5 省区就发生了历史罕见的特大旱灾，其持续时间之长（持续 5 个多月）、影响范围之广（广西北部和东南部、云南大部、贵州大部、川西高原南部均出现重度以上气象干旱）、受灾程度之重（在这次干旱中，云南出现重旱以上程度气象干旱的平均日数为 84 天，贵州为 50 天，均达到历史同期最多；广西出现重旱以上程度气象干旱的平均日数为 32 天，为历史第二多；四川 25 天，为历史第七多）、灾害危害之大（严重气象干旱已对群众生活、农业生产、塘库蓄水、森林防火等造成极大影响，出现人畜饮水困难，农作物减产失收），均为历史罕见。这次严重旱灾，对广西全区 2300 多万亩（153.33 多万 $hm^2$）桉树人工林也造成严重危害。

二是雪灾。在 2008 年初发生特大雪灾（即 2008 年 1 月 10 日起在中国发生的大范围低温、雨雪、冰冻等自然灾害，上海、浙江、江苏、安徽、江西、河南、湖北、湖南、广东、广西、重庆、四川、贵州、云南、陕西、甘肃、青海、宁夏、新疆和新疆生产建设兵团等 20 个省、区、市，均不同程度受到低温、雨雪、冰冻灾害影响）中，广西桉树受灾面积 8.44 万 $hm^2$，面积受灾率 10.55%，直接经济损失达 25 亿元。

三是病虫害。广西桉树人工林结构单一，极易遭受病、虫危害。根据调查，广西桉树主要种植区病虫害暴发频率越来越高，已成为桉树人工林发展的重大障碍。据李贵玉（2006）研究，2001～2005 年广西全区桉树病虫害发生面积达到 $4906hm^2$，直接经济损失达到 1.47 亿元。陈崇征等（2010）对广西桉树幼林白蚁种类、分布及危害进行了调查，得出桉树白蚁的危害情况，为害率都在 5% 以上，平均为害率达到 281.14%。因此，白蚁危害已成为桉树产业发展的制约因子之一。

四是火灾。据《中国统计年鉴—2013》（2013）资料，2012 年广西发生森林火灾 289 次（其中一般火灾 147 次，较大火灾 142 次），火场总面积 $4329hm^2$，受害森林面积 $780hm^2$，折合经济损失 363 万元。由于桉树人工林占广西森林面积相当大比重，因此，在这些火灾中，有相当大的部分属于桉树人工林，即 2012 年广西桉树人工林遭受火灾也是很严重的。

# 1.4　对　　策

桉树产业是已成为广西重要的特色产业、民生产业。国家实施西部大开发战略，推进广西等西部各省区市经济社会的全面协调可持续发展，就要大力发展特色产业、民生产业。从这个意义来说，桉树产业的发展前景十分广阔。

为促进新世纪广西桉树产业的又好又快发展，必须采取切实有效的对策和措施。

## 1.4.1　原则

要确保广西桉树产业的又好又快发展，首先要遵循如下原则：

### 1. 可持续发展原则

走可持续发展之路，是 21 世纪全人类的共同选择。广西桉树产业的发展，同样要走可持续发展之路。要以可持续发展为首要原则，广西在发展桉树产业时，不仅要注重经济效益、社会效益，更要重视大面积种植桉树可能带来的生态环境效应，要"三效"（经济效益、社会效益、生态效益）兼顾、综合考虑、全面发展，决不能走"唯经济效益"之路，决不能走"以牺牲生态效益来换取经济效益"的不可持续发展之路。

### 2. 因地制宜原则

广西幅员辽阔，土地资源丰富，地形地貌复杂，既有适宜发展桉树人工林的区域，也有不适合种植桉树的地域。因此，广西在发展桉树人工林的过程中，要求做到因地制宜、适地适树，决不能搞"一条线"、"一边倒"、"一刀切"。

### 3. 循序渐进原则

广西种植桉树，发展桉树人工林产业，还要遵循循序渐进的原则。这就要求广西各地在大规模种植桉树时，要一步一个脚印，稳扎稳打，步步为营，决不能贪大求快，搞"一下子"、"一阵风"。只有这样，广西桉树人工林产业才能稳步推进，走好走远。

## 1.4.2　措施

在遵循上述原则的基础上，推进广西桉树产业又好又快发展，还必须采取以下各项具体措施：

### 1. 科学规划

"凡事预则立，不预则废。"广西桉树产业要发展好，必须做到"规划先行"。2012 年，广西已制定发布了《广西桉树速生丰产用材林"十二五"发展规划》，这一规划以 2010 年为基期，以 2011～2015 年为规划期，总规划期为 5 年，内容包括广西桉树速生丰产用材林的建设布局、建设主要内容和任务、建设工作重点、建设进度、效益评价、保障措施等，对 5 年（2011～2015 年）广西桉树发展起到了重要作用。但从长远考虑，从促进各地桉树产业发展着想，广西还应做好以下两个规划：一是"十三五"（甚至更长时期）广西桉树人工林发展规划；二是广西各地（市、县、乡、村），要根据自治区的"总规划"，再结合各地的具体情况，制订各地桉树种植 5 年、10 年（或更长时期）发展规划。只有这样，才能做到胸中有数、有的放矢。

**2. 合理布局**

根据桉树的生态特性及近年受灾情况，并综合考虑广西各地的地理属性、气候条件、生态区位、自然灾害、土地石漠化程度等因素，确定广西桉树种植的"主栽区"和"选择区"。①广西桉树种植的"主栽区"：主要是红水河、西江以南地区，包括北海、钦州、防城港、南宁、玉林等 5 市，以及梧州市岑溪县和万秀区、苍梧、藤县 3 县（区）南部，贵港市港南、港北、覃塘、平南和桂平 2 县（市）南部，来宾市武宣、兴宾 2 县（区）南部，百色市田东、平果、田阳、右江区，崇左市江洲、扶绥和宁明。该区北回归线横穿中部，属南亚热带和北热带季风气候区，年均温度 20～22℃，≥10℃的年积温 7000～8000℃，太阳辐射每 cm² 高达 105～125 千卡，仅次于海南岛的光热资源丰富地区；年降雨量 1200～2000mm，比全国平均降雨量高 1.5～3 倍，年平均无霜期 340d，是营造桉树主要产区。②广西桉树种植的"选择区"：分布于红水河、西江以北地区，包括合山、象州、柳江，以及武宣、兴宾、桂平、平南、藤县、苍梧、万秀等 8 县（市、区）北部，柳城、鹿寨、八步、昭平等 4 县南部。该区位于南亚热带向中亚热带过渡地区，年均气温 20～21℃，≥10℃以的有效积温 5500～7000℃，太阳辐射热量 85～105kJ/cm²；年降雨量 1300～1800mm，在全国属于多雨中心区域，年平均无霜期 300～330d，灾害天气有寒害、冻害。由于该区大部分霜期天数 5～10d，易低温天气的影响，在林地选择上，选择海拔 500m 以下，避风且地势较为开阔的林地，发展桉树品种上要有选择一些比较耐寒、抗逆性强的品种（广西林业厅，2012）。

**3. 优化结构**

引入其他生态林种，改善水分循环，解决生态问题。从当前广西桉树种植的总体状况看，存在着桉树林龄一致、品种单一、结构简单的问题，由此导致系统抗逆性低、稳定性差，极易遭受各种自然灾害的危害，影响系统生产力。从维护系统稳定性和提高系统生产力角度，必须调整、优化桉树人工林的种植结构和模式，如实行多品种搭配、多树种结合、多模式复合（如"桉树+木薯"、"桉树+甘蔗"、"桉树+花生"、"桉树+柱花草"、"桉树+山毛豆"、"桉树+桂牧 1 号"、"桉树+扶芳藤"、"桉树+金银花"、"桉树+鸡骨草"等桉树间作模式（刘秀等，2010）），增加生物多样性，从而提高桉树林的综合效益，增强系统的可持续发展能力。

**4. 产业带动**

桉树人工林的大发展，必须与产业结合，通过产业带动，走产业化之路。鼓励发展以桉树中大径材人工林为原料的高附加值木材加工业，适当延长桉树人工林的轮伐期，稳定桉树林生态系统，提升系统稳定性和生态环境效益。

## 5. 改善条件

要千方百计改善全区桉树人工林的生长发育条件，要通过实行机械化、合理施肥、保护性耕作、间混套作、立体种植、多层次复合，以及防灾减灾等各种措施，既改善桉树生长的大环境，又优化桉树生长的小环境和局部环境，从而提高桉树的生长速度和系统可持续发展能力。

## 6. 发展科技

"科学技术是第一生产力。"广西在桉树研究领域处于国内领先地位，不仅建立了我国乃至亚洲最大的桉树基因库，还培育出多个桉树优良新品种和优良无性系。其中广西林业科学院培育出来的广林 9 号等优良无性系生长速度快，抗逆性强，已成为桉树人工林的主栽品种。另外，广西还取得多项桉树科技成果，位居全国前列。但从占据世界桉树科技"制高点"的战略高度出发，广西还必须更进一步重视发展桉树科技。要通过增加科技投入、培养科技人才、加强桉树科技的国内和国际合作等途径，切实提高广西桉树科技水平，以造福于广西、全国，乃至全世界。

## 参 考 文 献

曹继钊，农必昌，唐黎明，等.2010. 广西桉树人工林配方施肥技术应用示范效益研究与评价. 广西林业科学，39（3）：136-139

陈崇征，蒋学建，吴耀军.2010. 广西桉树幼林白蚁种类、分布及危害调查. 广西植保，23（1）：7-8

陈邑安. 广西桉树人工林发展研究.2006. 经济与社会发展，4（10）：93-95

广西壮族自治区林业厅. 2012. 广西桉树速生丰产用材林"十二五"发展规划，http://www. gxf-online. com/Item/82919. aspx.2012-06-20

广西对速生桉林下植物多样性研究取得重要成果. 新华网广西频道，2005-05-24

黄承标.2012. 桉树生态环境问题的研究现状及其可持续发展对策. 桉树科技，29（3）：44-47

黄桂英，蒋文艳，吴庭芝.2008. 广西桉树人工林发展现状及对策探析. 科技信息，（29）：306-307

黄华艳，赵程劼，蒋学建，等.2011. 桉树人工林昆虫多样性研究. 广西林业科学，40（4）：292-295，299

黄永平.2008. 发展桉树产业势在必行. 中国人造板，（10）：40-41

黄昭平.2011. 广西桉树人工林种植情况及其对生态环境的影响. 河北林业科技，（2）：44-46，55

黄自伟.2012. 桉树人工林生态问题及发展思路探究. 现代园艺，（12）：17

李贵玉.2006. 广西桉树病虫害发生现状及防治策略. 广西林业科学，35（4）：285-288

刘秀，蒋燚，侯远瑞，等.2010. 桉树人工林复合经营模式典型设计及营建技术. 广西林业科学，39（3）：147-151

罗兴录，樊吴静，杨鑫，等.2013, 不同植被下水土流失研究. 中国农学通报，29（29）：162-165

潘秀湖.2012. 大面积种植桉树对生态的影响研究. 吉林农业，（8）：183，61

庞正轰.2008. 关于桉树人工林生态问题的讨论. 广西林业，（5）：26-29

彭子先.1987. 我国引种桉树的历史沿革现状及发展前景. 湖南林业科技，（3）：24-27

祁述雄.1989. 中国桉树. 北京：中国林业出版社

邵国凡，李春干.2010. 试论林木市场成熟理论的合理性和必要性-以广西桉树人工林为例. 林业经济，（8）：113-115

宋贤冲，唐健，覃其云，等.2011. 广西桉树造林区水体监测与评价. 广西林业科学，40（4）：274-276，291

覃延南.2008. 广西沿海地区桉树林地土壤养分现状及评价. 广西林业科学，37（2）：88-91

汤恩布尔.1984. 桉树在中国. 广东造纸，（2）：22-24

王辉武.2002. 广西桉树生产现状和对策. 广西热带农业，（3）：49-50

韦继川.2011. 广西大面积种植速生桉 12 年观察. http://www. gxzf. gov. cn/zjgx/jrgx/201111/t20111123_360946. htm，2012-11-23

温远光, 刘世荣, 陈放. 2005. 连栽对桉树人工林下物种多样性的影响. 应用生态学报, 16 (9): 1667-1671

温远光. 2008. 桉树生态、社会问题与科学发展. 北京: 中国林业出版社

项东云, 陈健波, 刘建, 等. 2008. 广西桉树资源和木材加工现状与产业发展前景. 广西林业科学, 37 (4): 175-178

项东云, 陈健波, 叶露, 等. 2006. 广西桉树人工林发展现状、问题与对策. 广西林业科学, 35 (4): 195-201

项东云, 郑白, 周维, 等. 1999. 广西桉树育种研究概述. 广西林业科学, 28 (2): 71-74

项东云. 2002. 新世纪广西桉树人工林可持续发展策略讨论. 广西林业科学, 31 (3): 114-121

谢彩文. 2012. 速丰桉让广西成为全国最大产木区. http://www.gxrb.com.cn/html/2012-01/20/content_640874.htm, 2012-01-20

熊红明. 2011. 广西建成亚洲最大桉树基因库. http://news.xinhuanet.com/local/2011-05/19/c_121433278.htm, 2011-05-19

徐建民, 白嘉雨, 陆钊华. 2001. 华南地区桉树可持续遗传改良与育种策略. 林业科学研究, 14 (6): 587-594

杨尚东, 吴俊, 谭宏伟, 等. 2013. 红壤区桉树人工林炼山后土壤肥力变化及其生态评价. 生态学报, 33 (24): 7788-7797

袁琳. 中国桉树看广西. 广西日报, 2011-12-22, 第 015 版

中华人民共和国国家统计局编. 2013. 中国统计年鉴—2013. 北京: 中国统计出版社

# 附录三

# 红壤区桉树人工林与不同林分土壤微生物活性及细菌多样性的比较

谭宏伟[1]，杨尚东[1,2]，吴俊[2]，刘永贤[1]，熊柳梅[1]，周柳强[1]，谢如林[1]，
黄国勤[3]，赵其国[4]

（1. 广西农业科学院/广西作物遗传改良生物技术重点开放实验室，南宁，530007；2. 广西大学农学院，
南宁；530004；3. 江西农业大学，南昌，330045；4. 中国科学院南京土壤研究所，南京，210008）

**摘要**：以广西红壤区桉树人工林、马尾松人工林和天然阔叶林为对象，通过开展不同林分土壤生物学性状以及细菌群落结构的研究，旨在评价桉树对土壤肥力和生态环境的影响。结果表明：桉树对林地土壤可培养微生物数量的影响效果虽逊于天然阔叶林树种，但与广西的乡土树种——马尾松之间并无显著差异。另外，桉树人工林土壤中涉及碳、氮、磷循环的土壤酶活性低于天然阔叶林和马尾松人工林，同样表征土壤肥力的微生物生物量碳、氮指标也逊于天然阔叶林，但微生物生物量碳和氮在两种人工林之间无规律性的差异。同时，桉树人工林土壤细菌多样性指数（Shannon-Wiener index）、丰度（$S$）以及均匀度（$E_H$）指数均逊于天然阔叶林，但与广西乡土树种——马尾松之间的差异并不显著。换言之，桉树对林地土壤肥力及生态环境的影响效果虽不及天然阔叶林树种，但与广西的乡土树种——马尾松的生态效应相仿。

**关键词**：红壤；桉树；马尾松；阔叶林；土壤肥力；生态质量

# Characteristic of Soil Microbial Activities and Bacterial Community Structure of Eucalyptus Plantations in Red Soil Region，China

TAN Hongwei[1]，YANG Shangdong[1,2]，WU Jun[2]，LIU Yongxian[1]，XIONG Liumei[1]，
ZHOU Liuqiang[1]，XIE Rulin[1]，HUANG Guoqin[3]，ZHAN Qiguo[4]

（1. Guangxi Crop Genetic Improvement and Biotechnology Lab/Guangxi Academy of Agricultural Sciences，
Nanning 530007，China；2. Agricultural College/Guangxi University，Nanning 530004，China；3. Jiangxi
Agricultural University，Nanchang 330045，China；4. Institute of Soil Science，Chinese Academy of Sciences，
Nanjing 210008，China）

**Abstract**：In order to clarify the influences on soil fertility and ecological quality by different afforestation tree species，a comparative study was conducted to analyze the spatial variability of soil fertility and biological properties in the *Eucalyptus*，*Pinus massoniana* and natural broad-leaved forest plantations，which all is located in LuZhai County，Guangxi（China），respectively. The results showed that the numbers of culturable microorganism，such as bacteria， fungi and antinomycetes in Euclyptus and *Pinus massoniana* plantation were also significantly lower than those in natural broad-leaved forest. However，there was no significant difference between Eucalyptus and *Pinus massoniana* plantation, which is the indigenous tree species of Guangxi. In addition, the activities of β-Glucosidase, phosphatase and protease in Eucalyptus plantation soil were all significantly lower than those in natural broad-leaved and *Pinus massoniana* plantation soils. Meanwhile，the biomass C and N，which in Eucalyptus plantation，were also significantly lower than those in natural broad-leaved forest，but there was no significant difference irregularly between Eucalyptus and *Pinus massoniana* plantation. Nevertheless，the bacterial diversity index，richness and evenness in Eucalyptus plantation soils were all lower than those in natural broad-leaved forest. However，there was no significant difference between *Pinus massoniana* plantation. It indicated that the tree species of Eucalyptus even though is not good as the natural broad-leaved tree for improving the soil fertility and maintaining soil ecological quality，but it is the same effect as *Pinus massoniana* on soil fertility and ecological quality in degraded red soil region，China.

**Key words**：Red soil；*Eucalyptus*；*Pinus massoniana*；Broad-leaved forest；Soil fertility；Ecological quality

　　红壤（包括红壤、赤红壤和砖红壤，下同）是广西主要的土壤类型，面积达 1074.33 万 hm$^2$，占广西土地总面积的 65.55%（广西土壤肥料工作站，1994）。但是，广西虽然拥有较为丰富的水热资源，但在时空分布上极不均匀；尤其是夏季高温多雨，不仅导致土壤中有机质的分解速度加快，而且较强的降雨还容易造成大面积的水土流失。根据近期我国水利和土壤普查发现（分区五考察组，2009），包括广西在内的南方红壤区是目前我国水土流失最严重的区域之一。严重的水土流失不仅导致了土壤质量恶化，影响区域粮食安全，而且导致了区域河流、水库的泥沙淤积，加剧了"水质性缺水"以及人居环境恶化等社会问题。另一方面，南方红壤区的水土流失是一个渐变的过程，在这个过程中人们意识不到或不易发觉其危害性，可一旦达到突变状态，人们觉察到它的危害时已经晚了。因此，红壤区的水土流失治理任务十分紧迫。

　　桉树是世界著名的速生树种，具有适应性广、生长快、短期可采伐的特点，是目前主要的工业原料林树种。据《广西立业发展"十二五"总体规划》，到 2015 年桉树人工林总面积由现在的 165 万公顷增加到 200 万公顷，约占全区森林总面积的 1/7。然而，大面积营造桉树纯林在提高经济效益的同时也存在一些不容忽视的问题。由于桉树生长速度快，轮伐期短（6～7 年），对土壤养分需求量大，可能会导致潜在的桉树人工林土壤质量下降（王纪杰，2011）。因此，开展退化红壤区桉树人工林土壤质量的特征研究，将有助于遏制退化红壤区桉树人工林土壤的进一步劣化、提升土壤肥力和生态质量具有积极的作用和意义。

　　本文道过对广西柳州鹿寨县黄冕林场的桉树人工林、马尾松人工林和天然阔叶林地土壤生物学性状及细菌群落结构进行分析比较，旨在从土壤微生物学角度评价桉树对土壤生态质量的影响，为在退化红壤区发展可持续桉树产业提供理论依据和参考。

## 1.1　材料与方法

### 1.1.1　研究区概况

　　调查地点位于广西柳州鹿寨黄冕林场（北纬 24°75′，东经 109°90′），该林场属南亚热带季风气候区，年平均气温 20.0℃，平均降雨量 1500mm。林地均为丘陵山地土壤由砂页岩发育而来的低丘红壤。研究区林场种植的林木类型分别为桉树（第 2 代林，7～8 年）、天然阔叶林和马尾松人工林。

## 1.1.2　样品采集

土壤样品于 2012 年 4 月 1 日采集，分别取自林龄为 7～8 年的第 2 代桉树人工林、天然阔叶林和林龄为 20 年的马尾松人工林地，采集地点海拔均为 250 米。具体采样方法：各林地随机选取 5 个点，去除地表的凋落物层，然后挖取剖面。分表层（0～40cm）、中层（40～100cm）、下层（100～150cm）采集，先取下层，再取中层，最后取表层。每个土壤采集混匀后无菌袋收集，过 2mm 筛后置于 4℃保存，用于土壤生物学性状及细菌群落结构的分析。各林地土壤的理化性状如表 1 所示：

**表 1　桉树人工林、马尾松人工林和天然阔叶林土壤理化性状**

| 林地 | 土层/cm | pH | 有机质/<br>(g/kg) | 全 N/<br>(g/kg) | 全 P/<br>(g/kg) | 全 K/<br>(g/kg) | 碱解 N/<br>(mg/kg) | 速效 P/<br>(mg/kg) | 速效 K/<br>(mg/kg) |
|---|---|---|---|---|---|---|---|---|---|
| 天然阔叶林 | 0～40 | 4.50 | 27.42 | 1.56 | 0.46 | 11.48 | 129 | 1 | 64 |
| | 40～100 | 4.98 | 12.90 | 1.19 | 0.45 | 14.42 | 76 | 1 | 44 |
| | 100～150 | 5.18 | 5.50 | 0.76 | 0.39 | 12.01 | 35 | 2 | 33 |
| 桉树人工林 | 0～40 | 4.44 | 30.61 | 1.38 | 0.41 | 11.49 | 97 | 1 | 48 |
| | 40～100 | 4.50 | 9.63 | 0.83 | 0.29 | 13.86 | 36 | 1 | 31 |
| | 100～150 | 4.66 | 9.68 | 0.69 | 0.33 | 15.77 | 3 | 1 | 29 |
| 马尾松人工林 | 0～40 | 4.40 | 38.79 | 2.10 | 0.45 | 17.95 | 144 | 1 | 109 |
| | 40～100 | 4.46 | 22.38 | 1.50 | 0.47 | 19.71 | 96 | 1 | 79 |
| | 100～150 | 4.56 | 4.45 | 1.08 | 0.39 | 29.34 | 20 | 1 | 61 |

## 1.1.3　分析测定方法

土壤微生物活性的测定：微生物土壤数量采用稀释平板法（李振高等，2008）。微生物生物量碳、氮测定采用氯仿熏蒸提取法（Vance et al.，1987；Joergensen and Brookes，1990）测定。β-葡糖苷酶（β-Glucosidase）活性采用 Hayano 法（Hayano，1973）测定；蛋白酶（protease）活性采用 Ladd 法（Ladd，1971）测定；磷酸酶（phosphatase）活性采用 Tabatabai and Bremner 的方法（Tabatabai and Bremner，1969）测定。

土壤细菌群落结构：土壤基因组总 DNA 的提取，参照 Krsek M 和 Welington 的方法（Krsek and Welington，1999）并稍加修改进行。称取 5g 土壤，采用提取液和回收试剂盒（Biospin gel extraction kit，Bioflux，产品号：bsc02m1）进行基因组总 DNA 的提取和纯化，粗提和纯化结果采用 1.0%（w/V）琼脂糖凝胶电泳检测；纯化后样品于–20℃冰箱保存备用。

土壤细菌 16SrDNA V3 可变区的 PCR 扩增，采用对大多数细菌的 16S rRNA 基因 V3区具有特异性的引物对 F338GC 和 R518（Li et.al.，2008；刘伟等，2010；Erik et.al.，1999），它们的序列分别（上游引物）为 F338GC5′-（CGCCCGCCGCGCGCGGCGGGCGGGGCGG-GGGCACGGGGGGACTCCTACGGGAGGCAGCAG-3′）；下游引物为 R518（5′-AT-TACCG-CGGCTGCTGG-3′），PCR 产物用 1.5%（W/V）琼脂糖凝胶电泳检测。

变性梯度凝胶电泳（DGGE）分析：采用 Bio-Rad 公司 DCode^TM 基因突变检测系统对PCR 反应产物分离。样品在变性剂浓度 30%到 60%（100%的变性胶为 7mol/L 的尿素和40%的去离子甲酰胺的混合物）的 8%聚丙烯酰胺凝胶中，在 100V 的恒定电压下，60℃电泳 6h。电泳完毕后，凝胶银染 20～30min 后用 GelDoc 凝胶成像分析系统（北京赛百奥科技有限公司）观察并拍照。

### 1.1.4　数据分析方法

采用 Quantity one 分析软件（Bio-Rad）对各土壤样品的电泳条带多少及密度进行定量分析。多样性指数（$H$），丰度（$S$）和均匀度（$E_H$）的计算方法参照罗海峰等的方法（罗海峰等，2004）进行。数据处理用 Excel 2003 进行。

## 1.2　结果与分析

### 1.2.1　桉树人工林土壤可培养微生物数量特征

由表 2 可知，无论是桉树人工林、天然阔叶林或马尾松人工林地土壤可培养微生物数量大小的顺序均呈细菌＞放线菌＞真菌的趋势，并且可培养微生物数量都随着土层的下降而显著减少。这一分布趋势与冯建等（2005）在桉树人工林的研究结果相似。首先，桉树人工林表层土壤中可培养细菌数量虽然显著低于天然阔叶林，但与乡土树种——马尾松之间并无显著差异；同时各林分土壤剖面中下层土壤之间可培养细菌数量均呈无显著差异；其次，桉树人工林表层土壤中可培养真菌数量虽然极显著低于天然阔叶林，但极显著高于马尾松人工林。各林分土壤剖面中层土壤中可培养真菌数量虽呈现不同程度的差异，但各林分的下层土壤之间可培养真菌数量同样呈现无显著差异的特征。桉树人工林土壤可培养放线菌数量与细菌、真菌的变化相异，桉树人工林表层土壤中可培养放线菌数量虽均极显著高于马尾松人工林，但与天然阔叶林之间无显著差异。同时，各林分中层土壤的可培养放线菌数量呈极显著差异状况；下层土壤中桉树人工林的可培养放线菌数量虽与马尾松人工林之间无显著差异，但亦与天然阔叶林之间存在极显著差异。土壤微生物数量受土壤温度、湿度、同期状况、耕作制度、有机质含量及作物种类等因素的影响（刘久俊等，2008）。本文中的土壤样品采自相同区域不同类型林分，表明桉树树种对土壤微生物数量的影响效果虽逊于天然阔叶林树种，但与广西的乡土树种-马尾松之间并无显著差异。

表 2　桉树人工林、马尾松人工林和天然阔叶林土壤微生物数量的比较

| | 土壤深度/cm | 天然阔叶林 | 桉树人工林 | 马尾松人工林 |
|---|---|---|---|---|
| 细菌 /$10^6$ cfu/g | 0～40 | 46.2±5.91aA | 38.8±6.4bAB | 37.6±3.77bB |
| | 40～100 | 23.2±3.82cC | 24.0±3.41cC | 22.2±3.66cC |
| | 100～150 | 8.6±2.42dD | 6.0±1.41dD | 4.8±1.72dD |
| 真菌 /$10^4$ cfu/g | 0～40 | 4.76±0.27aA | 2.98±0.29bB | 1.62±0.35dD |
| | 40～100 | 2.60±0.52bcBC | 2.16±0.54cCD | 0.7±0.11eE |
| | 100～150 | 0.44±0.10eE | 0.40±0.14eE | 0.28±0.12eE |
| 放线菌 /$10^5$ cfu/g | 0～40 | 82.6±2.41aA | 79.2±4.53aA | 66.6±4.59bB |
| | 40～100 | 55.4±3.26cC | 37.6±3.50dD | 29.8±5.64eE |
| | 100～150 | 39.0±4.24dD | 17.8±1.72fF | 14.8±2.14fF |

### 1.2.2　桉树人工林土壤酶活性特征

β-葡糖苷酶是表征土壤碳素循环速度的重要指标之一。桉树人工林、马尾松人工林以及天然阔叶林土壤中 β-葡糖苷酶活性大小均随着土层深度的增加而递减。同时，不同类型林分土壤中各土层土壤中 β-葡糖苷酶活性均以天然阔叶林为最高，其次分别为马尾松人工林和桉树人工林，而且各林分之间土壤 β-葡糖苷酶活性存在极显著差异。这一结果表明桉树对林分土壤的碳素循环影响效果逊于天然阔叶林和马尾松树种，其原因可能与不同林分之间土壤微生物数量存在显著差异之外（表 2），不同树种的特性，如落叶与否以及落叶中碳含量等因素亦是影响林分土壤那种 β-葡糖苷酶活性大小的因素之一。

土壤磷酸酶是一类催化土壤有机磷化合物矿化的酶，其活性高低直接影响着土壤的有机磷分解转化及其生物有效性。土壤磷酸酶包括酸性磷酸酶、中性磷酸酶和碱性磷酸酶（和文祥等，2003）。本试验供试土壤 pH 均在 6 以下，所以仅测定其中的酸性磷酸酶。从图 1 可以看出，同样地，各林分土壤中酸性磷酸酶活性均随着土层的降低而下降，同时磷酸酶活性以天然阔叶林为最高，桉树人工林为最低，而且各土层中磷酸酶活性均与天然阔叶林和马尾松人工林之间呈显著差异水平。这一结果表明：桉树人工林土壤中有机磷的矿化以及生物有效性较低，在发展桉树人工林中尤其需注重磷肥的施用与补充。

蛋白酶参与土壤中蛋白质以及其他含氮有机化合物的转化反应，其水解产物是植物吸收氮的来源之一（关松荫，1986）。蛋白酶活性受植物根系分泌物、微生物种类和群落结构以及土壤特性等因素的影响（杨万勤和王开运，2002）。不同类型林分土壤中蛋白酶活性的变化与 β-葡糖苷酶的变化趋势相似，同样地随着土层的增加而递减，而且各土层中蛋白酶活性以天然阔叶林土壤为最高，其次为马尾松人工林土壤，但下层土壤中桉树人工林与马尾松人工林之间无显著差异（图 1）。表明桉树树种对林分土壤中氮循环的影响效

果也逊于天然阔叶林和马尾松树种。这一分析结果亦说明相同木材产出量的桉树人工林氮肥施用量可能要高于马尾松人工林。

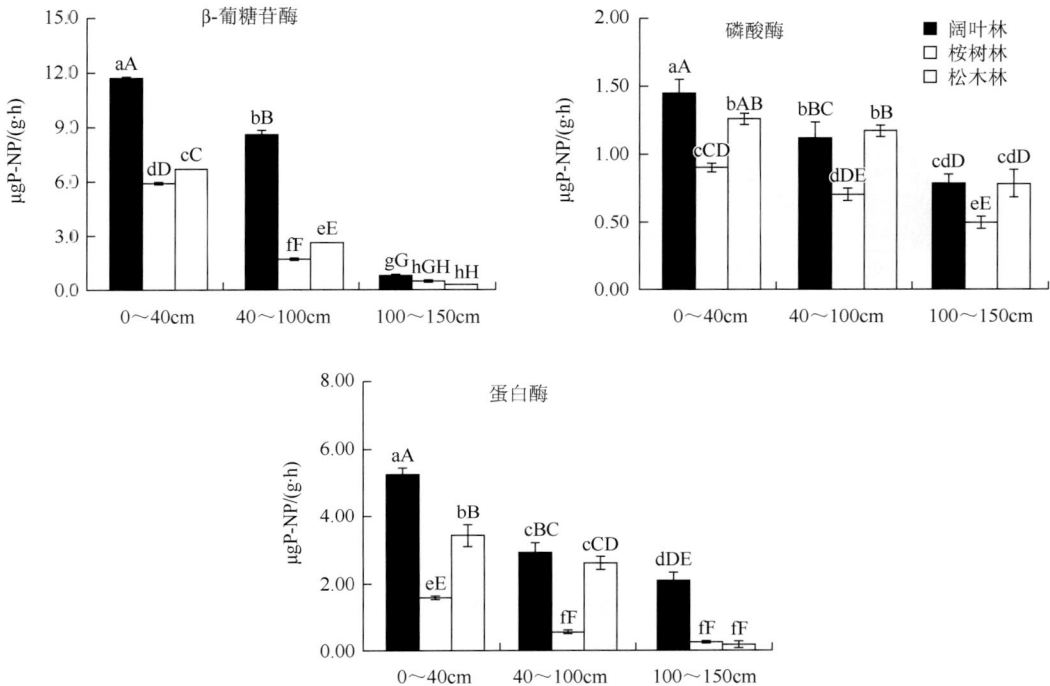

图1　桉树人工林、马尾松人工林和天然阔叶林土壤酶活性变化比较

## 1.2.3　桉树人工林土壤微生物生物量特征

研究表明，微生物生物量越大，土壤保肥作用越强，并使土壤养分趋于积累。因此，土壤微生物生物量是植物矿质养分的源和汇，是稳定态养分转变为有效态养分的催化剂（Carter and Rennie，1984）。由图2可知，不同林分土壤中土壤微生物生物量碳和氮均随着土层深度的增加而递减。而且各土层中土壤微生物生物碳和氮量均以天然阔叶林为最高，均极显著高于这两种人工林土壤。但桉树人工林和松木林分土壤之间，表层土壤（0～40cm）中土壤微生物生物量碳并不存在显著差异，而在中层（40～100cm）土壤中马尾松人工林土壤的微生物生物量碳却极显著高于桉树人工林，至下层（100～150cm）时，呈现出桉树人工林土壤的微生物生物量碳高于马尾松人工林；另一方面，两种人工林土壤中微生物生物量氮的变化呈现出与微生物生物量碳相一致的特征趋势。

总之，作为表征土壤肥力的微生物生物量碳、氮指标在桉树人工林土壤中均显著低于天然阔叶林，但与乡土树种——马尾松相比，对林分土壤微生物生物量碳、氮指标的影响效果依土层深度的变化而异，对于100cm以上土层而言，虽逊于相应的马尾松树种，但对下层土壤的影响效果却优于松木树种，这一现象表明桉树对表征土壤肥力和土壤生态环境的生物学指标影响复杂，与马尾松树种之间呈现出无显著的优劣差异。

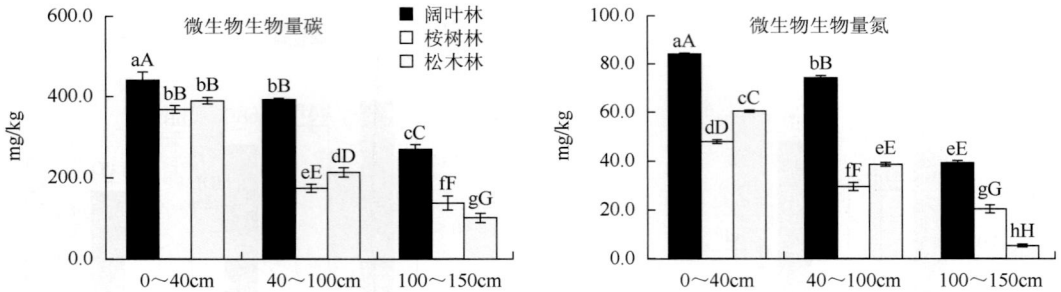

图 2　桉树人工林、马尾松人工林和天然阔叶林土壤微生物生物量特征比较

## 1.2.4　桉树人工林土壤细菌群落结构特征

### 1. 基因组 DNA 提取和 PCR 扩增

分别对桉树人工林、马尾松人工林和天然阔叶林的土壤样品提取微生物总 DNA，取 4μL DNA 样用 1%琼脂糖凝胶电泳检测。从图 3 可以看出，试验提取的总 DNA 亮度较好，而且无明显拖带现象，大小均约为 23kb 左右。另外，在核酸蛋白测定仪上测定 $OD_{260}$ 和 $OD_{280}$ 的值，$OD_{260}/OD_{280}$ 值介于 1.8 和 2.0 之间，说明所得到的总 DNA 质量符合实验要求（徐晓宇等，2005）。

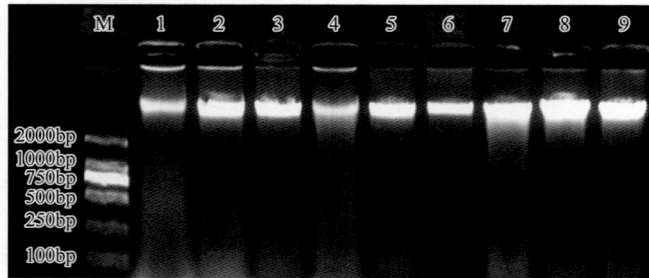

图 3　桉树人工林、马尾松人工林和天然阔叶林土壤总 DNA 的琼脂糖电泳图谱

M：分子量标准；1：天然阔叶林表层土壤（0～40cm）总 DNA；2：天然阔叶林中层土壤（40～100cm）总 DNA；3：天然阔叶林下层土壤（100～150cm）总 DNA；4：桉树人工林表层土壤（0～40cm）总 DNA；5：桉树人工林中层土壤（40～100cm）总 DNA；6：桉树人工林下层土壤（100～150cm）总 DNA；7：马尾松人工林表层土壤（0～40cm）总 DNA；8：马尾松人工林中层土壤（40～100cm）总 DNA；9：马尾松人工林下层土壤（100～150cm）总 DNA；处理编号下同

以提取的土壤微生物总 DNA 为模板，F338-GC 和 R518 为扩增引物，对 16SrDNAV3 可变区进行 PCR 扩增。如图 4 所示，16SrDNA 扩增后的 DNA 片段长度是 250bp 左右，特异性好、无杂带，与理论值相符。说明该 PCR 程序适用于 16SrDNA 的扩增，并且能够得到较好的产物。

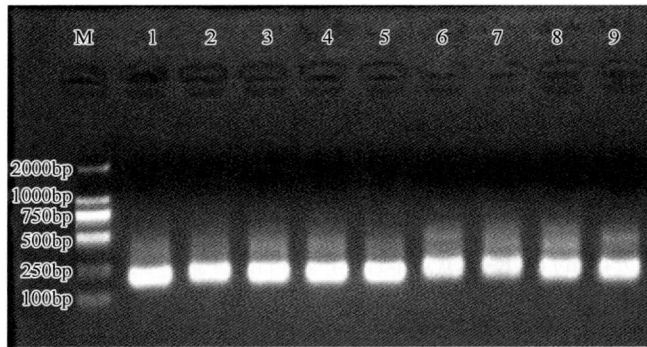

图 4 桉树人工林、马尾松人工林与天然阔叶林土壤细菌 16SrDNA 基因 V3 区扩增片段图谱

## 2. 土壤细菌群落 DGGE 图谱分析

应用 DGGE 技术分离 16SrDNAV3 片段 PCR 产物，可分离到数目不等、位置各异的电泳条带（图 5）。根据 DGGE 能分离长度相同而序列不同 DNA 的原理，每一个条带大致与群落中的一个优势菌群或操作分类单元（Operational taxonomic unit，OUT）相对应，条带数越多，说明生物多样性越丰富；条带染色后的荧光强度越亮，表示该种属的数目越多。从而反映土壤中的微生物种类和数量（Krsek and Welington，1999）。采用凝胶成像分析系统对 DGGE 图谱进行分析，结果表明：无论是天然阔叶林桉树人工林或松木林，土壤剖面细菌 DGGE 图谱的条带数量大小顺序为：表层土＞中层土＞下层土；此外，各类型林分间各个土层中细菌 DGGE 图谱的条带数量顺序分别为：表层土（0~40cm）：天然阔叶林（S 为 17）＞马尾松人工林（S 为 12）＞桉树人工林（S 为 11）；中层土（40~100cm）：天然阔叶林（S 为 10）＞桉树人工林（S 为 9）＞马尾松人工林（S 为 8）；下层土（100~150cm）：天然阔叶林（S 为 8）＞马尾松人工林（S 为 7）＞桉树人工林（S 为 5）。这一

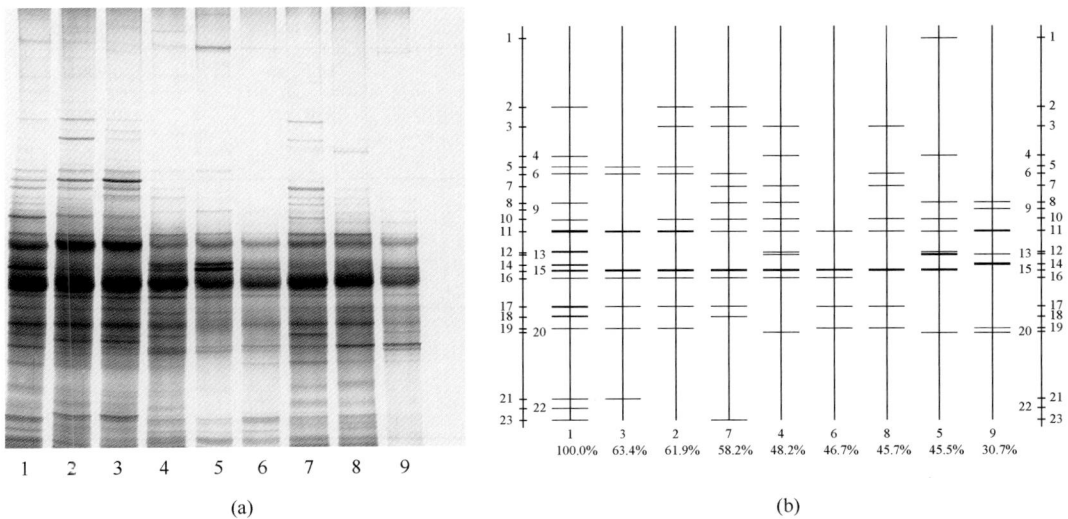

图 5 桉树人工林、马尾松人工林与天然阔叶林土壤细菌的 DGGE 图谱（a）和 DGGE 条带强度示意图（b）

结果表明三种林分土壤中细菌丰度以天然阔叶林为最高、其次分别为马尾松人工林和桉树人工林。其中，马尾松人工林土壤剖面中细菌丰度虽然总体上略高于桉树人工林，但两者差异不大。这一现象亦表明林地土壤细菌丰度极易受人为干扰而降低。同时，桉树人工林土壤细菌丰度与广西的乡土树种——马尾松人工林之间并无明显差异。

### 3. 土壤细菌多样性分析

根据细菌16SrDNA的PCR-DGGE图谱中条带的位置和亮度的数值化结果计算了细菌群落结构指标Shannon-Wiener指数，Shannon指数值越大，表明细菌群落多样性越高（薛冬等，2007）。

分析不同林分土壤细菌Shannon指数和均匀度指数。由表3可知，不同林分各土层土壤细菌多样性指数的大小顺序如下，表层土（0~40cm）：天然阔叶林（2.551）>马尾松人工林（1.976）>桉树人工林（1.847）；中层土（40~100cm）：天然阔叶林（1.840）>桉树人工林（1.723）>马尾松人工林（1.475）；下层土（100~150cm）：天然阔叶林（1.777）>马尾松人工林（1.390）>桉树人工林（1.191）。这些结果说明桉树人工林和马尾松人工林土壤细菌多样性逊于天然阔叶林的同时，桉树与广西的乡土树种——马尾松对林地土壤细菌多样性的影响方面并无明显差异。甚至在部分土层（40~100cm）桉树人工林细菌多样性指数要高于相应的马尾松人工林。

另一方面，均匀度是表示物种在环境中的分布状况，各物种数目越接近，数值越高（吴展才等，2005）。同样由表3可知：三种类型林分土壤中细菌均匀度指数以天然阔叶林为最高，而桉树人工林和马尾松人工林地之间各土层土壤细菌均匀度指数并无大的差异。这表明，桉树这一外来造林树种对土壤细菌种群的分布以及菌群种类的影响效果与广西的乡土树种——马尾松相类似。

表3　桉树人工林、马尾松人工林和天然阔叶林土壤细菌种群多样性和均匀度指数

| 林地 | 土层/cm | 多样性指数（$H$） | 丰富度（$S$） | 均匀度（$E_H$） |
|---|---|---|---|---|
| 天然阔叶林 | 0~40 | 2.551 | 17 | 0.900 |
|  | 40~100 | 1.840 | 10 | 0.799 |
|  | 100~150 | 1.777 | 8 | 0.855 |
| 桉树人工林 | 0~40 | 1.847 | 11 | 0.770 |
|  | 40~100 | 1.723 | 9 | 0.784 |
|  | 100~150 | 1.191 | 5 | 0.740 |
| 马尾松人工林 | 0~40 | 1.976 | 12 | 0.795 |
|  | 40~100 | 1.475 | 8 | 0.758 |
|  | 100~150 | 1.390 | 8 | 0.668 |

### 4. 土壤细菌群落结构相似性分析

针对桉树人工林、马尾松人工林和天然阔叶林土壤细菌多样性进行相似性分析。

由表 4 可知：桉树人工林和马尾松人工林与天然阔叶林之间，表层土壤细菌的相似性系数均低于 60%，而对应中层土或下层土则部分高于 60%而部分又低于 60%，呈现无明显规律的变化趋势。该现象的具体原因有待于进一步的探究。一般认为，相似性系数高于 60%的两个群体才具有较好的相似性（陈法霖等，2011）。试验结果说明这三种类型林分虽然均位于相同的红壤区内，温度、光照、降雨等外界环境条件一致，但人为干扰（人工造林）、不同造林树种还是导致了土壤细菌种群发生了显著变化。

**表 4　桉树人工林、马尾松人工林和天然阔叶林土壤细菌相似性系数**

| Lane | 1 | 2 | 3 | 4 | 5 | 6 | 7 | 8 | 9 |
|---|---|---|---|---|---|---|---|---|---|
| 1 | 100 | 61.9 | 63.4 | 48.2 | 45.5 | 46.7 | 58.2 | 45.7 | 30.7 |
| 2 | 61.9 | 100 | 88.6 | 59.7 | 55.2 | 77.9 | 73.8 | 75 | 22.1 |
| 3 | 63.4 | 88.6 | 100 | 54.7 | 50 | 77.3 | 66.3 | 67.2 | 21.8 |
| 4 | 48.2 | 59.7 | 54.7 | 100 | 80.8 | 65.3 | 65.4 | 61.8 | 25.3 |
| 5 | 45.5 | 55.2 | 50 | 80.8 | 100 | 62.2 | 60.1 | 60.6 | 26.7 |
| 6 | 46.7 | 77.9 | 77.3 | 65.3 | 62.2 | 100 | 74.9 | 78.1 | 23.5 |
| 7 | 58.2 | 73.8 | 66.3 | 65.4 | 60.1 | 74.9 | 100 | 71.6 | 13.8 |
| 8 | 45.7 | 75 | 67.2 | 61.8 | 60.6 | 78.1 | 71.6 | 100 | 15.7 |
| 9 | 30.7 | 22.1 | 21.8 | 25.3 | 26.7 | 23.5 | 13.8 | 15.7 | 100 |

## 1.3　讨　　论

广西桉树面积及木材产量居全国首位。"十一五"期末，广西桉树面积已发展至 165 万公顷。据《广西林业发展"十二五"总体规划》，计划至 2015 年，广西桉树面积将发展到 200 万公顷，将占广西全区森林总面积的 1/7。但桉树毕竟属于外来树种，大面积营造桉树纯林在提高经济收益的同时也存在一些不容忽视的问题。如桉树人工林的速生高产导致土壤养分消耗过多，引起土壤地力衰退（黄昭平，2011）。但以往有关桉树人工林引起土壤肥力衰退的研究多集中在对桉树人工林土壤养分含量的分析上（余婉丽等，2013；段文军和王金叶，2013），仍缺乏对表征土壤肥力的生物学性状及微生物群落结构等指标的分析。因此，至今无法全面、系统地反映桉树人工林的肥力特征。为此，本文针对桉树人工林的生物学性状及细菌群落结构展开分析。

土壤微生物数量的分布受林型、植被、林分组成和土壤养分含量等理化及生态因素影响，尤其与林型的影响尤为密切（许景伟等，2000；胡承彪等，1990）。本文的分析结果显示：天然阔叶林土壤，尤其是表层土壤中可培养细菌、真菌和放线菌数量均显著高于相应的桉树人工林和马尾松人工林土壤。另一方面，桉树人工林土壤剖面各土层土壤中可培养细菌数量与马尾松人工林相比，两者间呈现无显著差异；但可培养真菌和放线菌数量则前者显著高于后者，造成这一现象的原因可能是两种人工林地土壤中养分含量不一致所致。由于真菌和放线菌分别是土壤有机质以及难分解物质分解的主要成员，均拥有较复杂的酶系统，能分解纤维素、半纤维素和木质素等很多难分解物质，在土壤物质转化过程中扮演着重要角色。可培养微生物数量的分析结果说明，桉树人工林土壤中物质循环转化的能力虽逊于天然阔叶林，但与广西的乡土树种——马尾松相比毫不逊色，在难分解物质的降解能力上甚至优于后者。

土壤酶主要来源于土壤微生物和根系分泌物。土壤中有机质的分解转化，依赖于微生物所产生的酶具有的催化活性来推动。由图 1 可知，无论涉及碳素循环的 β-葡糖苷酶、或涉及土壤磷循环的磷酸酶以及涉及氮循环的蛋白酶活性均呈天然阔叶林＞马尾松人工林＞桉树人工林的趋势。说明桉树人工林土壤中涉及碳、氮、磷循环的生物活动作用强度不仅低于天然阔叶林，而且也低于马尾松人工林。这一结果亦说明桉树人工林土壤中养分循环作用强度不仅逊于天然阔叶林，而且也逊于马尾松人工林。因此，桉树人工林生产中相同的木材产出量可能需要比马尾松人工林更加大的肥料施用量和施用次数，才能有效防止桉树人工林林地土壤肥力的衰退。

土壤微生物生物量是衡量土壤质量、维持土壤肥力和作物生产力的一个重要指标（Powlson et.al.，1987）。三种林分类型土壤中微生物生物量碳、氮指标均以天然阔叶林为最高；而马尾松人工林和桉树人工林之间，土壤微生物生物量碳、氮指标呈无明显规律的变化趋势。如：桉树人工林表层土壤中的微生物生物量碳与马尾松人工林之间无显著差异，但在中层土壤中却呈马尾松人工林显著高于相应的桉树人工林土层，而在下层土中又呈与中层土相反的趋势。微生物生物量氮指标表现出与微生物生物量碳相仿的变化趋势。这一结果表明：无论是桉树人工林或马尾松人工林，虽然它们各自表征土壤肥力的微生物生物量碳、氮指标均逊于天然阔叶林，但两者间并没有出现有规律性的差异。

如今，土壤微生物指标已被公认为土壤生态系统变化的预警及敏感指标（任天志和 Grego，2000）。其中，土壤细菌占土壤微生物总数的 70%～90%，是土壤中最活跃的因素（曹志平，2007）。本文对三种林分类型土壤细菌群落结构的分析结果显示，土壤细菌多样性指数（Shannon-Wiener，$H$）、丰度（$S$）以及均匀度（$E_H$）指数均以天然阔叶林为最高。而桉树人工林和马尾松人工林之间，依土层存在部分差异，但两者间并没有表现出极显著的差异。此外，土壤细菌群落结构的相似性分析亦显示，三种不同林分之间土壤细菌的群落结构存在较大的差异。

# 1.4　结　　论

无论是天然阔叶林抑或桉树人工林、马尾松人工林，土壤微生物数量均呈现细菌＞放线菌＞真菌的趋势。桉树对林地土壤微生物数量的影响效果虽逊于天然阔叶林树种，但与广西的乡土树种——马尾松之间并无显著差异。

三种林分土壤中 β-葡糖苷酶、磷酸酶和蛋白酶活性均呈现天然阔叶林＞马尾松人工林＞桉树人工林的趋势。但表征土壤肥力的微生物生物量碳、氮指标在桉树和马尾松人工林中虽逊于天然阔叶林，但两者间没有出现规律性的差异。

土壤细菌多样性指数（Shannon-Wiener index）、丰度（$S$）以及均匀度（$E_H$）指数均以天然阔叶林为最高。而且三种不同林分之间土壤细菌的群落结构存在较大的差异。

综上所述，虽然桉树对表征土壤肥力的生物学指标以及微生物多样性等指标的影响效果逊于天然阔叶林，但与广西乡土树种——马尾松之间的差异并不显著。换言之，桉树对林地土壤肥力及生态环境的影响效果虽不及天然阔叶林树种，但与广西的乡土树种——马尾松的生态效应相仿。

## 参 考 文 献

曹志平. 2007. 土壤生态学. 北京：化学工业出版社：211-222

陈法霆，张凯，郑华，等. 2011. PCR-DGGE 技术解析针叶和阔叶凋落物混合分解对土壤微生物群落结构的影响. 应用与环境生物学报，17（2）：145-150

段文军，王金叶. 2013. 广西喀斯特和红壤地区桉树人工林土壤理化性质对比研究. 生态环境学报，22（4）：595-597

分区五考察组. 2009. 分区考察成果及防治对策. 分区五：南方红壤区. 中国水利，7：35-39

冯健，张健. 2005. 巨桉人工林地土壤微生物类群的生态分布规律. 应用生态学报，16（8）：1422-1426

关松荫. 1986. 土壤酶及其研究法. 北京：农业出版社

广西土壤肥料工作站. 1994. 广西土壤，南宁. 广西科学技术出版社

和文祥，蒋新，余贵芬，等. 2003. 生态条件对土壤磷酸酶的影响. 西北农林科技大学学报（自然科学版），31（2）：81-83，88

胡承彪，韦立秀，韦原连，等. 1990. 不同林型人工林土壤微生物区系及生化活性研究. 微生物学杂志，10（1）：14-20

黄昭平. 2011. 广西桉树人工林种植情况及其对生态环境的影响. 河北林业科技，（2）：44-46，55

李振高，骆永明，腾应. 2008. 土壤与环境微生物研究法，北京：科学出版社

刘久俊，方升佐，谢宝东，等. 2008. 生物覆盖对杨树人工林根际土壤微生物、酶活性及林木生长的影响. 应用生态学报，19（6）：1204-1210

刘玮，张嘉超，邓光华. 2010. 不同栽培时间三叶赤楠根际微生物多样性及其 PCR-DGGE 分析. 植物研究，30（5）：582-587

罗海峰，齐鸿雁，张洪勋. 2004. 乙草胺对农田细菌多样性的影响. 微生物学报，44（4）：519-522

任天志，Grego S. 持续农业中的土壤生物指标研究. 中国农业科学，2000，33（1）：68-75

王纪杰. 2011. 桉树人工林土壤质量变化特征. 南京林业大学 博士学位论文

吴展才，余旭胜，徐源泰. 2005. 采用分子生物学技术分析不同施肥土壤中细菌多样性. 中国农业科学，38（12）：2474-2480

徐晓宇，闵航，刘和，等. 2005. 土壤微生物总 DNA 提取方法的比较. 农业生物技术学报，13（3）：377-381

许景伟，王卫东，李成. 2000. 不同类型黑松混交林土壤微生物、酶及其与土壤养分关系的研究. 北京林业大学学报，22（1）：51-55

薛冬，姚槐应，黄昌勇. 2007. 茶园土壤微生物群落基因多样性. 应用生态学报，18（4）：843-847

杨万勤，王开运. 2002. 土壤酶研究动态与展望. 应用与环境生物学报，8（5）：564-570

余婉丽，韦杰宏，黄晓路. 2013. 广西桉树人工林土壤养分现状及其变异性、相关性分析. 大众科技，15（2）：68-71

Carter M R, Rennie D A. 1984. Dynamics of soil microbial biomass N under zero and shallow tillage for spring wheat using 15N urea. Plant Soil, 76 157-164

Erik J, Van H, Gabriel Z, et al. 1999. Changes in bacterial and Ewukaryotic community structure after mass lysis of filamentous cyanobacteria associated with virus. Apply Environmental Microbiology, 65: 795-801

Hayano K. 1973. A method for the determination of β-glucosidase activity in soil. Soil Science and Plant Nutrition. 19（2）：103-108

Joergensen R G, Brookes P C. 1990. Nihydrinreactive nitrogen measurements of microbial biomass in 0. 5M K₂SO₄ soil extracts. Soil Biology Biochemistry, 22: 1023-1027

Krsek M, Welington E M H. 1999. Comparison of different methods for the isolation and purification of total community DNA from soil. Micrbiol Methods. 39: 1-16

Ladd J N. 1971. Properties of proteolytic enzymes extracted from soil. Soil Biology Biochemistry，4，227-237

Li A J，Yang S F，Li X Y，et al. 2008，Microbial population dynamics during aerobic sludge granulation at different organic loading rates. Water Research，42（13）：3552-3560

Powlson D S，Brookes P C，Christensen BT. 1987. Measurement of soil microbial biomass provides an early indication of changes in total soil organic matter due to straw incorporation. Soil Biology Biochemistry，19. 159-164

Tabatabai M A，Bremner J M. 1969. Use of p-nitrophenyl phosphate for assay of soil phosphatase activity. Soil Biology Biochemistry，1：301-307

Vance E D，Brookes P C，Jenkinson D S. 1987. An extraction method for measuring soil microbial biomass C. Soil Biology Biochemistry，19：703-707

# 附录四

# 红壤区桉树人工林炼山后土壤肥力变化及其生态评价

杨尚东[1,2]，吴俊[1]，谭宏伟[2]，刘永贤[2]，熊柳梅[2]，周柳强[2]，谢如林[2]，
黄国勤[3]，赵其国[4]

（1. 广西大学农学院，南宁，530004；2. 广西作物遗传改良生物技术重点开放实验室/广西农业科学院，南宁，530007；3. 江西农业大学，南昌，330045；4. 中国科学院南京土壤研究所，南京，210008）

**摘要**：对广西红壤区桉树人工林火烧迹地土壤肥力的变化进行了研究。与非炼山对照区相比：炼山1周后表层（0～3cm）土壤有机质、全氮、全磷、全钾以及碱解氮、速效磷和速效钾含量，以及土壤微生物数量升高。同时，土壤微生物生物量碳氮含量亦得到了提高，但炼山4个月后，除磷含量外，剖面各土层养分含量均呈下降趋势。同时，土壤微生物数量和土壤微生物生物量亦表现出下降趋势。而且炼山还导致了桉树人工林土壤细菌多样性下降，尤其在 0～3cm 的表层土壤中表现更为显著。表明：炼山仅对土壤肥力具有短期的提升效果，不利于长期维持红壤区桉树人工林土壤的肥力，同时亦不利于改良桉树人工林地土壤生态系统和维持长期稳定。

**关键词**：炼山；红壤；桉树人工林；土壤肥力；生态评价

# Variation of Soil fertility in *Eucalyptus robusta* Plantations after Prescribed Burning in Red Soil Region and its Bio-Evaluation

YANG Shangdong[1,2], WU Jun[1], TAN Hongwei[2], LIU Yongxian[2], XIONG Liumei[2], ZHOU Liuqiang[2], XIE Rulin[2], HUANG Guoqin[3], ZHAO Qiguo[4]

（1. Agricultural College Guangxi University，Nanning 530004，China；2. Guangxi Crop Genetic Improvement and Biotechnology Lab/Guangxi Key Laboratory of Sugarcane Genetic Improvement/Guangxi Academy of Agricultural Sciences，Nanning 530007，China；3. Jiangxi Agricultural University，Nanchang 330045，China；4. Institute of Soil Science，Chinese Academy of Sciences，Nanjing 210008，China）

**Abstract**：A comparative study was conducted to analyze the spatial and temporal variability in soil fertility in *Eucalyptus* forest of red soil region of Hengxian County，Guangxi（China），after one week and four months of prescribed burning. After one week of burning，soil organic matter（OM），total and available nitrogen，phosphorus and potassium contents in 0-3 cm layer were found higher than those of non-burnt *Eucalyptus* forest land. In addition，the number of soil microbes and biomass C and N in 0-3 cm layer were significantly higher

---

本文原载《生态学报》2013 年 33 卷第 24 期第 7788～7797 页。

than those of non-burnt *Eucalyptus* forest land. However，after 4 months of burning，except the total and available phosphorus contents，other nutrients and OM did not showed same trends. The number of soil microbes and biomass C and N in burned soils also found lower than those in non-burnt soils. Therefore，it has been concluded that the prescribed burning of forests has only short-term impacts on the soil fertility，and it is not beneficial for long-term improvement and maintenance of soil fertility in *Eucalyptus* forestland in red soil region. Meanwhile，the bacterial diversity in soils of burning treatments were lower than those of non-burning treatment soils，and hardly recover to the same lever as the non-burning treatment though it had lasted for 4 months after burning，especially in the surface soil（0～3cm）. This indicated that the prescribed burning method could lead the indexes of soil bacterial diversity to decrease and the soil ecological system would be destroyed

**Key Words**：Prescribed Burning；Red soil；Eucalyptus plantation；soil fertility；Bio-Evaluation

桉树是桃金娘科（Myrtaceae）桉属（*Eucalyptus*）树种的总称。其具有速生，高产、优质的特点，现已成为我国南方速生丰产林的战略性树种。广西是桉树的适生区，至2010年，广西桉树人工林的面积已达165.3万hm²，占全国桉树种植面积的60.4%，已成为我国桉树的主要栽培区（项东云，2002；何彬元等，2012）。然而广西桉树在生产过程中，经营者为了追求最大经济效益或当前的利益，林木采伐后所采用的林地清理方法仍采用传统的炼山方式（项东云等，2006）。炼山是我国南方林区清理林地的一种传统方法，在我国已有千余年的应用历史。国内外学者对炼山的利弊进行了广泛的研究，如：杨玉盛等（1997）对国内外有关炼山对采伐剩余物、水土流失、土壤物理化学性质、土壤肥力等影响问题进行了综述，并归纳了炼山的利与弊，提出了相应的对策。

但由于至今对炼山方式在桉树人工林上的应用仍缺乏系统、长期的研究。导致目前对炼山方式在桉树人工林的应用上仍存在着不少的分歧。例如，潘辉（2003）对炼山后尾叶桉林地土壤的理化性质等进行了为期6年的定位调查与研究，认为从维护维护地力可持续发内容展的长期要求而言，应尽快变革炼山这种传统的林地清理方式。而部分学者亦认为一定频率和强度的火烧能够改善生态系统的结构和功能，促进生态系统的良性循环，对维持生物多样性和维护生态平衡方面发挥着重要的作用（Kennard and Gholz，2001；Certini，2005）。如今，众多的研究大多数集中在烧山后对土壤养分的影响方面（Abdel et al，2007；Moghaddas and Stephens，2007；王丽和嶋一徹，2008），缺乏对炼山后土壤健康质量的评价。

土壤健康质量可以通过土壤健康质量指标进行评价。其中，土壤健康评价的生物指标体系可区分为土壤中微生物的量、活性、多样性和功能性4个方面（徐建明等，2010）。其中土壤微生物生物量水平相关的基本指标和衍生参数可称为土壤健康的敏感指标，并有潜力作为土壤生态系统受污和胁迫的预警性监测指标（徐建明等，2010；曹志平，2007）。同时亦是土壤肥力评价及改良农业耕作制度的重要理论依据之一（高云超等，1993；高云超等，2001）。通常土壤微生物生物量碳（C）和氮（N）水平较高则土壤质量较高（Garcia-Gil et al.，2000）。另外，土壤微生物多样性可反映土壤生态系统的稳定性，亦反映土壤生态机制和土壤胁迫对微生物多样性的影响，有潜力成为土壤生物指标（Schloter et al.，2003）。

本文通过对广西红壤区桉树人工林炼山后土壤肥力变化以及土壤生物学特性进行研究，试图揭示炼山方式对红壤区桉树人工林肥力及生物学特性的影响程度与特点。并与非炼山方式进行比较，评价炼山方式对土壤生态系统的影响，为提高桉树人工林土壤肥力和生态重建提供参考。

## 1.1　材料与方法

### 1.1.1　研究区概况

试验地位于广西东南部横县六景道庄（22°89′N，108°81′E），该桉树人工林场位于南亚热带季风气候区，年平均气温 21.4℃，平均降雨量 1415.4mm。林地均为丘陵山地土壤由砂页岩发育而来的低丘红壤。

### 1.1.2　样品采集

土壤样品于 2011 年 4 月砍伐桉树炼山后采集，采集地点海拔均为 200 米。分别取自炼山 1 周后、炼山 4 个月后和非炼山林地。每个取样点分 0～3cm、3～25cm、25cm 以下分层采样。每层各取 3 份土样及重复三次。新鲜土壤用四分法分成两份，一份自然风干后剔除植物根系，研钵磨细过 0.5mm 筛，供理化性质分析使用；另一份过 2mm 筛后置于 4℃保存，用于土壤生物学特性以及微生物多样性的分析使用。

### 1.1.3　测定方法

理化性状：土壤 pH 采用 PHS-3C 型精密酸度计测定；有机质用重铬酸钾容量法测定；全氮用半微量凯氏法测定；用氢氧化钠碱熔法将土壤样品熔融后提取待测液，钼蓝比色法测全磷，火焰光度计测全钾；用 0.5mol/L 碳酸氢钠提取土壤样品后，用钼蓝比色法测速效磷；用 1mol/L 的中性醋酸钠提取土壤样品后，用火焰光度计测速效钾（鲍士旦，2007）。

生物学特性：土壤微生物计数用稀释平板法（李振高等，2008）。微生物生物量碳、氮（Biomass C、N）测定采用氯仿熏蒸提取法（李振高等，2008；Vance et al.，1987）测定。

土壤细菌多样性：土壤基因组总 DNA 的提取，参照 Krsek M 和 Welington 的方法（Krsek and Welington，1999）并稍加修改进行。称取 5g 土壤，采用提取液和回收试剂盒（Biospin gel extraction kit，Bioflux，产品号：bsc02m1）进行基因组总 DNA 的提取和纯化，粗提和纯化结果采用 1.0%（w/V）琼脂糖凝胶电泳检测；纯化后样品于–20℃冰箱保存备用。

土壤细菌 16SrDNA V3 可变区的 PCR 扩增，采用对大多数细菌的 16S rRNA 基因 V3 区具有特异性的引物对 F338GC 和 R518（Li et al.，2008；刘伟等，2010；Erik et al.，1999），它们的序列分别（上游引物）为 F338GC5′-（CGCCCGCCGCGCGCGGCGGGGCGGGGCGG-GGGCACGGGGGGGACTCCTACGGGAGGCAGCAG-3′）；下游引物为 R518（5′-AT-TACCG-CGGCTGCTGG-3′），PCR 产物用 1.5%（W/V）琼脂糖凝胶电泳检测；变性梯度凝胶电泳（DGGE）分析：采用 Bio-Rad 公司 DCode$^{TM}$ 基因突变检测系统对 PCR 反应产物分离。样品在变性剂浓度 30%到 60%（100%的变性胶为 7mol/L 的尿素和 40%的去离子甲酰胺的混合物）的 8%聚丙烯酰胺凝胶中，在 100V 的恒定电压下，60℃电泳 6h。电泳完毕后，凝胶银染 20～30min 后用 GelDoc 凝胶成像分析系统（北京赛百奥科技有限公司）观察并拍照。

### 1.1.4　数据分析方法

采用 Quantity one 分析软件（Bio-Rad）对各土壤样品的电泳条带多少及密度进行定量分析。多样性指数（$H$）、丰度（$S$）和均匀度（$E_H$）的计算方法参照罗海峰等（2004）的方法进行。数据处理用 Excel 2003 进行。

## 1.2　结果与分析

### 1.2.1　炼山后桉树人工林土壤理化性状的变化

如表 1 所示，与非炼山区土壤相比，炼山处理 1 周后，其表土层（0～3cm）和下层（3～25cm）土壤 pH 增加了 2.3%～14%，但炼山 4 个月后，除表土层外，下层土 pH 与非炼山区土壤的 pH 无显著差异。炼山 1 周后各土层有机质含量比非炼山区土壤增加了 14.9%～53.3%，但炼山 4 个月后却下降了 21.8%～48.8%。原因可能是炼山后短期内增加了土壤养分的有效性（Carter and Foster，2004），刺激土壤微生物的生长，导致土壤微生物数量增加（表 2）的同时，加速了土壤有机质的合成有关；同时炼山后经历较长的时间，表土层失去树冠、草被等植物保护易引起水土流失而导致有机质含量下降有关。另外，与非炼山区土壤相比，炼山 1 周后各土层土壤的 T-N、T-P、T-K 含量均不同程度高于前者，尤其是表层土壤的全 N、全 P、全 K 含量分别增加了 72.7%，122.8% 和 2.7%。但炼山 4 个月后，除全 P 含量外，各土层中全 N 和全 K 含量均低于非炼山处理。这一现象可能是炼山后植物内含的矿质元素经燃烧后释放至土壤中，短期内虽提高了土壤矿质元素的含量，但炼山后导致土壤表层裸露，若出现降雨就会导致水土流失或淋溶使不易被土壤固定的 N 和 K 流失较为严重，而易于与土壤中 Ca、Fe、Al 等元素结合的 P 流失相对较少有关。同时，表征土壤速效养分含量指标的碱解 N、速效 P 和速效 K 含量亦呈现出与全量相一致的趋势。表明：炼山虽然短期内可以增加土壤的速效养分，但从长远效果而言，却导致了速效养分的减少。这一结果与孙毓鑫等（2009）报道相一致。

**表 1　桉树人工林地未炼山区与炼山区土壤的理化性状**

| 理化特性 | 土壤深度/cm | 未炼山（A） | 炼山 1 周后（B） | 炼山 4 个月后（C） |
|---|---|---|---|---|
| pH | 0～3 | 3.90±0.00 dD | 4.45±0.06 bB | 4.06±0.01 bB |
| | 3～25 | 3.99±0.07 cdCD | 4.08±0.04 cC | 3.95±0.04 cC |
| | 25 以下 | 4.05±0.05 aA | 3.90±0.04 dD | 4.03±0.04 aA |
| 有机质（Organic matter）/（g/kg） | 0～3 | 65.18±2.60 bB | 74.88±0.55 aA | 50.42±2.31 cC |
| | 3～25 | 29.31±0.76 dD | 44.93±3.19 cC | 24.06±0.73 eD |
| | 25 以下 | 9.25±2.34 fE | 11.70±0.02 fE | 6.21±0.01 fE |

续表

| 理化特性 | 土壤深度/cm | 未炼山（A） | 炼山 1 周后（B） | 炼山 4 个月后（C） |
|---|---|---|---|---|
| 全 N（Total N）/（g/kg） | 0～3 | 1.84±0.96 bB | 2.91±0.08 aA | 1.69±0.52 bB |
| | 3～25 | 1.17±0.06 cC | 1.58±0.06 bB | 0.81±0.04 dD |
| | 25 以下 | 0.57±1.24 deD | 0.57±1.51 deD | 0.52±0.51 eD |
| 全 P（Total P）/（g/kg） | 0～3 | 0.45±0.09 cBC | 1.00±0.06 abAB | 1.40±0.04 aA |
| | 3～25 | 0.58±0.08 bcBC | 1.23±0.23 aA | 0.91±0.04 bcBC |
| | 25 以下 | 0.33±0.02 cC | 0.60±0.10 bcBC | 0.91±0.16 bcBC |
| 全 K（Total K）/（g/kg） | 0～3 | 29.66±0.14 bB | 30.48±1.01 bAB | 27.78±0.59 dD |
| | 3～25 | 31.48±1.26 abAB | 31.86±0.73 abAB | 28.69±0.26 cdCD |
| | 25 以下 | 34.79±1.43 aA | 34.99±0.84 aA | 30.70±0.99 cC |
| 碱解 N（Alkalized N）/（mg/kg） | 0～3 | 142.51±3.47 cdC | 194.51±4.63 bB | 139.64±6.37 bcBC |
| | 3～25 | 79.85±15.06 eE | 120.39±2.90 dCD | 73.91±1.74 eDE |
| | 25 以下 | 54.67±2.03 efE | 33.66±15.06 aA | 36.45±2.61 fE |
| 速效 P（Available P）/（mg/kg） | 0～3 | 4.89±0.00 bB | 13.89±aA | 11.31±0.84 aA |
| | 3～25 | 2.58±0.09 cC | 4.76±bBC | 1.98±0.19 cC |
| | 25 以下 | 2.58±0.09 cC | 2.31±cC | 2.25±0.09 cC |
| 速效 K（Available K）/（mg/kg） | 0～3 | 218.5±0.71 bB | 451.5±7.78 aA | 186.5±2.12 cC |
| | 3～25 | 169.5±2.12 cC | 181.0±4.24 cC | 94.0±0.71 fE |
| | 25 以下 | 97.0±1.41 dD | 79.5±0.71 eDE | 37.5±8.49 fE |

注：数据为平均值±标准误。同行内数值相同大小写字母的表示用 Duncan 检验在 0.01 和 0.05 显著水平下无显著差异，下同。

## 1.2.2　炼山后桉树人工林土壤生物学性状的变化

由表 2 可知，无论是炼山或非炼山处理，以及炼山后不同时间的土壤中，土壤微生物数量大小的顺序均呈细菌＞放线菌＞真菌的趋势，并且随着土层的下降而递减。这一结果与冯建等（2005）报道的研究结果相一致。

二壤细菌数量受土壤温度、湿度、同期状况、耕作制度、有机质含量及作物种类等因素的影响（刘久俊等，2008）。与非炼山区土壤相比，炼山 1 周后土壤表层（0～3cm）的微生物数量在达到最高，而且无论是细菌、真菌及放线菌数量均显著高于非炼山处理。但炼山 4 个月后，各土层中除真菌数量与非炼山之间无显著差异外，下层土壤细菌数量以及表层、中层土壤的放线菌数量均显著低于非炼山处理（图 1）。这一现象可能与炼山并经历较长时间后，表层水土流失导致淋溶至下层土壤的有机质及速效养分含量低于非炼山土壤有关（表 1）。

表 2  土壤微生物数量的时空变化

| 微生物 | 土壤深度/cm | 非炼山（A） | 炼山 1 周后（B） | 炼山 4 个月后（C） |
|---|---|---|---|---|
| 细菌 / （$10^6$ cfu/g） | 0～3 | 82.8±3.63bB | 95.4±5.68aA | 82.2±0.84bB |
| | 3～25 | 58.2±6.76bB | 71.6±2.41aA | 57.4±3.91bB |
| | 25 以下 | 44.2±5.17aA | 42.8±2.77bB | 36.6±2.41cC |
| 真菌 / （$10^4$ cfu/g） | 0～3 | 18.3±3.16bB | 25.0±2.55aA | 18.0±3.49bB |
| | 3～25 | 5.6±0.92bB | 6.4±1.51aA | 5.4±1.61bB |
| | 25 以下 | 3.0±1.61bB | 4.4±1.60aA | 2.9±1.00bB |
| 放线菌 / （$10^5$ cfu/g） | 0～3 | 87.6±3.91bB | 100.2±5.97aA | 74.6±5.32cC |
| | 3～25 | 79.2±5.07aA | 67.4±5.32bB | 54.2±5.12cC |
| | 25 以下 | 18.8±1.92bB | 33.2±4.21aA | 19.0±2.24bB |

无论是炼山或非炼山处理，土壤微生物生物量碳和氮均随着土层深度的增加而递减。炼山 1 周后，除表层（0～3cm）的土壤微生物生物量碳和氮均显著高于非炼山土壤外，其余各层土壤微生物生物量碳均低于非炼山土壤.在中层土壤（3～25cm）微生物生物量氮虽显著高于非炼山土壤，但至下层（25cm 以下）时两者间已无显著性差异。

另外，随着时间的推移，炼山 4 个月后，无论是土壤微生物生物量碳或氮在剖面各土层中均显著低于相应的非炼山土壤。何友军等（2006）对杉木人工林土壤微生物生物量碳氮特征的研究表明，土壤微生物生物量碳与土壤全氮、全钾和速效钾呈极显著的正相关性；土壤微生物生物量氮亦与土壤养分具有极显著的正相关性。本试验的结果显示，炼山后土壤微生物生物量碳和氮的时空变化趋势与土壤养分的时空变化趋势基本一致。

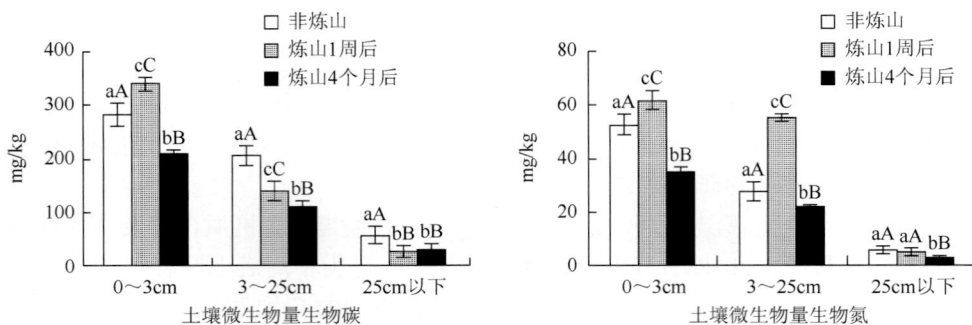

图 1  土壤微生物生物量的变化

以上结果表明：炼山对桉树人工林林地土壤肥力仅具有短期（1 周）的提升效果，随着时间的推移炼山却导致了桉树人工林土壤肥力的下降。

## 1.2.3　炼山对桉树人工林土壤细菌多样性的影响

**1. 基因组 DNA 提取和 PCR 扩增**

　　分别于炼山后不同时段土样中提取微生物总 DNA，取 4μL DNA 样用 1%琼脂糖凝胶电泳检测。从图 2 可以看出，试验提取的总 DNA 亮度较好，而且无明显拖带现象，大小均约为 23kb 左右。另外，在核酸蛋白测定仪上测定 $OD_{260}$ 和 $OD_{280}$ 的值，$OD_{260}/OD_{280}$ 值介于 1.8 和 2.0 之间，说明所得到的总 DNA 质量符合实验要求（徐晓宇等，2005）。

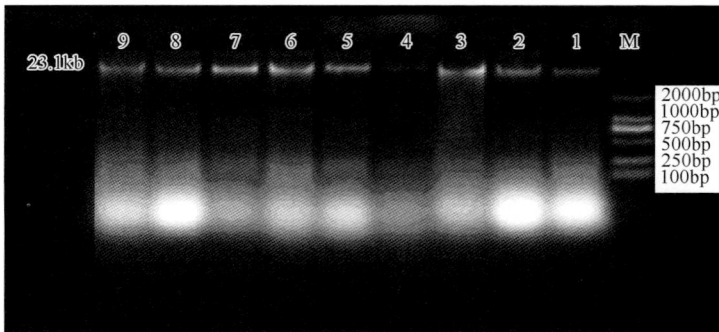

图 2　炼山与非炼山处理林地土壤总 DNA 的琼脂糖电泳图谱

M：分子量标准；1：炼山 4 个月后表层土总 DNA；2：炼山 4 个月后中层土总 DNA；3：炼山 4 个月后下层土总 DNA；4：未炼山桉树人工林表层土总 DNA；5：未炼山桉树人工林中层土总 DNA；6：未炼山桉树人工林下层土总 DNA；7：炼山 1 周后表层土总 DNA；8：炼山 1 周后中层土总 DNA；9：炼山 1 周后下层土总 DNA；处理编号下同

　　以提取的土壤微生物总 DNA 为模板，F338-GC 和 R518 为扩增引物，对 16SrDNAV3 可变区进行 PCR 扩增。如图 3 所示，16SrDNA 扩增后的 DNA 片段长度是 250bp 左右，特异性好、无杂带，与理论值相符。说明该 PCR 程序适用于 16SrDNA 的扩增，并且能够得到较好的产物。

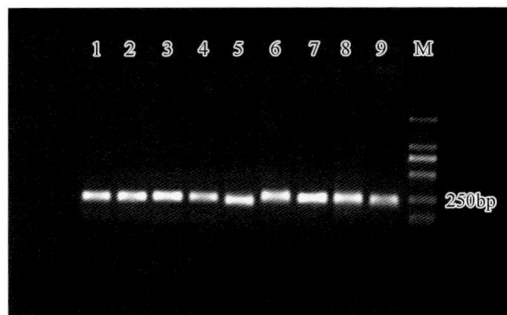

图 3　炼山与非炼山处理林地土壤细菌 16SrDNA 基因 V3 区扩增片段图谱

**2. 土壤细菌群落 DGGE 图谱分析**

　　应用 DGGE 技术分离 16SrDNAV3 片段 PCR 产物，可分离到数目不等、位置各异的电泳条带（图 4）。根据 DGGE 能分离长度相同而序列不同 DNA 的原理，每一个条带大致与群落中的一个优势菌群或操作分类单元（Operational taxonomic unit，OUT）相对应，条带数越多，说明生物多样性越丰富；条带染色后的荧光强度越亮，表示该种属的数目越多。从而反映土壤中的微生物种类和数量（Krsek and Welington，1999）。

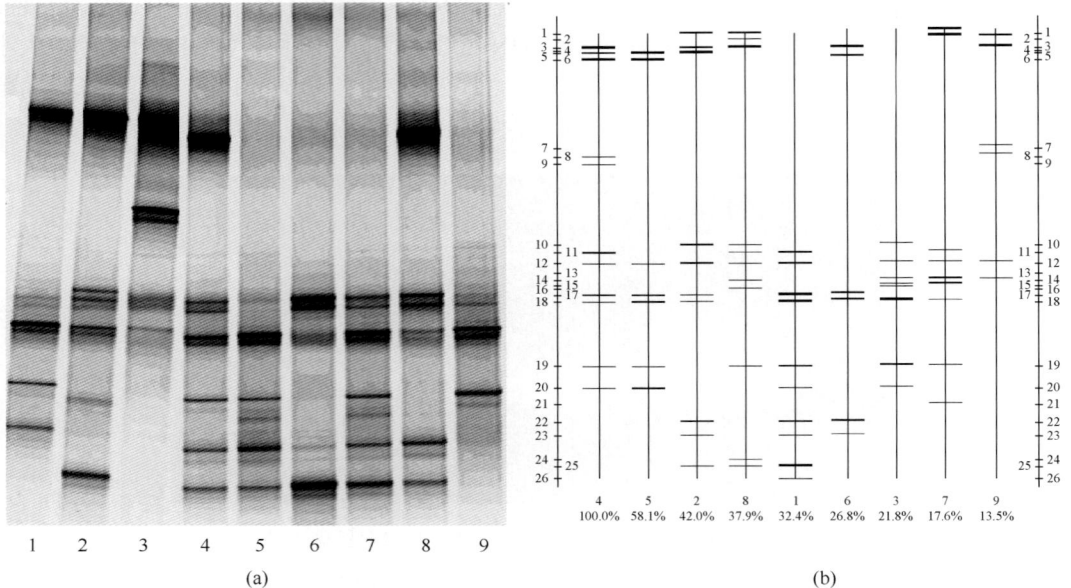

图 4　炼山与非炼山处理桉树人工林土壤细菌的 DGGE 图谱（a）和 DGGE 条带强度示意图（b）

采用凝胶成像分析系统对 DGGE 图谱进行分析，结果表明：桉树人工林炼山 1 周、4 个月后，各自泳道的条带位置和数目不仅与未炼山的桉树林土壤之间存在较大的差异，而且与未炼山的阔针叶混合林之间的条带亦存在大的差异（图 3）。说明炼山导致了桉树人工林土壤细菌多样性发生了显著变化。此外，各特异条带在亮度上亦存在差异，表明炼山和非炼山桉树人工林地土壤中细菌在 DNA 水平上存在明显差异。

从图 4 还可以得知，以未炼山桉树人工林的表层（0～3cm）土壤为对照，炼山 1 周和 4 个月后，桉树人工林表层土壤细菌 DGGE 图谱的条带数量大小顺序为：未炼山（S 为 11）＞炼山 4 个月后（S 为 10）＞炼山 1 周后（S 为 9）；其次，中层土（3～25cm）细菌 DGGE 图谱的条带数量顺序则为：炼山 1 周后（S 为 11）＞炼山 4 个月后（S 为 10）＞未炼山（S 为 7）；下层土（25cm 以下）细菌 DGGE 图谱的条带数量大小顺序为：炼山 4 个月后（S 为 8）＞未炼山（S 为 6）=炼山 1 周后（S 为 6）。表明炼山对桉树人工林土壤细菌丰度的影响依土壤深度的变化而异。炼山显著降低了表层土壤细菌的丰度，但随着时间的推移，土壤丰度呈现缓慢回升的趋势；同时，对于中层土和下层土而言，炼山处理后无论时间长短均提高了土壤细菌的丰度，这可能与炼山后土壤结构发生变化，改变了土壤水分和气体的通透性以及改变了土层中有机质、碱解氮和速效磷钾等养分含量有关（表 1）。此外，各泳道中的条带粗细不一，对应其在 DGGE 胶上的密度大小不同，密度大，则条带比较粗黑；密度小，则条带比较细。图中显示共有 26 类条带，其中 12 号条带是除未炼山桉树人工林下层土（泳道6）之外其余每个样品中均有出现。同时，每个特征条带在各泳道的粗细各异，表明炼山对桉树人工林土壤细菌的密度影响也很大。

### 3. 土壤细菌群落 Shannon 多样性指数分析

根据细菌 16SrDNA 的 PCR-DGGE 图谱中条带的位置和亮度的数值化结果计算了细菌群落结构指标 Shannon-Wiener 指数，Shannon 指数值越大，表明细菌群落多样性越高（薛冬等，2007）。

分析不同处理林地土壤细菌 Shannon 指数，结果表明（表 3），表层土壤细菌多样性指数的大小顺序为：未炼山桉树人工林（2.285）＞炼山 4 个月桉树人工林（2.192）＞炼山 1 周后桉树人工林（1.972）；而中层土壤细菌多样性指数大小则表现为：炼山 1 周后桉树人工林（2.257）＞炼山 4 个月后桉树人工林（2.206）＞未炼山桉树人工林（1.843）；下层土为：炼山 4 个月后桉树人工林（1.977）＞未炼山桉树人工林（1.749）＞炼山 1 周后桉树人工林（1.688）。同时，与非炼山处理多样性指数呈上层土＞中层土＞下层土的顺序相比，炼山后不论时间长短，中层土壤细菌多样性指数均高于表层土壤。这表明炼山对林地土壤的影响以表层土（0～3cm）为主，同时破坏了土壤结构，扰乱了林地土壤细菌的分布，尤其降低了桉树人工林表层土壤细菌群落的多样性。

另一方面，均匀度是表示物种在环境中的分布状况，各物种数目越接近，数值越高（吴展才等，2005）。表 3 中均匀度的数据显示：炼山亦导致了表层土壤细菌均匀度的降低，但随着时间的推移，呈现回升的趋势。这表明炼山对林地各层土壤细菌均匀度指数的影响亦是以表层土壤为主，呈降低趋势，但其影响效果随着时间的推移而减弱。

表 3　炼山和非炼山处理桉树人工林土壤细菌种群多样性、丰度和均匀度指数

| 林地 | 土层/cm | 多样性指数（$H$） | 丰度（$S$） | 均匀度（$E_H$） |
|---|---|---|---|---|
| 未炼山（桉树林） | 0～3 | 2.285 | 11 | 0.953 |
|  | 3～25 | 1.843 | 7 | 0.947 |
|  | 25 以下 | 1.749 | 6 | 0.976 |
| 炼山 1 周后（桉树林） | 0～3 | 1.972 | 9 | 0.948 |
|  | 3～25 | 2.257 | 11 | 0.941 |
|  | 25 以下 | 1.688 | 6 | 0.942 |
| 炼山 4 个月后（桉树林） | 0～3 | 2.192 | 10 | 0.952 |
|  | 3～25 | 2.206 | 10 | 0.958 |
|  | 25 以下 | 1.977 | 8 | 0.951 |

### 4. 土壤细菌群落群落相似性分析

针对炼山和非炼山桉树人工林土壤细菌群落多样性进行相似性分析。结果显示：炼山 1 周后，炼山和非炼山桉树人工林表层土壤细菌群落的相似性系数仅为 12.8%，炼山 4 个

月后虽上升至 32.4%；中层土则分别为 6.7%和 31.2%（表 4），各层土壤细菌群落相似性系数均随着炼山后时间的推移呈上升的趋势，但相似性系数均低于 60%。一般认为，相似性系数高于 60%的两个群体具有较好的相似性（陈法霖等，2011），说明炼山不仅对土壤细菌群落多样性的影响很大，而且影响持续的效果在较长一段时间内（4 个月）也得不到有效恢复。

**表 4　炼山和非炼山桉树人工林土壤细菌群落相似性系数**

| Lane | 1 | 2 | 3 | 4 | 5 | 6 | 7 | 8 | 9 |
|------|-----|-----|-----|-----|-----|-----|-----|-----|-----|
| 1 | 100 | 33.9 | 27.5 | 32.4 | 24.2 | 30.0 | 11.0 | 18.1 | 5.7 |
| 2 | 33.9 | 100 | 18.4 | 30.1 | 31.2 | 17.7 | 27.0 | 22.3 | 43.1 |
| 3 | 27.5 | 18.4 | 100 | 21.5 | 32.6 | 15.4 | 22.1 | 21.3 | 10.2 |
| 4 | 32.4 | 30.1 | 21.5 | 100 | 43.6 | 32.6 | 12.8 | 45.4 | 24.8 |
| 5 | 24.2 | 31.2 | 32.6 | 43.6 | 100 | 55.1 | 9.7 | 6.7 | 4.3 |
| 6 | 30.0 | 17.7 | 15.4 | 32.6 | 55.1 | 100 | 6.4 | 0.0 | 0.0 |
| 7 | 11.0 | 27.0 | 22.1 | 12.8 | 9.7 | 6.4 | 100 | 33.5 | 23.1 |
| 8 | 18.1 | 22.3 | 21.3 | 45.4 | 6.7 | 0.0 | 33.5 | 100 | 16.0 |
| 9 | 5.7 | 43.1 | 10.2 | 24.8 | 4.3 | 0.0 | 23.1 | 16.0 | 100 |

## 1.3　讨　论

狭义的土壤肥力概念就是指土壤供给养分的能力，其主要包括土壤养分的含量、存在形态、对植物的有效性和供给力（徐建明等，2010）。从表 1 的结果可知，炼山处理方式虽然短期（1 周）内可以增加土壤的速效成分，但炼山后山体裸露引发的水土流失导致了后期土壤有机质和速效钾含量的降低。表明炼山方式并不利于长期维持和提升退化红壤区桉树人工林的土壤肥力，反而容易导致桉树人工林土壤肥力下降。

另一方面，土壤微生物是土壤生态系统变化的敏感指标之一，其活性和群落结构变化能敏感地反映出土壤生态系统的质量和健康状况（钟文辉和蔡祖聪，2004），土壤微生物指标已被公认为土壤生态系统变化的预警及敏感指标（任天志和 Grego，2000）。土壤细菌占土壤微生物总数的 70%～90%，是土壤中最活跃的因素（曹志平，2007），研究炼山对桉树人工林土壤细菌多样性的影响，不仅能评价炼山对桉树人工林地生态系统的影响，并对保障桉树产业的可持续发展具有重要意义。

土壤细菌的数量受土壤温度、湿度、同期状况、耕作制度、有机质含量及作物种类等因素的影响（刘久俊等，2008）。炼山后短期（1 周）虽表现出细菌、真菌及放线菌数量均显著高于非炼山处理，但经历较长时间（4 个月）后，以细菌为主的微生物数量显著低于非炼山处理。这可能与炼山并经历较长时间后，表层水土流失导致土壤中的有机质及各种速效养分含量低于非炼山土壤有关（表 1）。另外，作为衡量土壤质量、维持土壤肥力和作物生产力重要指标的土壤微生物生物量亦表现出炼山初期具有短期的上升"刺激"效果，但随着时间的推移均呈下降趋势。同时，炼山还导致了桉树人工林土壤细菌丰度和多样性指数（Shannon-Wiener index）的下降，尤其在 0～3cm 的表层土壤中体现更为明显。而且炼山亦改变了桉树人工林地土壤细菌的群落结构多样性，甚至在炼山后经历了 4 个月的时间，也无法恢复至与未炼山处理相似性系数高于 60% 的土壤细菌群落结构。

## 1.4　结　　论

炼山处理方式虽然短期（1 周）内可以增加土壤的速效成分，但炼山后山体裸露引发的水土流失导致了后期土壤有机质和速效钾含量的降低。不利于提升和维持红壤区桉树人工林的土壤肥力。

另外，炼山对包括土壤微生物数量、土壤微生物生物量、土壤细菌群落结构等反映土壤生态系统的指标虽具有短期（1 周）的"提升"效果，但从时间效应上却导致了土壤微生物数量、生物量以及细菌多样性下降的趋势。表明：炼山不利于改良桉树人工林土壤的生态系统和维持长期的稳定。

## 参 考 文 献

鲍士旦. 2007. 土壤农化分析（第三版），北京：中国农业出版社

曹志平 2007. 土壤生态学. 北京：化学工业出版社

陈法霖，张凯，郑华，等. 2011. PCR-DGGE 技术解析针叶和阔叶凋落物混合分解对土壤微生物群落结构的影响. 应用与环境生物学报，17（2）：145-150

冯健，张健. 2005. 巨桉人工林地土壤微生物类群的生态分布规律. 应用生态学报，16（8）：1422-1426

高云超，朱文珊，陈文新. 1993. 土壤微生物生物量周转的估算. 生态学杂志，12（6）：6-10

高云超，朱文珊，陈文新. 2001. 秸秆覆盖免耕土壤细菌和真菌生物量与活性的研究. 生态学杂志，20（2）：30-36

何彬元，曾嵘，潘丹. 2012. 广西桉树现代种业发展思路与对策的探讨. 广西林业科学，41（1）：65-68

何友军，王清奎，汪思龙，等. 2006. 杉木人工林土壤微生物生物量碳氮特征及其与土壤养分的关系. 应用生态学报，17（12）：2292-2296

李振高，骆永明，腾应. 2008. 土壤与环境微生物研究法，北京：科学出版社

刘久俊，方升佐，谢宝东，等. 2008. 生物覆盖对杨树人工林根际土壤微生物、酶活性及林木生长的影响. 应用生态学报，19（6）：1204-1210

刘玮，张嘉超，邓光华. 2010. 不同栽培时间三叶赤楠根际微生物多样性及其 PCR-DGGE 分析. 植物研究，30（5）：582-587

罗海峰，齐鸿雁，张洪勋. 2004. 乙草胺对农田细菌多样性的影响. 微生物学报，44（4）：519-522

潘辉. 2003. 不同林地处理方式对巨尾桉林地生产力的影响. 福建林学院学报，23（4）：312-316

任天志，Grego S. 2000. 持续农业中的土壤生物指标研究. 中国农业科学，33（1）：68-75

孙毓鑫，吴建平，周丽霞，等. 2009. 广东鹤山火烧迹地植被恢复后土壤养分含量变化. 应用生态学报，20（3）：513-517

王丽，嵨一徹. 2008. 山地林火烧迹地土壤养分的动态变化. 水土保持通报，28（1）：81-85

吴展才，余旭胜，徐源泰. 2005. 采用分子生物学技术分析不同施肥土壤中细菌多样性[J]. 中国农业科学，38（12）：2474-2480

项东云，东健波，叶露，等. 2006. 广西桉树人工林发展现状，问题与对策. 广西林业科学，35（4）：195-201

项东云. 2002. 新世纪广西桉树人工林可持续发展策略讨论. 广西林业科学，31（3）：114-121

徐建明，张甘霖，谢正苗，等. 2010. 土壤质量指标与评价. 北京：科学出版社

徐晓宇，闵航，刘和，等. 2005. 土壤微生物总 DNA 提取方法的比较. 农业生物技术学报，13（3）：377-381

薛冬，姚槐应，黄昌勇. 2007. 茶园土壤微生物群落基因多样性. 应用生态学报，18（4）：843-847

杨玉盛，何宗明，马祥庆. 1997. 论炼山对杉木人工林生态系统影响的利弊及对策. 自然资源学报，12（2）：153-159

钟文辉，蔡祖聪. 2004. 土壤管理措施及环境因素对土壤微生物多样性影响研究进展. 生物多样性，12（4）：456-465

Abdel menam M，Werner H，Bettina J，et al. 2007. Effects of prescribed burning on plant available nutrients in dry health land ecosystems. Plant Ecology，189，279-289

Carter M C，Foster C D. 2004. Prescribed burning and phoductivity in southern pine forests A review. Forest Ecology and Management，191：93-109

Certini G. 2005. Effects of fire on properties of fires soils A review. Oecologia. 143：1-10

Erik J，Van H，Gabriel Z，et al. 1999. Changes in bacterial and Ewukaryotic community structure after mass lysis of filamentous cyanobacteria associated with virus. Applied Environmental Microbiology，65：795-801

Garcia-Gil J C，Plaza C，Solerrovia P，et al. Long-term effects of municipal soil waste compost application on soil enzyme activities and microbial biomass. Soil Biology and Biochemistry，2000，32（13）：1907-1913

Kennard D K，GHolz H L. 2001. Effects of high-and low-intensity fires on soil properties and plant growth in a Bolivian dry forest. Plant and Soil，234，119-129

Krsek M，Welington E M H. 1999. Comparison of different methods for the isolation and purification of total community DNA from soil. Micrbiol. Methods. 39：1-16

Li A J，Yang S F，Li X Y，et. al. 2008. Microbial population dynamics during aerobic sludge granulation at different organic loading rates. Water Research，42（13）：3552-3560

Moghaddas E E Y，Stephens S L. 2007. Thinning burning and thin-burn fuel treatment effects on soil properties n a Sirra Nevada mixed-conifer forest. Forest Ecology and Management，14，13-22

Schloter M，Dilly O，Munch J C. 2003. Indicators for evaluating soil quality. Agriculture，Ecosystems and Environment，98：255-262

Vance E D，Brookes P C，Jenkinson D S. 1987. An extraction method for measuring soil microbial biomass C. Soil Biology Biochemistry，19：703-707

# 广西典型土壤上不同林分的土壤肥力
# 分析与综合评价

刘永贤[1]，熊柳梅[1,2]，韦彩会[1]，谭宏伟[1]，杨尚东[2]，农梦玲[2]，曾艳[1]，
黄国勤[3]，赵其国[4]

（1. 广西农业科学院/农业部植物营养与肥料重点实验室南方特作营养与施肥科学观测试验站，南宁，530007；2. 广西大学，南宁，530005；3. 江西农业大学，南昌，330045；4. 中国科学院南京土壤研究所，南京，210008）

**摘要**：通过对广西山地黄壤、棕色石灰性土、赤红壤 3 种类型土壤上不同林分林下 0～30cm 土层土壤的 pH，有机质，全氮、全磷、全钾，速效氮、速效磷、速效钾及 CEC（阳离子交换量）等肥力因子的比较和综合评价，研究了不同类型土壤上不同林分土壤的肥力演变状况。结果表明：不同林分对土壤肥力状况影响不同，山地黄壤上松木林和成年桦林土壤有机质含量分别是自然林的 2.55 倍和 3.16 倍，而新植桦林土壤速效养分明显高于自然林；棕色石灰性土上任豆林的有机质、全氮、全磷、碱解氮、速效磷、速效钾和 CEC 含量均为较高，而枇杷林的 pH 明显比另外 3 种林分的低；赤红壤上种植第 2 代的速生桉林碱解氮含量明显比马尾松针阔叶自然林低，而有机质、全氮、全钾、速效钾均略高于自然林。不同类型土壤的综合评价结果表明，山地黄壤上自然林＞松林＞西南桦林；棕色石灰性土 4 种林分土壤的综合评价是任豆林＝竹林＞枇杷林＝银合欢；赤红壤上马尾松针阔叶自然林＝第 2 代速生桉林。

**关键词**：土壤类型；不同林分；土壤肥力

# Guangxi different types of soil on soil fertility analysis and comprehensive evaluation of different stands

LIU Yongxian[1]，XIONG Liumei[1,2]，WEI Caihui[1]，TAN Hongwei[1]，
YANG Shangdong[2]，NONG Mengling[2]，ZENG Yan[1]，HUANG Guoqin[3]，
ZHAO Qiguo[4]

（1. Guangxi Academy of Agricultural Sciences，Nanning 530007，China/Key Laboratory of Plant Nutrition and Fertilizer，Ministry of Agriculture，P.R.China；2. Agricultural College Guangxi University，Nanning 530005，China；3. Jiangxi Agricultural University，Nanchang 330045，China；4. Institute of Siol Science，Chinese Academy of Sciences，Nanjing 210008，China）

**Abstract**：Study to soil fertility of different stands 0-30cm soil layer's pH value；organic matter；whole amount of N，P，K；available N，P，K and CEC（cation exchange capacity），For three tapes of soils in guangxi that include mountain yellow soil，brown calcareous soil，lateritic red soil，The results can reflect the evolution of different stands soil fertility status in different tapes of soil. The results showed that，For different stands the effects of soil fertility status is different，soil organic matter content of Pine forest and adult birch were 2.55 and 3.16 times to the natural forest，The soil available nutrients of newly planted birch was significantly higher than natural forests in mountain yellow soil；The organic matter，total nitrogen，total phosphorus，Available of nitrogen，phosphorus，potassium and CEC of Zenia forest were highest，and the pH value of loquat forest was significantly lower than the other three kinds of forest in brown calcareous soil；the available nitrogen of 2nd generation of fast-growing eucalyptus forests was significantly lower than natural pine broadleaf forest，but the Organic matter，total nitrogen，total potassium，available potassium were slightly higher than the natural forest in lateritic red soil. The evaluation results for different types of soil indicate that，natural forest＞pine＞Southwest birch in mountain yellow soil；In brown calcareous soil were Zenia forest＝bamboo forest＞loquat forest＝Leucaena forest；in lateritic red soil was natural pine broadleaf forest＝the 2nd generation of fast-growing eucalyptus forests.

**Key Words**：Soil type；Different stands；Soil Fertility

保持和提高土壤质量是实现林业可持续发展的前提，森林土壤肥力是植被和土壤相互作用的结果，林木生长必须从土壤中吸取养分，而又以凋落物的形式归还土壤大量的有机物质，从而影响林下土壤的肥力状况。不同林分凋落量和凋落物的性质不同，养分的归还量也就不同，对林下土壤肥力的影响也各有差异（张展等，2009；邓艳等，2010；费鹏飞，2009；林波等，2003；林波等，2004）。薛立等研究表明，树种凋落物的数量、化学成分和分解速率不同，导致不同林分土壤养分差异较大。前人对于人工林、混交林、自然林等不同植被对土壤的理化性质和肥力的研究已见较多报道（薛立等，2005；梁宏温等，1993；温远光等，2009；叶绍明等，2010；胡承彪等，1992；杨小波等，2002；Kindum et al.，2006），认为森林土壤质量评价指标应包含土壤的物理、化学和生物学性质，其中，常用的化学指标有土壤有机质、pH、N、P 和 K 的全量及其有效量和阳离子交换量等，这些因子既能很好地反应土壤肥沃程度、稳定性较高且易于调查和测定，在近自然经营的土壤调查中常被采用（常庆瑞和岳庆玲，2008）。本文通过对广西三种典型类型土壤上种植不同林种后土壤有机质、pH、氮、磷和钾全量及其有效量和阳离子交换量肥力指标的变化情况并进行土壤肥力的综合评价，探讨不同林分对广西三种类型土壤肥力的影响状况，旨在为广西区不同类型土壤营造适宜林种提供理论依据。

# 1.1　材料与方法

## 1.1.1　试验地概况

山地黄壤试验地位于广西百色田林县地处东经 105°27′～106°15′，北纬 23°58′～24°41′，属南亚热带季风气候区，年平均气温 16～21℃，平均降雨量 1204mm；赤红壤位于南宁横县六景道庄（22°89′N，108°81′E），属南亚热带季风气候区，年平均气温 21.4℃，平均降雨量 1415.4mm；棕色石灰性土位于河池大化县七百弄乡。属亚热带季风气候区，年均气温 17.4～19.6℃，年降雨量 1500～1600mm。

### 1.1.2　样品采集

分别采集山地黄壤、赤红壤、棕色石灰性土三类土型 0～30cm 土层的土壤样品，用于测定 pH、有机质、氮、磷、钾、CEC 等土壤理化性质。在山地黄壤上分别采集松木林、青冈木自然林、种植 8 年的西南桦林、新植的西南桦林 4 种林分土壤样品；棕色石灰性土上分别采集枇杷林、竹林、任豆林、银合欢 4 种林分的土壤样品；而在赤红壤上则分别采集了马尾松针阔叶自然林和未炼山连栽第 2 代的速生桉林 2 种林分土壤样品，用于 pH、有机质、氮、磷、钾、CEC 等土壤理化性质的测定。

### 1.1.3　测定方法

土壤 pH 采用 PHS-3C 型精密酸度计测定；有机质用重铬酸钾容量法测定；全氮用半微量凯氏法测定；用氢氧化钠碱熔法将土壤样品熔融后提取待测液，钼蓝比色法测定全 P，火焰光度计测全 K；用 0.5mol/L 碳酸氢钠提取土壤样品后，用钼蓝比色法测定速效 P；用 1mol/L 的中性醋酸钠提取土壤样品后，用火焰光度计测速效 K。

### 1.1.4　数据分析方法

数据分析采用 Excel 2003 进行，用 SPSS 统计软件对试验数据进行多重比较及显著性分析。

## 1.2　结果与分析

### 1.2.1　不同类型土壤理化性状差异

分析测定了三种不同类型土壤即山地黄壤（百色田林）、赤红壤（南宁横县）、棕色石灰性土（河池七百弄）0～30cm 土层的土壤理化性状。由表 1 可见：三种类型土壤除速效钾没有显著差异外，其他 8 项指标均存在显著或极显著差异，从全量养分状况看含量最丰富的是棕色石灰性土，其次为赤红壤，山地黄壤最差，这可能与山地黄壤成土母质及长期的淋溶作用有关，另外由表 1 还可看出赤红壤的速效磷含量显著低于山地黄壤和棕色石灰性土壤，这是由于其强酸性质导致土壤中的磷被大量吸附及固定有关。

**表 1　不同类型土壤理化性状**

| 土壤类型 | pH | 有机质/% | 全氮/% | 全磷/% | 全钾/% | 碱解氮/(mg/kg) | 速效磷/(mg/kg) | 速效钾/(mg/kg) | CEC/(c mol/kg) |
|---|---|---|---|---|---|---|---|---|---|
| 山地黄壤 | 5.1±0.2bB | 1.60±1.18b | 0.10±0.05bB | 0.10±0.03bB | 1.31±0.39aA | 71±45bB | 8±4a | 147±82a | 10.70±1.25bB |
| 赤红壤 | 4.4±0.1cC | 4.09±2.11a | 0.13±0.05bAB | 0.07±0.03cB | 1.41±0.14aA | 126±30bAB | 4±1b | 150±61a | 14.48±3.45bB |
| 棕色石灰性土 | 6.1±0.4aA | 3.68±1.89a | 0.25±0.12aA | 0.19±0.03aA | 0.78±0.22bB | 225±106aA | 9±2a | 108±21a | 21.20±5.67aA |

### 1.2.2 不同林分土壤理化性状特征

因为不同类型土壤在不同气候、不同母质条件下发育产生，其土壤理化性状的存在先天差异（表 2），因此探讨在相同条件下，同种类型土壤种植不同林分引起 0～30cm 土层的土壤理化性状的变化情况，对于不同类型的土壤发展适宜的林分才具有实际指导意义。

表 2　不同林分土壤理化性状

| 土壤类型 | 林分 | pH | 有机质/% | 全氮/% | 全磷/% | 全钾/% | 碱解氮/（mg/kg） | 速效磷/（mg/kg） | 速效钾/（mg/kg） | CEC/（c mol/kg） |
|---|---|---|---|---|---|---|---|---|---|---|
| 山地黄壤 | 自然林 | 4.9±0.0 | 0.8±0.39 | 0.8±0.02 | 0.11±0.04 | 1.68±0.03aA | 44±17 | 6±1 | 146±104 | 11.29±0.35 |
| | 松林 | 5.3±0.0 | 2.04±1.02 | 0.10±0.08 | 0.11±0.01 | 1.09±0.11bcA | 83±62 | 10±2 | 99±59 | 10.91±1.19 |
| | 成年西南桦林 | 5.1±0.1 | 2.53±2.07 | 0.12±0.09 | 0.10±0.03 | 0.85±0.29cB | 101±78 | 6±4 | 150±145 | 9.36±2.02 |
| | 新植西南桦林 | 5.2±0.3 | 1.02±0.46 | 0.8±0.02 | 0.07±0.02 | 1.60±0.00aA | 56±12 | 11±6 | 192±57 | 11.24±0.35 |
| 棕色石灰性土 | 枇杷林 | 5.6±0.1 | 4.11±0.18 | 0.28±0.71 | 0.14±0.00 | 0.68±0.01 | 324±2 | 10±3 | 86±1 | 21.95±0.74 |
| | 竹林 | 6.5±0.1 | 4.10±0.05 | 0.30±0.01 | 0.17±0.02 | 0.66±0.02 | 210±46 | 7±0 | 94±1 | 24.05±0.79 |
| | 任豆林 | 6.3±0.2 | 6.85±0.05 | 0.45±0.10 | 0.20±0.02 | 0.56±0.03 | 379±1 | 11±2 | 135±4 | 26.64±2.33 |
| | 银合欢 | 6.3±0.1 | 3.43±0.14 | 0.19±0.04 | 0.20±0.00 | 0.74±0.01 | 195±0 | 7±0 | 128±4 | 26.07±4.06 |
| 赤红壤 | 自然林 | 4.0±0.0 | 3.55±2.47 | 012±0.08 | 0.08±0.05 | 1.32±0.14 | 141±2 | 4±0 | 106±49 | 13.08±4.29 |
| | 桉林 | 3.9±0.1 | 3.70±1.93 | 0.14±0.04 | 0.05±0.01 | 1.50±0.07 | 109±42 | 4±2 | 194±35 | 15.88±3.09 |

山地黄壤上松木林、青冈木自然林、种植 8 年的西南桦林、新植的西南桦林 4 种不同林分土壤除全钾存在极显著差异外，其他 8 个养分测定指标的差异均不显著。松木林与成年西南桦林全氮、全磷、速效磷及速效钾与自然林相近，而有机质含量分别是自然林的 2.55 倍和 3.16 倍，土壤有机质作为指示土壤肥力的重要指标，其含量的高低直接影响土壤的理化性状和土壤生物活动的状况，因此松木林和成年桦林均能提高山地黄壤的肥力状况，可以作为该类型土壤着重发展林种，都是 CEC 比自然林的稍低；新植西南桦林的 pH、全钾、速效钾及速效磷稍比自然林和成年林的高，这可能与人为经营活动（施肥、抚育、垦复等措施）有关。

棕色石灰性土壤的枇杷林、竹林、任豆林、银合欢 4 种林分间土壤理化性状差异较大，其中枇杷林的 pH 明显比另外 3 种林分的低；而任豆林的有机质、全氮、全磷、碱解氮、速效磷、速效钾和 CEC 含量均为最高，说明棕色石灰性土种植任豆林能保持和改善土壤肥力，对于保持和提高土壤质量是实现林业可持续发展的具有重要作用，而在 4 种林分中，枇杷林的生长是否对土壤 pH 有较大影响和如何影响，仍有待进一步探讨研究。

赤红壤上种植第 2 代的速生桉林除碱解氮明显比马尾松针阔叶自然林的低外，其他养分指标差异都不明显，相反桉林的有机质、全氮、全钾、速效钾都略高于自然林，说明种植第 2 代速生桉林不会引起土壤理化性状的恶化。

以上三种不同类型土壤上种植不同林种后,土壤的理化性状各有异同,因此选择合适的林种进行林地耕种,对于保护林坡地的土壤肥力以及因地制宜发展合适的林种是很有必要的。

### 1.2.3 不同林分土壤质量评价

根据广西土壤林荒地土壤质量评价方法及划分等级,选用宜种性、土体厚度、坡度、土壤 pH、有机质、全氮、全磷、全钾、阳离子交换量、砾石量等 9 个指标对三种土壤类型上调查的 10 种林分土壤质量进行综合评价,结果如表 3 所示。山地黄壤的 3 种林分均处于第三级,其中自然林＞松林＞西南桦林,这可能山地土壤的土体厚度薄,只有 40～60cm,这也成了该类型土壤上植物生长的主要限制因素。棕色石灰性土 4 种林分土壤的综合评价是任豆林=竹林＞枇杷林=银合欢。而赤红壤的 2 种林分土壤质量是所有林分土壤综合质量最高的,都处于二级水平。相较于种植前的土壤养分状况有所改善,因此在不同土壤上选择适宜的林分种植,对于改善土壤理化性状,保护和提高林坡地的土壤质量是非常必要的。

**表 3 不同林分等级情况**

| 土壤类型 | 林分 | 分数 | 等级 |
| --- | --- | --- | --- |
| 山地黄壤 | 自然林 | 53 | III-3 |
|  | 松林 | 54 | III-3 |
|  | 西南桦林 | 48 | III-3 |
| 棕色石灰性土 | 枇杷林 | 64 | III-2 |
|  | 竹林 | 66 | III-1 |
|  | 任豆林 | 65 | III-1 |
|  | 银合欢 | 62 | III-2 |
| 赤红壤 | 自然林 | 75 | II-1 |
|  | 桉林 | 76 | II-1 |

## 1.3 结论与讨论

三种类型土壤,在林耕前从全量养分状况看含量最丰富的是棕色石灰性土,其次为赤红壤,山地黄壤最差。分别种植不同林分后,赤红壤土壤肥力状况得到改善,其综合评价得分最高,棕色石灰性土次之,山地黄壤依然最差。

试验结果还表明,在山地黄壤上种植松木林较西南桦林好;而在棕色石灰性土壤上种植竹林和任豆林相对强于银合欢及枇杷林;赤红壤上连栽桉林对林下土壤理化性质影响不大。

本研究说明种植不同林分对同类型土壤理化性质影响各异(费鹏飞,2009;林波等,2003;林波等,2004)。因此建议在营造人工林或改造现存的人工林时,按照不同的土壤类型引入本土的适宜林种，为有效保持并改善林下土壤质量，实现土壤养分的良性循环，保证森林土壤资源的可持续利用。

## 参 考 文 献

常庆瑞，岳庆玲. 2008. 黄土丘陵区人工林地土壤肥力质量. 中国水土保持科学，6（2）：71-74

邓艳，蒋忠诚，罗为群，等. 2010. 典型岩溶区植被恢复对土壤养分的影响. 地球与环境，38（1）：31-35

费鹏飞. 森林凋落物对林地土壤肥力的影响. 安徽农学通报，2009，15（13）：55-56

胡承彪，韦源连，梁宏温，等. 1992. 两种森林凋落物分解及其土壤效应的研究. 广西农业大学学报，11（4）：47-52

梁宏温，黄承标，胡承彪. 广西宜山县不同林型人工林凋落物与土壤肥力的研究. 生态学报，1993，13（3）：235-242

林波，刘庆，吴彦，等. 2003. 川西亚高山针叶林凋落物对土壤理化性质的影响. 应用与环境生物学报，9（4）：346-351

林波，刘庆，吴彦. 2004. 森林凋落物研究进展 . 生态学杂志，23（1）：60-64

温远光，郑羡，李明臣，等. 2009. 广西桉树林取代马尾松林对土壤理化性质的影响. 北京林业大学学报，31（6）：145-148

薛立，吴敏，徐燕，等. 2005. 几个典型华南人工林土壤的养分状况和微生物特性研究. 土壤学报，42（6）：1017-1023

杨小波，张桃林，吴庆书. 2002. 海南琼北地区不同植被类型物种多样性与土壤肥力的关系. 生态学报，22（2）：190-196

叶绍明，温远光，杨梅，等. 2010. 连栽桉树人工林植物多样性与土壤理化性质的关联分析. 水土保持学报，24（4）：246-250，256

张展，高照良，宋晓强，等. 2009. 黄延高速公路边坡植被与土壤特性调查研究. 水土保持通报，29（4）：191-195

Kindum，Tadesse，yoh Anne S. 2006. Performance of eight tree species in the highland vertisols of central Ethiopia: growth, foliage dwfnutrient concent ration and effect on soil chemical properties. New Forests，32：285-298

# 广西森林土壤主要养分的空间异质性

王淑彬[1]，徐慧芳[1,2,3]，宋同清[2,3]，黄国勤[1]，彭晚霞[2,3]，杜虎[2,3]

（1. 江西农业大学作物生理生态与遗传育种江西省/教育部重点实验室，南昌，330045；2. 中国科学院亚热带农业生态研究所亚热带农业生态过程重点实验室，长沙，410125；3. 中国科学院环江喀斯特生态系统观测研究站，环江，547100）

**摘要**：通过对广西区 7 大森林片区的 11 个主要森林类型样地土壤养分含量进行分析，利用地统计学方法，研究了广西区森林主要土壤养分的空间变异状况及分布格局，探讨了其相关的生态学过程，以期为广西区森林分区与林间采取不同措施管理提供科学依据。结果表明：广西区森林土壤主要养分基本属于中等变异，速效养分变异大于全量养分，其中 AP、AK 变异程度最大；广西森林土壤主要养分的半变异函数均表现出一定的空间结构特征，TN、TP、AP 表现为中等强度的空间自相关，TK、AN、AK 表现为强烈的空间自相关；不同土壤养分空间结构不同，Kriging 等值线图表明广西区氮素含量比较丰富、K 含量中等、P 含量较少，北部片区土壤养分含量普遍大于南部片区，这可能与气候、降雨、人工种植森林树种、地形、林地管理措施等有关。

**关键词**：森林土壤；主要养分；空间变异；地统计学；广西

# Spatial heterogeneity of main soil nutrients in forests in Guangxi

WANG Shubin[1]，XU Huifang[1,2,3]，SONG Tongqing[2,3]，HUANG Guoqin[1]，PENG Wanxia[2,3]，DU Hu[2,3]

（1. Jiangxi Agricultural University/Key Laboratory of Crop Physiology，Ecology and Genetic Breeding，Jiangxi Province and Ministry of Education，Nanchang 330045，China；2. Key Laboratory of Agro-ecological Processes in Subtropical Region，Institute of Subtropical Agriculture，Chinese Academy of Sciences，Changsha 410125，China；3. Huanjiang Observation and Research Station of Karst Ecosystem，Chinese Academy of Sciences，Huanjiang，Guangxi Zhuang Autonomous Region，547100，China）

**Abstract**：The spatial variation and spatial pattern of main soil nutrients under eleven main forest types in seven forest districts in Guangxi was studied by geostatistics，then their relative ecological processes was discussed，which will provide scientific basis for forest division and measures of forest management in Guangxi. Main forest soil nutrients in Guangxi basically had medium variability；moreover，the variability of soil available nutrients was larger than soil total nutrients，among which the variability of AP and AK was the largest. All the semivariable functions of forest soil nutrients in Guangxi showed certain spatial structural features. Soil TN，TP，and AP performed moderate spatial autocorrelation，while soil TK，AN，and AK performed strong spatial autocorrelation. Spatial structures of forest soil nutrients were diverse. Kriging contour maps manifested that the N pool was abundant，K pool was medium，and P pool was relatively less in Guangxi forests. The content of main soil nutrients in the north district of Guangxi was basically larger than in the south district. The spatial pattern of main soil nutrients in Guangxi forests may be resulted from climate，precipitation，plantation forest species，topography，forest management，and so on.

**Keywords**：Forest soil；Main nutrient；Spatial variability；Geostatistics；Guangxi

　　森林土壤是一个无比巨大的碳汇，也是一个天然的肥料库，能有效地协调植物生长所需的水肥气热等条件，是影响植物生存最为重要的因素之一（黄昌勇，2000）。土壤是一个复杂的自然综合体，内部性质存在着强烈的空间异质性，即使在几厘米的空间距离上其性质也存在强烈变异（Mallarino，1996）。因此，土壤属性较大尺度的变化，对森林格局具有决定性作用（韩有志和王政权，2002）。土壤养分的空间分布特征为精确农业及生态建模提供依据，几乎所有的分布式水文模型（Abbott and Refsgaard，1996）、气候变化模型（赵永存等，2005）都需要土壤养分的空间信息。土壤肥力是土壤最重要的生态功能之一，其空间布局与组成结构直接影响着土壤生产力的高低、生态系统恢复的途径与方向。在脆弱生境中，土壤 N、P、K 的空间分布特征与灌丛植被的分布区域具有高度相关性（Schlesinger et al.，1996，1999）。因此，开展森林土壤养分空间变异的研究对探索森植物群落结构及其生态系统能量流动具有指导意义（Schlesinger et al.，1990；Tilman，1990）。

　　广西壮族自治区位于我国西南部，森林资源非常丰富，是中国南方重要林区之一。属于低纬度地区，地处中、南亚热带季风气候区，林种分布地域差异明显，以北回归线为界，南部为具有热带特点的森林，北部为亚热带常绿阔叶林。近年来，森林面积有了大幅度的增长，通过引入国外树种，森林类型更加丰富，但缺乏广西区森林土壤养分空间分布规律的科学认识，优势林种选择的不合理导致森林质量下降、土壤资源浪费，限制了广西林业的发展。地统计学是在传统统计学基础上发展起来的空间分析方法，不仅能够有效地揭示属性变量在空间上的分布、变异和相关特征，而且可以将空间格局与生态过程联系起来，有效解释空间格局对生态过程与功能的影响（郭旭东等，2000；李步杭等，2008；马风云等，2006）。国内外学者广泛应用地统计学研究了不同尺度上土壤属性的空间变异特征（Kužel et al.，1994；Mishra and Banerjee 1995；黄元仿等，2004；苏永中等，2004），喀斯特峰丛洼地森林土壤水分、有机质、矿物质、养分的研究也不少（彭晚霞等，2010；宋同清等，2009；欧阳资文等，2009；杜虎等，2011；张伟等，2006），但关于区域尺度森林土壤肥力空间变异的报道甚少。本文以广西区森林主要土壤养分为研究对象，用地统计学的空间特征和空间比较定量化方法，分析广西区森林土壤养分的空间异质性和分布格局，初步探讨了其生态学过程和机制，为提高广西区脆弱生态系统土壤肥力、促进该区域植被迅速恢复与生态重建提供理论依据和参考。

# 1.1　研究地区概况与研究方法

## 1.1.1　自然概况

广西壮族自治区位于我国西南部，东经 104°26'～112°04'，北纬 20°54'～26°24'，属热带、亚热带地区，气候温暖，日照充足，降水丰富，年降水量范围为 1080～2760mm，降水季节分布不均，有明显的干湿季，4～9 月为雨季，总降水量可达到全年降水量的 70%以上，10 月至次年 3 月是干季。广西地势西北较高，由西北向东南倾斜。河流广布，流向多与地质构造一致，四周多被山地、高原环绕，呈盆地状。盆地边缘多缺口，桂东北、桂东、桂南沿江一带有大片谷地。广西区内土壤类型多样，有 18 个土类，34 个亚类，109个土属，327 个土种，主要有砖红壤、赤红壤、红壤、石灰岩土、黄壤、黄棕壤、紫色土、水稻土等（喻国忠，2007）。

广西地处亚热带热带地区，温度从南到北由于纬度的升高而降低，直接影响着森林植被的分布，呈现规律性的更替显现。广西南部以北热带季节性雨林为主；中部与南部分别以棒科植物的常绿阔叶林和壳斗科植物为代表的常绿叶林。广西区森林划分为 7 个片区（图 1），天然林以常绿阔叶林为主，亚热带落叶阔叶林、亚热带针叶阔叶混交林、亚热带针叶林分布面积也较大。其中，亚热带针叶阔叶混交林仅在百色地区有分布。集中连片的天然阔叶林分布在九万大山、大瑶山、海洋山、西大明山、猫儿山、富川西岭、大明山、花坪林区、姑婆山等。广西的人工林以松、杉、桉等用材林和油桐、油茶、八角、肉桂、

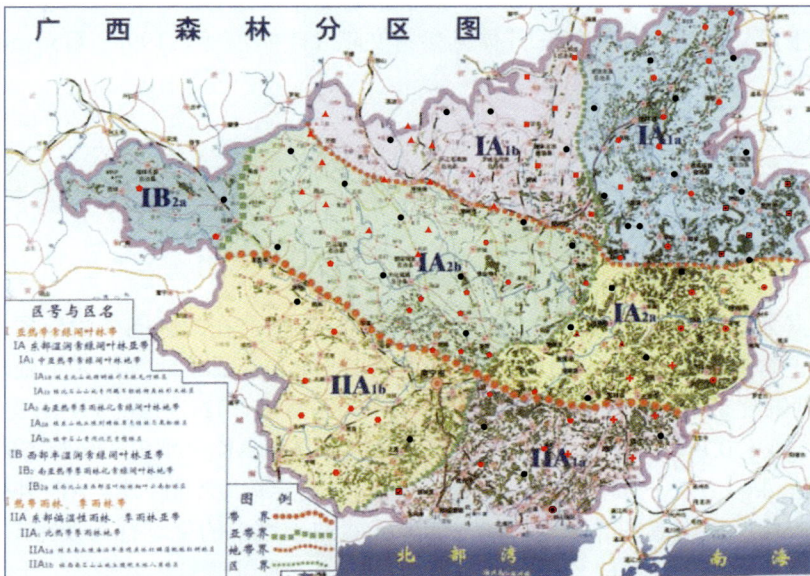

图 1　广西区森林七大片区及样点分布图

ⅠA1a：桂东北山地栲树林杉木林毛竹林区；ⅠA2a：桂东山地丘陵刺栲林厚壳桂林马尾松林区；ⅠA1b：桂北石山林山地青冈鹅耳栎林栲类林杉木林区；ⅠA2b：桂中石灰岩石山青冈栎仪花青檀林区；ⅠB2a：桂西北原西部落叶栎类林细叶云南松林区；ⅡA1a：桂东南丘陵滨海平原榄类林红鳞蒲桃林红树林区；ⅡA1b：桂西南石山山地丘陵蚬木林八角林区

栲胶等经济林为主。样地的森林种类在各个地区属于代表性林种，其中桉树主要分布在桂东南地区，石山林主要分布于桂西北，杉木主要样地主要分布在桂东北地区，松类样地主要分布在桂南。

### 1.1.2　土样采集方法与分析

在广西区境内设立共 115 个样点（图 1），每个样点有三个重复样地（20m×50m），共 345 个样地，其中每个样地之间直线距离＞100m，每个样地围成 10 个 10m×10m的小样方，在每个样地 1、3、8 小样方用土钻取样法，去除表面枯枝落叶，取表层 0～10cm 土壤，混合后土壤代表该样点土样，并详细记录该样点的植被类型、岩石裸露率等环境信息，坡度、坡向、土层厚度等地理信息，GPS 定位，记录样地四点经纬度及海拔。

土壤样品指标室内分析主要包括全氮（TN）、全磷（TP）、全钾（TK）、碱解氮（AN）、速效磷（AP）、速效钾（AK）。其中 TN 采用半微量开氏法测定；TP 采用 NaOH 熔融钼锑抗显色紫外分光光度法测定；TK 采用 NaOH 熔融原子吸收法测定；AN 采用碱解扩散法测定；AP 采用 0.05mol/L $NaHCO_3$ 提取钼锑抗显色紫外分光光度法测定；AK 采用 $NH_4Ac$ 浸提原子吸收法测定。

### 1.1.3　数据处理

所用统计计算及模型的拟合在 SPSS 和专业地统计软件 $GS^+$ 中完成。地统计学有关方法及原理限于篇幅不作详细介绍，具体见参考文献（李哈滨等，1998；Goovaerts，1998；王政权，1999）。

## 1.2　结果与分析

### 1.2.1　经典统计描述

文中数据采用样本均值加减 3 倍标准差识别特异值，在此区间外的数据均定为特异值，分别用正常的最大和最小值代替（刘付程等，2004），后续计算均采用处理后的原始数据。由广西森林土壤养分含量的统计特征（表 1）可看出，TN、TP、TK 的变化范围分别为 0.27～6.85g/kg、0.1～1.46g/kg、0.41～30.75g/kg，AN、AP、AK 分别为 34.67～561.19mg/kg、0.93～78.76mg/kg、7.23～417mg/kg。不同土壤养分变异幅度不同，除 AP 外变异系数均介于 10%～75%，呈中等变异，这可能与养分元素在土壤中的化学行为及肥料施用状况、林间管理措施等有关。速效成分受随机因素影响较大，所以变异程度较大，土壤全量变异系数较小，说明其在土壤中含量较稳定。土壤各养分的偏态数（Skewness）均大于零，表明均呈正偏态分布，其中 TK 的偏度最小，AP 的偏度最大。与标准正态分布相比，峰值系数（Kurtosis）大于 3 时样本数据为高狭峰，低于 3 时为低阔峰。除 AP 外，其他养分均为低阔峰，TP 最接近正态分布，其他养分均不服从正态分布，进行对数转换后均符合正态分布。描述性统计分析能够反映样本全体的基本信息，而不能定量地刻画土壤养分的随机性、结构性、独立性和相关性（Tsegaye and Hill，1998）。因此，需要采用地统计学分析土壤养分的空间变异特征。

表 1　广西区森林土壤养分描述性统计特征

| 指标 | 样本数 | 均值 | 标准差 | 变异系数/% | 最小值 | 最大值 | 偏度 | 峰度 | K-S 值 | 分布类型 |
| --- | --- | --- | --- | --- | --- | --- | --- | --- | --- | --- |
| TN/（g/kg） | 345 | 2.474 | 1.378 02 | 55.69 | 0.27 | 6.85 | 0.886 | 0.444 | 0.215* | N |
| TP/（g/kg） | 345 | 0.506 | 0.298 10 | 58.91 | 0.1 | 1.46 | 1.341 | 1.645 | 0.661* | N |
| TK/（g/kg） | 345 | 10.830 | 6.304 46 | 58.21 | 0.41 | 30.75 | 0.867 | 0.889 | 0.121 | N |
| AN/（mg/kg） | 345 | 208.476 | 113.257 63 | 54.21 | 34.67 | 561.19 | 1.014 | 0.707 | 0.730* | N |
| AP/（mg/kg） | 345 | 12.038 | 9.497 78 | 78.90 | 0.93 | 78.76 | 2.426 | 9.482 | 0.055* | N |
| AK/（mg/kg） | 345 | 131.807 | 82.891 30 | 62.75 | 7.23 | 417.00 | 1.453 | 2.589 | 0.057* | N |

注：N：正态分布 Normal distribution。

＊ 对数转换后 Data after logarithmic transformation。

## 1.2.2　空间变异特征

由图 2 可知，广西森林土壤 AN 试验半变异函数的最佳拟合模型为球状模型，其他养分均为指数模型，$R^2$ 除 TK 外在 0.653～0.941，$RSS$ 除 TK 外均较小，说明各变量最佳模型拟合度较高，能很好地反映各土壤养分的空间结构特征，各半变异函数模型的结构参数见表 2。TN、AN 的变程相近且均较大，分别为 5.304° 和 5.667°，TK 变程最小，为 0.186°，TP、AP、AK 的变程介于其间。TN、TP、AP 的块金值/基台值较大，介于 28%～49.9%，为中等程度的空间自相关。TK、AN、AK 的块金值/基台值相对较小，分别为 10.4%、23.7%、21.8%，都小于 25%，表现为强烈的空间自相关性。各土壤养分的变异系数与块金值/基台值并不对应，AN 变异程度虽然较大，但块金值/基台值较小，说明人类的随机干扰对 AN 空间变异的贡献较小，土壤氮素的空间异质性主要来源于结构因素。除 AN、AK 外各土壤养分的半变异函数曲线在超过一定滞后距后不再增加，而是围绕基台值呈周期性上下波动的特征，即孔穴效应（王政权，1999；秦耀东，1992），这种现象主要是由区域化变量周期性变化引起的，说明研究区土壤养分空间异质性具有周期忄生变化的特征。

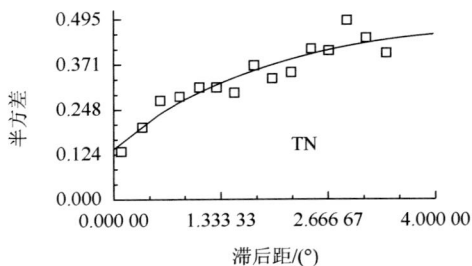

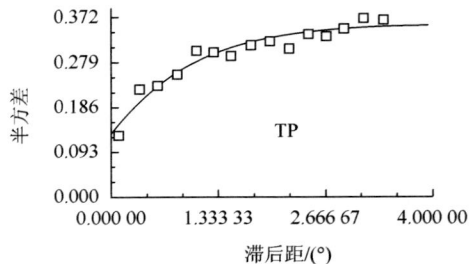

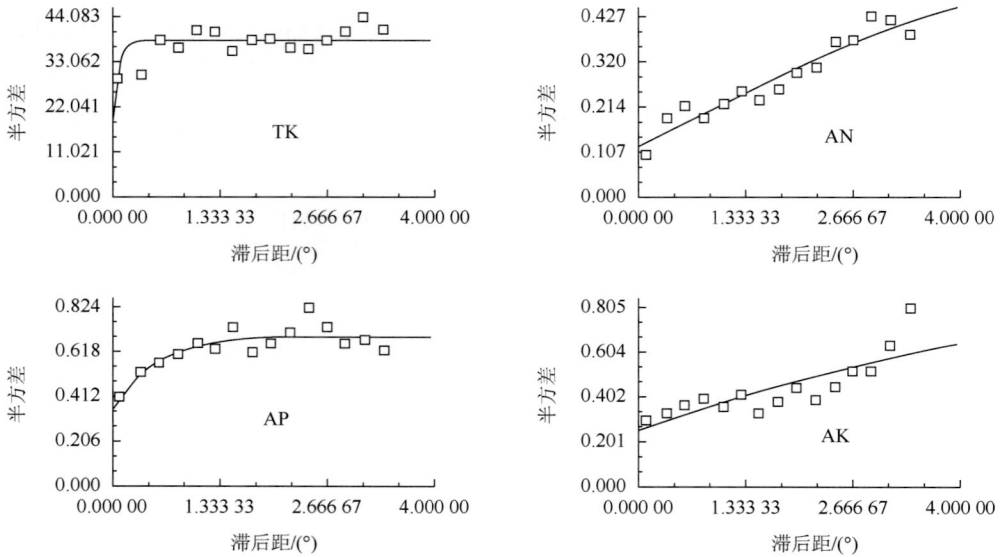

图 2　广西森林土壤养分半变异函数图

表 2　土壤养分全向半变异函数理论模型及其结构参数

| 土壤养分 | 模型类型 | $C_0$ | $C_0+C$ | $C_0/（C_0+C）$ | 变程 $A/（°）$ | $R^2$ | $RSS$ |
|---|---|---|---|---|---|---|---|
| TN | 指数模型 Exponential | 0.1370 | 0.4890 | 0.280 | 5.304 | 0.882 | 0.0145 |
| TP | 指数模型 Exponential | 0.1263 | 0.3586 | 0.352 | 2.862 | 0.941 | 0.0034 |
| TK | 指数模型 Exponential | 4.0000 | 38.300 | 0.104 | 0.186 | 0.352 | 146 |
| AN | 球状模型 Spherical | 0.1170 | 0.494 | 0.237 | 5.667 | 0.920 | 0.0104 |
| AP | 指数模型 Exponential | 0.3460 | 0.693 | 0.499 | 1.596 | 0.720 | 0.0373 |
| AK | 指数模型 Exponential | 0.2520 | 1.156 | 0.218 | 2.103 | 0.653 | 0.0851 |

## 1.2.3　空间分布特征

土壤养分的空间分布格局受海拔、人为干扰、植被、地形等人为与自然因子的综合影响，不同因子的主导作用导致不同养分的空间格局。广西森林土壤 TN 含量比较丰富，高于 0.5g/kg，空间变异规律明显，呈北部地区含量较高、向南部和西北部逐渐降低的空间格局。TN 含量高的森林土壤集中在西北部地区的河池、柳州、桂林、百色、贺州和崇左，森林类型主要为石山灌木及松杉类。AN 的空间分布格局与 TN 极为相似（图 3）。

广西森林土壤 TP 含量并不丰富，尤其广西南部森林土壤 TP 极为贫乏；有两个高峰区——桂柳和河池地区，含量大于 1g/kg，由这两个区向四周逐渐减少，在广西西南部百色与崇左出现了次高含量区域。AP 的空间变异比较复杂，分布格局并没有明显规律，AP 高值区分布在广西区东北部与西南部边缘，中等值集中在广西西北、东北、西南三个边角及位于南宁与百色交接处，含量最低的区域分布在柳州与梧州，这可能与河流的分布有关。

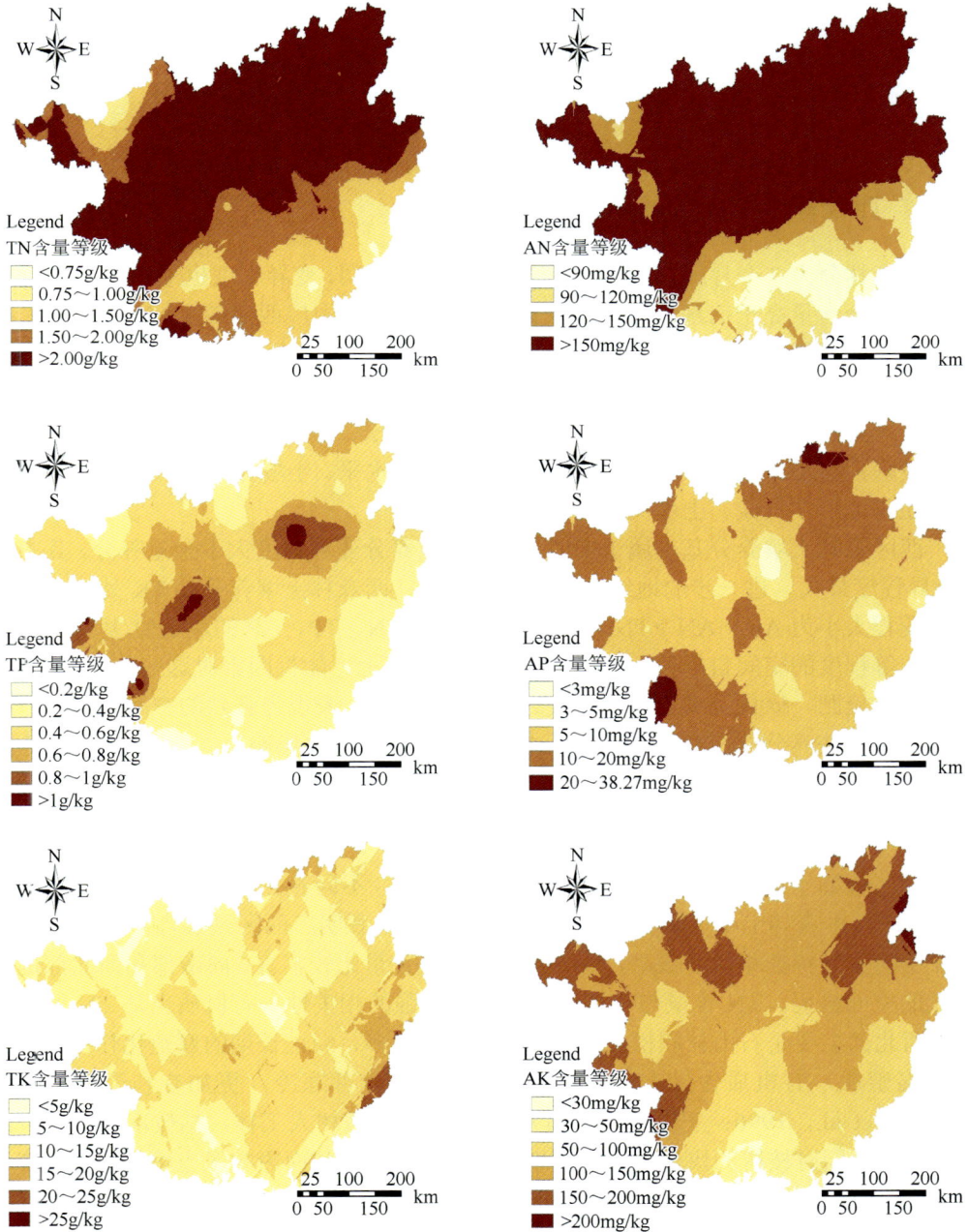

图 3　广西森林土壤养分 Kriging 等值线图

广西森林土壤 TK 的空间分布比较均匀、平衡，高值分布在东南边缘地区，次高值主要分布在东南部和东北部，中等值 TK 含量（10～15g/kg、5～10g/kg），占总面积的

86.2%，说明广西区森林土壤 TK 含量并不丰富。AK 的空间变异格局比较有规律，总体的分布格局是北高南低，高值区主要分布在广西东北部，次高值主要分布在东北部、西北部及中北部边缘地区，中等值主要分布在广西中部和北部大片区域，低含量区域主要分布在广西南部。

## 1.3   结论和讨论

### 1.3.1   广西森林土壤养分的总体特征

广西森林分为 7 个片区，不同片区养分含量状况不同，变异程度也不相同。总体而言，北部森林养分含量高于南部森林片区（数据未显示），其中广西南部 I A2a、II A1a 两个片区各种养分含量均很低，造成片区养分不平衡的原因有多种，这可能与森林类型有关。南部片区森林类型主要为桉树林，桉树是广西区主要人工经济林树种，生长快，养分消耗大，导致土壤养分急剧流失，北部森林以石山灌木、松、杉类为主，生长速率较慢，养分循环也较好，受人为干扰小，土壤养分含量维持较高水平。土壤养分差异除受森林类型影响外，还与地形、气候、土壤类型有密切关系。

广西区森林土壤养分基本属于中等变异，速效养分变异程度大于全量养分，其中 AP、AK 变异程度最大。进一步的地统计学分析，发现广西森林土壤养分除 TK 外拟合效果均很好，变程大小为 AK＞AN＞TN＞TP＞AP＞TK，TN、TP、AP 的块金值/基台值较大，表现为中等程度的空间自相关，说明在当前观测尺度上，随机因素对这些养分影响较大，与林间管理施肥、砍伐及实验误差有关。TK、AN、AK 表现为强烈的空间自相关。说明随机扰动对这些养分的影响相对较小，主要受研究区结构性影响。

### 1.3.2   广西森林土壤的空间变异和格局

广西区森林土壤养分均表现出高度的空间异质性，不同养分的空间变异特征和分布格局不同。广西区森林土壤 AN 和 TN 含量水平都很高，表明广西区氮素含量比较丰富。TN 和 AN 空间变异特征相似度很高，呈广西北部地区含量比较丰富、向南部和西北部地区逐渐降低的空间格局。TN 含量与有机质含量具有很强的相关性，有机质也是 TN 的主要来源，广西北部主要是石山林和松类，表层枯枝落叶量多，经过长期的腐殖化作用，富集了大量的腐殖质，有机质含量丰富，而且广西北部较南部寒冷，更加有利于氮素的积累（Trumbore et al.，1996；王琳等，2004）；南方主要为桉树人工林，枯枝落叶比较少，有机质含量低，同时桉树的快速生长急剧地消耗土壤养分，从而影响了土壤氮素的含量（张建杰等，2010）。广西区氮素在植被类型、土壤类型、地形、土壤母质、气候及人类活动等因素综合作用下形成了独特的空间格局。

广西森林土壤磷库含量较小，TP 的空间变异趋势是从桂柳和河池两个含量最高区向四周逐渐降低的趋势，AP 的空间变异比较复杂，规律不明显。气候的因素对土壤 TP 含量影响很大，在热带、亚热带地区气候高温多雨加快了土壤分化速度与磷元素的淋溶（Onthong et al.，1999；Neufeldt et al.，2000）。Miller 等（2001）认为在热带季风区随着降水量的增加 TP 降低，相反，温度低降水较少的地区 TP 含量比较高，与本研究结论一致，广西北部气温较南部较低，降水较少，且北部喀斯特地貌广布，地下河较多，降水快速渗透到地下河，地表水蓄积量少，不能充分参加与 TP 的理化反应。AP 含量最低区主要分布在柳州与梧州两个区域，这与河流的分布有关，这两个区域均位于柳江流经区域，河流汇聚细小河流，加速了速效磷的流失。不同土壤类型对 AP 的含量也有重要影响，不同地球化学类型上土壤有效磷密度的差异，反映了土壤中的物理、化学过程对土壤有效磷含量的控制（Lajtha and Schlesinger，1988；Walbridge et al.，1991）。AP 空间格局分布复杂，与随机因素有直接关系，不同林地的施肥管理措施不同，长期使用磷肥会提高土壤中 AP 的含量。

　　广西森林土壤 K 含量并不丰富，TK 和 AK 均属中等水平，TK 东南部含量稍高，AK 呈北高南低。土壤 TK、AK 的变异性和其他养分一样都受结构性因素（土壤母质、气候、土壤类型、地形等）和随机因素如不同的管理施肥措施等共同作用的结果。研究区 AK 与 TK 空间变异有一定的差异，说明两者分别有自身形成的主导因素，土壤中新鲜植物残体、根系、微生物中也含有一定量的钾，但并不组成稳定的含钾有机物，因而对植物的有效性高。有机体一旦死亡，其所含钾可被水淋洗或浸提出，也是土壤速效钾的组成部分、补充液态钾和交换性钾的重要来源。由 TK、AK 空间格局可反映出广西区钾素总体呈中等水平，在农业活动中要针对钾素的含量格局，科学的使用钾肥来提高速效钾的含量。

# 参 考 文 献

杜虎，宋同清，彭晚霞，等．2011．木论喀斯特自然保护区表层土壤矿物质的空间异质性．农业工程学报，27（6）：79-84

郭旭东，傅伯杰，马克明，等．2000．基于 GIS 和地统计学的土壤养分空间变异特征研究——以河北省遵化市为例．应用生态学报，11（4）：557-563

韩有志，王政权．2002．森林更新与空间异质性．应用生态学报，13（5）：615-619

黄昌勇．2000．土壤学．北京：中国农业出版社

黄元仿，周志宇，苑小勇，等．2004．干旱荒漠区土壤有机质空间变异特征．生态学报，24（12）：2776-2781

李步杭，张健，姚晓琳，等．2008．长白山阔叶红松林草本植物多样性季节动态及空间分布格局．应用生态学报，19（3）：467-473

李哈滨，王政权，王庆成．1998．空间异质性定量研究理论与方法．应用生态学报，9（6）：651-657

刘付程，史学正，于东升，等．2004．太湖流域典型地区土壤全氮的空间变异特征．地理研究，23（1）：63-70

马风云，李新荣，张景光，等．2006．沙坡头人工固沙植被土壤水分空间异质性．应用生态学报，17（5）：789-795

欧阳资文，彭晚霞，宋同清，等．2009．喀斯特峰丛洼地土壤有机质的空间变化及其对干扰的响应．应用生态学报，20（6）：1329-1336

彭晚霞，宋同清，曾馥平，等．2010．喀斯特峰丛洼地旱季土壤水分的空间变化及主要影响因子．生态学报，30（24）：6787-6797

秦耀东．1992．土壤空间变异研究中的定量分析．地球科学进展，7（1）：44-49

宋同清，彭晚霞，曾馥平，等．2009．喀斯特木论自然保护区旱季土壤水分的空间异质性．应用生态学报，20（1）：98-104

苏永中，赵哈林，崔建垣．农田沙漠化演变中土壤性状特征及其空间变异性分析．土壤学报，2004，41（2）：210-217

王琳，欧阳华，周才平，等．2004．贡嘎山东坡土壤有机质及氮素分布特征．地理学报，59（6）：1012-1019

王政权．1999．地统计学及其在生态学中的应用．北京：科学出版社

喻国忠．2007．漫谈广西主要土壤．南方国土资源，（3）：39-40

张伟，陈洪松，王克林，等．2006．喀斯特峰丛洼地土壤养分空间分异特征及影响因子分析．中国农业科学，39（9）：1828-1835

张建杰，张强，杨治平，等．2010．山西临汾盆地土壤有机质和全氮的空间变异特征及其影响因素．土壤通报，41（4）：839-844

赵永存，史学正，于东升，等．2005．不同方法预测河北省土壤有机碳密度空间分布特征的研究．土壤学报，42（3）：379-385

Abbott M B，Refsgaard J C（eds）．1996．Distributed hydrological modeling．Kluwer Academic Publishers，Dordrecht，Water Science and Technology Library，v. 22

Goovaerts P. 1998. Geostatistical tools for characterizing the spatial variability of microbiological and physico-chemical soil properties. Biology and Fertility of Soils，27：315-324

Kužel S，Nýdl V，Kolář L，et al. 1994. Spatial variability of cadmium，pH，organic matter in soil and its dependence on sampling scales. Water Air and Soil Pollution，78（1-2）：51-59

Lajtha K，Schlesinger W H. 1988. The biogeochemistry of phosphorus cycling and phosphorus availability along a desert soil chronosequence. Ecology，69：24-39

Mallarino A P. 1996. Spatial variability patterns of phosphorus and potassium in no-tilled soils for two sampling scales. Soil Science Society of America Journal，60：1473-1481

Miller A J，Schuur E A G，Chadwick O A. 2001. Redox control of phosphorus pools in Hawaiian montane forest soils. Geoderma，102（3-4）：219-237

Mishra T K，Banerjee S K. 1995. Spatial variability of soil pH and organic matter under Shorea robusta in lateritic region. Indian Journal of Forestry，18（2）：144-152

Neufeldt H，da Silva J E，Ayarza M A，et al. 2000. Land-use Effects on phosphorus fractions in Cerrado oxisols. Biology and Fertility of Soils，31：30-37

Onthong J，Osaki M，Nilnond C，et al. 1999. Phosphorus status of some highly weathered soils in Peninsular Thailand and availability in relation to citrate and oxalate application. Soil Science and Plant Nutrition，45（3）：627-637

Schlesinger W H，Abrahams A D，Parsons A J，et al. 1999. Nutrient losses in runoff from grassland and shrubland habitats in southern New Mexico：I. rainfall simulation experiments. Biogeochemistry，45（1）：21-34

Schlesinger W H，Raikes J A，Hartley A E，et al. 1996. On the spatial pattern of soil nutrients in desert ecosystems. Ecology，77（2）：364-374

Schlesinger W H，Reynolds J F，Cunningham G L，et al. 1990. Biological feedbacks in global desertification. Science，247（4946）：1043-1048

Tilman D. 1990. Constraints and tradeoffs：Toward a predictive theory of competition and succession. Oikos，58：3-15

Trumbore S E，Chadwick O A，Amundson R. 1996. Rapid exchange between soil carbon and atmospheric carbon dioxide driven by temperature change. Science，272（5260）：393-396

Tsegaye T，Hill R L. 1998. Intensive tillage affects on spatial variability of soil test，plant growth，and nutrient uptake measurements. Soil Science，163（2）：155-165

Walbridge M R，Richardson C J，Swank W T. 1991. Vertical distribution of biological and geochemical phosphorus Subcycles in two southern Appalachian forest soils. Biogeochemistry，13：61-85

# 附录七

# 喀斯特峰丛洼地区坡地不同土地利用方式下土壤水分的时空变异特征

徐慧芳[1, 2, 3]，宋同清[1, 2]，黄国勤[2]，彭晚霞[1, 3]，曾馥平[1, 2]，
杜虎[1, 3]，李莎莎[1, 3]

（1. 中国科学院亚热带农业生态研究所亚热带农业生态过程重点实验室，长沙，410125；2. 江西农业大学，南昌，330045；3. 中国科学院环江喀斯特生态系统观测研究站，环江，547100）

**摘要**：基于典型喀斯特峰丛洼地坡面土地利用方式试验火烧、刈割、刈割除根、封育、种植桂牧 1 号、种植玉米（面积分别为 20m×70m）控制性试验建设，通过网格法（5m×5m）采样，用经典统计学和地统计学方法，分析了 6 种土地利用方式下（火烧、刈割、刈割除根、封育、种植桂牧 1 号、种植玉米）表层土壤水分在不同季节的空间变异特征。结果表明：喀斯特峰丛洼地土壤含水量均很高，雨季显著大于旱季，雨季为火烧＞封育、刈割除根＞玉米、桂牧 1 号＞刈割，旱季为刈割、火烧、刈割除根＞桂牧 1 号、封育＞玉米，均呈中等至强度变异，且含水量越低变异越大；不同土地利用方式土壤水分的自相关函数均呈由正向负方向发展的相同趋势，但拐点不同，且旱季大于雨季，不同土地利用方式旱季、雨季土壤水分的最佳拟合模型不同，但均呈中等或强烈的空间相关性，变程为 6.8～213m，且旱季大于雨季；同一土地利用方式旱季、雨季表层土壤水空间格局相似，不同土地利用方式空间格局则不同，因此在该区域进行植被恢复和生态重建时应采取不同的水资源利用策略。

**关键词**：表层土壤水分；空间异质性；土地利用方式；坡面；喀斯特峰丛洼地

# Spatiotemporal variation of soil moisture under different land use types in a typical karst hill region

XU Huifang[1, 2, 3]，SONG Tongqing[1, 2]，HUANG Guoqin[2]，PENG Wanxia[1, 3]，
ZENG Fuping[1, 2]，DU Hu[1, 3]，LI Shasha[1, 3]

（1. Key Laboratory of Agro-ecological Processes in Subtropical Region，Institute of Subtropical Agriculture，Chinese Academy of Sciences，Hunan，Changsha 410125，China；2. Jiangxi Agricultural University，Nanchang，*Jiangxi* 330045，China；3. Huanjiang Observation and Research Station of Karst Ecosystem，Guangxi，Huanjiang 547100，China）

**Abstract**：In this study，spatiotemporal variation of soil moisture was investigated on six manipulated land use types，i.e.，burning，cutting，cutting plus root removal，enclosure，maize field，and sward of Guimu

No. 1.Each land use type covered an area of 20 m×70 m on a typical slope in depression between karst hills. Soil moisture was measured with 5 m x 5 m sampling grid and was analyzed through classical statistics and geostatistical methods. Soil moisture was high in depression between karst hills，and was significantly higher in rainy season than in dry season. In rainy season，soil moisture changed in the order of burning＞enclosure and cutting plus root removal＞maize field and sward of Guimu No. 1＞cutting，while in dry season，soil moisture changed in the order of cutting, burning, cutting plus root removal＞sward of Guimu No. 1andexclosure＞maize field. Soil moisture varied moderately or strongly，and the variation was larger when the soil moisture was lower. All autocorrelation coefficients of soil moisture under different land use types tended to change from positive to negative direction but with different inflection points and the values were larger in dry season than in rainy season. The best fitted models of soil moisture differed under different land use types，but all showed moderate or strong spatial correlation. The spatial variation rangedfrom6.8 to 213 m and was larger in dry season than in rainy season. The spatial pattern of surface soil moisture under the same land use type in rainy season was similar to that in dry season，while spatial pattern of surface soil moisture varied among different land use types. Therefore，diverse strategies in the utilization of water resources should be adopted during ecological restoration and vegetation reconstruction in depressions between karst hills.

**Key words**：surface soil moisture；spatial heterogeneity；land use type；slope；depression between karst hills

　　土壤水分是地表水资源的重要组成部分，具有较强的时空变异性，是土壤的一个重要状态参数（Huggett，1998；宋同清等，2006），是衔接四水转换与循环的核心，其高度的空间异质性受不同尺度的地质地貌、降水、植被覆盖、径流、蒸发蒸腾、干扰等自然、人为作用和过程控制（Western，1998），区域尺度上由大气控制的降雨和蒸发格局起主导作用（Entin et al.，2000；Perry and Niemann，2007），小流域尺度则以土壤、地形和土地利用（植被）的作用为主，但这些因子的作用因季节而异（邱扬等，2007）。国内外学者大量研究表明影响土壤水分时空格局的驱动因子不同，且研究的差异较大（Zhao et al.，2010；Teuling and Troch，2005），但一般认为，在湿润季节主要受汇水面积等非局地因子影响，在干旱季节，土壤水分格局受土壤性质、植被和微地形等局地因子控制。

　　喀斯特峰丛洼地地处世界三大岩溶区之一即以贵州为中心连带成片的我国西南喀斯特南部斜坡地带，属中亚热带季风气候，雨热资源丰富，年均降雨量在 1300～1500mm，但时空分布不均且蒸发量大，年蒸发量多在 1500～1900mm，明显大于降水量，导致水汽总体上处于亏损状态，易形成干旱气候（广西壮族自治区气象局农业气候区划协作组，1988）。长期强烈的岩溶作用形成了有别于其他地区的地表、地下双层二元水文结构，众多的溶洞、溶沟、溶隙、漏斗、地下河和落水洞及喀斯特浅薄的土层、大量的岩石裸露致使大气降水迅速渗漏和蒸发，形成了温润气候条件下特殊的岩溶干旱现象（彭晚霞等，2008；杨明德和梁虹，2000），又加之该地区土壤浅薄、土壤总量少、储水能力低、尖锐的人地矛盾产生了许多掠夺型的土地开发利用方式，大部分干扰区的森林覆盖率≤13%，形成了严重的干旱和石漠化状态（喻理飞等，2002），且漏水、农田耗水量和蒸发量过大的问题难以解决，因此，土壤水分对喀斯特退化生态系统的水热平衡及系统稳定性起着决定作用。目前，有关喀斯特地质背景（李阳兵等，2004）、生态环境（Wang et al.，2004）、植被特性（杜虎等，2013；宋同清等，2010a；宋同清等，2010b）、土壤水分空间异质性及其主要影响因素（宋同清等，2009）有了初步认识，但涉及不同土地利用方式土壤水分的空间异质性很少。本文选择典型喀斯特峰丛洼地坡面，基于火烧、刈割、刈割除根、封育、种植玉米、种植桂牧 1 号 6 种主要土地利用方式的控制性试验设置，用经典统计学和地统计学方法分析旱季、雨季表层土壤水分的空间异质性及其生态学过程，旨在为提高土壤有效含水量、实现水土资源协调利用、有效指导该区农业生产和植被快速恢复提供科学依据。

# 1.1　研　究　方　法

## 1.1.1　区域概况

研究区位于广西壮族自治区环江毛南族自治县中国科学院环江喀斯特生态系统观测研究站综合试验示范区，地理位置为 N2°43′～24°44′，E108°18′～108°19′，地势四周高，中间低，海拔为 288.5～337.8m，地形破碎，坡度较陡，≥20°的坡面占 57%，坡地基岩裸露面积<30%。土壤为白云岩母质发育而成的深色或棕色石灰土，土层较薄，一般为 10～50cm；土壤质地为黏壤土和黏土，粉粒、黏粒质量分数分别为 25%～50%和 30%～60%；土壤呈碱性，pH 高达 7.83～7.98，有机质、全氮、全磷、全钾分布为 76.78～116.05g/kg，4.29～6.95g/kg，1.15～1.17g/kg，3.59～6.05g/kg。研究区属中亚热带季风气候区，全年无霜期 300～330d，年均气温 19.9℃，极端高温 38.7℃，极端低温−5.2℃，太阳年平均辐射总量 414.1kJ/cm²，≥10℃积温为 5500～6530℃。年均降雨量 1389.1mm，降水丰富但季节分配不均，雨季降雨量占全年降雨量的 70%以上。

## 1.1.2　试验设置与采样

2006 年底在试验区一面东南向山坡中下部建立了 6 个 20m×70m 的动态监测样地，经过试验处理形成了火烧地、刈割地、刈割除根地、封育地、玉米地和桂牧 1 号地 6 种土地利用方式。具体设计及处理见表 1。用插值法将每个动态监测样地划分为 5m×5m 的网格，共获得 80 个样点，分别于 2009 年 7 月 8 日即雨季（采样前最后一次降雨时间为 7月 6 日（30mm））和 11 月 28 日即旱季（采样前最后一次降雨时间为 11 月 5 号（4.5mm）），用土钻进行表层土壤（0～10cm）网格法取样，采样过程中，若采样点有石块分布，则在石块周围取 3 个土样混合均匀后，取 1/3 代替该点样本，用烘干法测定土壤水分含量。采样同时进行立地因子、植被状况、人为干扰等调查。

### 1.1.3　数据处理

用经典统计学和地统计学方法对样本数据进行分析处理，经典统计学分析采用 SPSS16.0 软件，空间自相关分析、半变异函数分析和模型优化模拟均在专业地统计软件 GS+中完成，Kriging 等值线图绘制采用 ArcGIS9.2 软件。地统计学有关方法及原理见文献（Goovaerts，1998；刘付程等，2004）。

**表 1　不同土地利用方式坡面样地基本情况**

| 利用方式 | 坡形 | 平均坡度/° | 处理方式 | 土壤扰动情况 |
| --- | --- | --- | --- | --- |
| 火烧 | S | 33.7 | 每年一月火烧一次 | 小 |
| 刈割 | S | 34.5 | 每年一月砍伐、搬移，不去除植物根系 | 小 |
| 刈割除根 | S | 33.5 | 每年一月砍伐、搬移，去除植物根系，3～5a 后自然恢复 | 大 |
| 封育 | S | 33.0 | 保留原始植被，作为对照 | 无 |
| 玉米 | M | 26.4 | 坡中下部去除原始植被，挖根，顺坡种植玉米 | 大 |
| 桂牧 1 号 | M | 24.4 | 去除原始植被，挖根，种植牧草（桂牧 1 号） | 大 |

注：S 为直形坡 Straight slope；M 为微凹形坡 Concave slope。

## 1.2　结果与分析

### 1.2.1　经典统计描述

本文采用样本均值加减 3 倍标准差来识别特异值，在此区间外的数据均定为特异值，分别用最大和最小值代替（刘付程等，2004），后续计算均采用处理后的原始数据。由表 2 可以看出，喀斯特峰丛洼地土壤含水量均很高，旱季明显低于雨季（$P<0.01$），但含水量仍在 15.26%～18.93%，总体趋势上含水量越低变异系数越大，旱季变异系数（24.20%～46.33%）明显高于雨季（14.11%～21.86%），这与前人研究的结果基本一致（张继光，2008）。不同土地利用方式不同季节土壤含水量和变异系数不同，雨季为火烧＞封育、刈割除根＞玉米、桂牧 1 号＞刈割，各组间差异极显著，火烧之后新草生长茂密，其蓄水性能最好，封育次之，刈割蓄水性能最差，各利用方式的变异系数均呈中等变异（10%＜CV＜30%）。旱季为刈割、火烧、刈割除根＞桂牧 1 号、封育＞玉米，各组间差异显著，刈割在旱季耗水量最小、玉米的耗水量最大，其中刈割、玉米和封育呈强度变异（CV＞30%），其他呈中等变异。经典统计在描述不同土地利用方式土壤水分的总体变化特征方面比较好，概括了土壤水分变化的全貌，但是却无法反映其局部的变化特征，不能定量描述随距离而产生的空间变异及分布，因此需要使用地统计学方法分析进一步研究。采用单样本 K-S 分布检验，在 5%的水平下均服从正态分布，可以直接进行地统计学分析。

**表 2　土壤水分描述统计特征**

| | 指标 | 火烧 | 刈割 | 刈割除根 | 封育 | 玉米 | 桂牧 1 号 |
|---|---|---|---|---|---|---|---|
| | 最小值/% | 24.54 | 15.33 | 13.55 | 16.18 | 14.33 | 10.11 |
| | 最大值/% | 50.48 | 34.68 | 43.48 | 48.86 | 38.3 | 39.12 |
| | 均值/% | 38.47Aa | 25.38Dd | 30.52Bcbc | 32.42Bb | 28.63Cc | 29.06Cc |
| 雨季 | 变异系数/% | 14.11 | 17.33 | 18.54 | 21.67 | 19.93 | 21.86 |
| | 偏度 | −0.21 | −0.09 | −0.34 | 0.2 | −0.5 | −0.71 |
| | 峰度 | 0.07 | −0.38 | 0.08 | −0.25 | −0.2 | 0.53 |
| | K-S 值 | 1 | 0.97 | 0.93 | 0.93 | 0.71 | 0.75 |
| | 最小值/% | 7.86 | 7.78 | 7.61 | 7.68 | 3.48 | 4.86 |
| | 最大值/% | 25.83 | 31.47 | 26.37 | 27.86 | 24.71 | 61.14 |
| | 均值/% | 17.59ABab | 18.93Aa | 17.00ABabc | 16.57ABbc | 15.26Bc | 16.75ABbc |
| 旱季 | 变异系数/% | 24.2 | 30.23 | 28.73 | 26.11 | 39.76 | 46.33 |
| | 偏度 | −0.06 | 0.14 | −0.19 | −0.15 | −0.18 | 2.52 |
| | 峰度 | −0.39 | −0.66 | −0.98 | −0.28 | −1.35 | 14.52 |
| | K-S 值 | 0.53 | 0.93 | 0.58 | 0.75 | 0.12 | 0.14 |

## 1.2.2　土壤水分的空间自相关分析

如图 1 所示 6 种土地利用方式的土壤水分具有相似的空间结构,大致趋势为:滞后距离较小的点对呈显著的正空间自相关,随着滞后距离的增大,自相关系数逐渐向负方向发展,达到显著的负空间自相关。正空间自相关的距离大致反映了性质相似斑块的平均半径,负空间自相关则反映了性质相反的斑块间的平均距离。不同的土地利用方法正负变化的拐点和变化趋势不同,总趋势为旱季的拐点向坡上移动且变化平缓,这可以从动态监测样地的具体情况得到解释,在坡的下部地形较为平坦,石砾含量较少,土壤含水量相对较高但土层较厚,为一种性质的斑块,在坡中上部正好相反,土壤持水性差。种植桂牧 1 号的动态监测样地,因受人为干扰和坡面呈凹型的原因,在 1420m 范围内自相关系数在 0 附近上下波动。

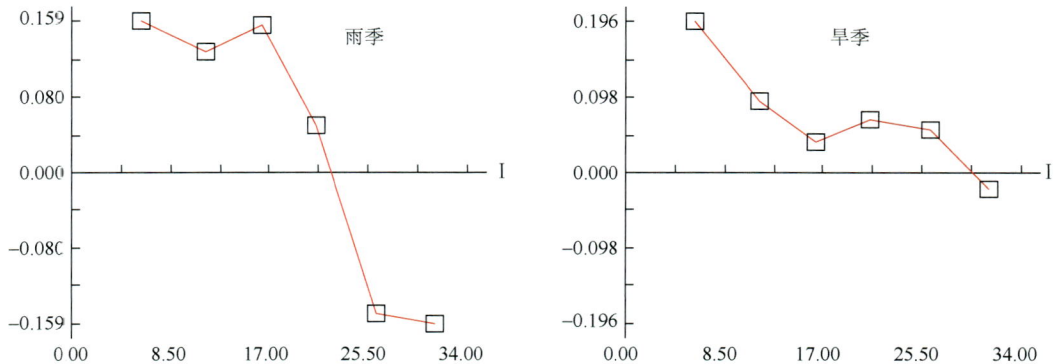

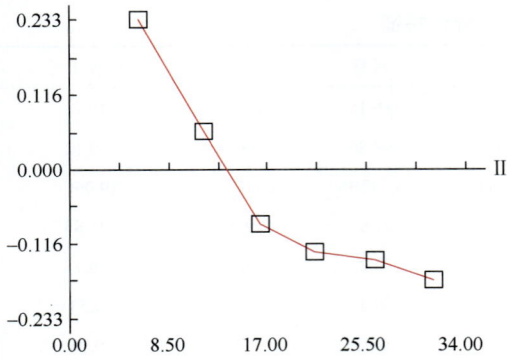
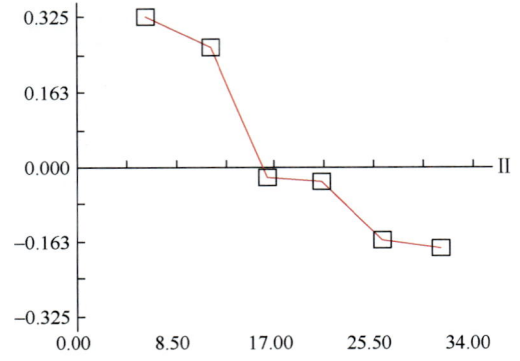
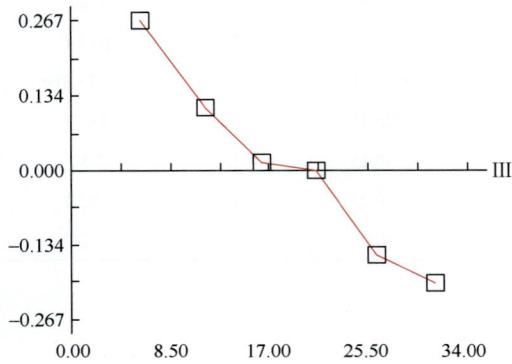
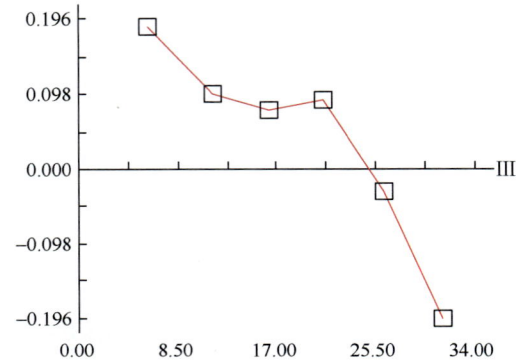
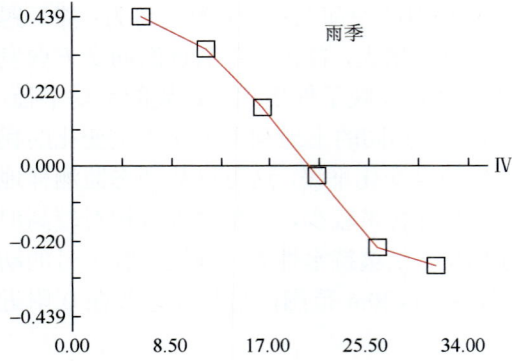
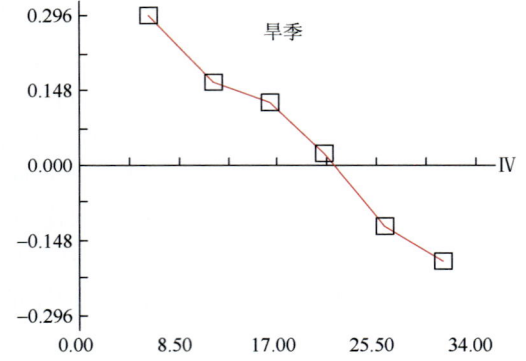
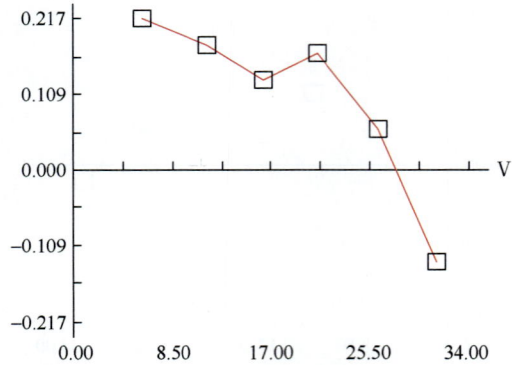
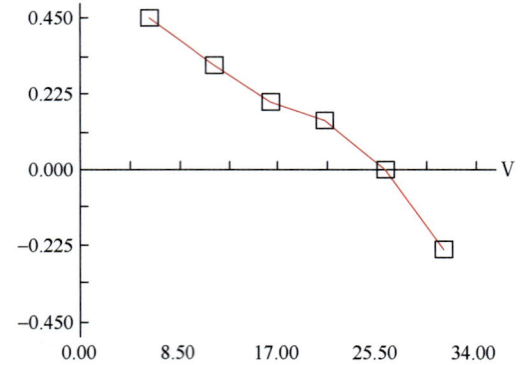

雨季

旱季

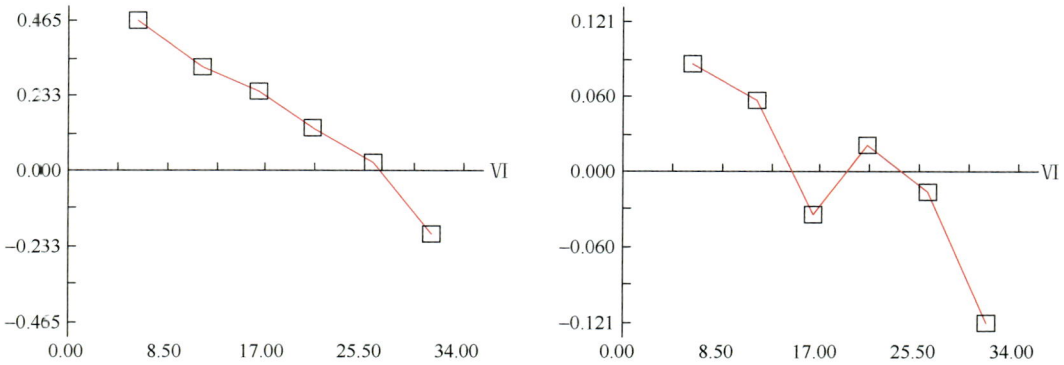

图 1 土壤水分空间自相关

I：火烧；II：刈割；III：刈割除根；IV：封育；V：玉米；VI：桂牧 1 号；下同

## 1.2.3 土壤水分的空间结构

半变异函数分析表明（图 2），不同土地利用方式不同季节的试验半变异函数拟合模型不同，主要有高斯模型（gaussian）、指数模型（exponential）和球状模型（spherical），理论模型的决定系数为 0.490～0.991，均比较高，残差为 2.52～53.30，均比较低，说明理论模型能很好地反映土壤水分的空间结构特征。

半变异函数模型各结构参数如表 3 所示，除火烧外其他土地利用方式的土壤水分块金效应明显，较大的块金值（$C_0$）可能是因为石砾含量高，而石砾周围土层浅薄且蒸发强烈，从而有别于周围区域土壤性质，造成较大的块金值，基台值（$C_0+C$）是半变异函数达到的极限值，不同土地利用方式的基台值均很高，在 16.82～75.70，这说明土壤水分的空间分布主要受地形和微地貌等固定因素控制，且土壤水分变异大致与平均含水量变化相反。块金值与基台值之比反映了随机变异占总变异的大小，火烧和刈割雨季 $C_0/(C_0+C)$ 小于 25%，呈强烈的空间相关性，其余的在 0.26～0.50，呈中等空间相关性。6 种土地利用模式的变程在 6.8～213m，表明在喀斯特地区较高的石砾含量尽管会改变局部地段土壤水分

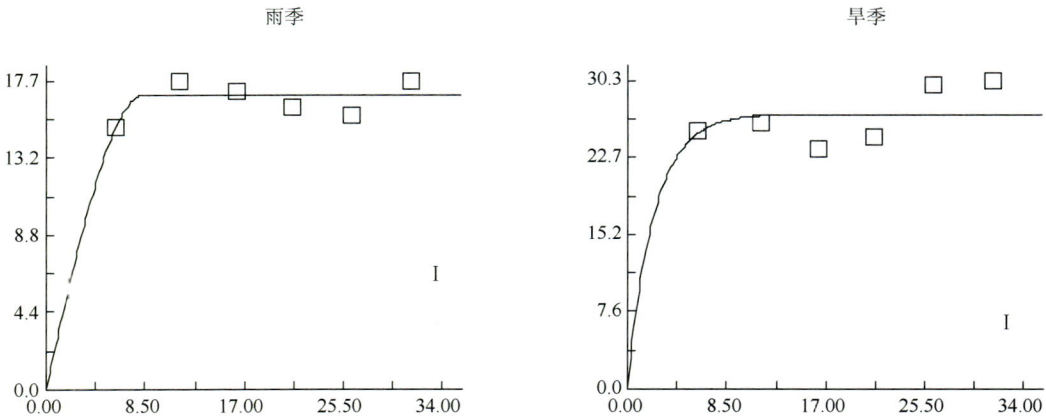

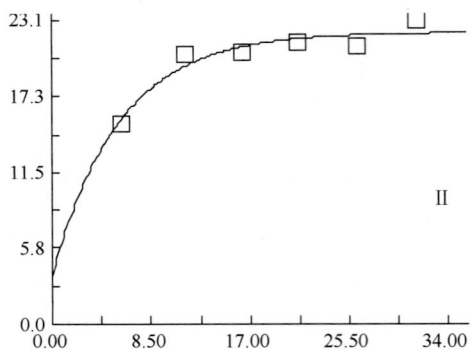

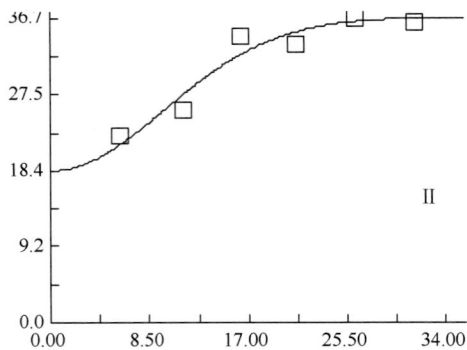

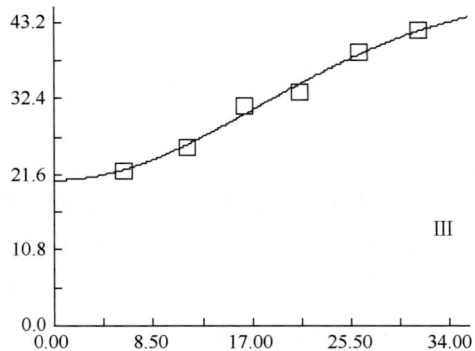

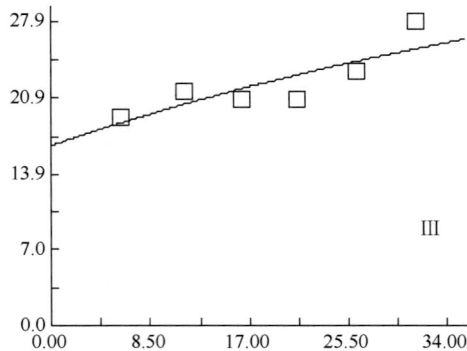

雨季

旱季

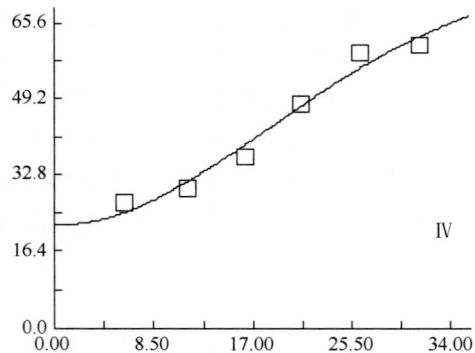

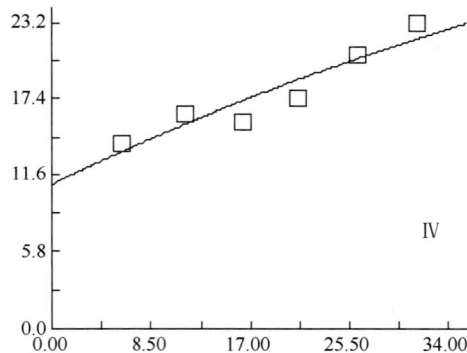

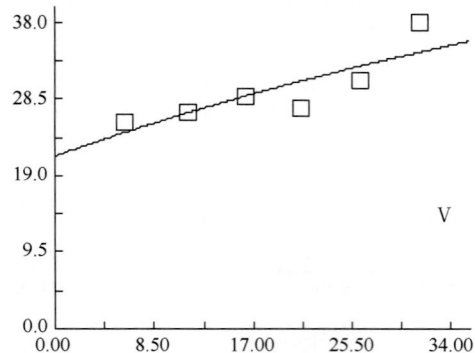

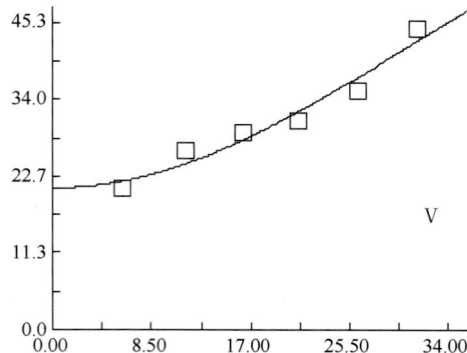

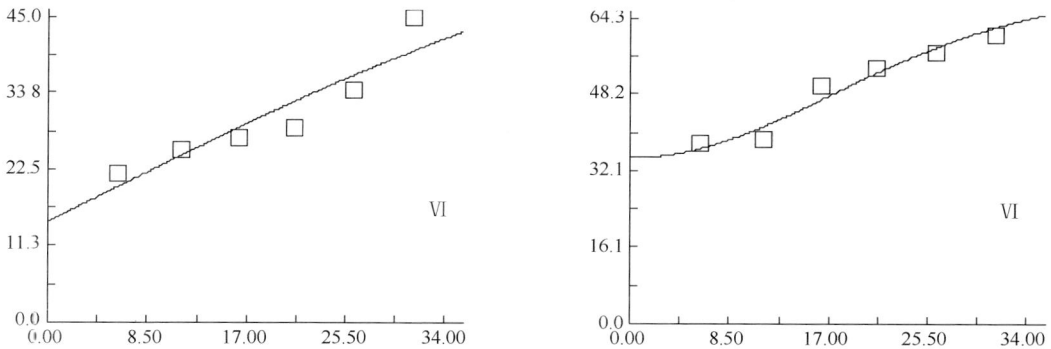

图 2　土壤水分的空间半变异函数图

的空间分布，但表层土壤水分仍具有一定的空间连续性，其中火烧、刈割、刈割除根和封育在旱季随土壤水分含量降低变程增大，连续性变好，种植玉米和桂牧 1 号在旱季进行了收割，人为干扰严重而导致变程变小，破碎性增大。

表 3　土壤水分半变异函数模型及参数

| | 指标 | 火烧 | 刈割 | 刈割除根 | 封育 | 玉米 | 桂牧 1 号 |
|---|---|---|---|---|---|---|---|
| | 模式 Model | Exponential | Exponential | Gaussian | Gaussian | Exponential | Spherical |
| | 块金值 $C_o$ | 0.01 | 3.62 | 20.83 | 22 | 21.4 | 14.8 |
| | 基台值 $C_o+C$ | 27.01 | 22.11 | 47.18 | 75.7 | 57.49 | 55.66 |
| 雨季 | $C_o/（C_o+C）$ | 0 | 0.16 | 0.44 | 0.29 | 0.37 | 0.27 |
| | 变程 $A/m$ | 6.8 | 17.2 | 42.7 | 45.5 | 213 | 71 |
| | 决定系数 $R^2$ | 0.064 | 0.918 | 0.991 | 0.974 | 0.708 | 0.844 |
| | 残差 $RSS$ | 37.2 | 2.85 | 2.52 | 28.5 | 29.7 | 53.3 |
| | 模式 Model | Spherical | Gaussian | Exponential | Exponential | Gaussian | Gaussian |
| | 块金值 $C_o$ | 0.01 | 18.37 | 16.59 | 10.83 | 20.9 | 34.8 |
| | 基台值 $C_o+C$ | 16.82 | 36.75 | 37.41 | 42.07 | 72.8 | 69.61 |
| 旱季 | $C_o/（C_o+C）$ | 0 | 0.5 | 0.44 | 0.26 | 0.29 | 0.5 |
| | 变程 $A/m$ | 16.8 | 23.8 | 172 | 213 | 73.8 | 43 |
| | 决定系数 $R^2$ | 0.49 | 0.935 | 0.694 | 0.879 | 0.953 | 0.954 |
| | 残差 $RSS$ | 3.01 | 11.5 | 14.8 | 7.17 | 15.2 | 22.5 |

## 1.2.4　土壤水分的空间格局

　　用 Kriging 方法制作的等值线图可以全面和直观地揭示喀斯特峰丛洼地不同土地利用方式下表层土壤水分雨季、旱季的空间分布格局（图 3）。同一土地利用方式旱季、雨季表层土壤水分的空间分布格局相似，不同土地利用方式的空间分布格局不同。火烧和刈割人为干扰导致植被格局分布不均，表层土壤水分分布的斑块破碎化程度高，规律不明显，这也是火烧和刈割土壤水分变程小的原因；封育呈凹型分布，表层土壤水分含量中间低两头高，刈割除根、种植玉米和桂牧 1 号 3 种土地利用方式表层土壤水分的空间分布均呈单峰分布，随海拔的升高而降低，且空间连续性好，变程大。

# 1.3　讨论与结论

近年来由于人类不合理的开发利用，喀斯特植被逐年退化，水土流失、石漠化等生态灾害日趋严重。而且喀斯特区域降水时空分布不均，土层浅薄、土壤持水性能低、缺乏植被系统的调节，加上长期强烈的岩溶作用，形成了有别于其他地区特殊的二元水文结构，使得水源深埋、漏失，出现了湿润季节下特殊的干旱—岩溶干旱，目前，每年人畜饮水短缺达 3～4 个月。喀斯特峰丛洼地属亚热带季风气候，降雨量丰富又加上土壤有机质含量高，众多石块和较多的石砾上的水分源源不断的流入周围土壤之中，虽然喀斯特脆弱生态系统整体处于干旱状态，但土壤仍然存在着局部水分优势的环境，土壤含水量较高，即使是干旱季节，仍保持着 15.26%～18.93%的水平，呈中等强度变异。6 种土地利用方式可以分成两类：一类是水源涵养性，包括火烧、封育和刈割除根，二类为水源消耗性，包括种植玉米、桂牧 1 号及刈割。

国内外许多学者应用地统计学探讨了水分的时空变异与环境因素、土壤侵蚀过程的关系[22]，我国的研究主要集中在黄土高原和沙漠化地区，而南方石漠化与北方沙漠化是制约我国西部地区可持续发展的两大生态环境问题，水资源的合理利用非常重要。喀斯特峰丛洼地虽然土层浅薄、土被不连续，但土壤水分仍具有明显的空间结构和空间连续性，空间自相关系数在 0.159～0.465，不同的土地利用方式具有相似的空间自相关，自相关函数随着滞后距离的增大由正向负转换，正负空间自相关的距离大致反映了性质相似斑块的平均半径，坡下部土壤含水量高，为正相关，坡中上部土壤含水量低，为负相关，在干旱季节随着土壤含水量降低，由正向负转化的拐点呈向坡上部移动的趋势。不同的土地利用方

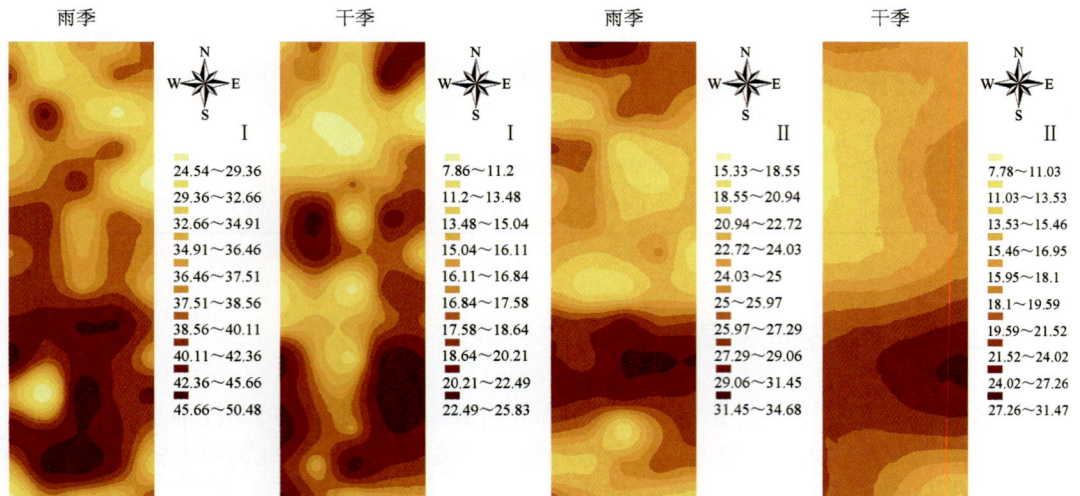

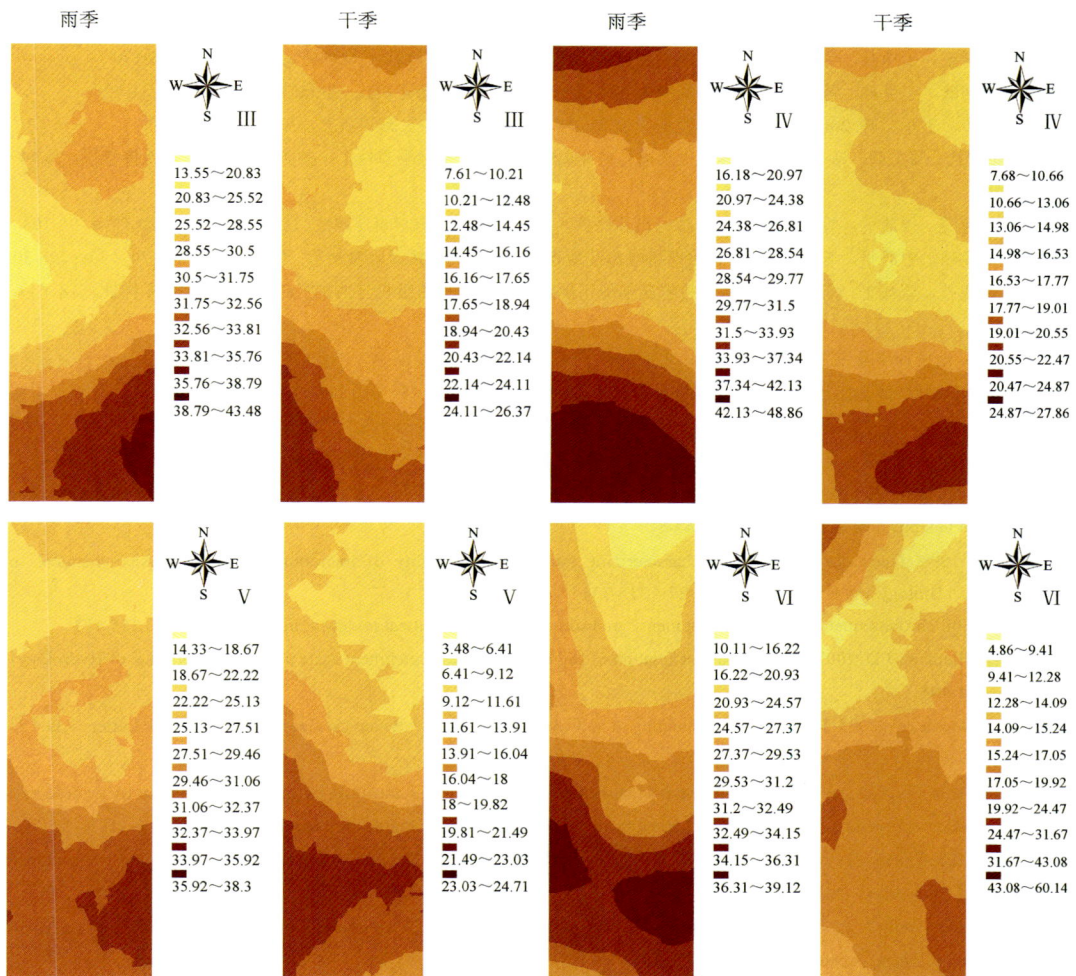

图 3　土壤水分 Kriging 等值线分布图

式的空间结构不同，但分别能够用高斯模型、指数模型、球状模型进行很好的拟合，所有模型均具有较大的块金效应，说明存在着不同程度的随机变异和实验取样误差，较高的基台值说明土壤水分空间结构由一些自然的固定因素控制，除火烧和刈割雨季处于强烈的空间自相关外，其他不同土地利用方式在不同季节均呈中等空间相关性，6 种土地利用模式的变程在 6.8～213m，旱季的变程有增大的趋势。不同的空间结构导致了不同土地利用方式下土壤水分空间分布格局不同，但同一土地利用方式在雨季和旱季的空间分布格局相似，火烧和刈割破碎化程度高，斑块小，封育的土壤水分呈凹型分布，中间低两头高，其他 3 种土地利用方法呈单峰分布，土壤水分随海拔和坡位的增高而降低。

## 参 考 文 献

杜虎，彭晚霞，宋同清，等. 2013. 桂北喀斯特峰丛洼地植物群落特征及其与土壤的耦合关系. 植物生态学报，37（3）：197-208

广西壮族自治区气象局农业气候区划协作组. 1988. 广西农业气候资源分析与利用. 北京：气象出版社

李阳兵，王世杰，李瑞玲. 2004. 不同地质背景下岩溶生态系统的自然特征差异——以茂兰和花江为例. 地球与环境，32（1）：

9-16

刘付程, 史学正, 于东升, 等. 2004. 太湖流域典型地区土壤全氮的空间变异特征. 地理研究, 23 (1): 163-170

彭晚霞, 宋同清, 王克林, 等. 2008. 喀斯特脆弱生态系统复合退化控制与重建模式. 生态学报, 28 (2): 811-820

邱扬, 傅伯杰, 王军, 等. 2007. 土壤水分时空变异及其与环境因子的关系. 生态学杂志, 26 (1): 100-107

宋同清, 彭晚霞, 易文明, 等. 2006. 3 种典型生物措施对亚热带红壤丘陵茶园季节性干旱的防御效果. 水土保持学报, 20 (4): 191-194

宋同清, 彭晚霞, 曾馥平, 等. 2009. 喀斯特木论自然保护区旱季土壤水分的空间异质性. 应用生态学报, 20 (1): 98-104

宋同清, 彭晚霞, 曾馥平, 等. 2010a. 木论喀斯特峰丛洼地森林群落空间格局及环境解释. 植物生态学报, 34 (3): 298-308

宋同清, 彭晚霞, 曾馥平, 等. 2010b. 喀斯特峰丛洼地不同类型森林群落的组成与生物多样性特征. 生物多样性, 18 (4): 355-364

王政权. 1999. 地统计学及在生态学中的应用. 北京: 科学出版社

杨明德, 梁虹. 2000. 峰丛洼地地形成动力过程与水资源开发利用. 中国岩溶, 19 (1): 44-51

喻理飞, 朱守谦, 叶镜中, 等. 2002. 退化喀斯特森林自然恢复过程中群落动态研究. 林业科学, 38 (1): 1-7

张继光, 陈洪松, 苏以荣, 等. 2008. 喀斯特洼地表层土壤水分的空间异质性及其尺度效应. 土壤学报, 45 (3): 544-549

Entin J K, Robock A, Vinnikov K Y, et al. 2000. Temporal and spatial scales of observed soil moisture variations in the extratropics. Journal of Geophysical Research, 105: 865-877

Goovaerts P. 1998. Geostatistical tools for characterizing the spatial variability of microbiological and physico-chemical soil properties. Biology and Fertility of Soils, 27: 315-334

Huggett R J. Soil chronosequences, soil development, and soil evolution: A critical review. Catena, 1998, 32: 155-172

Perry M A, Niemann J D. 2007. Analysis and estimation of soil moisture at the catchment scale using EOFs. Journal of Hydrology, 334: 388-404

Teuling A J, Troch P A. 2005. Improved understanding of soil moisture variability dynamics. Geophysical Research Letters, 32 (5): 7-10

Wang S J, Li R L, Sun C X, et al. 2004. How types of carbonate rock assemblages constrain the distribution of karst rocky desertified land in Guizhou Province, P R China: Phenomena and mechanisms. Land Degradation and Development, 15: 123-131

Western A W, Bleschl G, Graysonr B, et al. 1998. Geostatistics characterization of soil moisture patterns in the Tarrawarra catchment. Journal of Hydrology, 205: 20-37

Zhao Y, Peth S, Wang X Y, et al. 2010. Controls of surface soil moisture spatial patterns and their temporal stability in a semi-arid steppe. Hydrological Processes, 24: 2507-2519

# 附录八

# 广西灵川县种植业可持续发展研究

马艳芹[1]，黄国勤[1]，时　炜[2]，施　吉[2]，杨滨娟[1]，陆树清[2]，赵其国[3]

（1. 江西农业大学生态科学研究中心，南昌，330045；2. 广西康华农业股份有限公司，桂林，541001；
3. 中国科学院南京土壤研究所，南京，210000）

**摘要**：广西是我国南方农业大省，明确其农业发展的制约因素，提出具体的解决措施，实现农业可持续发展，对解决农业、农村和农民问题，促进经济持续、快速、健康发展，实现社会主义现代化建设战略目标具有重要的理论和现实意义。本研究主要采用了参与性农户评估方法（PRA），通过随机入户方式，与农户面对面交流，并结合调查问卷，对广西桂林市灵川县 11 个乡镇的农户进行了调查访问，为方便研究和数据处理，在数据分析过程中将该县 11 个乡镇分为 3 个片区：东部片区、中部片区、北部片区，对比三组农户的文化素质、种植制度、冬季农业现状、农业需求和农田水利设施等方面问题，探讨广西农业可持续发展的制约因素，并提出相应的对策，以期为广西农业可持续发展提供理论依据。调查结果表明，虽然目前灵川县农业取得众多发展成就，但仍存在以下几个方面的问题，严重影响了该县种植业可持续发展的进程。一是种植制度结构单一，二是冬季农业发展薄弱，三是种植技术贫乏，四是基础设施建设不完善等，因此需要做好以下几方面工作：调整作物种植结构，建立合理的种植制度；大力发展冬季农业；满足农民最迫切的农业需求；加强农业基础设施建设等。

**关键词**：参与式评估；种植业；可持续发展；广西灵川县

# Study on sustainable development of crop farming in Lingchuan County of Guang Xi

MA Yanqin[1]，HUANG Guoqin[1]，SHI Wei[2]，SHI Ji[2]，YANG Binjuan[1]，
LU Shuqing[2]，ZHAO Qiguo[3]

（1. Ecological science research center of Jiangxi Agricultural University，Nanchang Jiangxi 330045，China；
2. Kang Hua Guang xi agricultural of limited liability company，Guilin Guangxi 541001，China；3. Institute of
Soil Science，Chinese Academy of Sciences，Nanjing Jiangsu 210000，China）

**Abstract**：As a big agriculture province in southern china，to uncover the factors involved in the restriction of agricultural development and propose specific solutions is therefore very important，the sustainable development of agriculture has important theoretical and realistic significance for solving the problems about agriculture，countryside and farmers，promoting economic development rapidly and

本文原载《生态学报》2014 年第 34 卷第 18 期第 5164～5172 页。

healthy. The continued development of agriculture is a vital component of local and national economies，especially for solving the problems of countryside protection，low rural income levels，and declining agricultural output. This investigation used a participatory rural appraisal approach to interview farmers in Lingchuan County，a constituent local government area within the city. The study team contacted a random selection of rural households living in the 11 towns and villages that make up Lingchuan County and had face-to-face communication with farmers，supplemented by the distribution of a questionnaire. For the convenience of data processing and the actual research，the county was divided into three areas：the eastern area；the central area；the northern area. Exploration of the constraining factors on sustainable agricultural development in Guilin was achieved through comparing the three areas on farmer quality，planning systems，status of winter agriculture，and the demands of farmers for irrigation and water conservancy facilities or other infrastructure. Finally，we put forward corresponding countermeasures，to provide the theoretical basis for sustainable agriculture development in Guilin. The results of this study indicate that although the agricultural development of Lingchuan County has made many advances，there are still some problems that affect the process of sustainable development in local agriculture. These problems include the lack of scientific and cultural knowledge of the farmers；weak winter agriculture development in some areas；the unmet need for science and technology and technical training from farmers；and the poor construction and uneven distribution of irrigation and water conservation infrastructure. To achieve high and stable production levels a coordinated approach to these problems is needed. At first，a set of technical measures should be taken to build a sustainable farming system. First，farmers should plan to develop more economic crops under the premise of ensuring food production，so food production and economic benefits can be balanced. Additionally，farmers should take full advantage of their own resources and environment to develop innovative agricultural cropping patterns. As a second set of measures，farmers need to make full use of the warm winter light，abundant labor，and idle land resources to develop winter agriculture. Third，agricultural research departments in government and universities need to accelerate research and cultivate new crop varieties，agricultural extension departments need to promote and publicize these crop varieties，and business administration department should check and strengthen the enforcement of measures against fake seed. All departments need to work together to ensure that farmers can buy and plan good new crop varieties. Finally，the government should increase investment in agricultural infrastructure，which can provide favorable conditions for the sustainable development of agricultural land，such as improving water conditions，agricultural facilities，power grids and roads.

**Key words**：participatory rural appraisal；crop farming；sustainable development；Lingchuan county of Guangxi

　　广西是我国南方红壤分布的区域之一，广西红壤面积 1074.4 万 $hm^2$，占广西土地资源总面积的 66.6%，同时广西处于热带、亚热带的气候条件下，湿热充沛，生物资源丰富，是我国热带亚热带林木、果树和粮食作物的重要生产基地，目前耕地总面积为 261.4 万 $hm^2$，占广西土地总面积的 11.0%，其中水田 154.0 万 $hm^2$，占 58.9%，旱地 107.4 万 $hm^2$，占

41.1%（赵其国和黄国勤，2014）。作为南方农业大省，实现农业可持续发展，对解决农业、农村和农民问题，促进经济持续、快速、健康发展，实现社会主义现代化建设战略目标具有重要的理论和现实意义（王雅芹等，2005）。农业可持续发展是在市场经济导向下，借助一定的技术条件和物质装备，因地制宜地选择农业经营方式和资源利用模式，科学合理地开发农业资源，既要尽量提高农副产品（含系列以农副产品为原料的加工品）的产量和质量以满足当代人生活水平提高对农副产品日益增长的需求，又要不断改善农业生态环境，使农业具有长期持续的发展能力，以确保后代人对农副产品的需求得到满足的农业发展思路（苏维词和朱文孝，2000）。

灵川县属于广西桂林市辖县，其土壤主要是以红壤、黄壤为主，具有悠久的农业栽培历史。2013 年，全县实现粮食年播种面积 3.33 万 hm² 以上，蔬菜年复种面积 1.87 万 hm²以上，水果种植面积 1.67 万 hm² 以上。全县农林牧渔总产值 42.8 亿元，同比增长 7.9%，农业总产值 27.6 亿元，同比增长 5.9%，农民人均纯收入 8886 元，同比增长 15.4%，是桂林市重要的农业大县。虽然灵川县农业取得众多可喜成就，但其农业发展过程中仍然存在许多问题，为了解广西农业发展的制约因素，从农民的感知角度去全面了解现阶段灵川县种植制度、冬季农业发展、农业需求、基础设施（尤其是农田灌溉水利设施）等现状尤为必要，透过灵川县农业发展存在的制约因素窥探广西农业发展现状，并提出相应的对策建议，以便为整个广西农业的可持续发展提供参考。

## 1.1 研究区域概况

灵川县地处湘桂走廊南端（东经 110°17′～110°47′，北纬 25°04′～25°48′），东、西、北三面环抱历史文化旅游名城桂林市区，东北与兴安县，东南与灌阳县、恭城县交界，西北与龙胜县为邻，西与临桂县接壤，南与阳朔县相连，总面积 2257.2km²，辖 5 乡 6 镇，分为东、中、北 3 个片区（图 1）。东部有大圩、潮田、海洋、大境、灵田 5 个乡（镇），中片有三街、灵川、定江 3 个乡（镇），北片有潭下、青狮潭、兰田 3 个乡（镇）；总人口 35.49×10⁴ 人，其中农业人口 29.1×10⁴ 人，占总人口的 82.0%。

灵川县属中亚热带季风气候区，四季分明，雨量充沛，阳光充足，热量丰富，夏长冬短，雨热同季，年平均气温 18.7℃，极端最低气温为–4.9℃，极端最高气温为 38.5℃，年平均日照 1614.7h，年平均雨量 1926mm，年平均无霜期 318d（马艳芹等，2013）。灵川县地形地貌复杂，以漓江河谷平原为中轴，东有海洋山余脉，西有月城岭余脉，整个地形呈"川"字结构，东片、北片为层峦叠嶂的群山或连绵起伏的丘陵，中片为地势平坦的小平原，全县海拔最低点 134.7m，最高点 1722.4m，海拔相对高差达 1587.7m，全县耕地面积 2.45×10⁴hm²，水田 1.927×10⁴hm²，林地 10.6×10⁴hm²。县内土壤以红壤为主，pH 为 4.3～6.4，其中漓江流域以河流冲积母质沙壤土和水稻土为主，其他低山丘陵地区以棕色石灰土和黑色石灰土为主，种植的主要粮食作物品种有水稻、玉米、大豆、马铃薯等，其他作物有甘蔗、花生、木薯等，主要水果有金桔、油桃、葡萄、南方优质梨等。优越的自然气候和地理条件为灵川县农业的发展提供了有利条件，也带来了多种多样的种植制度。

图 1　灵川县三大片区分布图

## 1.2　研　究　方　法

本研究主要应用了参与性农户评估方法，简称 PRA。参与性农户评估是一种"聆听农户，与农户一道学习、认知自身意愿与地方发展的研究方法"（刘玉凤，2005），通过与研究地区居民进行非正式访谈来对地方的实际情况进行了解，与社区群众一起调查、分析和评估社区发展面临限制和机遇，并制定符合实际的发展和研究计划（Dalton and Burby，1994）。本研究主要应用了 PRA 中的半结构访谈（semi-structured interview）工具（连纲等，2005），半结构访谈是指在对农户进行访谈前先拟好采访提纲，在采访过程中围绕主题采用灵活方式对受访者进行提问，而不是仅仅局限于单一、狭窄的主题（徐建英等，2006），从而了解受访者对某一现象或某一事件的看法、愿望和态度等。本研究中的数据主要是采用随机入户面对面交谈方式，数据的收集工作在 2013 年 6 月到 10 月完成，共访谈农户 215 户，涉及全县 11 个乡镇、民族乡，共获得有效问卷 212 份。

本研究的主要访谈对象为灵川县年龄大于 18 周岁的农田主要劳动者。访问的主要内容主要包括一些人口统计（如性别、年龄、文化程度、耕地面积等）、主要家庭收入来源、农田作物熟制、农业生产手段、是否有闲置土地、农田使用的肥料、主要种植模式、冬种作物、农业需求、农田水利等方面。访问数据处理时将灵川县 11 个乡镇按地理位置分为 3 个片区，中部片区主要包括大圩、潮田、海洋、大境、灵田 5 个乡（镇），回收问卷 102

份，中片有三街、灵川、定江 3 个乡（镇），回收问卷 54 份，北片有潭下、青狮潭、兰田 3 个乡（镇），回收问卷 56 份。

## 1.3　结果与分析

### 1.3.1　调查对象的基本情况

表 1　受访者的基本特征

| 特征 | 分组 | 全体 | | 东部片区 | | 中部片区 | | 北部片区 | |
| --- | --- | --- | --- | --- | --- | --- | --- | --- | --- |
| | | 频数 | % | 频数 | % | 频数 | % | 频数 | % |
| 性别 | 男 | 108 | 50.94 | 50 | 49.02 | 26 | 48.15 | 32 | 57.14 |
| | 女 | 104 | 49.06 | 52 | 50.98 | 28 | 51.85 | 24 | 42.86 |
| 年龄/岁 | <40 | 36 | 16.98 | 21 | 20.59 | 9 | 16.67 | 6 | 10.71 |
| | 40~49 | 59 | 27.83 | 25 | 24.51 | 17 | 31.48 | 17 | 30.36 |
| | 50~59 | 67 | 31.6 | 33 | 32.35 | 16 | 29.63 | 18 | 32.14 |
| | ≥60 | 50 | 23.58 | 23 | 22.55 | 12 | 22.22 | 15 | 26.79 |
| 文化程度 | 小学以下 | 118 | 55.66 | 64 | 62.75 | 24 | 44.44 | 30 | 53.57 |
| | 初中 | 92 | 43.40 | 38 | 37.25 | 28 | 51.85 | 26 | 46.43 |
| | 高中及以上 | 2 | 0.94 | 0 | 0 | 2 | 3.7 | 0 | 0 |
| 家庭人口/人 | ≤2 | 6 | 2.83 | 2 | 1.96 | 3 | 5.56 | 1 | 1.79 |
| | 3~4 | 87 | 41.04 | 45 | 44.12 | 26 | 48.15 | 16 | 28.57 |
| | 4~6 | 86 | 40.57 | 37 | 36.27 | 23 | 42.59 | 26 | 46.23 |
| | ≥7 | 33 | 15.57 | 18 | 17.65 | 2 | 3.7 | 13 | 23.21 |
| 收入来源 | 传统农业 | 114 | 53.77 | 60 | 58.83 | 27 | 50 | 26 | 46.42 |
| | 外出打工 | 89 | 41.98 | 35 | 34.31 | 26 | 48.15 | 28 | 50 |
| | 本地企业工作 | 8 | 3.77 | 6 | 5.88 | 1 | 1.85 | 1 | 1.79 |
| | 其他 | 1 | 0.47 | 1 | 0.98 | 0 | 0 | 1 | 1.79 |

本次研究共调查 212 户，其中男性 108 人，占 50.94%；女性 104 人，占 49.06%；最大年龄 71 岁，最小年龄 21 岁，平均年龄 49 岁。受访者年龄普遍较高，以 50~59 年龄段最多，占 31.6%，其次为 40~49 岁和大于 60 岁年龄段，分别为 27.83%、23.58%，由此可见目前该县农村从事农业的劳动力主要是以 40 岁以上的中老年人，约为 83.02%。受访者的文化水平普遍不高，55.66% 的受访者文化程度为小学及以下，43.4% 为初中文化水平，而只有 0.94% 的受访者为高中及以上学历，各片区学历层次也有一定的区别，在东部片区和北部片区调查者的文化程度都是小学以下占优势，而中部地区拥有初中文化水平的受访者比例要多于小学及以下的比例，拥有高中及以上学历的比例也比其他两个片区要高，其主要原因为中部片区的乡镇主要分布在灵川县县城附近，靠近桂林市区，教育事业相比东部片区和北部片区要发达。本次调查中，受访者的家庭人口主要是以 3~4 口和 5~6 口之家为主，≤2 口的家庭则较少，仅占 2.83%，人口>5 的家庭一般家中至少会有一个人外出打工，这也是家庭的主要来源。在收入来源方面，现阶段仍有 53.77% 的受访者家庭收入主要来源于传统的农业，随着

近年经济的发展，农业种植成本的增加，外出务工人员增加，很多人家庭主要收入来源由原先的传统农业转为外出打工，另外还有一小部分受访者在本地企业工作（表1）。

### 1.3.2　灵川县种植制度概况

**表2　灵川县主要种植制度**

| 类别 | 全体 | | 东部片区 | | 中部片区 | | 北部片区 | |
|---|---|---|---|---|---|---|---|---|
| | 频数 | % | 频数 | % | 频数 | % | 频数 | % |
| 一年一熟 | 100 | 47.17 | 53 | 51.96 | 22 | 40.74 | 25 | 44.64 |
| 一年两熟 | 96 | 45.28 | 42 | 41.18 | 27 | 50 | 27 | 48.21 |
| 一年三熟 | 6 | 2.83 | 4 | 3.92 | 1 | 1.85 | 1 | 1.79 |
| 两年三熟 | 4 | 1.89 | 2 | 1.96 | 1 | 1.85 | 1 | 1.79 |
| 一年多熟 | 6 | 2.83 | 1 | 0.98 | 3 | 5.56 | 2 | 3.57 |

种植制度是耕作制度的重要组成部分，由表2可知，目前灵川县种植制度主要以一年一熟制和一年两熟制为主，两者约占灵川县种植制度的92.45%，一年三熟制、两年三熟制及一年多熟制比例较低。一年一熟制主要是水田种植一季稻—冬闲，大部分受访者表示家中劳动力不足，自己年龄大，种植一季稻只要满足自己稻米需求即可；一年两熟制则主要有早晚双季稻—冬闲、中稻—蔬菜、中稻—马铃薯、中稻—蚕豌豆、早稻—秋冬菜、春玉米—秋大豆、春玉米—秋玉米、春大豆—秋玉米、春大豆—秋大豆、早玉米—秋红薯等模式；一年三熟制主要是冬种三熟制，如早稻—晚稻—冬种绿肥、早稻—晚稻—小麦（该种模式现在种植只有个别农户种植）、早稻—晚稻—油菜（收油菜籽）、早稻—晚稻—蚕豆或豌豆、早稻—晚稻—冬菜（主要分布在东部片区的大圩镇）等；两年三熟制主要有小麦/玉米/大豆（头年冬季种植冬小麦，翌年3月中下旬套种玉米，6月玉米收获时套种秋大豆），目前这种模式已经较少，只分布在东部片区和北部片区一些海拔高的山区村；一年多熟制主要是早蔬菜—一季稻—秋冬菜或全年种植蔬菜，例如潭下镇许多村农户种植韭菜，可实现一年多熟，经济效益较为显著。

### 1.3.3　冬季农业发展概况

**表3　灵川县冬季农业发展现状**

| 类别 | 全体 | | 东部片区 | | 中部片区 | | 北部片区 | |
|---|---|---|---|---|---|---|---|---|
| | 频数 | % | 频数 | % | 频数 | % | 频数 | % |
| 绿肥 | 23 | 9.2 | 9 | 8.41 | 6 | 8.22 | 8 | 11.43 |
| 豆类 | 12 | 4.8 | 4 | 3.74 | 3 | 4.11 | 5 | 7.14 |
| 蔬菜 | 50 | 20 | 21 | 19.63 | 17 | 2.29 | 12 | 17.14 |
| 闲置 | 132 | 52.8 | 58 | 54.21 | 33 | 45.2 | 41 | 58.57 |
| 其他 | 33 | 8.8 | 15 | 14.02 | 14 | 19.18 | 4 | 5.71 |

注：本题在问卷中为多项选择题，绿肥主要包括油菜、紫云英、肥田萝卜等；马铃薯归于蔬菜一类；"其他"主要是一些冬季温室大棚以及旱地果树等。

冬季农业是农业增效、农民增收和农业可持续发展的内容之一（吴冬梅等，2012）。由表

3 可以看出，虽然冬种绿肥在各个片区所占的比例相差不大，但在调查中发现各片区种植的作物并不相同，如东部片区种植的绿肥作物主要是油菜，原因是近年来随着大圩古镇、海洋乡银杏林等旅游业的兴起，冬季种植油菜吸引游客增加收入还可实现养地功能；中部片区和北部片区的绿肥作物主要是紫云英和肥田萝卜，其中肥田萝卜主要分布在北部片区的潭下镇和青狮潭镇，但种植面积较少，绿肥作物仍以紫云英为主。豆类主要是指大豆、蚕豌豆等，一般在靠近县城和桂林市的部分乡镇有所种植，规模较小，为小部分农户为补贴家用所种植的。蔬菜种植主要包括马铃薯、秋冬菜等，主要分布在东部片区的大圩镇、中部片区的灵川镇、定江镇、三街镇，其中大圩镇和灵川镇各建有一个万亩无公害标准化蔬菜生产基地。

表 4 冬闲田存在的原因

| 类别 | 全体 | | 东部片区 | | 中部片区 | | 北部片区 | |
| --- | --- | --- | --- | --- | --- | --- | --- | --- |
| | 频数 | % | 频数 | % | 频数 | % | 频数 | % |
| 思想不重视 | 3 | 1.57 | 2 | 1.79 | 0 | 0 | 1 | 3.03 |
| 劳动力不足 | 71 | 37.17 | 41 | 36.61 | 18 | 39.13 | 12 | 36.36 |
| 冬季缺水 | 20 | 10.47 | 16 | 14.29 | 4 | 8.7 | 0 | 0 |
| 冬季效能差 | 56 | 29.32 | 28 | 25 | 13 | 28.26 | 15 | 45.45 |
| 早春气候差 | 23 | 12.04 | 16 | 14.29 | 4 | 8.7 | 3 | 9.09 |
| 缺乏技术指导 | 18 | 9.42 | 9 | 8.04 | 7 | 15.22 | 2 | 6.06 |

目前灵川县冬季仍有 52.8%的农田处于闲置状态，其存在主要原因如表 4。由表 4 可知，灵川县冬闲田存在主要原因是劳动力不足和冬季效能差，两者约占 66.49%，其次为冬季缺水和冬季种植作物缺乏技术指导，分别为 10.47%、9.42%，很多农户不指导现在种植什么冬季作物较好。各个片区冬闲田存在的主要原因有一些小差别，东部片区一些乡镇受地势起伏大，水利设施不完善（农田冬季用水不方便），气温条件不适宜（早春气候差）等因素影响，很多农民在冬季选择弃耕，而此种现象在北部片区则较少，原因是 1958 年开工至 1987 年完工修建的清狮潭水库，其浇灌着灵川县、桂林市、临桂县 $2.8 \times 10^4$ hm$^2$ 良田；中部片区冬季种植蔬菜的农户较多，部分农户种植过程中极度缺乏农业技术的指导，也有农户由于对市场的不了解，连年种植作物亏本后便不再冬季种植作物；北部片区的则主要是因为外出务工人员较多，劳动力不足，冬季种植作物经济效益不好。

### 1.3.4 农户主要农业需求分析

总体来看（表 5），现阶段灵川县农民的主要农业需求是科技良种和技术培训，分别占 37.3%和 26.98%，其次是对农业机械化技术的需求，约占 18.25%，对农药和化肥知识也有一定的需求。东部片区对科技良种（34.54%）和农业机械化技术（23.2%）需求较高，中部片区农户对科技良种最为强烈，约占 43.56%，原因是其种植的蔬菜、水果等对种子品质和品种的要求较高，新品种的栽培和种植同时也会需要专业人员的指导和培训。例如灵田乡近两年有很多农户种植鱼腥草，由于气候、管理不善、种植技术贫乏，出现成片死亡现象。北部片区则与东部片区需求类似，其农户对农业机械化技术和科技良种需求相对较高，原因是北部地区由于已经进行过土地整理,水稻等作物种植规模较大,故急切需要大型机械化作业,大规模种植更需要种子质量有所保证,否则大规模种植后将会给农户带来巨大损失。

表5 农户的主要农业需求

| 类别 | 全体 | | 东部片区 | | 中部片区 | | 北部片区 | |
|------|------|------|------|------|------|------|------|------|
| | 频数 | % | 频数 | % | 频数 | % | 频数 | % |
| 农业机械化技术 | 69 | 18.25 | 45 | 23.2 | 2 | 1.98 | 22 | 26.51 |
| 科技良种 | 141 | 37.3 | 67 | 34.54 | 44 | 43.56 | 30 | 36.14 |
| 化肥 | 34 | 8.99 | 13 | 6.7 | 12 | 11.88 | 9 | 10.84 |
| 农药 | 32 | 8.47 | 11 | 5.67 | 13 | 12.87 | 8 | 9.64 |
| 技术培训 | 102 | 26.98 | 58 | 29.9 | 30 | 29.7 | 14 | 16.87 |

### 1.3.5 农户对农田灌溉方便程度的感知

农田灌溉是农田水利的重要组成部分,其方便程度可在一定程度上反映该地区农田水利设施的建设情况。由表 6 可以看出,57.08%的农户感觉农田灌溉很方便,尤其是三个片区中灌溉最为方便的是北部片区,这主要是由于清狮潭水库的修建,对位于下游的青狮潭镇、潭下镇农田灌溉非常有利,该片区的兰田瑶族乡地理位置较为偏僻,有 10.71 的农户认为灌溉条件较为一般,5.36%的农户则认为灌溉非常不方便。其次是中部片区,有61.11%的农户认为灌溉较为方便,27.78%的农户认为灌溉条件一般,有9.26%的农户感觉农田灌溉很不方便,在走访过程中也发现有农户要到很远的河中挑水给棉花浇水。总体来看,东部片区有更多的农户感觉灌溉不方便,约占 22.55%,这也是该片区冬季农田闲置的原因之一。另外还有个别农户无法说出其农田灌溉是否方便。

表6 农户对农田灌溉方便程度的感知

| 类别 | 全体 | | 东部片区 | | 中部片区 | | 北部片区 | |
|------|------|------|------|------|------|------|------|------|
| | 频数 | % | 频数 | % | 频数 | % | 频数 | % |
| 很方便 | 121 | 57.08 | 41 | 40.2 | 33 | 61.11 | 47 | 83.93 |
| 一般 | 56 | 26.42 | 35 | 34.31 | 15 | 27.78 | 6 | 10.71 |
| 不方便 | 31 | 14.62 | 23 | 22.55 | 5 | 9.26 | 3 | 5.36 |
| 无法判断 | 4 | 1.89 | 3 | 2.94 | 1 | 1.85 | 0 | 0 |

## 1.4 问题与讨论

### 1.4.1 种植制度发展存在的问题

**1. 种植制度结构单一**

灵川县的光热水资源较为丰富,但种植制度较为单一,经济作物比重较小。目前灵川县种植制度主要以一年一熟制和一年两熟制为主,一年三熟制、两年三熟制及一年多熟制比例较低,作物种植结构中仍以粮食作物为主,虽然近几年灵川县对农业种植结构进行了多次调整,经济作物的比重有所上升,但与粮食作物比重相比,经济作物的比重相对较少。粮食生产关系到国际民生,任何时候都不能放松,虽然其社会效益大,但经济效益相对较低,在粮食价格不能大幅度上调的情况下,粮食作物比重大,经济作物比重小,要显著提高种植业经济效益,则非常难实现。

**2. 冬季农业薄弱**

长期以来,由于劳动力不足,冬季经济效益差,加上部分农民群众"重大季、轻小季"思想仍没有得到根本改变,农田秋冬季撂荒问题较为突出;农民的组织化程度较低,随意种植,盲目生产,粗放管理的传统生产方式还没有得到根本改变,这种小规模、低水平生产状况与大市场对农产品的数量、质量等方面的需求存在差距。

**3. 种植技术贫乏**

农户的种植技术贫乏,有些农户由于对种子的了解甚少,部分人曾经买到假种子,导致作物出苗状况较差,有的甚至颗粒无收,另外由于政府把关不严,一些销售者利欲熏心,加上农户辨别真假农药化肥的能力有限,也会有农户买到假化肥假农药,导致农田作物产量受到影响,给农民带来一定的经济损失。

**4. 基础设施不完善**

灵川县经济基础相对薄弱,农田水利设施建设滞后,小型水利基础设施建设,保障能力明显不足,部分地块旱不能灌,涝不能排,一些农田基础设施建于 20 世纪 60～70 年代,由于运行时间长,管理不善,大都淤泥齐腰,防洪蓄水能力大不如前。同时,田间道路"窄"、"断"现象十分严重,这给机耕、机播及拉运庄稼和积运农家肥都造成困难,同时也不利于农产品及时销售。

## 1.4.2 实现种植业可持续发展的措施

**1. 建立合理的种植制度**

种植制度是耕作制度的中心环节(赵其国和黄国勤,2012),要实现作物全面持续的稳产和高产,保证农业的健康发展,就必须建立合理的种植制度(孙开彬和王允林,1998)。合理的种植制度能够提高资源的利用率,满足社会的需求,增加农民收入。种植制度的调整:一方面在保证粮食生产的前提下,发展经济作物,做到粮食生产和经济效益两不误,例如继续加快无公害蔬菜生产基地建设,另外充分利用人工设施如温室、塑料大棚等进行反季节蔬菜水果的生产;另一方面根据自身的资源环境特点,大力开发创新的农业种植模式,如海洋乡是灵川县重要的水果生产基地,其可以在果园套种辣椒、红薯等农作物,可以实现资源的充分利用,同时海洋乡也是灵川县重要的山区,可以重点发展山地立体种植,根据不同高度的山地丘陵以及其地形梯度,进行多层次开发利用,如在山顶造水源林,山腰种植经济林,山脚种果树,地势平坦,水源充足的地方种植水稻、玉米、大豆等粮食作物，地势低的地方进行稻田养鱼。立体种植模式不仅能够实现显著的经济效益，而且能实现良好的生态环境效益。

## 2. 大力发展冬季农业

大力发展冬季农业不仅能充分利用冬季丰富的温光资源、充足的劳力资源和空闲的土地资源，而且还能不断提高土地利用率和劳动生产率，促进农村经济的全面发展（谢昌文，1988）。发展冬作物可增加冬作物播种面积，提高耕地复种指数，有利于耕地资源安全（朱红波，2006）。冬季农业在一个地区农业发展中占重要的地位，如从耕作制度来看，南方的"肥—稻—稻"一年三熟制与"冬闲—稻—稻"一年两熟制相比，冬季种植绿肥（如紫云英）不仅能够养地，提高土壤肥力，还能够增加双季稻的产量。传统的冬季作物主要有紫云英、油菜、小麦等，由于经济效益不高，费时费力，现阶段种植规模已经逐年减少，这就需要开发研究种植高产优质高效的冬季作物，创新冬作种植模式，适宜灵川县的冬种模式主要有冬菜模式（晚稻收割后，安排越冬露地和保护地蔬菜栽培，选用抗病虫、优质高产、抗逆性强、商品性能好、适合本地种植的蔬菜品种（王淑彬等，2013））、冬药模式（如大境瑶族乡利用其优越的山地资源优势，发展仿自然环境生产的灵芝等中药材；兰田乡96%为山地，气候温和，冬暖夏凉，昼夜湿差大，雨量充沛，药材种植发展空间较大，适宜种植厚朴、黄柏、白术、百合、灵香草、天麻、当归等药材）、冬菌模式（利用冬闲田种植蘑菇、香菇、木耳、平菇等，冬闲田搭建简易草棚种植蘑菇，每公顷可实现利润37 500元）、冬果模式（将冬闲田用来种植果树，发展果业生产，大圩镇靠近桂林市区，交通方便，有农户利用冬闲田种植草莓，每公顷产值达9万元）等。

## 3. 满足农民最迫切的农业需求

实践证明，在我国，传统的以扩大垦耕种植为主的农业生产方式已走到尽头，运用科学技术，改造我国传统农业是农业自身革新的必经之路，是使农业持续发展的关键（齐晓安等，2001）。由上文可知，现阶段灵川县农户最需要的农业需求是科技良种和技术培训。

良种包含优良品种和优良种子两个含义，良种是农业生产上重要的生产资料，是扩大再生产的物质基础，在农业生产上，农作物都是靠种子繁殖，没有种子，就无法进行再生产，更谈不上扩大再生产。实践证明，优良品种能比较充分地利用自然条件和栽培条件中的有利因素，抵抗和减轻其中的不利因素，并能有效地解决生产上的一些特殊问题，因此，良种在农业生产上有着十分重要的作用。因此需要农业科研部门加快对新型作物品种的研究和培育，农业推广部门做好优良品种的推广宣传工作，工商管理部门加大对假种子的检查和打击力度，各部门通力合作确保农户买的上、种的上、种的好新型作物品种。

在技术培训方面，主要是提高农民的科学文化素质，使农民能够熟练掌握现代农业技术，同时要培养他们面向市场的经营意识和敢于竞争的精神，为农业可持续发展创造良好的基础性条件。要提高农民素质最主要是要加大对教育的投入，如通过举办短期培训班对一些有学习意识的中青年农户进行培训，还可利用网络、电视、报纸、广播、期刊等向广大农民传播最新农业致富项目和最前沿的作物栽培技术，对一些年龄大接受能力较差的农户可进行现场示范和指导的方法，使农民真正熟练地掌握现代科学技术。

**4. 加强农业基础设施建设**

要实现传统自给性农业向现代商品性农业的转变，实现农业现代化和农村可持续发展，必须要有发达和完善的现代农业基础设施与之相配套（陈文科和林后春，2000）。农业基础设施的重要意义在它是农业、农村可持续发展的支撑产业，也是农村也是全社会可持续发展的基本要素，而农田水利工程是农业生产的保障系统（周玉翠和周竟成，2003），各级政府应加大对农业基础设施的投入，如改善水利条件、农用电网和道路设施等，为农业可持续发展创造有利条件。一方面应因地制宜，尤其是对一些农田水利设施薄弱的地区进行重点建设，如灵川县海洋乡、兰田瑶族乡、灵田乡、大境瑶族乡等一些农户反映农田灌溉不方便的地区；另一方面政府应充分认识基础设施建设的重要作用，增加各类农业设施建设的投入，在调查中也发现一些乡镇道路条件较差（如灵田乡、海洋乡），农民与外界交流较少；农民农产品经常出现无人购买现象，这就需要在做好农田水利条件改善工作的同时还应该加强对农村道路的改造和扩家，保证村村通路，农产品能够以最快的速度进入市场。

## 1.5　小　　结

本文研究主要采用了参与性农户评估方法（PRA），通过随机入户方式，与农户面对面交流，并结合调查问卷，对广西灵川县 11 个乡镇的农户进行了调查访问，调查结果显示，灵川县种植业发展存在着众多制约因素，如种植结构单一、冬季农业发展薄弱、农民种植技术贫乏、基础设施不完善等，因此要实现农业可持续发展，需进行种植制度改革，加大冬季农业开发力度，提高农民的文化素质和专业技能，加强基础设施建设，同时还应做好防治和治理农田垃圾污染、减少农药化肥污染、治理农业用水污染、防止水土流失、防治土壤退化等工作。由于时间有限，对于一些农田水质和土壤污染物等需要大量的实验室检测，故没有进行相应的分析，这也是文章的不足之处，希望能够继续进行开展相应的研究。

## 参 考 文 献

陈文科，林后春.2000.农业基础设施与可持续发展.中国农村观察，（01）：9-21

连纲，郭旭东，傅伯杰，等.2005.基于参与性调查的农户对退耕政策及生态环境的认知与响应.生态学报，25（7）：1741-1747

刘玉凤.2005.参与式农业技术推广方法的应用研究.中国农业科技导报，7（1）：68-71

马艳芹，黄国勤，时炜，等.2013.桂北耕作制度调查报告——以桂林市灵川县为例，南方农业，44（11）：1937-1942

齐晓安，朴晓迎，郗育文.2001.我国农业可持续发展对策研究.东北师大学报（哲学社会科学版），（1）：41-47

苏维词，朱文孝.2000.贵州喀斯特生态脆弱区农业可持续发展的内涵与构想.经济地理，20（5）：75-79

孙开彬，王允林.1998.东部山区耕作制度改革问题初探.农业与技术，（03）：14-15

王淑彬，杨文亭，黄国勤，等.2013.鄱阳湖生态经济区冬季农业发展研究.江西农业大学学报（社会科学版），12（04）：503-509

王雅芹，刘顺英，李树武.2005.我国农业可持续发展的制约因素分析.生态经济，（08）：74-77

·248· 广西红壤肥力与生态功能协同演变机制与调控综合报告

吴冬梅，曾玮，何会超，等. 2012. 浙南地区冬季农业开发的探索. 科技通报，28（1）：107-112

谢昌文. 1988. 开发湖北冬季农业的意义——论湖北冬季农业的开发. 湖北农业科学，（7）：1-3

徐建英，陈利顶，吕一河，等. 2006. 基于参与性调查的退耕还林政策可持续性评价——卧龙自然保护区研究. 26（11）：3790-3795

赵其国，黄国勤. 2014. 广西红壤. 北京：中国环境出版社

赵其国，黄国勤. 2012. 广西农业. 银川：阳光出版社

周玉翠，周竟成. 2003. 我国农业可持续发展制约因素分析. 生态经济，（10）：156-158

朱红波. 2006. 论粮食安全与耕地资源安全. 农业现代化研究，27（3）：161-164

Dalton L C，Burby R J. 1994. Mandates，plans and planner：building local commitment to development management. Journal of the American Planning Association，60（4）：444-661

# 附录九

## 广西生态农业：历程、成效、问题及对策

黄国勤[1]，王淑彬[1]，赵其国[2]

（1. 江西农业大学生态科学研究中心，南昌，330045；2. 中国科学院南京土壤研究所，南京，210008）

**摘要**：生态农业已成为世界农业发展的重要模式和方向。广西生态农业的发展具有基础好、起步早、发展快、模式多、效益佳的特点。从新中国成立至今，广西生态农业经历了4个发展阶段：第一阶段（1949～1977 年）：群众自发，实践摸索；第二阶段（1978～1991 年）：模式创新，高产高效；第三阶段（1992～2002 年）：政府推动，全面推广；第四阶段（2003 年至今）：模式优化，提质增效。60 多年来，广西生态农业发展取得了显著的经济效益、生态效益和社会效益，具体表现在：增加产量、提高效益、改善品质、节约资源、保护环境、提升人员素质、扩大国内外影响等 7 个方面。当前，广西生态农业存在着 6 个方面的突出问题：①科技薄弱，人才不足；②经济落后，资金缺乏；③生态脆弱，条件恶劣；④技术组装不配套，理论研究不深入；⑤意识不强，措施不力；⑥规模化不够，产业化不强。为使广西生态农业今后又好又快地发展，必须采取如下对策和措施：一是提高认识，转变观念；二是搞好规划，完善制度；三是增加投入，改善条件；四是重视科技，培养人才；五是调整结构，优化模式；六是因地制宜，发挥优势；七是加强交流，开展合作；八是综合配套，全面发展；九是"三效"（经济效益、生态效益和社会效益）并举，良性循环；十是"四化"（规模化、产业化、集约化、科技化）同步，持续发展。

**关键词**：生态农业；经济效益、生态效益和社会效益；农业可持续发展；广西

## Ecologically sound agriculture in Guangxi，China：its history，effectiveness，challenges and solutions

HUANG Guoqin[1]，WANG Shubin[1]，ZHAO Qiguo[2]

（1. Research Center on Ecological Science，Jiangxi Agricultural University，Nanchang 330045，China；

2. Institute of Soil Science，Chinese Academy of Sciences，Nanjing 210008，China）

**Abstract:** Ecological agriculture can be defined as modern efficient agriculture that is based on the principles of ecology and economics，employs modern science，technology and management tools，and combines the best of traditional agriculture to develop and maintain a high level of economic，ecological and social benefit. The use of ecologically sound agriculture has become an important method and direction for the world's agricultural development. China is the world's largest developing agricultural nation，yet it has a small amount of land per person and a relative shortage of resources per capita. Ecological agriculture is booming all across China. In Guangxi Province，one of the most important agricultural provinces in western China，the development of ecological agriculture has a solid foundation, and began early and developed rapidly with multiple modes of efficient development. This paper addresses a number of issues related to ecologically sound agriculture in an attempt to play an active role in the promotion of the improved and increasingly rapid development of ecological agriculture in this new century that is designed to address China's new dynamic situation.

Since the establishment of the new China, agriculture in Guangxi has undergone four stages. The first stage (1949-1977) occurred when people spontaneously practiced agriculture and explored ecologically sound agricultural techniques. The second stage(1978-1991)experienced model innovation, high production rates and increased efficiency. The third stage (1992-2002) involved government-led and comprehensive promotion of better production techniques. The fourth stage (2003-present) included model optimization, an increase in quality and an improvement in efficiency. During the last six decades, the development of ecologically sound agriculture in Guangxi has created significant economic, ecological and social benefits. These were mainly reflected in the following seven aspects: increased production, efficiency and quality, conservation of resources, protection of the environment, improved the skills of field personnel, and expanded influence at home and abroad. The following aspects of ecological agriculture involved the application of energy: the expansion of material recycling technology, the use of a variety of agricultural recycling methods involving the use of byproduct "waste" in an ecologically sound manner, reprocessing and the production of new higher-value agricultural products.

Currently, we are faced with six kinds of outstanding issues related to the development of ecologically sound agriculture: (1) a lack of modern technology in the field and a shortage of talent; (2) poor economic management and fund shortages; (3) fragile ecosystems and harsh conditions; (4) use of immature technology and methods combined with a lack of well-developed in-depth theory related to agricultural production; (5) inadequate awareness of the needs of agriculture and proactive measures designed to simultaneously maximize resources and protect the environment; and(6)a lack of attention to scale and industrialization. In the future, to achieve sound and rapid development of ecologically sound agriculture, we should do several things. We need to raise awareness and change our idea while making better plans to improve the system. We need to increase investment in agriculture and improve conditions for agricultural employees and provide them with adequate training. A need exists to pay better attention to science and technology, and make structural adjustments to the nation's agricultural systems. We need to optimize methods and develop those that are adapted to local conditions, take advantage of opportunities to strengthen exchanges and cooperation, conduct comprehensive and all-round development of agriculture, and place emphasis on the "three-effects" (economic, ecological and social benefits). Simultaneously, we must develop the "four modernizations" (scale, industrialization, intensity, and technology) to provide synchronous and sustainable development. Development of ecological agriculture is conducive to comprehensively addressing the bidirectional coordination of agricultural development and environmental protection. It also promotes the effective protection of resources and the environment so that there is an organic combination of the development, use, and protection of resources and of the environment. The development of ecologically-based agriculture helps to re-position the role of the agricultural knowledge base so that the function of agriculture continuously expands. We need to promote comprehensive, integrated, and coordinated rural development, increase rural employment，increase farmers' income and narrow the gap between urban and rural areas. The development of ecologically sound agriculture helps provide solutions for the challenges that our nation faces. A need exists to adjust our strategy and the direction of agricultural development by employing the concepts of both wise use and conservation of the environment. This will promote the development of sustainable agriculture in a way that is suitable for China's agricultural modernization and development.

**Key Words**：ecological agriculture；economic；ecological and social benefits；sustainable agricultural development；Guangxi

　　生态农业是按照生态学原理和经济学原理，运用现代科学技术成果和现代管理手段，以及传统农业的有效经验建立起来的，能获得较高的经济效益、生态效益和社会效益的现代化高效农业。生态农业已成为世界农业发展的重要模式和方向（李文华，2003），它吸收了传统农业的精华，借鉴现代农业的生产经营方式，以可持续发展为基本指导思想，实现农业经济系统、农村社会系统、自然生态系统的同步优化，促进生态保护和农业资源的可持续利用。发展生态农业，一是有利于更好地解决农业发展与环境保护的双向协调，在发展经济的同时，注意资源、环境的保护，使资源和环境能永续地支撑农业发展，同时，通过农业的发展促进资源和环境有效保护，使资源与环境的开发、利用、保护有机的结合；二是有利于重新认识农业的基础地位和作用，使农业的功能不断得到拓宽，促进农村全面、综合、协调地发展，增加农村就业，增加农民收入，缩小城乡差距；三是有利于从我国国情出发，调整农业发展战略和方向，合理开发利用环境，促使农业可持续发展，选择适合我国国情的现代化农业发展道路。中国是一个人多地少、人均资源相对不足的世界上最大的发展中农业大国，生态农业已在中国各地蓬勃发展。广西是我国西部地区重要省区之一，生态农业的发展具有基础好、起步早、发展快、模式多、效益佳的特点（赵其国和黄国勤，2012）。本文拟对广西生态农业的若干问题作一探讨，以期为推动新世纪、新形势下广西生态农业的更好更快发展发挥积极作用。

# 1.1　历　　程

　　从新中国成立至今，广西生态农业大致经历了以下 4 个发展阶段：

## 1.1.1　第一阶段（1949～1977 年）：群众自发，实践摸索

　　从 1949 年新中国成立至实行改革开放之前的 1977 年，广西生态农业处于"群众自发，实践摸索"的发展阶段。尽管当时并没有"生态农业"这一名词、概念，但生态农业的模式和技术却在广西各地的生产实践中广泛存在，广西农民在实践中探索生态农业模式、推广生态农业技术。

　　根据有关资料记载，当时广西生态农业的模式与技术主要有（魏贞莹等，1993）：①农作物间、混、套作和复种多熟，如春玉米/大豆（"/"，指套作、套种或套播，下同）、早（中）玉米/黄豆、早（中）玉米—秋红薯（"—"，指接茬复种，下同）、春玉米—秋花生，等等；②绿肥、豆科作物养地，如种植冬季绿肥紫云英，种植豆科作物蚕豆、豌

豆、大豆、绿豆等，以达到生物固氮、培肥地力的目的；③农家肥、有机肥还田，将生活垃圾、人畜粪便、鸡粪鸭屎、瓜皮果壳等"废物"施入农田，既净化了环境，又培肥了土壤，一举多得。

可以说，这一阶段的广西生态农业，多以资源充分利用、废物循环再生、地力改善提升等为主要特征，是"原质原味"的"原始型"生态农业模式和技术。

## 1.1.2　第二阶段（1978～1991 年）：模式创新，高产高效

从 1978 年开始，我国实行改革开放，广西与全国各地一样，广大农村开始实行家庭联产承包责任制，广大农民有了土地生产经营权、产品处置和产品收益权，生产积极性空前高涨，农民的创造性也得到前所未有的发挥。广大农民在增加农业物质投入、劳动力投入的同时，积极创新、发展生态农业模式，使农业生产力大幅度提高，农产品产量由之前的长期"数量不足"、"产品短缺"，一跃变成"数量充足"、"产品剩余"。

从 1983 年开始，广西各级党委、政府积极引导和组织区内农村以生态农业为基础，因地制宜地开展"万元田"、"吨粮田"、"吨糖田"、"菜篮子工程"等生态农业模式创新与示范建设工程，走出了一条以"山、水、田、林、路综合治理，贸、工、农全面发展"的生态农业新路子，取得了农业的高产高效（龙雯等，2008）。1983～1986 年，广西农业环境监测管理站先后在贺县、全州、梧州市、兴安等地开展生态农业示范，与此同时，不少地、市、县也建立了生态农业示范点。

从 1978 年至 1991 年，广西各地创新的生态农业模式主要有（胡衡生和李艳琳，1999）：①农—林—牧—渔相结合的生态农业模式。来宾县格兰村就是这样一个生态模式的典型。该村的做法是：山头种松树，山腰种油茶或杉树，山脚种果树，河沟边种竹子，平川种农作物、养猪、养牛，水库养鱼。整个农业生态系统处于良性循环状态。②建立以沼气池为中心的生态农业模式。这是全自治区普遍推广的一种生态农业模式。贺县的黄屋寨、岑溪县的荔枝村、忻城县的加猛村、横县的曹村、阳朔县的龙岩门村，南宁市的石埠、鹿寨县的六往村、浪村等示范点和兴安生态示范县开始建设的生态村都属于这种类型。③稻鱼共生系统的生态农业模式。梧州地区在贺县、岑溪、富川、钟山建立了稻鱼共生系统 10 000 多亩（约 666.67hm$^2$），取得了显著的效益。据调查，鱼收入平均每亩 204.3 元，稻谷平均亩产 528kg，比不养鱼的稻田（CK）亩增 45kg。④农田多层次立体利用的生态农业模式。全州县刘家村生态农业示范点属于这种模式。其具体做法是：在一块田内开沟，沟内养鱼，沟边搭棚种瓜遮阴，棚底搭架养鸭，鸭粪喂鱼，沟梗上种小白菜、茄子等。1986 年该村一刘姓农户在 3.3 亩（约 0.22hm$^2$）田里种菜、养鱼、养鸭，全年收入在 3100 元以上，平均每亩收入近千元。⑤瓜菜基鱼塘的生态模式。贺县黄屋寨 1985 年开始进行示范，在 1 亩（约 0.07hm$^2$）鱼塘里按上中下放养各种鱼类，水面上放养浮莲、水葫芦，供鱼和猪食用，塘基上种瓜类和叶菜，鱼塘周围搭上瓜棚，为鱼塘遮阴防暑，塘泥作瓜菜基肥，在塘上面养鸭，鸭粪喂鱼。1986 年全年共收入 2100 元。⑥草—猪—禽—鱼复合生态农业模式。梧州市长地村 110 亩（约 7.33hm$^2$）鱼塘由 22 户农户承包，承包者按照生态学原理在塘基上种牧草，在塘基上盖猪舍、鸭舍和鸡舍，利用部分牧草通过猪、鸭、鸡腹后再喂鱼，

部分牧草直接喂鱼。22 户农户共在鱼塘上养猪 256 头，养鸭鸡近千只，达到了"猪大、禽多、鱼肥"之效果。据测定和统计，鱼塘亩产鱼 500 多 kg，平均每亩鱼塘养猪两头以上，22 户每户这两年纯收入 7000～9000 元。

### 1.1.3 第三阶段（1992～2002 年）：政府推动，全面推广

1992 年我国开始社会主义市场经济，农业向高产、优质、高效——即"两高一优"的方向迈进。在这一背景下，广西生态农业即进入"政府推动，全面推广"的发展阶段。

首先是政府推动生态农业建设。1997 年 10 月 25～26 日，广西壮族自治区党委和政府在恭城瑶族自治县召开全区生态农业现场会，总结、推广恭城瑶族自治县以沼气为主体的农村能源建设及以沼气为纽带的生态农业模式——"恭城模式"（义崇东，1997），动员全区努力开创广西生态农业建设的新局面。随即，广西壮族自治区党委和政府提出实施生态农业"152 工程"，该工程明确规定，在 1998～2002 年，全自治区建设 100 个"恭城模式"的生态村、50 个生态乡和 20 个生态县。工程建设要求以恭城瑶族自治县创造的"养殖—沼气—种植"三位一体的生态农业体系，即"恭城模式"为样板，以促进农业增产、农民增收、农村经济可持续发展和社会全面进步为目的。1998 年 8 月，广西壮族自治区人民政府以"桂政发〔1998〕49 号"文，印发"152 工程"的实施方案，有关部门和各地、市、县采取措施贯彻落实。

其次，在政府推动下，广西生态农业全面发展，成效显著。①全面开展生态农业试点。1994 年，广西全区生态农业试点村 300 多个，试点总面积达到 3.34 万 $hm^2$，试点农户 14.5 万户。至 2001 年底，广西壮族自治区生态农业试点达到 400 个，生态农业试点县 8 个，生态农业试点总面积达到 150 万亩（10 万 $hm^2$），同时，全面启动了以培肥改土、提高土地产出率为重点的"沃土工程"（开流刚，2003）。②积极推广生态农业技术。1999 年，广西冬种绿肥面积超过 600 万亩（40 万 $hm^2$），推广秸秆还田 1895 万亩（126.33 万 $hm^2$），制作农家肥达 4100 万 t。广西还充分利用 9700 万亩（646.67 万 $hm^2$）可利用草地和年产 3000 万 t 的农作物秸秆，积极推广种草养畜，实施国家级秸秆养畜过腹还田示范项目，促进了草食畜禽的发展。至 1999 年年底，全区完成种草改草 25 万亩（1.67 万 $hm^2$），建立秸秆养畜示范县 29 个。这些大大促进了广西生态农业技术的广泛推广和农业生态系统的良性循环。③以生态农业建设带动文明新村建设。广西各地全面推广生态农业的模式与技术，全自治区掀起了生态农业建设热潮，尤其是在沼气池建设、沼气综合利用、太阳能利用等方面取得重大进展。各地将生态农业建设和文明新村建设结合起来，实行改猪牛栏、改厨房、改水、改灶、改路等"五改"措施，农民的居住条件和村容村貌有所改观，涌现出一批初具现代文明特征的新村，如恭城瑶族自治县的天堂村、兴安县的大凸村和黄至坝村、全州县的杜家府村、横县的笔木脚村、柳城县的石脚村、大新县的新光村、桂平市的大蓝坪村等。

再次，生态农业建设成效显著。如上所述，这一阶段广西各地全面推广"养殖—沼气—种植"三位一体的生态农业新模式。到 1999 年，全区新建沼气池 20.8 万座，大化、武鸣两个国家级生态农业试点县通过国家验收，取得了良好的综合效益。

#### 1.1.4　第四阶段（2003 年至今）：模式优化，提质增效

从 2003 年开始，广西生态农业发展进入"模式优化，提质增效"阶段。具体表现在：

**1. 多样化**

根据粗略统计，2003 年至今，广西生态农业各种大、小模式至少有 100 余种，其中常见的、较为典型的、且推广面积较大的模式至少有 20～30 种，如：①"养殖＋沼气＋种植"三位一体模式；②"猪＋沼＋果＋灯＋鱼＋捕食螨＋生物有机肥"模式；③"猪＋沼＋菜＋灯＋鱼＋黄板"模式；④"稻（免耕抛秧）＋灯＋鱼"模式；⑤以"观农景、品特色、农家乐、风情游"为一体的休闲观光生态农业模式，等等。截至 2009 年，广西累计建成户用沼气池 355.3 万座，沼气入户率达 44.4%，沼气生态农业模式推广面积居全国首位。

**2. 高效化**

一是节肥高效。2005～2010 年，广西推广"节肥型生态农业模式"累计 1300 多万 $hm^2$，实际减少化肥施用量 37.41 万 t（折纯量），相当于节约燃煤 1040 万 t、减少 $CO_2$ 排放量 3100 多万 t，节能减排效果十分明显（陈明伟，2011）。二是减药高效。近年来，广西大力推广"生态减灾、绿色防控"生态农业技术，在过去 5 年（2005～2010 年）广西累计推广应用频振式杀虫灯 11.26 万台、害蛾诱捕器 178.26 万个、生态黏虫板 145 万片、植保"三诱"（光诱、色诱、性诱）技术应用面积 180 多万 $hm^2$，节支增收 20 亿元以上，减少杀虫剂折纯量超过 4000t，大幅提高了农产品质量。三是废物高效利用。据初步统计，仅 2010 年冬至 2011 年春，广西宜州市已利用桑枝生产秀珍菇 3500 万棒，产菇 1400 万 t，产值达 1400 多万元，全市菇农人均收入超过 2800 元。目前，桑枝综合循环利用种菇已成为宜州市菇农冬种增收的一大亮点。四是高效观光生态农业发展成效显著。根据广西农业厅的有关资料，到 2008 年全区共有农业生态旅游园 251 个，农家乐旅游 648 个，有全国农业旅游示范点 34 个，自治区农业旅游示范点 114 个，国家森林公园 20 个，自治区级森林公园 21 个，市县级森林公园 6 个。2008 年全年广西全区农业生态旅游点共接待游客 1350 万人次。

**3. 优质化**

由于推广应用高效生态农业技术，广西农产品质量安全水平实现了从 2003 年的全国末位到目前（2011 年）先进行列的飞跃，全区蔬菜农药残留检测平均合格率达 96%以上（张明沛，2005）。

## 1.2　成　　效

新中国成立以来，广西生态农业发展取得了显著的经济效益、生态效益和社会效益。具体表现如下：

### 1.2.1　增加产量

首先，从"广度"挖掘资源潜力，增加产量。广西各地发展生态农业，将长期闲置的农业资源，如休闲农田、草地、荒山、未被利用的农业"废弃物"（如作物秸秆）等全部利用起来，大大增加了农产品生产量，对确保国家和地区粮食安全、农产品安全，乃至农业安全均具有重要作用。

其次，从"深度"挖掘资源潜力，增加产量。如对土壤肥力低、长期处于低产状态的大量中、低产田，通过推广应用生态农业技术，改善土壤、提升地力，从而提高农田生产力，增加农产品产量。这样的例子在广西各地普遍存在。

第三，从"精度"挖掘资源潜力，增加产量。应用生态农业的能量、物质循环再生技术，将农业生态系统中的各种副产品、"废弃物"，通过再利用、再加工、再循环，生产出新的价值更高的农产品。如广西从2003～2008年，农产品加工业增加值年均增长27.6%，形成了以蔗糖、水果、蔬菜、畜禽、水产品、烟草为主的食品工业，以林纸、林板、林化为主的林产工业以及现代中药加工等为支撑的农产品加工产业体系；在广西各地出现了带状分布明显的农产品加工业的产业集群和产业带，如桂北的果蔬加工带、桂中南现代中药加工集群、桂东南的畜禽加工带、桂南的水产品加工带、桂西的林产品加工带、桂中的烟草加工集群、桂西南的香料加工带（陈章良，2010），等等。

### 1.2.2　提高效益

广西壮族自治区通过不断总结、分析、组装、试验和示范，已成功摸索出"猪+沼+果+灯+鱼"等数十多种生态种养模式，并在全区大面积示范推广，取得了生态技术上的突破。目前，果实套袋技术、捕食螨释放技术、频振式杀虫等10多项核心生态农业技术已装备到生态农业模式中，不仅实现了生态农业模式的突破，还获得了可观的经济效益、生态效益与社会效益（滕明兰，2010）。这里，仅从经济效益而言，据测算，2004年开始在全区39个县（市）、160多个乡镇、250多个村全面实施的"十百千万"生态富民小康村建设工程，仅安装频振式诱虫灯一项，每年农民就可减少农药投入近亿元；通过生态养鱼池发展生态养殖业，农民每年可增收1.2亿多元。

在广西各地调查发现，凡富裕村、富裕农户，都是推广应用了生态农业的核心技术、关键技术。在广西生态农业试点区内，农民人均收入常常比一般未进行生态农业试点的农民收入平均要高出至少20%～30%，有的甚至要高出50%～80%。

### 1.2.3　改善品质

广西在发展生态农业过程中，积极开展退耕还林、水土流失治理、防治工业"三废"污染、引导和推动农业废弃物的综合利用与治理、抓好沼气建设、开展测土配方施肥和禁止使用和销售甲胺磷等高度高残留农药等工作，极大改善了农村生态环境，提高了农产品质量安全水平。根据2005年第一季度全区14个市、41个县快速检测，蔬菜质量安全合格率达 94.9%，同比提高 22.5 个百分点。在今年 4 月农业部的抽检中，南宁市蔬菜质量安全水平实现了从 2003 年的全国倒数第十位跃升顺数第一位。

据报道（袁琳，2012），近年来，广西"三品一标"产品抽检合格率始终保持在 99% 以上。2011 年，全区累计认证种植业无公害产品 582 个，有效使用绿色食品标志产品 137 个；有机产品企业认证率保持 100%，有 26 个特色产品通过国家农产品地理标志登记。恭城县成为全国绿色食品原料基地，乐业县率先创建全国有机农业示范基地。2012 年上半年，全区绿色食品基地申报新认证超过 10 万亩（0.67 万 $hm^2$），无公害产地已认定 8 万多亩（0.53 万 $hm^2$）。

### 1.2.4　节约资源

生态农业的实质是"资源节约型"农业。广西各地推广生态农业，大力节约了各种农业资源，提高了农业资源的利用率和生产率。如：①推广生物养地技术、配方施肥技术、作物秸秆还田技术等，则大大减少了化肥投入，节约了肥料资源；②推广应用生态减灾、绿色防治病虫害技术，可少用或不用农药，不仅有效地减少了农药资源投入，还保护了生态环境；③推广科学灌溉技术，实行滴灌、微灌、管灌、渗灌等节水农业技术，因时、因地、因作物灌溉，可大大节约水资源，缓解区域水资源紧张状况；④推广农作物间、混、套作和立体复合种养技术，提高了土地资源利用率，使"一田多用，一地多产"，"一年四季，季季高产"，这实际上是对土地资源最大的节约，是中国特色的具有精耕细作优良传统的生态农业发展之路。

### 1.2.5　保护环境

**1. 发展沼气生态农业，保护农村生态环境**

广西各地发展农村沼气，处理人畜粪便及污水产生沼气，可以减少粪便产生的甲烷（$CH_4$）排放，同时利用收集的沼气替代生活用化石能源从而避免相应的燃煤所造成的 $CO_2$ 排放（甘福丁，2010）。截止 2009 年 11 月底，广西有户用沼气池 352 万座，年可提供燃料 14 亿 $m^3$，相当于减少 $CO_2$ 排放 5385.6 万 t，减少甲烷（$CH_4$）排放 4.4 万 t。

**2. 秸秆综合利用，保护生态环境**

实行秸秆综合利用，一方面是减少秸秆就地焚烧而产生的甲烷（$CH_4$）、氧化亚氮（$N_2O$）的排放；另一方面是形成秸秆固化成型燃料和秸秆气化站能源化，替代化石燃料，减少 $CO_2$ 排放。利用一吨秸秆可节省标煤 0.5t，可减少化石燃料燃烧造成的二氧化碳排放 1.135t。

**3. 推广节肥技术，保护农田环境**

通过科学施肥，合理养分配比，肥料深施，有机肥与化肥混施等减少肥料损失，提高氮肥利用率，从而减少氧化亚氮（$N_2O$）排放。测土配方施肥技术减少氮肥用量 10% 以上，全区农田减少氧化亚氮排放 2.8 万 t，相当于减排 $CO_2$ 890 万 t。

## 4. 推行复合种养，优化农田环境

广西推广稻田养鱼、稻鸭共育、林地养鸡等生物共生、互补、复合生态农业技术，既减少了农药的施用量，又保护了生态环境，还节省了生产成本，可谓"一举多得"，对生产无公害农产品、绿色产品、有机食品均十分有利。

### 1.2.6 提升素质

首先，生态农业模式就是现代农业科技知识的载体，生态农业模式与技术的推广应用，实际上就是宣传、示范、普及农业科技知识的过程。其次，为了创新生态农业模式与技术，必须掌握现有生态农业的理论、模式与技术，并在此基础上，进一步发挥、提升、创造，这实际上又是一个全面提升农民科技文化素质的过程；第三，已有实践证明，凡是生态农业搞得好的地方，农民的科技文化素质都比较高；凡是科技文化素质都比较高的农民，才有可能在发展生态农业的过程中大显身手。一句话，建设生态农业、发展生态农业，对全面提升农村干部、群众的科技文化素质都是十分有利的。

### 1.2.7 扩大影响

在长期的生态农业生产实践过程中，广西干部、群众充分发挥创造能力，对生态农业的模式与技术不断总结、提炼、集成、创新，先后创立了多种在广西乃至南方类似地区具有广泛适应性的生态农业模式，如"恭城模式"、"黄牛模式"（李信贤，1997）等，并已产生广泛影响。

#### 1. 创立"恭城模式"

1999年10月，国家农业部、财政部等八部委召开了全国发展生态农业现场经验交流会，广西恭城是主要的参观现场，有37个国家和地区的70多名专家对恭城给予了高度评价，认为具有恭城特色的生态农业——"恭城模式"，是解决当今生态保护这一世界性难题的成功范例，2000年恭城瑶族自治县被国家农业部列为全国生态农业建设示范县。目前，"恭城模式"已在广西乃至南方类似地区得到广泛推广应用，取得了显著的经济效益、生态效益和社会效益。"恭城模式"实质就是"一池带四小"（即一个沼气池带一个小猪圈、一个小果园、一个小菜园、一个小鱼塘）的庭院循环经济格局，是"养殖—沼气—种植"三位一体的生态农业模式，通过大力发展以柑橙、月柿为主的水果产业，实现经济、社会、人口与环境的全面、协调、可持续发展。如今，昔日的少数民族山区贫困县——恭城县，一跃成为"全国生态农业示范县"、"中国椪柑之乡"、"中国月柿之乡"，成为联合国"发展中国家农村生态经济发展的典范"，也让老百姓享受到了发展生态农业带来的成果。

#### 2. 创建"黄牛模式"

继"恭城模式"之后，在广大群众生产实践的基础上，广西人民又创造了一种新的生态农业模式——"黄牛模式"，即广西三江县北部以黄牛为转化动力的生态农业模式。该模式的生产路线是：草→黄牛→（牛栏肥料+牛役+牛肉）→粮食（主要是大米）+鱼+蔬菜+棉花+蓝靛等，将草转化为肉、粮食、鱼、蔬菜和布衣，黄牛是转化的动力，简称为"黄牛模式"，产生良好的经济、社会和生态效益。"黄牛模式"利用亚热带山地的草坡是常绿阔叶林地带的次生产物，资源有限，产量不稳定，草质量低。养牛只能小型分散、圈、放养结合。该模式是开放性系统，长期生产过程中对草资源的利用只索取无回归，系统失调，生产力下降。在典型的山地，它仍不失为一种有效的生态农业模式。

# 1.3　问　　题

## 1.3.1　科技薄弱，人才不足

广西是我国西部地区 12 省、区、市之一，科技总体比较薄弱，人才相对不足。就农业科技与人才而言，则更显薄弱和不足。

广西壮族自治区农业科研队伍主要由自治区级农业独立科研院所、市县级农科所和农业（涉农）高校三方面组成。据统计，在农业科技人员中博士占 2.81%，硕士占 11.64%，与全国平均水平相差甚远，与发达国家相差更远。农业科技创新人才缺乏，特别是农业科研领军人物、学科带头人和高层次科技人才奇缺（广西壮族自治区科技厅，2010）。

据有关资料，农业科技人员约 3 万人，平均每县约 275 人。但分布极不平衡，主要集中在农业科研机构，聚集于大中城市。目前推行的"养殖—沼气—种植"三位一体生态农业模式，农业生态体系高新科技含量不高，农民群体素质普遍偏低，对现代农业科技成果的运用能力十分有限。因此，不少农户在发展生态农业时，无论是管理，还是技术水平均较低，制约了生态农业优势的充分发挥，影响了农民进行生态农业开发的积极性。部分地区的生态农业依然停留在传统农业阶段，制约了广西生态农业的生产效率和综合性效率。

## 1.3.2　经济落后，资金缺乏

**1. 经济落后**

据《中国统计年鉴—2013》资料（中华人民共和国国家统计局，2013），2012 年广西壮族自治区的地区生产总值 13 035.10 亿元，仅为广东省（57 067.92 亿元）的 22.84%。目前，广西人均 GDP 较低，仍有为数较多的县（49 个县）要靠国家补贴"过日子"，发展生态农业的资金远远不能满足需要，制约了全区生态农业的发展。

**2. 投入不足**

广西壮族自治区发展生态农业的资金投入严重不足。由于生态农业资金投入没有形成稳定增长机制，资金投入总量严重不足，导致生态农业科研资金不足和生态农业科技成果转化经费缺乏。据广西科技厅资料（广西壮族自治区科技厅，2010），自治区本级科技专项经费增长幅度大大低于全国平均数（广西 12.31%，全国平均 28.8%，贵州 31.98%，湖南 35.72%，云南 43.28%）。广西农业科技的投入主要用于人头经费，农业科研经费少、比重低，农业科技投入"有钱养兵，无钱打仗"的局面没有根本改变。自治区科技基础条件仍然薄弱。由于财政投入不足，目前广西多数农业科研单位设备落后，一些单位还停留在 20 世纪七八十年代的水平。设备陈旧、图书资料少、现代信息手段缺乏，大面积综合试验基地少，特别是基层农业科技单位这一现象更为严重。农业科研基础设施差，农业科研用地日益受到侵蚀；科研基础设施普遍陈旧破损，残缺不全。由于农业科技创新手段落后，大部分科研院所仅具有应用常规技术的能力，缺乏使用高新技术的设备和能力，严重影响了农业科技创新，以及生态农业的建设与发展。

据作者实地调查，在一些贫困山区，农民收入普遍偏低，有相当部分农民甚至温饱都无法解决，农民连必备的生产资料都买不起，缺乏扩大再生产的资金积累，造成贫困的恶性循环。而生态农业的发展初期是要有一定的资金启动和支撑的，但广西发展生态农业所必需的资金十分短缺。可以说，经济落后、资金缺乏是当前广西生态农业发展面临的突出问题之一。

### 1.3.3 生态脆弱，条件恶劣

广西整个生态环境大致可分为红壤丘陵地区、是石山地区、沿海地区等三大类型区，且均在不同程度上存在生态脆弱、条件恶劣的问题，对发展生态农业构成威胁。①在红壤丘陵地区，存在着水土流失、土壤退化（肥力下降和土壤污染）、物种消失等多方面的生态环境问题。②在广西石山地区，生态问题就更突出，不仅地形破碎、水土流失，更严重的是石漠化加剧（黄柳林和曾善静，2003）。石漠化是生态环境恶化的一种极端形式，主要发生在桂西北岩溶石山地区。据统计广西年石漠化土地面积已达 3450 万亩（230 万 $hm^2$），占石山区面积的 29%，而且仍以每年 3%～6%的速度递增，涉及广西 82 个县市。长期以来，由于石山地区人地矛盾突出，不合理的耕作制度，过度砍柴、放牧以及石山火灾等破坏石山植被的人为因素导致了严重的石漠化，而石漠化又加剧了石山地区生态环境的恶化，导致严重缺水缺土和自然灾害频繁发生。③在广西沿海地区，存在的突出生态环境问题，包括：一是自然灾害频繁，对农业生产造成危害。广西沿海地区地处亚热带，农业自然灾害主要是以冬春旱、低温阴雨、台风、暴雨为主，冬春旱（1 月到翌年 3 月）影响冬种作物生长和春作物的播种；低温阴雨影响早稻育秧，造成烂种烂秧，影响早造生产；本地区属多雨区，但由于降雨分配不均匀，雨季集中在 6～8 月份，降雨量占年总降雨量的70%以上，每年 7～9 月份常有洪涝灾害，有热带风暴台风危害。二是农业基础设施薄弱；水利设施不完善。三是土壤贫瘠，砂多、偏酸，有机质和 N、P、K、Ca、Mg 等养分缺乏，保水能力差，中低产田（地）约占 60%以上，使农作物产量偏低，部分田块和旱坡地仍存在水土流失问题，时常有台风、暴风雨袭击。

广西各地市县的自然条件、自然资源、生态环境状况，以及经济社会发展水平的差异较大，发展生态农业的背景条件也千差万别，因此各地市县发展生态农业的条件具有许多不可比的因素。特别是有些石山地区，因自身条件太差，生态的承受能力已达极限，农民怎样勤劳也无法解决温饱问题，当然发展生态农业的难度也极大。随着乡镇企业的发展和工业化、城市化、城镇化速度加快，农业环境污染的事故增多，直接影响到生态农业发展的环境。生态农业要求在追求经济效益的同时，要兼顾生态环境保护与改善，在追求短期利益时兼顾长远利益，而目前市场经济的动作机理则更多的是追求经济效益。尤其是许多县、乡、村、农户温饱问题都尚未解决，在实施推进生态农业时，往往为眼前利益而有意或无意破坏脆弱的生态环境，使生态农业的发展步履维艰或名不符实。如何使这些地区生态农业沿正确轨道前进，还需有关政府部门制定出相应的保障政策或进行宏观指导与调控。

### 1.3.4　技术组装不配套，理论研究不深入

从广西各地生态农业发展的实践来看，普遍存在着生态农业的技术组装不配套、生态农业的理论研究不深入的问题。

当前，在广西生态农业的模式与技术方面存在着"四多四少"现象，即：生态农业的单项技术多，综合性技术少；增加产量技术多，增加农民收入、节约资源、保护环境、拓展农业功能的模式少；低水平重复技术多，重大突破性、具有自主知识产权的模式少；传统技术多，高新技术、实用技术少；同单位、同行业的生态农业成果多，跨行业的重大研究，特别是有深度与广度的理论研究成果少。

针对上述现象，必须高度重视生态农业的技术组装及理论研究，要通过对单项技术进行研究的基础上，加强对配套技术、组装技术的综合研究，真正体现"1+1 > 2"，综合效益远远高于单项技术效益。同时，要深入开展生态农业的理论研究，要深入、系统地研究分析生态农业模式和技术的作用机理及增产增效机制。只有这样，才能使广西生态农业的实践有方向、有依据、有目标，才能实现广西生态农业的高产高效和可持续发展。

### 1.3.5　意识不强，措施不力

作者于 2010 年 9 月～2014 年 4 月曾先后多次对广西生态农业进行了实地调查，总体感觉是广西有相当部分农民对生态农业、农业生态环境保护的意识还比较薄弱，特别是许多经济相对落后地区的农民更是缺乏环保意识，没有形成从源头上减少资源消耗和降低污染物排放的思想。

由于在农业生产过程中，生态环境保护意识薄弱，常常违背科学种田规律，盲目追求产量，在农业生产中超量使用化肥和农药，严重破坏了生态环境。一些畜牧养殖场的粪便未经处理，就随意排放，导致诸多水域富营养化；地膜广泛应用后因未得到及时降解而造成白色污染；秸秆焚烧现象比较普遍，等等。广西各地农业生产残留物的综合利用整体水平不高，造成空气、土壤和地下水等的不同程度污染。

不仅农民环保意识淡薄，就是许多农村行政管理干部也是"睁只眼，闭只眼"，对违背科学种田规律，滥用化肥、农药、饲料添加剂、土壤改良剂等各种化学制品的不良行为不予以制止，更没有制定切实可行的"预防"措施和"应对"策略，这也是导致广西生态农业发展不快、生态环境改善不明显，甚至有的地方农业生态环境恶化之重要原因。

### 1.3.6　规模化不够，产业化不强

新中国成立以来，特别是改革开放以来，广西生态农业有了突飞猛进的发展，成效

是显著的和有目共睹的。但也不可否定，与全国生态农业搞得好的先进省（区、市）比较，广西生态农业的发展还显不足，一是规模化不够；二是产业化不强（潘志金和黄力明，1999）。

当前，在广西生态农业模式与技术的推广过程中还没有真正形成规模化，或者说规模化程度还比较低，推广面积还比较小，离真正的"规模化"还有相当距离，一定程度上还是"小打小闹，不成规模"。由于没有形成规模化生产，广西生态农业的产业化也难以真正形成。但从实现广西生态农业可持续发展的目标着想，今后应全力推进广西生态农业的规模化、产业化发展，并配之以集约化、科技化。

# 1.4 对　　策

针对存在的问题，为使广西生态农业今后又好又快地发展，应综合考虑国际生态农业的发展趋势，结合广西生态农业发展的现状和可持续发展的要求，采取如下对策和措施（赵其国和黄国勤，2011）：

## 1.4.1 提高认识，转变观念

要通过开展宣传教育、科技培训等各种途径，使广西全区干部、群众切实认识什么是生态农业？为什么要发展生态农业?如何发展生态农业？……只有把这些问题搞清楚了，才能从思想上真正重视生态农业，才能从行动上发展生态农业，做对生态农业发展有利的事、有益的事。

## 1.4.2 搞好规划，完善制度

广西壮族自治区及各地、市、县先后制定了不同类型、不同期限（短期或中、长期）生态农业发展规划，对全区生态农业的建设与发展起到了重要作用。但随着国内外农业形势的发展，原有的规划要么到期过时了，要么目标、内容、手段、技术等不符合新的要求，亟待改进、完善。因此，为使新形势下广西生态农业更好地发展，就必须制定适应新要求、符合新形势的新的生态农业建设与发展规划。

建设生态农业，发展生态农业，要有制度、法律和法规作保障，要以制度、法律和法规来管理、规范从事生态农业建设和发展的各方面的利益和行为。广西要在国家有关法律、法规及相关制度的前提下和基础上，制定适合广西各地实际的"制度"和"规定"。只有这样，才能确保广西生态农业的健康向前发展。

## 1.4.3 增加投入，改善条件

如前所述，广西有不少地方（特别是石山地区）生态脆弱、条件恶劣，对发展生态农业极为不利。为推进广西全区生态农业的建设与发展，必须多方面增加投入，切实改善生态农业发展的内、外环境。

首先，要增加投入，改善广大农村的内部环境。要通过兴修水利、改善灌溉条件；通过增施有机肥和实行用养结合的耕作制度,提高农田土壤地力;通过实行秸秆还田,既提升地力,又减少污染。其次,要增加投入,优化生态农业发展的外部环境。如通过植树造林,提高森林覆盖率,减少水土流失;通过修路、架桥等,改善交通条件,有利于农业生产物资和生态农业产品的"进"、"出",从而有利于提高农业生产效率和农业生态系统的生产力。第三,增加投入,加强宣传,改善生态农业的舆论环境。或者说,通过扩大宣传、加强教育,为建设和发展生态农业营造一个良好的气氛。

### 1.4.4 重视科技,培养人才

生态农业,特别是现代高效生态农业,实质上是"高科技型"的农业发展类型与模式。没有现代科学技术,建设、发展现代高效生态农业只能是一句空话。因此,在当前新形势下发展生态农业,就必须重视科技,必须重视培养掌握科技的"人"——培养人才。

一是要将现代生物技术、信息技术(特别是"3S"技术——遥感技术、地理信息系统和全球定位系统)、新材料技术、新能源技术等广泛应用于生态农业的生产实践,使之尽快转化为生产力;二是要根据广西各地生态农业的模式及特点,不断研发出新的符合现实需要的高效科技成果和应用技术,从而为提升广西生态农业模式的效益发挥作用;三是要千方百计培养广西生态农业的科技人才,为广西生态农业的可持续发展提供人才保障和智力支撑。

### 1.4.5 调整结构,优化模式

调整广西农业生产结构。当前,广西农业结构不尽合理。一是大农业结构中,种植业比重较大,而其他产业(林、牧、渔、副业)比重相对较低,不符合实际需要。要调整广西大农业结构,重视林、牧、渔、副业的发展;二是种植业结构中,粮食作物比重较大,而经济作物特别是高效经济作物比重偏小,亟待改变。要大力发展适合广西种植的高效经济作物,如甘蔗、木薯、蚕桑等;三是要大力发展广西加工业,提升广西农业效益产。

优化广西生态农业模式。从当前广西各地生产实际来看,生态农业模式存在种类多而杂的现象。为了发挥广西各生态农业模式的优势,以获得应有的实际效益,必须优化广西生态农业模式,各地要选择 1~2 种或 2~3 种适应性广、效益好的模式作为主推模式,重点投入、精细管理、强力推动,必将取得良好效果。

### 1.4.6 因地制宜,发挥优势

广西幅员辽阔,各地自然条件、生态环境、资源状况,以及社会经济条件均不一致,且差别往往较大。因此,不同地区,应根据自己的具体条件——优势、劣势,趋利避害,扬长避短选择"最佳"生态模式进行推广应用,以真正发挥出优势,取得最大效益。

如在广西红壤丘陵地区,则要选择水土保持型、多层开发型、生物共生互型生态农业模式加以推广应用;在石山地区,则可选择推广"恭城模式"、立体生态农业模式、低产林地改造模式、旅游观光型生态农业模式等;在广西沿海地区,可推广瓜果菜复合种植、稻鸭鱼立体种养、畜牧—水产良性循环等类型的生态农业模式。

## 1.4.7 加强交流，开展合作

广西地处祖国南疆，土地面积 23.67 万 $km^2$，人口 5000 万人，是全国唯一具有沿海、沿边、沿江优势的自治区。中国—东盟贸易区的建立，使广西由边陲省份变成国际通道和枢纽。处于中国—东盟自由贸易区中心位置的广西，成为东盟各国进出中国的门户。广西要充分利用这一优势与战略机遇，加强生态农业的国际交流，开展生态农业的国际合作。才有这样，广西生态农业才能走向国际，才能更快更好发展。

## 1.4.8 综合配套，全面发展

生态农业是"综合型"农业，要使生态农业达到高产、优质、高效，实现全面发展，必须采取综合性配套措施。这里特别要强调"四良"配套，即在发展广西生态农业过程中，要做到良种（优良品种）、良法（优良栽培技术）、良田（优良农田）、良制（优良耕作制度）"四良"配套。只有这样，才能实现生态农业的全面发展、健康发展。

## 1.4.9 "三效"并举，良性循环

生态农业不同于一般的"高产农业"、"创汇农业"、"高效农业"（仅指高经济效益的农业）；而是融经济效益、生态效益和社会效益（简称"三效"）于一体的农业，不仅要高产，还要求优质、高效（指"三效"——经济效益、生态效益和社会效益），不仅要开发利用资源，更要保护资源、改善环境、建设生态，只有这样，才能实现农业生态系统的良性循环。因此，广西各地在建设、发展生态农业时，要始终将经济效益、生态效益和社会效益放在同等重要的位置，要做到"三效"并举，确保广西农业生态经济系统的良性循环。

## 1.4.10 "四化"同步，持续发展

广西生态农业的发展，要做到规模化、产业化、集约化和科技化"四化"同步。规模化是未来现代生态农业发展的必由之路，有规模才有效益，规模化程度越大，规模效益就越明显；产业化，是解决大市场与小农户之间矛盾的根本途径和有效方法，生态农业的产业化，就是提升生态农业效益、增强农户发展生态农业"保障"的良法；集约化，是解决广西、解决全国人多地少矛盾的唯一选择，集约化的生态农业是中国特色精耕细作农业的重要组成部分，广西生态农业也必然走"集约化"之路；科技化，是未来生态农业发展的方向，提高生态农业的科技含量，就是提升生态农业的水平、质量、效益。一句话，只有做到规模化、产业化、集约化、科技化"四化"同步，广西生态农业才能实现可持续发展。

## 参 考 文 献

陈明伟. 2011. 广西低碳农业发展模式及对策. 南方农业学报，42（8）：1015-1019

陈章良. 2010. 广西农业发展的历史机遇. 农业工程技术（农产品加工业），（1）：44-47

甘福丁，魏世清，曾广宇，等. 2010. 广西沼气生态农业发展模式与特点. 现代农业科技，（22）：322-324

广西壮族自治区科技厅. 2010. 紧抓新机遇 谋划大发展——广西农业科技自主创新体系建设站在新起点上. 中国农村科技，（11）：34-37

胡衡生，李艳琳. 1999. 广西生态农业的模式与特点. 广西师院学报（自然科学版），16（4）：58-64

黄柳林，曾善静. 2003. 广西石山地区农业可持续发展模式研究. 沿海企业与科技，（2）：11-12

开流刚. 2003. 发展广西生态农业 促进农民可持续增收. 广西社会科学，（2）：42-44

李丽芳，范文. 2003. 广西生态农业多姿多彩. 农民日报，2003-12-23（第001版）

李文华. 2003. 生态农业——中国可持续农业的理论与实践. 北京：化学工业出版社

李信贤. 1997. 广西三江县北部以黄牛为转化动力的生态农业模式. 广西科学院学报，13（4）：26-31

龙雯，陆道调，叶丹，等. 2008. 广西生态农业发展的主要模式及提升效益策略. 广西农业生物科学，27（增刊）：57-60

潘志金，黄力明. 1999. 广西生态农业产业化研究. 广西农村经济，（2）：35-37

滕明兰. 2010. 广西发展生态农业大有可为. 广西经济，（1）：34-35

魏贞莹，钟少宗，施玉秋，等. 1993. 广西耕作制度. 南宁：广西民族出版社

义崇东. 1997. 恭城模式：广西发展生态农业的成功探索. 计划与市场探索，（11）：41-42

袁琳. 2012. 广西"三品一标"产品合格率99%以上. 广西日报，2012-7-16（第001版）

张明沛. 2005. 建设生态广西 重抓生态农业. 广西日报，2005-10-11（第007版）

赵其国，黄国勤. 2011. 广西农业：机遇、成就、问题与战略. 农学学报，（5）：1-8

赵其国，黄国勤. 2012. 广西农业. 银川：阳光出版社

中华人民共和国国家统计局. 2013. 中国统计年鉴—2013. 北京：中国统计出版社

# 附录十

## 广西农业：机遇、成就、问题与发展战略

赵其国[1]，黄国勤[2]

（1. 中国科学院南京土壤研究所，南京，210008；2. 江西农业大学生态科学研究中心，南昌，330045）

**摘要**：为广西农业发展提供有关方面参考，从机遇、成就、问题与战略对策4个方面探讨广西农业的发展问题。广西农业在中国热带、亚热带特色农业中占有重要地位。党中央、国务院对广西农业发展一直高度重视，近年来出台了一系列相关政策，对推动广西农业发展起到了重要作用。进入"十二五"期间，广西农业面临着新的良好发展机遇，尤其是"中国—东盟自由贸易区"的建立，为广西发展外向型农业带来了难得的历史性机遇。在"十一五"期间，广西农业虽然取得了巨大成就，但是广西农业发展仍然存在诸多问题，如作物产量较低，潜力未能发挥；土壤退化严重，生产环境变劣；农业基础脆弱，发展后劲不足；农业科技落后，支撑能力不强。"十二五"期间乃至今后相当长的一段时期内，要实现广西农业又好又快的发展，必须实施的发展战略有开放战略、带动战略、提升战略和低碳战略。

**关键词**：农业；发展战略；农业可持续发展；广西

## Guangxi Agriculture：Opportunity，Achievement，Problems and Strategy

ZHAO Qiguo[1]，HUANG Guoqin[2]

（1. Institute of Soil Science，Chinese Academy of Sciences，Nanjing 210008，Jiangsu，China；2. Research Centre on Ecological Sciences，Jiangxi Agricultural University，Nanchang 330045，Jiangxi，China）

**Abstract**：Guangxi is at the site of southwest of the border region，which is the collection old，few，side，the mountain，poorly in a body autonomous region. Guangxi is one of western area 12 provinces，the area，or cities in our country. The Guangxi agriculture holds the important status in tropics and subtropics agriculture with characteristics in our country. The Central Party Committee and the State Council take continuously highly to the agricultural development of Guangxi. In recent years，a series of correlation policy has been appeared，which plays a vital role to impelled the development of agriculture in Guangxi Province. When enters the "Twelve-Five" period，the Guangxi agriculture is facing the recent good development opportunity. In particular，the establishment of "Chinese-Association of Southeast Asian Nations free trading area"，which has brought the rare historical opportunity to develop the export-oriented agriculture for Guangxi. In the "Eleven-Five" period，the huge achievement had been obtained in Guangxi agriculture.

本文原载《农学学报》2011年第1卷第3期第1～8页。

At Present，many problems are facing in the development of agriculture in Guangxi. For example，the crops output is low，the potential has not been able to display；the soil degeneration is serious，the production environment changes poor；the agricultural foundation is frail，the growth potential is insufficient；and the agricultural science and technology is backward，support ability is not strong. At the "Twelve-Five" period from now on and even in the future quite long time，in order to realize the development with good and fast in agriculture in Guangxi Province，the following developmental strategy have to be implemented：open strategy，impetus strategy，promotion strategy and low-carbon strategy.

**Key words**：Agriculture；Developmental Strategy；Sustainable Development of Agriculture；Guangxi

## 1.1 引　　言

广西壮族自治区位于东经 104°26'～112°04'，北纬 20°54'～26°24'，北回归线横贯全区中部。广西全区土地总面积 23.67 万 $km^2$，占全国总面积的 2.47%。广西壮族自治区地处中、南亚热带季风气候区，年平均气温在 16.5～23.1℃，气温由南向北递减，由河谷平原向丘陵山区递减。全区约 65%的地区年平均气温在 20.0℃以上，其中右江河谷、左江河谷、沿海地区在 22.0℃以上，涠洲岛高达 23.1℃。桂林市东北部以及海拔较高的乐业、南丹、金秀年平均气温低于 18.0℃。广西降水丰沛，年降水量为 1080～2760mm，大部分地区的降雨量在 1300～2000mm，其地理分布具有东部多，西部少；丘陵山区多，河谷平原少；夏季迎风坡多，背风坡少等特点。由于受冬夏季风交替的影响，广西降水量季节分配不均，干湿季分明，4～9 月为雨季，总降水量占全年降水量的 70%～85%；10 月至次年 3 月是干季，总降水量仅占全年降水量的 15%～30%。广西自然资源丰富，是中国、亚热带农业发展的重要区域，是全国"产糖大省"、"水果之乡"，广西农业在全国的地位越来越突出（中国农业年鉴编辑委员会，2009）。

在进入"十二五"之际，回顾"十一五"广西农业及经济社会发展取得的巨大成就，探索今后 5 年或更长时间内广西农业发展的思路和战略对策，对于推动广西农业乃至经济社会的全面、协调和可持续发展具有重要意义（郭声琨，2011）。笔者拟从机遇、成就、问题与战略对策 4 个方面，探讨广西农业发展问题，以供有关方面参考。

## 1.2 机　　遇

### 1.2.1 中央领导高度重视

党中央、国务院对广西的发展一直非常关心和高度重视（郭声琨，2011）。胡锦涛总书记等中央领导同志多次莅临广西考察指导工作，多次对广西工作做出重要指示。2007年 3 月，总书记要求，要把广西建设成为中国与东盟的区域性物流基地、商贸基地、加工制造基地、信息交流中心以及连接多区域的国际通道、交流桥梁、合作平台；2008 年春节期间，总书记深入广西指导抗击雨雪冰冻灾害，要求牢牢把握西部大开发的宝贵机遇，努力在继续解放思想上迈出新步伐，在坚持改革开放上实现新突破，在推动科学发展上取得新进展，在促进社会和谐上见到新成效；2009 年 1 月，总书记对广西近几年工作给予了充分肯定。2010 年春节期间，温家宝总理在广西视察工作时，对广西环境保护和生态建设工作取得显著成效进行了高度肯定，并对未来广西农业及经济社会发展寄予厚望。

### 1.2.2　国家出台相关政策

为支持和推进广西"跨越式"发展，近年来国家出台一系列相关政策。2008 年 1 月，国家批准实施《广西北部湾经济区发展规划》，把广西北部湾经济区作为我国西部大开发和面向东盟开放合作的重点地区，并计划把该区建设成为带动支撑西部大开发的战略高地和开放度高、辐射力强、经济繁荣、社会和谐、生态良好的重要国际区域经济合作区。

2009 年 12 月，国务院发布《国务院关于进一步促进广西经济社会发展的若干意见》（国发〔2009〕42 号），提出了促进广西经济社会发展的战略任务：①打造区域性现代商贸物流基地、先进制造业基地、特色农业基地和信息交流中心。②构筑国际区域经济合作新高地。③培育中国沿海经济发展新的增长极。④建设富裕文明和谐的民族地区。

### 1.2.3　扩大开放深化合作

2002 年，《中国—东盟全面经济合作框架协议》正式签署。中国—东盟自由贸易区的建立，使处于中国—东盟自由贸易区中心位置的广西成为东盟各国进出中国的名户，使广西由边陲省份变成国际通道和枢纽。

近年来，中国—东盟自由贸易区建设进程不断加快。随着《货物贸易协议》、《服务贸易协议》和《投资协议》的签署，完成了中国—东盟自由贸易区协议的主要谈判，中国—东盟自由贸易区于 2010 年全面建成。这是一个拥有 19 亿消费者、近 6 万亿美元生产总值、1.2 万亿美元贸易总量的经济区，是中国和东盟 10 国共创世界第三大自由贸易区，是发展中国家组成的最大的自由贸易区。自由贸易区的建成，标志着广西对外开放和合作进入到一个新的历史发展阶段——这是广西农业发展的一个历史性战略机遇（陈章良，2010）。

## 1.3　成　　就

"十一五"期间，广西经济社会、生态环保和农业发展取得了巨大成就，为"十二五"期间广西的又好又快的发展奠定了坚实基础。就农业、农村而言，广西"十一五"期间取得的巨大成就表现在 5 个方面。

### 1.3.1　产值增幅大

2006～2010 年广西农林牧渔业总值从 1448.4 亿元增加到 2610 多亿元，农业增加值从 912.5 亿元增加到 1670.37 亿元，农民人均纯收入由 2495 元增加到 4543 元，增幅均超过了 80%。

### 1.3.2 农耕技术新

广西农业科技人员因地制宜，大胆探索，自主创新集成推广了"三避"（避雨、避晒、避寒栽培）、"三免"（水稻、玉米、冬季马铃薯免耕栽培）、间套种等多项农业适用新技术。

**1. "三避"技术抗冻又抗旱**

2008 年罕见的雨雪冰冻灾害，造成桂北大部分果树受灾，而推广了树冠盖膜"三避"技术的 3333.33 多 hm² 阳朔金橘却生机勃勃；在 2010 年历史罕见的干旱中，采用了"三避"盖膜种植的农作物，有效节水 50% 左右，"三避"技术有效保住了 60 多万 hm² 甘蔗、西瓜、玉米、香蕉等农作物。

**2. "三免"技术提质又提效**

广西的稻草覆盖马铃薯免耕种植技术，改"种薯"为"摆薯"，改"挖薯"为"捡薯"，平均每公顷省工 90～120 天，比常规耕作栽培增产 50%。农业部先后 5 次在广西召开全国会议，推广广西"三免"技术（稻草覆盖马铃薯免耕种植、水稻免耕抛秧、玉米免耕栽培）。

**3. 间套种技术省地又增收**

水稻莲藕套种技术，让广西宾阳县黎塘镇司村这个莲藕之乡实现稻藕同生。单种藕每公顷只能产莲藕 37 500 多 kg；套种后，莲藕产量不仅达到 45 000kg，还能多收 7500kg 左右的稻谷，每公顷能多收入 15 000 多元。2010 年 11 月 13 日，全国农作物间套种技术研讨会在广西召开，与会领导、专家高度称赞"稻藕套种"技术。目前，广西先后探索推广了"粮经套"、"粮油套"、"粮粮套"等多种模式。

### 1.3.3 节本增效显

"十一五"以来，广西累计推广"三避"技术 760 万 hm²、间套种 96.67 万 hm²、测土配方施肥 93.33 万 hm²。推广水稻免耕抛秧技术 440.88 万 hm²，节本增收 68 亿元；马铃薯免耕栽培 41.33 万 hm²，节本增收 40.3 亿元；玉米免耕栽培 89.67 万 hm²，节本增收 6.73 亿元；水稻抛秧 833 万 hm²；植保"三诱"技术 186.67 万 hm² 以上，节支增收 20 亿元。

### 1.3.4 形成产业带

农业科技创新，推动了广西农业特色优势产业的规模发展，近年来，广西重点推动桑蚕、食用菌等 11 大优势产业加快发展，促进产业转型升级，全力推进优势农业优势产业向优势区域集中。目前，广西形成了桂林、南宁、来宾市食用菌产业带，桂西北、桂中、桂南三大桑蚕优势产业带，崇左、来宾、南宁、柳州等主要糖料蔗产业带，桂东南、桂西、桂中木薯优势产业带，桂北、桂中柑橘产业带，左右江和桂东南香蕉产业带，桂南、桂东南荔枝产业带（郭声琨，2011）。

### 1.3.5 农业地位升

近年来，广西农业在全国的地位越来越突出：①粮食单产连续 4 年创新高，总产量稳定在 1400 万 t 以上，优质稻等产量排全国前列。②"菜篮子"产品稳定增长，蔬菜种植面积 113.33 多万 hm²，成为全国最大冬菜生产基地。③肉类、水产品产量连续 4 年排全国第 8 位，其中对虾产量全国第二，罗非鱼产量全国第三。④糖料蔗、蚕茧、木薯、木材等产量排全国首位，分别占全国总产量的 60%、33%、70%、14% 以上。此外，广西水牛存栏数全国第一；动植物良种覆盖率 90% 以上，新技术大面积推广。农产品质量安全水平不断提升。农民专业合作经济组织发展到 5219 个，农业产业化经营全面推进，等等。

## 1.4 问　题

尽管近年来广西农业发展取得了巨大成就，但在其发展进程中仍然存在诸多问题，突出表现在 4 个方面。

### 1.4.1 作物产量较低，潜力未能发挥

根据《中国农业统计年鉴 2009》资料（中国农业年鉴编辑委员会，2009），广西耕地面积 421.75 万 hm²，占全国总耕地面积的 3.47%，但粮食总产量只有 1394.7 万 t，只占全国粮食总产量的 2.64%，广西耕地粮食生产潜力没有充分发挥出来。就水稻而言，全国稻谷单位面积产量为 6563kg/hm²，而广西稻谷单位面积产量只有 5227kg/hm²，广西稻谷单产比全国稻谷单位面积产量低 13.57%，相当于每公顷少 1336.05kg。这不仅说明了广西水稻产量还比较低，还有较大的增产潜力；而且还说明广西优越的光、温、水等资源没有得到充分利用，资源潜力未能发挥，资源生产潜力亟待挖掘。

### 1.4.2 土壤退化严重，生产环境变劣

广西存在严重的土壤退化问题，对农业生产环境造成不利影响。

**1. 水土流失加剧**

20 世纪 90 年代，广西国有林场面积比 20 世纪 80 年代下降了 13.5%。虽然近年来有些地区的有林地面积增加，但林地质量退化，低矮灌木比例增大。目前全区水土流失中轻度侵蚀占 14%，中度侵蚀占 5%，强度侵蚀占 0.3%，石山占 2.6%。近 10 年中坡耕地水土流失面积增加了约 20%。

**2. 红壤酸化严重**

20 世纪 80 年代以来，广西的酸沉降的频率和强度均增加，酸雨的面积大幅度地向外扩展。近 20 年来，旱地红壤 pH 平均降低了 0.1~0.2 个单位，预计到 2045 年，土壤 pH

还将有所下降，而盐基饱和度则将下降约 50%。

### 3. 红壤坡耕地土壤肥力退化

广西土壤肥力大多处于中下水平，中、低肥力土壤的面积比例分别为 42% 和 33.3%。水田和林旱地土壤中全氮和速效磷大多处于轻度贫瘠到严重贫瘠水平。近 20 年来，自然荒地和稀疏林地的土壤肥力退化；由林地开垦的旱地土壤肥力也下降；红壤坡耕地中有机质和钾退化严重。特别是经济作物存在严重的连作障碍，红壤微生物生物功能退化。

上述几个问题相互影响，使农业生产环境变劣。水土流失严重，每年有大量的表土和养分流失；土壤瘠薄、中低产田（地）面积大；土壤酸化，抑制作物生长；土壤物理结构差，抗季节性干旱能力弱。植被逆向演替、侵蚀加剧，引起肥沃表土流失；酸雨加速了土壤养分离子的淋失，这些都是引起土壤肥力的退化原因。而土壤肥力的退化，又导致土壤生态功能的失调，如土壤微生物和动物种群减少、功能衰退，土壤元素生物循环减少，这降低了土壤对退化过程的缓冲能力，加速了土壤的退化。目前在广西粮食生产中出现了一个重要问题是粮食单产的增长幅度已远远落后于农业投入的增长幅度。近 5 年来，化肥用量年增幅平均为 8.4%，而每年粮食单产增幅仅为 2.2%。引起这种现象的主要原因就是长期对土地资源的不合理利用而产生的土壤肥力退化和生态环境恶化，并由此导致农业生产环境变劣，对农业可持续发展构成严重威胁。

### 1.4.3　农业基础脆弱，发展后劲不足

广西农业基础十分脆弱，突出表现在农田水利建设方面存在诸多问题（陈发科等，2008）：①灌溉工程老化失修，水库病险隐患较多。广西现有农田水利工程，大部分是 20 世纪 50、60 年代兴建的，标准低、质量差，由于管理不善、维护不够、年久失修，约有三分之二的水利工程设施出现老化、损坏或报毁；②农田水利基础设施建设滞后，灌区服务功能严重退化。广西现有大型灌区渠道防渗率为 12.8%、中型灌区渠道防渗率为 16.6%、小型灌区渠道防渗率为 10.5%，远远低于应有标准；③农田水利工程投入严重不足，资金缺口非常大。

由于农业基础脆弱，导致广西农业灾害频发，出现"大雨大（水）灾、小雨小（水）灾、无雨旱灾"，给农业生产和人民生命财产带来严重损失。如 2010 年 2~3 月份，广西各地出现严重干旱，干旱等级已经达到严重干旱，其中桂西北达到特大干旱等级，造成极其严重的损失。截至 2010 年 3 月 11 日统计（周映，2010），广西全区有 12 个市出现旱情，农作物受旱面积 52.30 万 $hm^2$，因旱导致 176.46 万人、87.09 万头大牲畜饮水困难。2010 年 4 月 8 日统计，全区因旱受灾人口 1237.23 万人，差不多每 4 个人中有一人受灾。严重的自然灾害，必然对广西农业发展"后劲"产生不利影响。

### 1.4.4　农业科技落后，支撑能力不强

广西地处西南边陲，属中国西部地区 12 个省、市和自治区（包括重庆、四川、贵州、云南、广西、陕西、甘肃、青海、宁夏、西藏、新疆、内蒙古）之一。与东、中部各省（市、区）相比，广西农业科技总体上比较落后，科技对农业及经济发展的支撑能力不强。

**1. 农业科技人员缺乏**

据有关资料，广西农业科技人员约 3 万人，平均每县只有大约 275 人，低于全国平均水平，更低于东、中部发达省（区、市）。据统计，广西现有农业科技人员中，博士仅占 2.81%，硕士占 11.64%，与全国平均水平相关甚远，与发达地区（省、区）、发达国家差距就更大（广西壮族自治区科技厅，2010）。农业科技人员缺乏，特别是农业创新型的科技领军人物、学科带头人和高层次人才更是奇缺。

**2. 农业科技投入低**

由于广西属于经济相对落后地区，因此每年投入到农业科技方面的资金和财力非常有限，远不及广东、浙江、江苏等发达地区，就是与云南、湖南、贵州等邻省相比，也有较大差距。据广西壮族自治区科技厅资料（2010），广西壮族自治区本级科技专项经费增长幅度大大低于全国平均数，如广西为 12.31%，全国平均为 28.8%，贵州 31.98%，湖南 35.72%，云南 43.28%。

**3. 农业科技成果转化与推广能力较弱**

据广西科技厅研究，广西科技成果转化为现实生产力的只有 28.6%，2/3 以上农业科技成果得不到有效转化，形成产业规模的更少。

**4. 农业科技进步贡献率低**

据测算，广西"十五"时期（2000～2004 年）农业科技进步贡献率只有 34.34%，而全国同期农业科技进步贡献率达到 49.53%，广西比全国低 15.19 个百分点，可谓差距甚大（赵东喜等，2010）。

# 1.5　发展战略

最近，广西壮族自治区党委提出广西"十二五"期间经济社会全面、协调和可持续发展的总体战略是[2]：两区一带、富民强桂。"两区一带"，就是全面建设好广西北部湾经济区、桂西资源富集区、西江上游经济带，使之呈现优势互补、良性互动、协调发展的良好局面；"富民强桂"——富民，就是坚持以人为本、富民优先，走共同富裕道路；强桂，就是全面增强广西综合实力、整体竞争力和可持续发展能力。就农业发展而言，"十二五"期间重点提升"六大能力"——粮食保障能力、产业发展能力、助农增收能力、科技支撑能力、新农村示范带动能力、农业发展竞争能力。

按照上述思路和战略目标，广西今后（"十二五"期间甚至更长时期）农业发展的战略应是：开放战略、带动战略、提升战略和低碳战略。

## 1.5.1　开放战略

**1. 总体战略**

"开放"是 21 世纪的主旋律，是加快发展的必由之路。广西今后要实现"跨越式发展"、"超常规发展",就必须在现有基础上,进一步扩大开放、深化合作。就今后农业发展而言,广西要充分利用现有基础和优势,千方百计地加快开放、合作的步伐,不失时机地推进外向型农业发展。要积极适应中国—东盟自由贸易区建成和北部湾经济开放开发的形势,拓展农业对外开放合作的广度和深度。

**2. 战略措施**

广西实施农业开放战略,具体措施包括:①在南宁建立中国—东盟现代农业科技园,着力打造与东盟各国农产品交易和技术合作平台;②加快建设海峡西岸(广西玉林)农业合作试验区;③吸引、鼓励区外、境外资金来广西投资开发农业产业,争取更多国内外知名农产品加工企业落户广西;④扩大名、特、优、新、稀农产品,以及绿色食品、有机食品的生产和出口;⑤积极引进农业先进技术、管理经验和优秀人才;⑥支持和鼓励广西区的农业企业、农业企业集团到区外、境外建设原料生产基地和加工、流通项目。

**3. 实践成效　实践证明**

作为中国最大的冬季蔬菜生产基地,广西有潜力做国家"菜篮子",走出去与东盟农业合作。中国—东盟自由贸易区的建立以及各国推出的优惠政策从多方面刺激了农产品贸易的扩大,广西与东盟的农产品贸易不管是在规模、种类还是其他方面都将面临新的机遇。

除了与"国外"合作,广西也积极利用"国内"资源。近年来,广西实行"借智借脑,跨越发展",就是农业开放战略的具体体现。2009 年 11 月,广西聘请袁隆平等 13 位国内著名院士担任自治区主席农业顾问;2011 年 2 月,聘 113 名全国顶尖人才为广西农业"百名顶尖人才支撑工程"专家——农业"高端智囊"。这对广西农业发展产生积极影响。

可以设想,随着广西农业"开放战略"的进一步实施,农业"走出去、请进来"速度、频率的加快,其成效将越来越显现出来。

## 1.5.2　带动战略

广西农业"带动战略",就是广西要以"广西—东盟自由贸易区"的建立为契机和龙头,带动整个农业产业体系和经济社会的全面协调可持续发展,推动广西现代农业发展。

**1. 在中国—东盟自由贸易区建设中调整农业发展策略**

(1)调整农业产业结构。加快水果业、蔬菜业结构的调整步伐,大力发展有特色、有优势的优质水果、蔬菜,建设一批对东盟有竞争优势的水果、蔬菜产业基地。同时,大力发展水产畜牧业和优势林产业。做好优势农产品区域布局并加以实施,形成较大规模的产业带。加快农产品加工业,推进农业产业化进程。

(2)建立农产品风险防范机制。一方面,加强对广西农业领域的监控,通过财政拨款或政策支持,对受到冲击的地区和农民给予财政补贴,统一调控、调整与优化。另一方面,积极建立广西农产品保险制度。还要加强与东盟在经济安全与风险防范方面的合作与交流,共同建立风险防范机制,应对外部市场的挑战。

（3）建立广西—东盟农业贸易交流机制。与东盟国家开展定期或不定期双边和多边的交流活动，如农产品展销洽谈会、农业技术论坛、农业领域高层次研讨会等，以增进双方的了解和沟通。

**2. 实施产业带动，推动创新发展**

力争到 2015 年：①把蔗糖、畜禽打造成为千亿元产业；②把粮食、蔬菜和水果打造成为五亿元产业；③把蚕茧、草食动物、中药材、生物质能源、奶水牛、优势水产品和农业生态旅游，打造成为亿元产业。同时，深入实施超级稻、秋冬种、间套种"三个千万亩行动计划"，力争近 2～3 年（或 3～5 年）每年新增推广超级稻、间套种、秋冬种各 13.33 万 hm$^2$。

**3. 推动现代农业发展，保障农产品有效供给**

狠抓"菜篮子"工程和"万元增收"工程建设；加强新农村规划建设，推进农村土地综合整治；大力发展农业生产经营性服务组织和农民专业合作组织；推进农村土地承包经营权规范有序流转；深入推进集体林权制度改革和华侨农林场改革；推进统筹城乡改革试点，等等。

### 1.5.3　提升战略

"提升战略"就是针对当前广西农业存在的"粗放式"增长方式，以"科学发展观"为指导，切实转变农业发展方式，全方位提升广西农业的产量、质量、效率和效益。

**1. 提升资源利用率**

广西农业资源利用率低，各地不同程度地存在农业资源浪费现象，包括作物秸秆资源浪费、有机肥资源（畜禽粪便等）浪费、土地资源浪费、水资源浪费等。为节约、集约利用农业资源，走"资源节约型"农业发展之路，必须大力强调提高农业资源利用率。

**2. 提升作物生产力**

由于自然、历史和人为等多方面因素，广西农作物生产力总体较低，如根据统计，广西玉米、甘蔗、花生、甘薯、大豆等主要旱作物单位面积产量只有全国平均水平的 30%～80%左右。因此，采用新型农业增产技术提升广西农作物生产力势在必行且潜力很大。

**3. 提升农产品品质**

当前市场经济条件下，农产品品质的高低，在一定程度决定着农产品的市场竞争力和占有率，尤其是广西作为"广西—东盟自由贸易区"的重要成员，提升农产品品质和质量，增强农产品竞争力更是迫在眉睫。这就要求按照现代农业生产方式，走清洁生产、绿色农业、循环农业之路，真正提高农产品的品质和质量。

**4. 提升产品加工率**

目前，广西农产品加工率还是比较低的，与全国平均水平还有差距。根据专家测算（曾东，2009），若广西农产品加工率提高 1%，全区可增加 35 亿元的工业产值和 2.5 万个农村剩余劳动力就业，农民可增加 7 亿元收入；如果广西农产品加工率提高到 30%，全区工业产值可增加 420 亿元，农民可增收 84 亿元。可见，提高农产品加工率带来的经济效益和社会效益是十分可观的。显然，为实现广西农业及经济的快速发展，必须下大力气并采取切实措施提高广西农产品的加工率。

**5. 提升成果转化率**

要通过增加农业科技投入、完善农业科技体制和机制，以及建立健全农业科技推广服务体系等各种措施，提升广西农业科技成果转化率，真正实现"科技—经济"相互促进、良性循环。

**6. 提升科技贡献率**

通过各种有效措施，力争在 3～5 年内，将广西农业科技进步贡献率达到或接近全国平均水平。

**7. 提升全区人员素质**

"人"是科技、经济和社会发展的关键性因素，只有人员（包括领导干部、科技工作者和普通群众）素质的不断提升，才能真正实施好广西农业发展的"提升战略"，从而实现广西农业的快速、持续和健康发展。

## 1.5.4 低碳战略

**1. 战略要求**

21 世纪是"低碳"世纪，"低碳战略"已成为世界各国发展的共同战略。在农业发展方面，则要求大力发展低碳农业。

广西发展低碳农业，要求从两方面着手（韦吉田，2010）：一是大力发展"减排农业"：据政府间气候变化专门委员会统计，全球农业减排的技术潜力高达每年 5.5 亿～6 亿 t 二氧化碳当量，其中 90% 来自减少土壤 $CO_2$ 释放，即土壤固碳。二是积极推动"吸碳农业"：稻田吸碳制氧，水稻田也是"湿地"和"绿肺"，$1hm^2$ 水稻田的生态功能相当于 $0.47hm^2$ 草坪的生态功能。

**2. 战略措施**

具体来说，广西发展低碳农业的措施有：①大力发展"减排农业"，包括开发农村可再生能源——发展沼气、秸秆综合利用、发展能源农业（种植木薯、甘蔗等能源作物）、开发利用太阳能（塑料大棚、地膜覆盖、日光温室、太阳能电池、光伏发电、太阳能杀虫灯等）；发展农业清洁生产——节肥减药、间歇灌溉、生态减灾（"三避"技术）等；农业机械节能——改进工艺、更新设备等；乡镇企业节能——节能降耗、淘汰落后企业等；发展绿色农业、生态农业、有机农业、循环农业。②积极推动"吸碳农业"，如种植高碳汇农作物——水稻、甘蔗、木薯、果用瓜等 4 种作物，具有较大碳汇功能，是广西农业发展的重点；推广吸碳农业技术——施用有机肥、实行秸秆还田、推广保护性耕作（少耕、免耕，"三免"技术）等；广泛开展植树造林——广西森林覆盖率已达 58%，全国第 4，为发展"吸碳农业"作出了贡献。

# 1.6　典　型　模　式

通过对广西近年来农业发展的成功案例进行概括总结，归纳出 5 种农业发展模式，并对每种模式分别提出了对应的成功案例，每种案例都有其鲜明的主题和丰富的内涵，可供其他地区农业发展借鉴参考。

## 1.6.1　沼气农业模式

从贫困县到全国生态农业示范县——广西恭城瑶族自治县发展以沼气为纽带的低碳农业。2005 年是广西恭城瑶族自治县的丰收年，全县农民人均纯收入 2850 元，创历史最高水平，人均收入超过 5000 元的村子比比皆是。而 23 年前这个地处桂东北山区的少数民族县，农民人均纯收入仅 266 元，是全区有名的少数民族贫困县。恭城实现跨越式发展，靠的是 23 年如一日地走生态农业发展道路。曾赴恭城考察的北京大学教授厉以宁说，恭城走的是循环经济、可持续发展之路。环境让人很舒服，农民富了，这是新农村建设的根本之一。点燃恭城新农村希望的是一项生态农业新技术——沼气的推广。1983 年起，恭城就提出在全县推广沼气池措施。到 2005 年，恭城全县沼气池总数 5.66 万座，沼气入户率 88%，连续 4 年稳居全国第一；其中自动排渣沼气池 2.6 万座，占总数的 46%；并建立红岩、黄家厂等"规模养殖、集中建池、统一供气"的示范点。随着沼气池的推广，恭城县找到了一条适合该县经济发展生态之路。

## 1.6.2　农业科技园区模式

2006 年 5 月 28 日，中国—东盟现代农业科技展示园建设在广西百色国家农业科技园区启动，广西百色国家农业科技园区是经国家科技部批准建立的。为了加强和东盟国家科技合作交流，充分利用中国—东盟博览会在广西召开的机会，促进百色亚热带特色农业与东盟国家的合作发展，提高百色国家农业科技园区的创新能力、科技成果转化应用能力，百色国家农业科技园区启动建设中国—东盟现代农业科技展示园。中国—东盟现代农业科技展示园建设，围绕百色以及亚热带特色农业资源优势，与国内外农业科研机构建立合作和联系，加强现代农业共性关键技术攻关，开展农业新品种、新技术、新装备的引进、试验、示范和推广，加大组装配套集成先进适用技术的力度，加快农业科技新成果的转化应用，提升亚热带区域农业产业化水平，通过"核心区—示范区—辐射区"的梯度技术扩散，促进百色市、广西及东盟国家的科技合作与交流，为亚热带地区现代农业提供示范。

## 1.6.3　龙头企业模式

2009 年 6 月，以东园公司为代表的 31 个东园企业产品通过了有机认证审核（林益琳，

2009）。这样，在仅仅两年多的时间里，该厂及其企业产品就已先后通过了保健食品 GMP 技术认证、ISO9001 国际质量管理体系认证、ISO14001 国际环境管理体系认证、"清洁生产企业"认证和有机产品认证等多项认证审核，是广西区内通过此类认证的少数同行企业之一。据了解，本次通过认证审核的 31 个东园企业产品包括东园家酒、东园牛及其加工产品，东园鸡、鸭、鹅、东园淡水鱼以及东园珍珠、东园蔬菜、东园大米、东园水果等。这次东园企业通过的认证产品数量之多，在国内企业并不多见。本次东园企业产品顺利通过有机认证审核表明，合浦东园家酒厂 10 多年来坚持发展循环经济，不断提升企业产品品质和常抓企业生态环保工作又取得了新的进展，并得到了相关部门的充分认可，企业生产和管理工作的专业化、规范化再上新台阶。该厂总经理黄炳权先生表示，这次东园产品通过有机认证，对企业来说是一个莫大的鼓舞和促进。今后东园企业将严格按照国家有关有机产品的标准进行管理和生产，不断把东园企业的循环经济产业链做长做大，把东园企业的循环经济发展系统做得更加完善，努力打造出一批符合国家产品质量标准、广大消费者信赖的东园有机产品。据介绍，合浦东园生态农业有限公司原以生产东园家酒为主的轻工企业。10 多年来，该厂不仅坚持大搞循环经济，大搞清洁生产，积极开展各种生态种养，对企业内外各种产业资源进行充分利用，而且还通过运用现代生物科技，对以各种企业下脚料为主体的牛饲料以及沼液沼渣进行发酵处理，在国内率先利用微生物处理方式攻克了沼气池"结壳"难题，并成功开发了东园牛饲料、东园生物肥，东园奶酪、东园珍珠粉、东园珍珠酒等产品，不仅逐渐提升了东园企业产品的品质，而且还最大限度地减少了化肥、农药的使用量，实现了企业污染物零排放，较好地保护了企业的周边环境。

### 1.6.4　旅游型低碳农业模式

广西的八桂田园位于南宁市江南区吴圩镇的附近，以现代农业观光、果蔬采摘、农业 DIY（Do It Yourself）、户外休闲等农耕游乐项目吸引游客。目前，广西已开发了 6 类乡村旅游产品：一是农家乐（渔家乐等）。如阳朔高田镇历村。二是现代农业新村。如恭城县红岩瑶族村、玉林北流罗政村等。三是民俗（族）文化村寨或古村落。如宾阳蔡氏书香古宅、灵川县大圩古镇。四是集观光、体验、购物于一体的农园。如南宁乡村大世界、柳州农工商农业观光旅游区、桂林刘三姐茶园、田阳布洛陀芒果风情园等。五是高科技生态农业观光园。如广西八桂田园、广西现代科技示范中心、南宁金满园、北海田野科技种业园等。六是依托乡村名胜开展乡村旅游。如今，乡村旅游已成为广西城镇居民出游的主要方式之一。据不完全统计，全区 140 多个农业旅游示范点一年的旅游接待人数约有 2000 万，旅游总收入约 50 亿元人民币。

### 1.6.5　生态公园模式

广西北流市罗政村地处大容山南麓，水田少坡地旱地多。近年来，村民们因地制宜大做种养文章，建成优质龙眼水果基地 100 多 $hm^2$，优质苗圃基地 53.33 多 $hm^2$，使罗政村成了远近闻名的龙眼村、苗圃村。村民人均年收入逐年增加，2010 年达到 3600 多元。推行"养殖—沼气—种植"三位一体的生态高值农业模式——全村建成沼气池 542 座，占全村住户的 93%。家家都用上了自来水，安装了闭路电视，建成了卫生厕所、标准畜禽舍。文化广场建成后村民组建了龙狮队、粤剧队村子还建了一个古荔园，对 23 株千年荔枝树进行了专门保护。

## 1.7　小　　结

广西是地处我国西南边陲的经济欠发达的西部省区之一。近年来，党中央、国务院对广西的发展给予高度重视，国家相继出台了一系列促进广西加快发展的相关政策，为"十二五"期间乃至今后相当长时期广西发展带来了历史性机遇。

"十一五"期间，广西农业发展取得了巨大成就，如农业产值大幅增长、农业耕作技术不断创新、农业节本增效十分显著，已形成多个农业产业带，广西农业在全国的地位日益提升。

然而，就广西农业资源的优势和开发利用潜力而言，广西农业尚存在 4 方面问题：一是作物产量较低，潜力未能发挥；二是土壤退化严重，生产环境变劣；三是农业基础脆弱，发展后劲不足；四是农业科技落后，支撑能力不强。

为确保"十二五"时期乃至今后更长时期广西农业又好又快发展，广西农业应实施如下 4 大发展战略：一是开放战略；二是带动战略；三是提升战略；四是低碳战略。

最后，文章从加快广西农业发展的角度考虑，对近年来广西农业涌现出的一些成功的典型模式进行了总结和概括，认为以下 5 种模式值得在广西广泛推广：一是沼气农业模式；二是农业科技园区模式；三是龙头企业模式；四是旅游型低碳农业模式；五是生态公园模式。

## 参 考 文 献

中国农业年鉴编辑委员会. 2009. 中国农业年鉴 2009. 北京：中国农业出版社

陈章良. 2010. 广西农业发展的历史机遇. 农业工程技术：农产品加工业，（1）：44-47

陈发科. 黄凯，韦海波，等. 2008. 广西农田水利现状及发展对策. 中国农村水利水电，（11）：55-59

广西壮族自治区科技厅. 2010. 紧抓新机遇 谋划大发展——广西农业科技自主创新体系建设站在新起点上[J]. 中国农村科技.（11）：34-37

曾东. 2009. 推进农业由"产品生产"向"产业发展"战略升级. 广西经济，（4）：22-23

韦吉田. 2010. 广西大力发展低碳农业[J]. 农家之友，（5）：6，8

赵东喜. 王力虎，黄晓昀. 2010. 广西"十五"时期农业科技进步贡献率测算与分析[J]. 安徽农业科学，38（3）：1500-1502

林益琳. 2009. 合浦东园国家酒厂 31 个产品通过有机认证审核. 北海日报，2009-06-04

周映. 2010. 我区干旱等级已经达到严重干旱. 广西日报，2010-03-15（004）

郭声琨. 2011. 科技日报社长对话广西壮族自治区党委书记郭声琨. 科技日报，2011-03-08

# 图　　版

广西桉树生长试验（上图，全景；中图，局部；下图，个体生长；
广西武鸣县双桥镇伏林村，2013 年 4 月 28 日）

"炼山种桉"对生态环境的影响
（广西高峰林场，2011 年 4 月 25 日）

广西山地典型红壤结构及采样过程

（广西国营七坡林场，2011 年 4 月 26 日）

根区局部灌溉水肥一体化盆栽试验情况 1

试验设 3 种灌水方式，即常规灌溉（CI，每次对玉米两侧均匀灌水），分根区交替灌溉（AI，每次对玉米其中一侧进行灌溉，下一次对另一侧进行灌溉，如此交替进行）和固定部分根区灌溉（FI，每次固定对玉米一侧进行灌溉）。3 种施肥处理，即 100% 常规均匀施肥、100% 水肥一体化施肥和 80% 水肥一体化施肥。100% 施肥量：N、P₂O₅、K₂O 分别为 0.2 g/kg 土，0.15 g/kg 土，0.2 g/kg 土。其中 100% 常规均匀施肥处理全部肥料用作基肥，而 100% 水肥一体化施肥和 80% 水肥一体化施肥处理中的肥料，40% 作基肥，余下 60% 作追肥，其中苗期—拔节期占 20%（分 2 次追施），拔节期—孕穗期占 20%（分 2 次追施），孕穗期—成熟期占 20%（分 2 次追施）。追肥时先将每处理剩余的 60% 肥料各溶入一定量水中，每次追肥按照各次所需的施肥量量取肥料溶液与灌溉水一起通过 PVC 管灌入桶中，其中 CI 处理两侧均匀灌肥；AI 处理每次对其中一侧进行灌肥，下一次对另一侧进行灌肥，如此交替进行追肥；FI 处理固定对灌水的一侧灌肥。试验共 9 个处理，每个处理重复 8 次，共 72 盆

根区局部灌溉水肥一体化盆栽试验情况 2

图注同上

根区局部灌溉与水肥耦合盆栽试验情况

试验设 3 种灌水方式，即常规灌溉（每次对全部土壤均匀灌水）和不同时期分根区交替灌溉（分别在苗期—灌浆初期、苗期—拔节期以及拔节期—抽雄期进行分根区交替灌溉，即每次交替对 1/2 区域土壤灌水）。2 个灌水水平，即常规灌溉（CI）——正常灌水（70%～80%田间持水量）和轻度缺水（60%～70%田间持水量），而各期分根区交替灌溉则按 CI 灌水量的 70%进行灌水。2 种有机无机 N 比例，即 100%无机 N 和 70%无机 N+30%有机 N。试验共 16 个处理，重复 3 次，共 48 盆

交替滴灌施肥田间试验情况

试验设 3 种灌溉方式，即常规滴灌（CDI，每行玉米两侧各摆放一条滴管带，每次灌水时候对玉米两侧的土壤都进行灌溉）、分根区交替滴灌（ADI，每行玉米两侧各摆放一条滴管带，但是灌溉时只对其中的一侧进行灌溉，下一次灌溉时又对另一侧进行灌溉，如此交替着进行灌溉）、固定部分根区滴灌（FDI，只在每行玉米一侧摆放滴管带，每次固定对这一侧进行灌溉）。3 种施肥处理，即常规土壤施肥（100%施肥量）、100%水肥一体化施肥（100%施肥量）和 80%水肥一体化施肥（80%施肥量），常规土壤施肥方式即采用传统条施的方式施入肥料到土壤，水肥一体化施肥方式即采用水肥一体追施肥料。共 9 个处理，每个处理重复 3 次，共 27 个小区

沟灌方式和施肥水平对甜糯玉米生理及产量和土壤酶活性的影响田间试验

试验设 3 种沟灌方式，即常规沟灌（试验期间每次补充灌溉时两条沟等量灌溉）、交替沟灌(试验期间前次补充灌溉时对一条沟进行灌溉，下次补充灌溉时在另一条沟进行灌溉，各次灌水量均为 70%的 CFI 灌水量)、固定沟灌（试验期间每次补充灌溉时仅固定对其中一条沟进行灌溉，各次灌水量均为 70%的 CFI 灌水量）。3 种施肥水平，即低肥（N 150 kg/hm²，$P_2O_5$ 75 kg/hm²）、中肥（N 180 kg/hm²，$P_2O_5$ 90 kg/hm²）、高肥（N 210 kg/hm²，$P_2O_5$ 105 kg/hm²），各处理钾肥用量相同，均为 180 kg $K_2O$/hm²。其中磷肥全部用作基肥，60%氮肥和钾肥作为基肥，在播种前施入，其余分别在玉米拔节期和大喇叭口期各追施 20%氮肥和钾肥。共 9 个处理，每个处理重复 3 次，共 27 个小区

不同施肥处理甘蔗大田种植试验
——优化施肥处理甘蔗生长状况（广西武鸣试验点，2014 年 6 月 27 日）

"桂牧 1 号"田间试验小区（环江喀斯特生态试验站，2011 年 4 月 28 日）

桂牧 1 号杂交象草（*Pennisetum purpureum cv.* Guimu-1）是一种多年生的新型杂交牧草，由于营养丰富，被广泛用做猪、牛、羊、鱼、鹅等的饲用牧草，又因其具有耐干旱、抗高温、耐土壤贫瘠、抗倒伏及再生能力强等特点，可以有效地利用不适宜农耕地或低产耕地，与粮食作物争地矛盾小，因而近年来在我国西南喀斯特地区得到了广泛的引种栽培，并且有力地促进了当地畜牧业和农业经济的发展，在生态环境建设中也发挥着愈来愈突出的作用。本项目开展了"桂牧 1 号"品种不同施肥、刈割频度、刈割强度控制性试验。试验表明：施氮 1000kg/（hm²·a）、刈割牧草 4 次、刈割强度为 15cm 的组合下，喀斯特地区桂牧 1 号杂交象草产量高、品质好，这种牧草管理模式可作为喀斯特区牧草建植的首选模式

广西喀斯特木论自然保护区原生林

广西木论国家级自然保护区——世界自然遗产地，位于广西壮族自治区环江毛南族自治县西北部。与贵州茂兰国家级自然保护区相连，共同构成目前世界上喀斯特地区已知的连片面积最大、保存最完好的石灰岩常绿落叶阔叶混交林生态系统。宋同清、韩美荣等以木论自然保护区原生林为顶级群落开展了喀斯特地区不同演替阶段植物、土壤及其耦合关系的研究

广西环江喀斯特人工林生态系统——香椿—任豆混交人工林系统

广西喀斯特地区自然环境恶劣，强烈的人为干扰导致出现了草丛、草灌、灌丛、次生林、原生林等不同演替阶段共存格局的现象，许多地带甚至石漠化。实施退耕还林还草是恢复西南喀斯特地区生态植被、遏制生态环境恶化的关键措施。中国科学院环江喀斯特生态系统观测研究站在环江毛南族自治县开展了大规模的退耕还林还草试验示范，图为香椿-任豆混交人工林系统

《广西红壤肥力与生态功能协同演变机制与调控》项目主持人赵其国院士
带领项目组部分成员现场考察项目研究进展
（广西七坡林场，2014 年 1 月 15 日）

《广西红壤肥力与生态功能协同演变机制与调控》项目现场考察（广西七坡林场，2014 年 6 月 28 日）

《广西红壤肥力与生态功能协同演变机制与调控》项目验收会（广西农科院，2014 年 6 月 28 日）

《广西红壤肥力与生态功能协同演变机制与调控》项目成果评价（鉴定）会
（广西农科院，2015 年 2 月 8 日）